直流换流站运检技能培训教材
阀冷却系统

国家电网有限公司设备管理部
国家电网有限公司直流技术中心 组编 ●

中国电力出版社
CHINA ELECTRIC POWER PRESS

图书在版编目（CIP）数据

阀冷却系统 / 国家电网有限公司设备管理部, 国家
电网有限公司直流技术中心组编. -- 北京 : 中国电力出
版社, 2025. 6. -- (直流换流站运检技能培训教材).
ISBN 978-7-5198-9363-7

Ⅰ. TM63

中国国家版本馆 CIP 数据核字第 2024SP9258 号

出版发行：中国电力出版社
地　　址：北京市东城区北京站西街 19 号（邮政编码 100005）
网　　址：http://www.cepp.sgcc.com.cn
责任编辑：雍志娟
责任校对：黄　蓓　郝军燕
装帧设计：郝晓燕
责任印制：石　雷

印　　刷：三河市万龙印装有限公司
版　　次：2025 年 6 月第一版
印　　次：2025 年 6 月北京第一次印刷
开　　本：710 毫米×1000 毫米　16 开本
印　　张：24　插　页　2
字　　数：386 千字
定　　价：150.00 元

编 委 会

前　言
PREFACE

　　截至 2024 年 12 月，国家电网公司国内在运直流工程 35 项，其中特高压 16 项，常规直流 14 项（其中背靠背 4 项），柔直 5 项（其中背靠背 1 项），换流站 69 座。公司系统海外代维直流 3 项（美丽山 1 期、美丽山 2 期、默拉直流工程）。随着西部"沙戈荒"风电光伏基地和藏东南水电大规模开发外送，特高压直流将迎来新一轮大规模、高强度建设，预计到 2030 年将新建 26 回直流工程。其中到 2025 年将建成金上—湖北、陇东—山东等直流，开工库布齐—上海、乌兰布和—河北京津冀、腾格里—江西、巴丹吉林—四川、柴达木—广西等 5 回直流工程；到 2030 年，再新建雅鲁藏布江大拐弯送出、内蒙古、甘肃、陕西"沙戈荒"新能源基地送出共 17 回直流。直流输电规模快速增长和直流输电技术日益复杂，使部分省公司直流技术人员不足、新工程运检人员储备不足、直流专家型人才缺乏的问题日益凸显。

　　为加强直流换流站运检人员技能培训，国网直流技术中心受国网设备部委托，组织湖北、上海、江苏、甘肃、四川、湖南、安徽、冀北、山东公司和相关设备制造厂家专家，在收集、整理、分析大量技术资料的基础上，结合现场经验，经过多轮讨论、审查和修改，最终形成了《直流换流站运检技能培训教材》。整个系列教材包括换流站运维、换流变压器、开关类设备、直流控制保护及测量、换流阀及阀控、阀冷却系统、柔性直流输电、调相机以及换流站消防九个分册。编写力求贴合现场实际且服务于现场实际，突出实用性、创新性、指导性原则。

　　由于编写时间仓促，编写工作中难免有疏漏之处，竭诚欢迎广大读者批评指正。

编　者
2025 年 4 月

目 录
CONTENTS

第四篇　南瑞继保技术阀冷却系统

第一篇

总　则

第一章　换流阀冷却原理

第一节　换流阀的损耗

高压直流输电系统换流站的功率损耗主要由换流阀损耗、换流变压器损耗、交流滤波器损耗、直流滤波器损耗、平波电抗器损耗等组成，其中换流阀的损耗约占总损耗的 25%～45%。随着高压直流输电容量的不断增大，换流阀的功率损耗也会不断增加，因功率损耗而产生的大量热量如果不能及时、有效地散出，势必会导致换流阀元件损坏，因此必须采取有效的冷却技术。

晶闸管换流阀主要由晶闸管、阀电抗器、直流均压电阻、阻尼电容和电阻、陡波均压电容、晶闸管触发及监测系统等组成。换流阀的损耗有 85%～95%产生在晶闸管和阻尼电阻上。由于换流阀在运行中的波形复杂，目前还没有较好的直接测量损耗的办法。通常是采用分别计算出晶闸管阀的各损耗分量，然后累加得到换流阀的损耗。换流阀的损耗分量是采用出厂试验的数据和标准的计算方法而求取。损耗是按一个阀（即一个桥臂）为单位来计算的。换流阀的热备用损耗是在阀已充电但处于闭锁状态下的损耗。阀冷却设备的损耗通常计入站用电损耗中。晶闸管阀的损耗由以下 8 个分量所组成。

（1）阀通态损耗 W_1。是指负荷电流通过晶闸管所产生的损耗，它与晶闸管的通态压降和通态电阻有关，可用下式计算

$$W_1 = \frac{nI_d}{3}\left[U_0 + R_0 I_d\left(\frac{2\pi - \mu}{2\pi}\right)\right] \qquad (1-1-1)$$

式中，n 为阀中串联晶闸管级数；U_0 为晶闸管通态压降平均值，V；R_0 为晶闸管通态电阻平均值，Ω；μ 从为计算损耗所用的运行工况下的换相角，弧度；I_d 为通过换流桥的直流电流，A。

当直流侧谐波电流（均方根的和）大于其直流分量的 10% 时，W_1 改用下式计算

$$W_1 = \frac{\mathrm{n}U_0 I_\mathrm{d}}{3} + \frac{\mathrm{n}R_0}{3}(I_\mathrm{d}^2 + I_\mathrm{n}^2)\left(\frac{2\pi - \mu}{2\pi}\right) \qquad (1-1-2)$$

式中，I_n^2 为直流侧各次谐波电流有效值的平方和。

（2）晶闸管开通时的电流扩散损耗 W_2。是指晶闸管开通时电流在硅片上扩散期间所产生的附加通态损耗。此时硅片上的电压比晶闸管完全开通以后的通态压降要高

$$W_2 = nf \int_{\omega t}^{\omega t = \alpha + 120 + \mu} [u_1(t) - u_2(t)]i(t)d(\omega t) \qquad (1-1-3)$$

式中，f 为系统频率，Hz；$u_1(t)$ 为平均的晶闸管通态电压降瞬时值，是在所规定的结温下，通以代表适当幅值和换相角的梯形电流波形的条件下测量的，V；$u_2(t)$ 为预计的平均晶闸管通态压降瞬时值，测量条件同 $u_1(t)$，但电流已完全扩散，V；α 为触发角，（°）；$\omega = 2\pi f$（弧度/s）。W_2 通常小于晶闸管通态损耗的 10%。

（3）阀的其他通态损耗 W_3。是指阀主回路中，除晶闸管以外的其他元件所造成的通态损耗

$$W_3 = \frac{I_\mathrm{d}^2 R}{3}\left(\frac{2\pi - \mu}{2\pi}\right) \qquad (1-1-4)$$

式中，R 为除晶闸管以外阀两端之间的直流电阻，Ω。

（4）与直流电压相关的损耗 W_4。是指阀在不导通期间，加在阀两端的电压在阀的并联阻抗的电阻分量上产生的损耗。它包括直流均压电阻、晶闸管断态电阻及反向漏电阻、冷却介质的电阻、阀结构的阻性效应、其他均压网络及光导纤维等产生的损耗

$$W_4 = \frac{U_L^2}{2\pi R_{DC}}\left\{ \begin{array}{l} \frac{4\pi}{3} + \frac{\sqrt{3}}{4}[\cos 2\alpha + \cos(2\alpha + 2\mu)] - \left[\frac{7}{8} + \frac{3m(2-m)}{4}\right] \\ \times [2\mu + \sin 2\alpha - \sin(2\alpha + 2\mu)] \end{array} \right\} \qquad (1-1-5)$$

式中，R_{DC} 为整个阀的断态直流电阻，Ω，它是在阀的直流电流型式试验中，通过测量注入电流的方法求得，也可以用串联晶闸管的直流均压电阻之和来近

似的计算；U_L 为换流变压器阀侧绕组线电压有效值，V；$m = \dfrac{L_1}{L_1 + L_2}$，此处 L_1 是折算到阀侧的换相电压源与星形接线和三角形接线阀绕组的公共耦合点之间的电感，L_2 是折算到阀侧的公共合点与阀之间的电感。当星形接线的桥与三角形接线的桥分别由两组单独的变压器供电时，$L_1 = 0$，故 $m = 0$。

当阀处于热备用状态时，由于阀上的电压为换流变压器阀侧绕组的相电压，其损耗可用下式计算

$$W_4' = \frac{U_L^2}{3R_{DC}} \tag{1-1-6}$$

（5）阻尼电阻损耗 W_5。是指阀在关断期间，加在阀两端的交流电压经阻尼电容耦合到阻尼电阻上所产生的损耗。如果有几条阻尼支路，则应分别计算，然后总加起来

$$W_5 = 2\pi f^2 U_L^2 C_{AC}^2 R_{AC} \begin{bmatrix} \dfrac{4\pi}{3} - \dfrac{\sqrt{3}}{2} + \dfrac{3\sqrt{3}m^2}{8} + \left(6m^2 - 12m^2 - 7\right)\dfrac{\mu}{4} \\ + \left(\dfrac{7}{8} + \dfrac{9m}{4} - \dfrac{39m^2}{32}\right)\sin 2\alpha + \left(\dfrac{7}{8} + \dfrac{3m}{4} + \dfrac{3m^2}{32}\right) \\ \sin\left(2\alpha + 2\mu\right) \\ - \left(\dfrac{\sqrt{3}m}{16} + \dfrac{3\sqrt{3}m^2}{8}\right)\cos 2\alpha + \dfrac{\sqrt{3}m}{16}\cos\left(2\alpha + 2\mu\right) \end{bmatrix} \tag{1-1-7}$$

其中
$$C_{AC} = \frac{C_{ac}}{n}; \quad R_{AC} = nR_{ac} \tag{1-1-8}$$

式中，C_{ac} 是每级晶闸管的阻尼电容，F；R_{ac} 是每级晶闸管的阻尼电阻，Ω；其余符号的含义同前。

当阀处于热备用状态时，阀上电压为正弦波，其损耗可按下式计算

$$W_5' = \frac{R_{AC}U_L^2}{3Z_{AC}^2} \tag{1-1-9}$$

其中

$$Z_{AC} = \sqrt{R_{AC}^2 + \left(\frac{1}{2\pi f C_{AC}}\right)^2} \tag{1-1-10}$$

（6）电容器充放电损耗 W_6。是指在阀关断期间加在阀上的电压波形阶跃

变化时，电容器储能发生变化而产生的损耗

$$W_6 = \frac{U_L^2 f C_{hf}(7+6m^2)}{4}[\sin^2\alpha + \sin^2(\alpha+\mu)] \qquad (1-1-11)$$

式中，C_{hf} 为阀内部两端之间所有均压和阻尼回路的总电容以及接在阀端所有外部设备的杂散电容。阀内部两端之间的电容可以从阀的设计参数中得到，外部设备的杂散电容主要是换流变压器绕组和套管的杂散电容，可在制造厂测量。其他设备的杂散电容很小，可以忽略不计。

（7）阀关断损耗 W_7。是指阀在关断过程中，流过晶闸管的反向电流在晶闸管和阻尼电阻上产生的损耗，此反向电流是由晶闸管中存储电荷而引起的

$$W_7 = Q_{rr} f \sqrt{2} U_L \sin(\alpha+\mu+\omega t_0) \qquad (1-1-12)$$

式中，Q_{rr} 为晶闸管存储电荷平均值，C；$t_0 = \sqrt{\dfrac{Q_{rr}}{\left(\dfrac{\mathrm{d}i}{\mathrm{d}t}\right)_{i=0}}}$，s；$\left(\dfrac{\mathrm{d}i}{\mathrm{d}t}\right)_{i=0}$ 是在电流

过零时测量的 $\dfrac{\mathrm{d}i}{\mathrm{d}t}$ 值。

（8）阀电抗器磁滞损耗 W_8。在计算电抗器铁芯的磁滞损耗时需要确定铁芯材料的直流磁化曲线，根据其磁化曲线所包围的区域，可求出其磁滞损耗特性，进而求出 W_8

$$W_8 = n_L M K f \qquad (1-1-13)$$

式中，n_L 为阀中阀电抗器的铁芯数；M 为每个铁芯的质量，kg；K 为磁滞损耗特性，J/kg；f 为系统频率，Hz。

（9）阀的总损耗 W_T。是指上述 8 项损耗之和，即

$$W_T = \sum_{n=1}^{8} W_n \qquad (1-1-14)$$

当阀处于热备用状态时，其损耗为

$$W_T' = W_4' + W_5' \qquad (1-1-15)$$

以上所得为一个阀的总损耗，假定换流站有 N 个阀，则换流站内阀的损耗 W_S 以及换流站内阀在热备用状态下的损耗 W_S' 分别为

$$W_S = N W_T \qquad (1-1-16)$$

$$W_S' = N W_T' \qquad (1-1-17)$$

第二节 换流阀冷却原理

一、概述

换流阀是实现高压交直流电能转换的核心设备。晶闸管（又称为可控硅）是组成换流阀的基本元件，它是由一个 P–N–P–N 4 层的半导体构成的，中间形成了 3 个 PN 结，同时具有 3 个极（阳极 A、阴极 K 和控制极 G）。晶闸管的 PN 结和 3 个极示意图如图 1–1–1 所示。

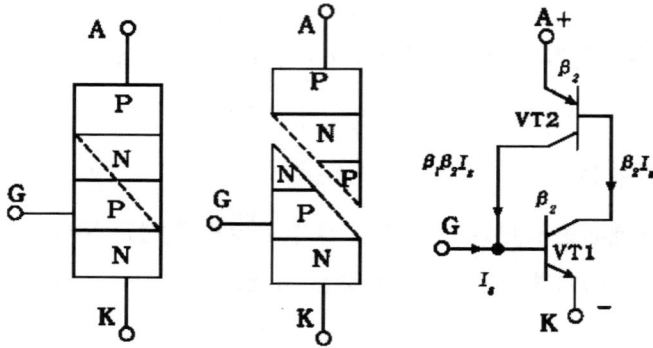

图 1–1–1　晶闸管的 PN 结和 3 个极示意图

换流阀内的晶闸管电子元件在通流过程中，由于载流子的运动，会造成晶闸管 PN 结产生大量的热量，如果散热不良，将导致晶闸管 PN 结的温度超过其所能承受的最高温度，换流阀的换流性能将会恶化甚至会导致 PN 结损坏。因此，换流阀的冷却能力是影响高压直流输电系统安全可靠运行的重要因素。只有选择适当的冷却方式、合理的设计工艺，才能充分发挥换流阀的换流能力，提高压直流输电系统的可靠性。

二、换热器冷却介质

常见的冷却方式根据冷却介质分为空气冷却、油冷却、水冷却和氟利昂冷却等。水冷却的散热效率最高，它的换热系数是空气自然对流冷却的 150～300 倍，可大大提高被冷却器件的通流容量，相比较油冷却方式，水的比热容几乎比油的比热容大一倍。同时，因水的热容量大、黏度小，具有良好的冷却效果，有利于减少单位容量所占的体积和损耗，且水冷却结构检修、维护方便，制造技术成熟，运行经验丰富，不会引起爆炸和火灾，不存在环境污染情况。然而，水冷却方式也有一定的弊端，比如室外换热设备（闭式冷却塔）内的换热盘管在长期喷水运行过程中，容易滋生藻类等微生物，并且由于水中各类杂质的存在，会在热交换盘管外表面产生较严重的结垢现象，影响换热能力。目前可采取的解决方案是对喷淋水进行处理：在喷淋水进入水池之前先进行软化处理；此外还应设置利用砂滤器进行喷淋水自循环水处理的旁通回路；同时为了控制喷淋水水质，还需定期添加缓蚀阻垢剂、氧化性杀菌剂等药剂；另外，在年度检修期间，还需对室外换热设备内的换热盘管进行人工清洗除藻除垢。

综合考虑冷却效果、运维成本和环境影响等因素，水冷却相对其他冷却方式更有优势。

三、冷却水管道结构

在水路管道的设计方面，高压直流换流阀大多采用吊装式阀结构以抵御地震带来的危害，如图 1−1−2 所示。受管道阻力的影响，位于不同高度处的吊装式阀结构（又称阀塔）的冷却介质流量有所不同。樊阳文等[1]通过数值模拟和试验测试研究了某型号换流阀阀塔各支路流量分配情况，发现随进口总流量的增加，各支路冷却介质流量偏差呈下降趋势，在设计流量下偏差可控制在5%以内，满足工程使用基本要求。雒雯霞等[2]采用一维流体仿真软件Flowmaster 研究阀塔主进出水管布置位置对各支路流量分配的影响，结果表明当进出水管布置在同侧时，各支路水流量不均匀度高达 10.4%，布置在异侧时不均匀度为 3%～4%。阀塔各支路冷却介质流量分配偏差会导致不同位置的换流阀通过冷却介质散去的热量不同，研究表明在每层冷却管道末端增加节流管可有效降低各支路流量分配不均，从而达到设计要求。

随着特高压直流输电工程容量的不断增加所需的冷却系统额定流量逐渐

---

[1] 樊阳文，恽强龙，张广泰，等：特高压换流阀冷却系统配水仿真及试验研究 [J]. 电力电子技术，2017，51（10）：33-35.

[2] 雒雯霞，孙小平，张艳梅，等：基于 Flowmaster 的柔性直流换流阀水路仿真研究 [J]. 电力电子技术，2021，55（05）：8-10.

增大，这对阀冷系统水路提出了更高的要求。在不改变换流阀整体结构的基础上，通过优化阻尼电阻水冷结构和主水管结构大大减小了组件及主水管水阻。优化前后的主水管结构如图 1-1-3 所示，与螺旋状结构相比，采用半圆弧状的主水管水阻大幅降低，改变了电阻水冷结构和散热器冷却水路的串并联方式，减少配水管长度和水管接头数量，有效地降低了内冷系统所需冷却介质流量以及管路阻力损失。

图 1-1-2 换流阀吊装结构

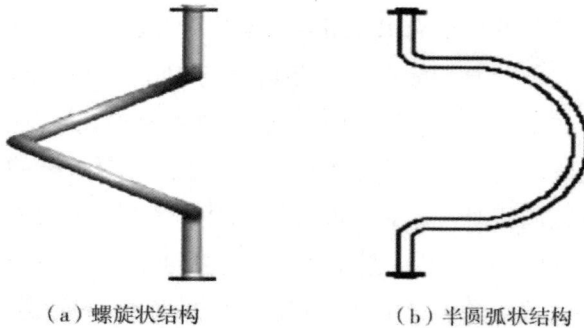

（a）螺旋状结构   （b）半圆弧状结构

图 1-1-3 换流阀主水管结构

水冷系统采用去离子水作为冷却剂，电导率极低，可以使漏电流维持在一个很低的水平。冷却水管接在双重阀的顶部，进水管和出水管沿着阀塔螺旋向下。去离子冷却水流入晶闸管换流阀，然后采用并联方式分配给各个组件。图 1-1-4 为阀塔内水流向示意图。

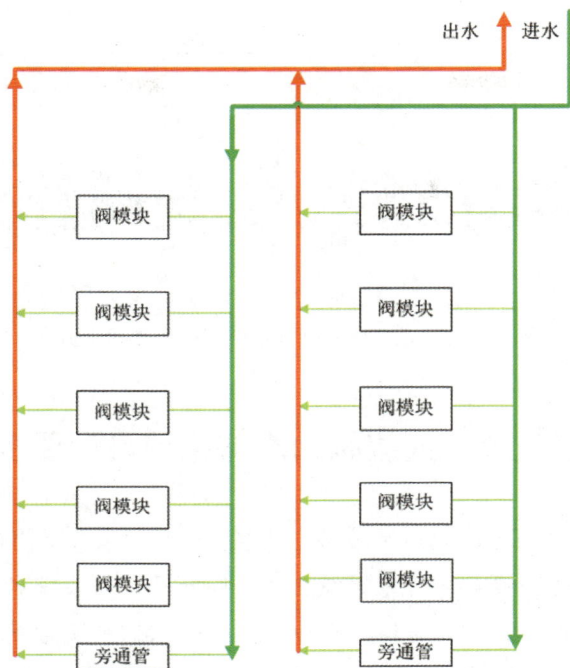

图 1-1-4 阀塔内水流向示意图

　　阀冷却水管由 PVDF 制成。进水管和回水管插入铂电极，可以固定每层的电位。由于水具有一定的电导率，水中会产生相应的漏电流，当冷却水的电导率为最大允许值时，主进水管和回水管内的电流幅值约为 2mA，可以忽略不计。由于水的电导率随温度的变化而变化，所以电流的大小也会随温度变化。铂为惰性材料，铂电极不会因漏电流而出现损耗，可以避免漏电电流对铝散热器的表面造成腐蚀。在阀组件中晶闸管采用双面冷却方式，水回路采用串联形式，大大减少了水管接头的数量，接头数量不足并联水路的 2/3，从而降低了漏水的可能性。冷却回路和散热器的连接采用交错方式，确保每级晶闸管冷却均匀。图 1-1-5 中给出了组件中冷却水的流动情况。阻尼电阻插在散热器中，来获取充分的冷却。电抗器采用冷却水直接冷却，冷却水流进电抗器的电流线圈直接冷却电抗器线圈，这样可以保证在各种条件下电抗器得到充分冷却。由于晶闸管组件内采用的是串联水路，而散热器之间存在电位差，水管中会出现微小的漏电流。为了防止对铝散热器造成腐蚀，散热器的进水口插入了一小段不锈钢电极。

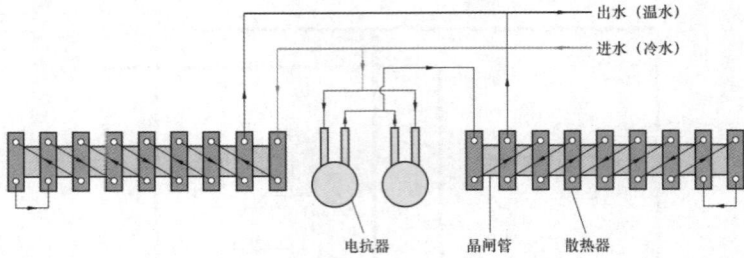

图1-1-5 晶闸管组件和散热器中的冷却水流向

第三节 换流阀的冷却系统设计要求

换流阀作为高压直流输电系统核心设备，其冷却系统采用典型的水冷却方式。与一般化学工业循环内冷水系统相比，换流阀冷却系统对温度、压力、流量等性能要求更高。因此，对换流阀冷却系统中水的杂质含量、氧气含量、电导率、水温、水压和流速等都要进行严格控制。同时，为保证换流阀内冷水的纯度，高压直流输电工程换流站内换流阀的冷却均采用密闭式循环水冷却系统。换流阀冷却系统的总体设计应满足以下要求：

（1）冷却系统能长期稳定运行，不允许有变形、泄漏、异常振动和其他影响换流阀正常工作的缺陷。

（2）冷却系统管路的设计应保证其沿程水阻最小。

（3）冷却回路材料的选择应考虑冷却系统在长期高电压运行环境下产生的腐蚀、老化、损耗的可能性。

（4）冷却系统必须具有足够的冷却能力，以保证在各种运行条件下，都能够有效冷却换流阀。

（5）为降低阀塔承压，提高换流阀的运行安全程度，应将阀塔布置在内冷水回路中循环水泵的入口端。

（6）冷却系统的重要设备应实现冗余配置，当失去一个单一的主要部件时，对于任何规定的环境条件，都不应导致换流阀额定连续负荷能力或短时负荷能力的降低。

（7）换流阀冷却系统的机械结构必须合理，应当简单、坚固、便于检修。

一、一次设备技术要求

（一）总体要求

（1）阀冷却系统设计应以换流阀厂家提供的冷却容量为依据，满足环境极端最高温度或湿球温度条件下，换流阀连续 2h 过负荷运行时的晶闸管换流阀要求。

（2）对于年最低温度低于 −5℃ 的地区，阀内冷却系统可设置旁通回路，并设置用于监测旁通回路流量的传感器。

（3）应采取可靠有效的措施（如通过防冻剂、防冻棚、暖风机、电加热器、电动三通回路等方式），以防止在冬季直流系统停运时室内外设备及管道内的冷却介质冻结。

（4）阀冷却系统中的各种阀门均应设置自锁装置，以防止设备在运行过程中因振动而导致阀门开度发生变化。

（5）阀内冷却系统相对高点均应设置自动排气装置，并设置隔离阀门便于排气装置检修；可通过阀门隔离的管路上，应设置手动排气装置；阀冷却系统低点应设置手动排水装置。

（6）阀冷却系统应可根据膨胀罐或高位水箱内的液位高低实现内冷在线补水。

（7）与冷却介质接触的各种材料表面不应发生腐蚀，且金属材料应采用不锈钢 AISI304 及以上等级的耐腐蚀材料，各种材料的老化速度应保证至少 40 年的设计寿命。

（8）户外设备如有冷却塔安全开关、缓冲水池液位计等，应设计防雨罩。

（9）稳态条件下，电压和频率变化均在额定值 10% 内的运行条件下，电机应能正常运行。

（10）在使用范围内主循环泵和喷淋泵应能稳定、安全、经济的连续运行，主循环泵和喷淋泵轴承的最低基本额定寿命 L10 不少于 25000h。

（二）内冷却循环系统技术要求

内冷却系统应包含主循环回路、去离子回路、稳压回路、补水回路等。内冷却系统主循环泵、主过滤器、电动三通阀（若有）、氮气稳压回路、离子交换器、补水泵采用双重化配置，并能在线更换。内冷却系统应满足换流阀对水

11

质、水压、流量及水温的要求。冷却介质的出阀温度和进阀温度应根据阀冷却系统的现场运行环境温度及换流阀的要求温度进行确定，且应采取避免凝露的措施。

1. 主循环泵技术要求

单台主循环泵工作时，应能满足系统最大设计流量的要求，保证内冷却水以恒定的流速通过发热器件，满足 GB/T 30425《高压直流输电换流阀水冷却设备》要求。主循环泵及其电动机应固定在一个单独的铸铁或钢座上，底座安装基础底面平整度应小于 3mm，混凝土厚度应不小于 600mm，主机底座与安装基础之间采用预埋铁焊接方式固定。主循环泵应通过弹性联轴器和电动机相连，联轴器应设置防护装置，电机功率应满足主循环泵特性曲线上最大流量下的功率要求。主循环泵及电机的振动应符合 GB/T 29531《泵的振动测量与评价方法》表 3 中规定的 B 级振动级别要求，轴封应采用机械密封，且应密封完好，并配置轴封漏水检测装置，电机的绝缘等级应不低于 F 级，防护等级不低于 IP54。

主循环泵应配置电气回路等状态实时监测功能，异常时发出报警，具有手动启停控制功能、定时切换、手动切换、远程切换、故障切换功能。

2. 主过滤器技术要求

主过滤器应设置在换流阀进水管路，过滤精度应不低于 100μm，并具备在线维护功能，其滤芯应具备足够的机械强度以防止在冷却水冲刷下造成损伤。主过滤器应具备压差远传告警功能。

3. 电加热器技术要求

主循环回路宜设置电加热器，电加热器所提供的热量应能够满足外冷系统室外管道部分及室外换热设备的自然耗散热量，包括辐射损耗和对流损耗，电加热器接触液体部分材质应采用不锈钢 AISI316 及以上等级的耐腐蚀材料。电加热器应配置温度检测传感器，应根据进阀温度或凝露严重程度对电加热器进行分段分组自动投退控制，主循环泵停运、冷却水流量超低、进阀温度高等任一条件满足时，禁止启动电加热器。

4. 稳压系统技术要求

内冷却系统可选择氮气稳压方式或高位水箱稳压方式，氮气稳压回路主要由减压阀、电磁阀、安全阀、氮气瓶及监控仪表等组成，膨胀罐补气应设置主备用切换装置，可满足在线更换氮气瓶，且配置压力监测功能。膨胀罐或高位水箱均应配置 3 台电容式液位计和一台具有就地指示功能的磁翻板式液位计，稳压系统应具有膨胀罐压力监测、手动启停补气、排气控制功能，应根据膨胀罐内压力对补气、排气回路进行自动启停控制，具有补气回路故障切换控制、膨胀罐补气、排气控制互锁功能。

5. 去离子回路技术要求

内冷却循环系统应设置去离子回路，该回路应包含由离子交换器和精密过滤器，每个离子交换器中的离子交换树脂应能满足至少一年的使用寿命，回路应设置电导率传感器、精密过滤器，其过滤精度应不低于 $10\mu m$。去离子回路应具备在 $2\sim3h$ 内将内冷却水循环一遍的能力，且应设置流量传感器，当电导率大于 $0.5\mu S/cm$ 或运行时间超过 3 年时需更换离子交换树脂。

6. 补水回路技术要求

内冷却水回路应设置补水装置，补水装置应具备液位指示功能。应设置膨胀罐（高位水箱）液位监测功能，具有补水泵手动和自动启停控制功能，应根据膨胀罐（高位水箱）液位对补水泵进行自动启停控制，并具有补水泵故障切换功能。补水泵启停液位应考虑换流阀在运、停运状态下因温度变化导致的液位变化。

（三）外冷却循环系统技术要求

根据换流站所在地区环境条件及水源情况不同，外冷系统可设计为外水冷系统、外风冷系统及复合式外冷系统。外冷系统设计时需考虑换热器结构形式、布置方式及相关区域温度条件对阀冷却系统散热能力的影响。外水冷系统适用于水源丰富地区，外水冷设备使用环境温度为 $-40\sim+45℃$；外风冷系统适用于水源稀少区域，外风冷设备环境温度为 $-40\sim+45℃$；复合式外冷系统适用于夏季高温地区，复合式外冷设备环境温度为 $-40\sim+45℃$。

1. 外水冷系统技术要求

外水冷系统应包含冷却塔、喷淋泵、缓冲水池、喷淋水水处理装置等，系统应以换流阀厂家提供的冷却容量为依据，结合介质类型、介质流量、极端环境温度等进行设计。冷却塔总冷却容量的裕度应不小于 50%，应保证在一台冷却塔退出运行后，阀冷却系统可正常运行；每台冷却塔配置两台喷淋泵，一用一备；喷淋泵坑内应设置集水池，集水池内应配置 2 台排水泵，并具备液位告警功能。

（1）冷却塔技术要求

冷却塔风机可采用引风式或鼓风式结构形式，冷却塔的布置应通风良好，远离高温或有害气体，避免飘溢水和蒸发水对环境和电气设备的影响。冷却塔综合噪声应不大于 85dB（A），塔体壁板、集水盘、风筒应采用 AISI304 及以上等级的耐腐蚀材料制造，壁板结合处均采用密封材料填实，以防止喷淋水渗出冷却塔体，且所有构件之间的连接应采用高强度不锈钢螺栓，冷却塔内部的设计应保证内部管道外壁清理淤泥方便。冷却塔换热盘管应采用 AISI 316L 不锈钢材质，设计压力应不小于 1.6MPa，应便于将盘管内的水顺利放空。冷却塔宜装设用于检修的扶梯（或爬梯）、平台和护栏，并在上进风口应设置挡板。

冷却塔应设置风机就地检修开关，风机电机应置于冷却塔外，绝缘等级应不低于 F 级，防护等级应不低于 IP54，电机可变频调速，电机顶部应设置防雨罩，底部设置隔振装置，且应便于皮带更换和松紧调节。冷却塔应选择轴流风机，其性能应满足冷却塔对风量和风压的要求，风机的出风侧应设置可拆卸的 AISI304 及以上等级的材质制成的防护网，风机和轴使用寿命 L10 至少 131000h。

冷却塔应具有风机电气回路、风机变频器等状态实时监测功能，异常时发出报警；宜具有风机就地强投、手动切换、整组故障切换、整组定时切换、风机变频器故障时，自动投入外置工频旁路控制功能，并能根据进阀温度对风机进行分组投退控制。

（2）喷淋泵技术要求

喷淋泵应符合国家规定的泵的振动标准 GB/T 29531《泵的振动测量与评价方法》表 3 中规定的 B 级振动级别要求，电机的绝缘等级应不低于 F 级，防护等级应不低于 IP54。喷淋泵电机功率应满足喷淋泵特性曲线上最大流量下的功率要求，轴封应采用机械密封形式，叶轮应采用 AISI304 及以上等级的耐腐蚀材料制造，叶轮的加工工艺应避免出现锈蚀现象。喷淋泵进出口应设置柔性接头，出口应具有压力监测功能，前后应设置阀门，以便在不停运阀外冷却系统的情况下进行喷淋泵故障检修。

控制回路应具有对喷淋泵及电气回路等状态实时监测功能，异常时发出报警，应具有喷淋泵手动启停控制功能，宜根据进阀温度对喷淋泵进行自动启停控制，应具有喷淋泵定时切换、手动切换控制功能，应具有喷淋泵故障切换控制功能，换流阀解锁前，检测到喷淋水池液位低时禁止启动喷淋泵，发报警事件，同时置阀冷系统不具备运行条件。换流阀解锁后，检测到喷淋水池液位低时应允许启动喷淋泵，发报警事件。喷淋泵启动后出现喷淋水池水位低报警时，禁止停运喷淋泵。

（3）缓冲水池技术要求

缓冲水池有效容积应满足阀冷却系统 24h 的耗水要求，应进行防渗水设计，水池水深宜为 1.5～3.0m，具有液位实时监测功能，液位计应双重化配置，具有放空和溢流功能。缓冲水池顶部应设置排气孔，缓冲水池与喷淋泵坑间应做好防水封堵，水池内壁应采取措施以抑制微生物的生长，可采取贴瓷砖等措施。

（4）喷淋水水处理设备技术要求

喷淋水水处理设计方案，应根据喷淋水补充水和喷淋水的水量、水质要求，结合换热设备对污垢热阻值和腐蚀率的要求选择。为确保水质稳定，喷淋水水处理应设置反渗透装置或软化加药装置。考虑到环境保护，宜采用反渗透装置。

（5）反渗透装置技术要求

反渗透装置应包含预处理装置、保安过滤器、反洗增压泵、反渗透膜元件等，装置的产水量应能满足喷淋水对水量的要求，装置的回收率不小于 75%，一年内脱盐率不小于 98.5%，三年内脱盐率不小于 97%，反渗透膜元件设计寿命不小于 3 年。

（6）软化加药水处理装置技术要求

软化加药水处理装置应包括软化水处理装置、加药装置等，软化水处理装置产水量应能满足喷淋水对水量的要求，加药装置应含有杀菌灭藻剂和缓蚀阻垢剂等，所投加的药剂应为环保型药剂，喷淋水加药系统与化学药品接触的管道及附件、阀门材质应采用耐化学腐蚀材料。

（7）喷淋水水质要求

1）pH 值应在 6.8～8.0 之间。

2）硬度（以 $CaCO_3$ 计）应不大于 300mg/L。

3）总碱度应在不大于 300mg/L。

4）溶解性总固体应小于 1200mg/L。

5）氯化物应小于 125mg/L。

6）硫酸盐应小于 125mg/L。

7）电导率应小于 1800μS/cm。

（8）盐池或盐箱设备要求

盐池容量应能满足阀冷却系统运行一个季度的要求，应进行防腐蚀、防渗水设计，具有液位告警功能，液位开关应双重冗余配置。盐箱应采用 PE 材质，盐池和盐箱应设置盐液溢流管道。

2. 阀外风冷系统技术要求

外风冷系统应以换流阀厂家提供的冷却容量为依据，结合介质类型、介质流量、极端最高环境温度等进行设计。空冷器总冷却容量的裕度应不小于 20%（考虑污垢修正），布置应通风良好，远离高温或有害气体，综合噪声应不大于 85dB（A）。空冷器结构形式宜为水平鼓风式或引风式，应设置进水和出水联箱，每台管束进出口处应设置检修阀门，室外管道与联箱间宜采用软连接，风机和电机连接宜采用皮带传动或直连传动形式。

（1）空冷器管束及附属零件技术要求

空冷器管束数量应在满足换流阀额定冷却容量的基础上进行 $N+1$ 设计，即：N 台管束可满足换流阀额定冷却容量的要求，$N+1$ 台管束投入使用时总冷却容量的裕度应在 20% 以上（含污垢修正）。空冷器管束基管应采用 AISI 304L 及以上等级不锈钢材质，管束设计压力应不小于 1.6MPa，管束设计应便于将管束内的水顺利放空。空冷器宜装设用于检修的扶梯（或爬梯）、平台和护栏，鼓风式空冷器应设置有百叶窗，叶片材质宜采用铝合金，转轴采用耐腐蚀和耐磨材料。

（2）空冷器风机及电机配置要求

空冷器风机应设置风机就地检修开关，风机电机的绝缘等级应不低于 F 级，防护等级应不低于 IP55，配置的变频电机数量应不低于电机总数的 1/4，风机和轴使用寿命 L10 至少 131000h，空冷器风机叶片应采用高强度铝合金材质。应具有对风机电气回路、风机变频器等状态实时监测功能，异常时发出报警，宜具有变频风机就地强投、根据进阀温度对风机进行分组投退控制功能。

3. 复合式外冷系统技术要求

复合式外冷系统应包含空冷器和辅助冷却设备（如冷却塔、制冷主机及其他换热设备），应结合换流阀厂家提供的进阀温度高报警值、换流站所在地极端最高环境温度对空冷器进行 $N+1$ 设计，极端高温下，当空冷器一台管束故障时，阀冷系统仍应满足换流阀冷却需求。空冷器、冷却塔及喷淋系统技术要求参照外风冷系统与外水冷系统。

二、二次设备技术要求

（一）保护功能技术要求

1. 温度保护技术要求

应在内冷却循环系统装设三重化的进阀温度传感器，进阀温度保护按"三取二"原则出口，进阀温度超高动作后延时请求跳闸；应在内冷却循环系统装设双重化的出阀温度传感器，按照"二取一"的原则；当出阀温度高时发报警信号，不闭锁直流。

2. 流量压力保护技术要求

应在内冷却循环系统主管道上至少装设两个流量传感器，主循环泵出口后装设三重化的进阀压力传感器，主循环泵进口前装设双重化的出阀压力传感器；配置两台流量传感器时，其低、超低、高、超高保护应按"二取一"原则判定，当出现冷却水流量超低报警且进阀压力低时，延时发跳闸请求；当出现冷却水流量超低报警且进阀压力高报警时，延时发跳闸请求；当出现冷却水流量低报警且进阀压力超低报警时，延时发跳闸请求；当出现两台流量变送器均故障，且进阀压力低或高报警，延时发跳闸请求；配置三台流量传感器时，其低、超低、高、超高保护应按"三取二"原则判定，当出现冷却水流量超低报警且进阀压力低时，延时发跳闸请求；当出现冷却水流量超低报警且进阀压力高报警时，延时发跳闸请求；当出现冷却水流量低报警且进阀压力超低报警时，延时发跳闸请求；当出现三台流量变送器均故障，且进阀压力低或高报警，延时发跳闸请求；对三台进阀压力传感器，其低、超低、高、超高保护应按"三取二"原则判定；当出现三台进阀压力送器均故障，且冷却水流量低报警，延时发跳闸请求；主水流量保护跳闸延时应大于主泵切换不成功回切至原主泵运行的时间。

3. 液位保护技术要求

应在膨胀罐（高位水箱）装设三重化的电容式液位传感器，用于液位保护和泄漏保护；膨胀罐（高位水箱）液位传感器应按"三取二"原则判定，膨胀罐（高位水箱）液位低时延时报警，液位超低时延时发跳闸请求。

4. 泄漏保护技术要求

微分泄漏保护应按照膨胀罐（高位水箱）液位按"三取二"原则判定，泄漏采样和计算周期不应大于 2s，在 30s 内，当持续检测到液位下降速度超过换流阀泄漏允许值，且进阀温度变化值不超过设定值，发送跳闸请求，在收到换流阀闭锁信号后延时自动停止主循环泵；微分泄漏保护投报警和跳闸，渗漏保护仅投报警；对于采取内冷水内外循环运行方式的系统，当内外循环切换时应闭锁泄漏保护，防止液位在内外循环切换时发生变化导致泄漏保护误动；液位变化定值和延时设置应有足够裕度，防止内冷水温度及传输功率变化引起的液位波动而导致保护误动。微分泄漏保护应具备就地手动投退功能。

5. 定值整定原则

为了保证阀冷却系统的安全性和可靠性，阀冷却系统保护定值整定建议遵从以下原则。

（1）进阀温度跳闸定值：根据换流阀厂家提供的技术文档进行设定。

（2）进阀压力低、超低、高、出阀压力超低定值应由阀冷厂家根据泵的性能曲线和换流阀厂家提供的阀塔压降确定。

（3）冷却水流量超低、超高定值应根据换流阀厂家提供的冷却水流量低保护定值进行整定；冷却水流量高、低定值应根据换流阀厂家提供的流量要求范围或数值适当整定，跳闸延时时间建议为 10s。

（4）膨胀罐（高位水箱）液位低定值：建议跳闸值为额定液位高度的 10%，延时时间为 10s。

（5）泄漏定值应根据换流阀厂家提供的技术文档进行设定，建议延时时间为 30s。

6. 防误动和防拒动措施

传感器应具有自检功能，当传感器故障或测量值超范围时应能自动退出运行，防止保护误动。保护装置的测量回路、运算部件、出口回路以及电源回路应完全独立，防止单套系统或元件故障导致系统保护误动。每套保护装置的独立处理器应能完成阀冷却系统的所有保护功能。保护出口信号采用每套保护的两个出口均有效时才出口，防止误动；当另一套保护装置检修或故障时，单套保护装置应能正确出口，防止拒动。

7. 报警信号和事件记录

阀冷却保护装置应能向就地人机接口和后台监控系统发送报警和状态事件，至少包括：

（1）传感器故障事件。

（2）处理器、总线故障事件。

（3）测量板卡故障事件。

（4）报警或跳闸动作事件。

（5）主循环泵启动、停运、切换和故障事件。

（6）喷淋泵或冷却风机启动、停运和故障事件。

（7）加热器、补水泵、三通阀等设备启动、停运和故障事件。

（8）交流电源工作状态和故障事件。

（9）直流电源工作状态和故障事件。

（二）传感器采样技术要求

传感器配置及采样应满足如下要求：阀冷却控制保护系统应至少采集 3 路进阀温度、2 路出阀温度、2 路阀厅温度及 2 路阀厅湿度模拟量信号；阀冷却控制保护系统应至少采集 3 路膨胀罐（高位水箱）液位、1 路原水罐液位、2 路缓冲水池液位模拟量信号；阀冷却控制保护系统应至少采集 3 路进阀压力、2 路出阀压力、2 路冷却水流量、1 路去离子水流量模拟量信号；阀冷却控制保护系统应至少采集 2 路冷却水电导率、2 路去离子水电导率、2 路外冷喷淋水电导率模拟量信号；阀冷却控制保护系统三重化配置传感器，采样值应按"三取二"原则处理，即三个传感器均正常时，取采样值中最接近的两个值参与控制或保护；当一个传感器故障，两个传感器正常时，按"二取一"原则，取不利值参与控制或保护；当仅有一个传感器正常时，以该传感器采样值参与控制或保护。

（三）接口配置要求

1. 光信号接口要求

（1）通信内容

直流控制保护系统下发至阀冷控制保护系统的开关量应包括但不限于以下信号：

1）远方切换主泵（SWITCH_PUMP）。

2）换流阀解锁（DEBLOCK）。

3）主用直流控制系统（ACTIVE）。

4）通道异常监测信号（REC_CCPA_COM_IND、REC_CCPB_COM_IND）。阀冷控制保护系统上传至直流控制保护系统的开关量应包括但不限于以下信号：

a. 阀冷跳闸（TRIP）。

b. 阀冷系统可用（OK）。

c. 阀冷就绪（RFO）。

d. 阀冷主用系统（ACTIVE）。

5）通道异常监测信号（REC_VCCA_COM_IND、REC_VCCB_COM_IND）。阀冷控制保护系统上传至直流控制保护系统的模拟量应包括但不限于以下信号：

a. 阀厅温度（VALVE_HALL_TEMP）。

b. 进阀温度（VALVE_IN_TEMP）。

c. 出阀温度（VALVE_OUT_TEMP）。

d. 室外温度（OUTDOOR_TEMP）。

（2）光传输接口通信方式

光传输接口通信方式包括：

1）传输接口应冗余设置。

2）阀冷控制系统与换流器控制系统间所有开关量和模拟量均采用光信号通信，通信协议为 IEC 60044-8，传输速率 2.5Mbit/s，通信介质采用多模玻璃光纤，ST 或 LC 接口。

3）阀冷控制保护系统和直流控制保护系统通信规范应保持一致。

2. 通信接口要求

（1）通信内容

1）报警信息：应明确给出换流阀冷却系统故障位置、故障类型等信息。

2）状态信息：应明确给出换流阀冷却系统的运行等信息。

3）阀冷系统模拟量：应明确给出换流阀冷却系统模拟量测量值。

4）GPS 系统时间：应能通过直流控制保护系统下发的 GPS 时钟或站内GPS/北斗时钟对阀冷控制保护系统自动校时。

20

（2）通信方式

1）宜采用 Profibus-DP/IEC61850 通信协议。

2）信号通道宜采用波长 820um 的多模光纤。

3）宜交叉冗余地接入直流控保接口屏。

4）阀冷控制保护系统和直流控制保护系统通信规范应保持一致。

第二篇

河南晶锐技术阀冷却系统

第一章 河南晶锐技术阀冷却系统理论知识

第一节 系 统 概 述

河南晶锐技术阀冷却系统包括阀内冷系统和阀外冷系统两部分。阀内冷系统是一个密闭的循环系统，它通过冷却介质的流动带走换流阀产生的热量，其冷却介质通常采用去离子水。其中一小部分流经水处理回路，在这个回路中冷却介质被持续进行去离子和过滤。该系统具有如下特点：① 设置有自动补水回路，由控制系统根据高位水箱的水位自动启动补水；② 为便于在线检修，传感器探头是和冷却水直接接触的，且均设置有检修球阀；③ 关键表计如阀内冷系统冷却水进阀温度传感器采用三重化配置，保护采用三取二逻辑，动作可靠；④ 每个双重阀塔顶部总进出水管处设置软连接，防止阀塔运行时震动引起管道漏水；⑤ 重要设备或回路，如电加热器、主过滤器等进出口均有检修球阀且设置旁通回路，使加热器或主过滤器的检修维护不需要停运阀内冷系统即可在线进行；⑥ 循环泵电源采用双回路供电，且和其他设备电源完全分离，保证主循环泵电源具有较高可靠性；⑦ 控制回路、信号回路电源双重化配置。

阀外冷系统根据冷却方式的不同分为水冷、风冷以及复合式（水冷＋风冷）三种形式。阀外水冷系统是一个开放式的水循环系统，用经过软化处理的水通过冷却塔持续对阀内水冷系统管道进行冷却，降低阀内水冷温度。该系统具有如下特点：① 每个冷却塔配置两台喷淋泵，一用一备，具备定期和故障自动切换功能，具有很高的可靠性；② 设置了加药系统和旁滤循环回路，改善外冷水水质；③ 所有喷淋泵或外冷仪表都具有在线更换或检修条件。

由于受地区环境影响，部分换流站采用阀外风冷系统，使用大功率风扇对阀内水冷管道进行吹拂冷却。该系统回路简单，系统故障率相对较低；每组风机进出口设置检修蝶阀便于风机故障时隔离检修。

第二节　系统组成及功能

目前，灵宝站、拉萨站、苏州站、锦屏站、中州站、宜宾站、祁连站、伊克昭站、沂南站、绍兴站、雁门关站、施州站、泰州站、扎鲁特站、古泉站、豫南、姑苏站、金沙江站、康巴诺尔站、延庆站、云霄站、舟山柔直五站阀内冷系统均为河南晶锐提供的设备。本章以祁连换流站为例进行介绍，阀内冷系统流程图如图 2-1-1 所示，元件图例如表 2-1-1 所示。

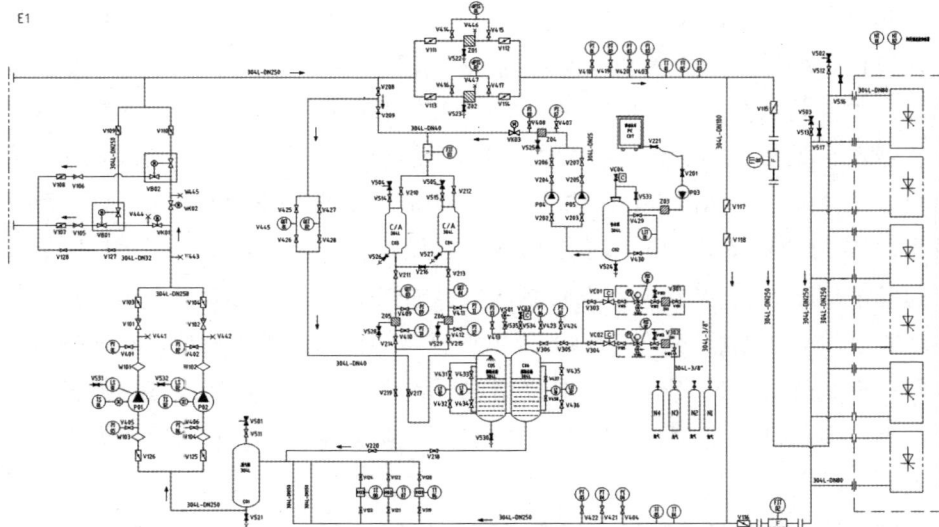

图 2-1-1　河南晶锐阀内冷系统流程图

一、阀内水冷系统

阀内冷系统主要由六部分组成：主循环回路、去离子回路、氮气稳压回路、补水回路冷却介质及管路、换流阀冷却，各个部分由以下主要元器件组成。

表 2-1-1 阀内冷系统元件图例

一、阀门

设备编号	作用
E1.V101.V102	止回阀，防止水倒流
E1.V103.V104	蝶阀，P01 主泵出口检修阀
E1.V105.V106	止回阀，防止水倒流
E1.V107.V108	室外换热器进口检修阀
E1.V109.V110	蝶阀，室外换热器旁通阀
E1.V111.V112	蝶阀，主过滤器 Z01 进口检修阀
E1.V113.V114	蝶阀，主过滤器 Z02 进口检修阀
E1.V115.V116	蝶阀，阀厅进口检修阀
E1.V125.V126	蝶阀，P01 主泵进口检修阀
E1.V117.V118	蝶阀，阀厅进口旁通阀
E1.V119.V120	球阀，电加热器 H1 检修阀
E1.V121.V122	球阀，电加热器 H2 检修阀
E1.V123.V124	球阀，电加热器 H3 检修阀
E1.V201	球阀，系统补水开关阀
E1.V202.V203	球阀，补水泵 P04 进口检修阀
E1.V204.V205	止回阀，防止水倒流
E1.V206.V207	球阀，补水泵 P04 出口检修阀
E1.V208	球阀，去离子回路开关阀
E1.V209	止回阀，去离子回路进口止回
E1.V210.V211	球阀，离子交换器 C03 进口检修
E1.V212.V213	球阀，离子交换器 C04 进口检修
E1.V214.V215	球阀，去离子回路过滤器 Z05 出口检修
E1.V216.V217	球阀，膨胀罐进口检修
E1.V218	球阀，膨胀罐检修旁通阀
E1.V219	球阀，去离子回路出口检修阀
E1.V221	球阀，移动水车出口开关阀
E1.V301.V302	氮气减压阀组件，氮气瓶出口气体减压
E1.V301.V101	针型阀，减压阀组件进口开关阀
E1.V301.Z01	气体过滤器，减压器入口氮气过滤器
E1.V301.V102	膜片阀，减压器组件吹扫阀

续表

设备编号	作用
E1.V301.V103	膜片阀，减压器组件三通阀，调节控制正常运行和吹扫
E1.V301.V104	气体减压器，氮气减压器
E1.V301.V105	膜片阀，减压阀组件出口开关阀
E1.V302.V101	针型阀，减压阀组件进口开关阀
E1.V302.Z01	气体过滤器，减压器入口氮气过滤器
E1.V302.V102	膜片阀，减压器组件吹扫阀
E1.V302.V103	膜片阀，减压器组件三通阀，调节控制正常运行和吹扫
E1.V302.V104	气体减压器，氮气减压器
E1.V302.V105	膜片阀，减压阀组件出口开关阀
E1.V303.V304	针型阀，电磁阀出口检修阀
E1.V305	针型阀，补气回路出口开关阀
E1.V306	球阀，补气回路出口检修阀
E1.V307	针型阀，除氧回路出口开关阀
E1.V308	止回阀，除氧回路出口止回阀
E1.V309	球阀，除氧气回路出口检修阀
E1.V401	球阀，主泵出口压力表 PI01 检修阀
E1.V402	球阀，主泵出口压力表 PI02 检修阀
E1.V403	球阀，进阀压力表 PI03 检修阀
E1.V404	球阀，出阀压力表 PI04 检修阀
E1.V405	球阀，主泵进口压力表 PI05 检修阀
E1.V406	球阀，主泵进口压力表 PI06 检修阀
E1.V407	球阀，补水过滤器 Z04 进口压力表 PI07 检修阀
E1.V408	球阀，补水过滤器 Z04 出口压力表 PI08 检修阀
E1.V409	球阀，去离子回路过滤器 Z05 进口压力表 PI09 检修阀
E1.V410	球阀，去离子回路过滤器 Z05 出口压力表 PI10 检修阀
E1.V411	球阀，去离子回路过滤器 Z06 进口压力表 PI11 修阀阀
E1.V412	球阀，去离子回路过滤器 Z06 出口压力表 PI12 修阀阀
E1.V413	球阀，膨胀罐压力表 PI13 检修阀
E1.V414.V415	球阀，主过滤器压差表 dPIS01 检修阀
E1.V416.V417	球阀，主过滤器压差表 dPIS02 检修阀
E1.V418	球阀，进阀压力传感器 PT01 检修阀

设备编号	作用
E1.V419	球阀，进阀压力传感器 PT02 检修阀
E1.V420	球阀，进阀压力传感器 PT03 检修阀
E1.V421	球阀，出阀压力传感器 PT04 检修阀
E1.V422	球阀，出阀压力传感器 PT05 检修阀
E1.V423	球阀，膨胀罐压力传感器 PT06 检修阀
E1.V424	球阀，膨胀罐压力传感器 PT07 检修阀
E1.V425.V426	球阀，电导率传感器 QIT01 检修阀
E1.V427.V428	球阀，电导率传感器 QIT02 检修阀
E1.V429.V430	球阀，原水罐液位传感器 LIT01 检修阀
E1.V431.V432	球阀，膨胀罐液位传感器 LT02 检修阀
E1.V433.V434	球阀，膨胀罐液位传感器 LT01 检修阀
E1.V435.V436	球阀，膨胀罐液位传感器 LT03 检修阀
E1.V437	球阀，膨胀罐液位计 LI01 检修阀
E1.V438	球阀，膨胀罐液位计 LI02 检修阀
E1.V441.V442	手动排气阀，主泵出口止回阀前手动排气
E1.V443.V444	手动排气阀，三通回路手动排气
E1.V445.V446	手动排气阀，主过滤器手动排气
E1.V501	自动排气阀，脱气罐顶部自动排气
E1.V502.V503	自动排气阀，阀厅管道最高点自动排气
E1.V504.V505	自动排气阀，离子交换器顶部自动排气
E1.V511	球阀，脱气罐顶部自动排气阀 V501 检修阀
E1.V512	球阀，阀厅管道最高点自动排气阀 V502 检修阀
E1.V513	球阀，阀厅管道最高点自动排气阀 V503 检修阀
E1.V514	球阀，离子交换器顶部自动排气阀 V504 检修阀
E1.V515	球阀，离子交换器顶部自动排气阀 V505 检修阀
E1.V516.V517	球阀，阀厅管道手动排气检修阀
E1.V521	球阀，脱气罐排空阀
E1.V522.V523	球阀，主过滤器排空阀
E1.V524	球阀，原水罐排空阀
E1.V525	球阀，补水过滤器排空阀
E1.V526.V527	球阀，离子交换器排空阀
E1.V528	球阀，去离子回路过滤器 Z05 排空阀
E1.V529	球阀，去离子回路过滤器 Z06 排空阀
E1.V530	球阀，膨胀罐排空阀
E1.V531.V532	球阀，主泵泄漏监测装置排空阀

续表

设备编号	作用
E1.V533	原水罐手动排气阀
E1.V534	电磁阀检修阀门
E1.V535	膨胀水箱安全阀检修阀
E1.V536.V537	主泵底部排空阀

二、传感器

设备编号	作用
E1.PI01、PI02	主泵出口压力就地显示
E1.PI03	进阀压力就地显示
E1.PI04	出阀压力就地显示
E1.PI05	主泵进口压力就地显示
E1.PI06、PI07	补水过滤器进/出口就地压力显示
E1.PI08～PI11	去离子回路过滤器进/出口压力就地显示
E1.PI12	膨胀罐压力就地显示
E1.PT01～PT03	进阀压力监测
E1.PT04、PT05	出阀压力监测
E1.PT06、PT07	膨胀罐压力监测
E1.dPIS01、dPIS02	主过滤器压差就地显示及开关报警
E1.PIS01、PIS02	氮气瓶出口压力就地显示及开关报警
E1.TT01～TT03	进阀温度监测
E1.TT04、TT05	出阀温度监测
E1.TT06～TT08	电加热器加热温度监测
E1.TS09、TS10	主循环泵电动机温度监测
E1.HT01、HT02	阀厅温湿度监测
E1.FIT01	进阀流量监测及就地显示
E1.FIT02	出阀流量监测及就地显示
E1.FIT03	去离子回路流量监测及就地显示
E1.LIT01	原水罐液位监测及就地显示
E1.LIT02	膨胀罐液位监测及就地显示
E1.LT01、LT02	膨胀罐液位监测
E1.LS01、LS02	主循环泵漏水监测
E1.QIT01、QIT02	主循环回路电导率监测
E1.QIT03、QIT04	去离子回路出口电导率监测
E1.OIT01	溶解氧监测

三、主要设备

设备编号	作用
E1.P01	循环泵,给主回路提供动力,与P02互为备用,每周自动切换一次
E1.P02	循环泵,给主回路提供动力,与P01互为备用,每周自动切换一次
E1.P03	原水泵,向系统提供原水
E1.P04.P05	当膨胀罐水位降低时,通过该泵将原水罐C02中的水打到内水冷系统
E1.H01.H02.H03	加热器,当水温太低时,为了防止水结冰,用来对水加热
E1.Z01.Z02	主管道过滤器,滤除水中的刚性颗粒
E1.Z03	系统原水进口过滤
E1.Z04	系统补水出口过滤
E1.Z05.Z06	离子交换器出口过滤,滤除可能从离子交换罐中破碎流出的树脂颗粒
E1.C01	脱气罐,顶部带有一个自动排气阀,排出冷却水中的气体
E1.C02	原水罐,用于向水冷系统补水
E1.C03.C04	离子交换器,吸附水中电解离子,维持内水冷低电导率
E1.C05.C06	膨胀罐,用于维持系统压力
E1.C07	移动水车,用于向原水罐内补水
E1.N1.N2.N3.N4	氮气瓶,用于给膨胀罐加压
E1.W101.02.03.04	波纹补偿器,防止电动机带动管道一起震动
E1.VC01.VC02	电磁阀,氮气回路开关控制
E1.VC03	电磁阀,膨胀罐排气开关控制
E1.VC04	电磁阀,原水罐排气、进气开关控制
E1.VK01.VK02	电动开关蝶阀,电动三通回路开关控制
E1.VK03	电动开关球阀,补水回路开关控制
E1.VB01.VB02	电动比例蝶阀,电动三通回路调节比例控制

(一)主循环回路

(1)主循环泵(E1.P01、E1.P02),为卧式离心不锈钢泵,一用一备,为换流阀闭环冷却系统中冷却介质的循环提供动力。每台主循环泵都具有检漏装置(E1.LS01、LS02),当发现主循环泵出口有轻微漏水时便可报警提示。

(2)主循环回路机械过滤器(E1.Z01、Z02),精度为100μm,采用不锈钢烧结网滤芯,一用一备,作用为防止刚性颗粒进入阀体。在过滤器进出口设置电接点压差表，可监测主过滤器的堵塞程度。

（3）脱气罐（E1.C01），置于主循环冷却水回路主循环泵进口，罐顶设自动排气阀，可彻底排出冷却水中气体。

（4）电加热器（E1.H01、H02、H03），为了防止在冬季因冷却水温度过低，在换流阀水管外壁上凝露。

（二）去离子回路

（1）离子交换器（E1.C03、C04），内装长效高交换量免维护离子交换树脂，对流经该回路的冷却介质进行去离子处理，达到长期维持极低电导率的目的。

（2）精密过滤器（E1.Z05、Z06），精度 5μm，采用可更换滤芯方式，置于离子交换器出口，防止离子交换器中树脂或其他杂质进入主循环回路。

（三）氮气稳压回路

氮气稳压回路由膨胀罐、氮气瓶等组成。膨胀罐顶部充有稳定压力的高纯氮气，用以保持管路的压力恒定和冷却介质的充满。

（1）膨胀罐（E1.C05、C06），罐体共 2 个，用于缓冲冷却水因温度变化而产生的容量变化。配置一台磁翻板式液位计和两台电容式液位变送器，装在膨胀罐外侧，可显示膨胀罐中的液位及通过 PLC 发出液位报警信号。

（2）氮气系统，氮气管路主要由减压阀、补气电磁阀、排气电磁阀、安全阀、氮气瓶及监控仪表等组成。氮气瓶共 4 台。氮气补气回路双重化配置，其中一路有故障可切换至另一路运行。

（四）补水回路

（1）原水罐（E1.C02），用于存储补充介质，设置可视液位传感器。当膨胀罐液位降至设定点时，PLC 指令报警，此时应开始补水。当原水罐液位低于设定值时，提示操作人员启动原水泵补水，维持补水箱中的液位。

（2）补水泵（E1.P04、P05），2 台，互为备用，当膨胀罐水位降低时，通过补水泵将原水罐 E1.C02 中的水补到膨胀罐中。

（3）原水泵（E1.P03），1 台，当原水罐液位下降至设定点，PLC 系统会及时报原水罐液位低报警提示，此时需从人机界面上手动启动原水泵向原水罐补水。

（4）移动补水车（E1.C07），方便灵活，当需要向原水罐中补水时，与原水泵对接，可方便补水。

（5）原水过滤器（E1.Z03），Y 型过滤器，过滤精度 100μm，用于过滤向原水罐补充的冷却介质中的杂质。

（6）补水过滤器（E1.Z04），精度 10μm，采用可更换滤芯方式，置于补水泵出口，过滤内冷系统补充介质的杂质，并在过滤器进出口设置就地显示的压力表，可方便观察补水过滤器是否堵塞。

（五）冷却介质及管路

管路与管道件采用自动氩弧焊接、经精细打磨工艺而成，无可见斑痕，内部经多道清洗，通过严格的耐压试验。现场管道安装采用厂内预制、现场装配的形式，杜绝了现场焊接后处理不善造成的一系列隐患。管路系统实施可靠接地，保持等电位，以杜绝可能产生的电腐蚀现象。

由于在高电压条件下工作，为避免冷却介质中存在杂质离子，导致各元件之间形成漏电流，要求冷却介质具有很低的电导率。为保持介质的高纯性，循环管路均采用 304L 以上材质不锈钢管。

管道系统的最高位置设有特殊设计的自动排气阀，能自动有效地进行汽水分离和排气功能，保证最少的液体泄漏。同时为方便检修、维护及保养，水冷系统管道的最低位置设置了排污口、紧急排放口等。

二、阀外水冷系统

目前在运的苏州站、锦屏站、中州站、宜宾站、沂南站、绍兴站、施州站、泰州站、古泉站、豫南站、姑苏站、云霄站、舟山柔直五站阀外水冷系统均为河南晶锐提供的设备。本书以绍兴换流站为例进行介绍，阀外水冷系统流程图如图 2-1-2 所示（见文后插页），元件图例如表 2-1-2 所示。

阀外水冷系统主要由冷却塔及其辅助系统组成。各个部分由以下主要元器件组成。

（一）冷却塔

冷却塔（FXV01、FXV02、FXV03）主要由换热盘管、换热层、动力传动系统、水分配系统、检修门及检修通道、集水箱、底部滤网等组成。冷却塔作为阀冷却系统的室外换热设备，将被换流阀加热的冷却介质降温，以使其温度在进阀的允许范围内。

（1）换热盘管，采用高规格不锈钢管，盘管与联箱处采用焊接连接。

表 2-1-2　　　　　　　　　　阀外冷系统元件图例

一、阀门

设备编号	作用
E3.VK02	电动开关蝶阀，全自动软水器泄压开关控制
E3.VK01	电动开关蝶阀，喷淋补水回路出口开关控制
E3.V502	球阀，自动排气阀检修阀
E3.V501	自动排气阀，过滤器顶部自动排气阀
E3.V401 - V403	球阀，仪表检修阀
E3.V309	球阀，砂滤器出口水质取样阀
E3.V308	球阀，喷淋系统排水开关阀
E3.V307	截止阀，喷淋系统排水量调节阀
E3.V305、V306	蝶阀，旁滤循环水泵出口检修阀
E3.V303、V304	旁滤循环水泵出口止回阀
E3.V301、V302	蝶阀，旁滤循环水泵进口检修阀
E3.V221、V222	球阀，水质取样阀
E3.V210	截止阀，全自动软水器泄压压力调节阀
E3.V209	球阀，全自动软水器旁通检修阀
E3.V205 - V208	球阀，全自动软水器检修阀
E3.V203、V204	球阀，喷淋补水过滤器检修阀
E3.V201、V202	球阀，全自动反清洗过滤器检修阀
E3.V101	蝶阀，喷淋补水进口检修阀
E2.W301 - W303	冷却塔外冷水进口软连接，管道位移补偿
E2.W201 - W212	软连接，喷淋泵进出口位移补偿
E2.W101 - W106	软连接，冷却塔内冷水进出口位移补偿
E2.V409 - V414	球阀，冷却塔检修排空阀
E2.V407、V408	球阀，自动排气阀检修阀
E2.V405、V406	冷却塔进、出管道自动排气阀
E2.V401 - V404	球阀，手动排气阀
E2.V301 - V303	球阀，电接点压力表检修阀
E2.V213 - V218	蝶阀，喷淋泵出口检修阀
E2.V207 - V212	喷淋泵出口止回阀
E2.V201 - V206	蝶阀，喷淋泵进口检修阀
E2.V101 - V112	蝶阀，冷却塔进、出口检修阀

二、传感器

设备编号	作用
E3.TT01	喷淋水温度监视
E3.FIT04	砂滤反洗排水流量检测
E3.FIT03	喷淋补水流量检测
E3.LS01－LS04	集水池液位监视
E3.QIT01	喷淋系统排水电导率监测
E3.FIT02	喷淋系统排水流量检测
E3.FIT01	喷淋补水回路流量检测
E3.PI01	砂滤器底部压力监测
E3.PIS01	软水器进口压力就地显示及电接点输出
E3.PIS02	砂滤器进口压力就地显示及电接点输出
E2.TT01、TT02	室外环境温度监视
E2.LT01、LT02	喷淋水池液位监视
E2.PIS01－PIS03	喷淋泵出口就地显示及电接点输出

三、主要设备

设备编号	作用
E3.Z03	喷淋水系统循环过滤
E3.Z02	喷淋补水进口备用过滤器
E3.Z01	喷淋补水预处理
E3.J01－J04	加药装置，对外冷水进行杀菌降噪、阻垢等处理
E3.C03、C04	软水器再生所需盐液容器
E3.C01、C02	外冷软化水处理
E3.P03、P04	集水池排水
E3.P01、P02	循环泵，给旁滤循环水提供动力，每两台互为备用，每周自动切换一次
E2.P01－P06	循环泵，给外冷喷淋水提供动力，每两台互为备用，每周自动切换一次
E2.FXV01－FXV03	闭式冷却塔，对内冷水进行喷淋散热

（2）热交换层，填料和热交换盘管布局合理，高效换热，又便于运行。

（3）动力传动系统，风扇电动机采用全封闭式电动机，防潮效果好。风机与电动机间采用经典的皮带传动方式。

（4）水分配系统，水分配系统由喷淋泵、喷淋给水管道及管道附件、喷淋布水系统、喷嘴等组成。在冷却塔本体内主要有喷淋水分配管道和喷嘴组成。

（5）检修门及检修通道，向内转动的检修门配备易于栓锁的门手柄，使设备维护检修十分方便，宽敞的内部检修通道和工作空间使设备维护检修十分方便。

（6）集水箱，相对独立地置于塔体底部中央，倾斜式设计，保证水可顺利流入排水口且便于清理。

（7）底部滤网，设置在冷却塔底部出水口，过滤掉外界带来的树叶、杂草、小昆虫、灰尘、杂质等，保证进入地下水池的水干净无杂质。不锈钢滤网可拆卸，方便维护清洗。

（二）冷却塔辅助设备——喷淋水系统

喷淋水系统是闭式冷却塔正常运行的重要保障，包括喷淋系统、喷淋水自循环水处理回路、喷淋水补水回路、喷淋水加药系统、平衡水池及排污系统等。

1. 喷淋系统

（1）喷淋泵（P01、P02、P03、P04、P05、P06），选用卧式离心优质水泵，每台闭式冷却塔均配置两台喷淋循环水泵，每台水泵均为100%的容量，不锈钢316材质，互为备用。

（2）喷淋水管道及其管道附件，为保证水质，管道、阀门均采用优质不锈钢，确保系统的高稳定性与可靠性，为方便检修和维护，在泵的入口端设置泄空阀以彻底排空喷淋管道中的水。为实时监视喷淋泵运行情况，在喷淋泵出口设置带压力报警功能的压力表（PIS01～PIS03）。

2. 平衡水池

为了保证冷却塔喷淋水的稳定性和可靠性，室外设置地下水池，水池中配有液位传感器（LT1、LT2）和液位开关（L11～L13），便于检测液位。为了保证冷却塔喷淋水的稳定性和可靠性，室外将设置一大约能储存24h用水量的地下水池。

3. 喷淋水补水回路

喷淋水的补水回路主要由全自动反冲洗过滤器和软水器组成。其具体流程为：原水（自来水）首先通过全自动反冲洗过滤器去除水中的微生物、悬浮物等杂质，再经过全自动软水器降低原水的硬度。

（1）全自动反冲洗过滤器（F02），为了防止自来水中的杂质进入软化水装置，损伤树脂影响出水水质，在软化水装置的进口设置了全自动反冲洗过滤器，过滤自来水中的杂质。

（2）全自动软水器（G1、G2）主要由三部分组成：集中控制系统、离子交换器及再生系统。离子交换罐选用优质不锈钢罐，内衬防腐层。

4. 喷淋水自循环水处理回路

喷淋水反复不停地经过密闭式冷却塔的蒸发而被浓缩，为了避免因喷淋水中杂质过多、菌类的滋生，缓冲水池的水通过旁路循环管道进行过滤。旁路过滤系统主要由旁滤泵，过滤器和水处理装置，管道及管道附件等部分组成。

（1）砂滤器（F01），具有良好的耐腐蚀性，碳钢本体经磷酸盐预处理，内外层多层环氧树脂涂料防腐。

（2）旁路循环水泵（P41），采用卧式离心不锈钢泵，PLC 系统控制水泵定期自动运行。当水质传感器检测到水池内水质的浓缩倍数达到额定值时，将信号反馈给控制系统，排水阀打开排水，浓缩倍数达到要求后关闭排水阀，以保证喷淋水水质在要求的范围内。

5. 喷淋水加药系统

为了避免或减轻沉积物的产生，防止传热效率的降低，延长闭式冷却塔的使用寿命，必须防止垢的产生和微生物的滋生，对喷淋水采取水质稳定处理工作。加药装置设置两套，其中一套加药装置投加非氧化性杀菌灭藻剂（BIOSPERSE2500），进行日常的微生物控制。氧化型杀菌灭藻剂（BIOSPERSE261T），白色片状，用尼龙网兜包裹住置于冷却塔底部积水盘内，每个冷却塔中放置这样的网兜一个，若藻类滋生严重，剂量可增大。另一套加药装置投加缓蚀阻垢剂（DG308），降低污垢沉积速率及设备腐蚀率。

6. 排污系统

通过排水泵（P51、P52）将集水池的污水排到室外接水井。排水泵（P51、P52）采用潜水泵形式，一用一备，安装在集水池中，根据集水池液位高度启动一台或两台排水泵。

三、阀外风冷系统

目前，在运的灵宝站、拉萨站、金沙江站的阀外风冷系统均为河南晶锐提供的设备。本章以银川东换流站为例进行介绍，阀外风冷系统流程图如图 2-1-3 所示（见文后插页），元件图例说明如表 2-1-3 所示。

阀外风冷系统主要由三大部分组成：空冷器、电加热器、管路及阀门。各个部分由以下主要元器件组成。

（一）空冷器

空冷器（TC1～TC8）主要由换热管束、管箱、风机、构架、楼梯、栏杆、检修平台、百叶窗等组成。空冷器作为阀冷却系统的室外换热设备，对阀内水冷系统冷却介质进行冷却，将进阀温度控制在允许范围内。空冷器选用水平鼓风式，由 8 台管束组成，$N+1$ 配置，直流额定负荷运行时 7 台管束即可以满足额定冷却容量需求，在正常情况下，8 台空冷器均投入运行。空冷器进出口都设置检修阀，为方便安装采用金属软管连接。进出口管道最高点设置排气阀，低处设置排空阀。

1. 换热管束

阀内水冷在换热管束内流通，通过风机的吹拂对阀内水冷管道降温。风机采用水平鼓风式，设置了一定的坡度，以便管束内的水顺利放空，保证冬季设备不运行时防冻的需要。

2. 管箱

在阀内水冷管道进出空冷器处设置管箱，对阀内水冷冷却液进行分流汇流，同时对换热管束进行固定。管箱采用不锈钢材质，为了便于管束的维修，管束管箱均采用丝堵结构。

3. 风机

加快空冷器内空气流动，对换热管束进行冷却。采用高效低噪声变频调速风机，风机叶片采用高强度优质铝合金材质，使用寿命长。轮毂及风筒等可采用钢制（Q235B），风机与电动机采用皮带传动。

4. 百叶窗

防止灰尘、雨雪进入换热管束影响散热效果，同时可防止异物落入空冷器内。百叶窗为手动调节型。

（二）电加热器

为了防止环境温度较低、系统负荷较小时，阀内水冷温度过低，在空冷器总出口处的不锈钢罐体内设置 3 台电加热器（H），用于对内水冷冷却液进行加热，每台功率为 60kW。在电加热器进出口均设置截断用的不锈钢阀门（V2，V3），在检修时可以方便地关掉相应阀门，并设置温度开关（TS1），进行进阀温度保护。

（三）管路及阀门

管路与管道件采用自动氩弧焊接、经精细打磨工艺而成，外部亚光处理，无可见斑痕，内部经多道清洗，通过严格的耐压试验。现场管道安装采用厂内预制、现场装配的形式，杜绝了现场焊接后处理不善造成的一系列隐患。管路系统实施可靠接地，保持等电位，以杜绝可能产生的电腐蚀现象。管路及阀门均采用不锈钢 304 及以上材质。

表 2-1-3　　　　　　　　　　阀外冷系统元件图例

一、阀门

设备编号	作用
V31～V38	蝶阀，蝶阀，空冷器各台管束进出口检修阀，常开
V39～V41	蝶阀，外冷电加热器检修阀
V42	截止阀，空冷器流量调节阀
W31～W38	金属软管，空冷器进出口管束位移补偿
W39～W40	金属软管，空冷器管道位移补偿
V50～V51	球阀，空冷器排空阀，常闭
V52	球阀，电加热器罐体排空阀
V53～V54	球阀，冷却塔排气阀检修
V1～V3	蝶阀，外冷电加热器检修阀
V4、V5、V10	球阀，排空阀，常闭
V8、V9	球阀，自动排气阀检修阀，常开
V6、V7	自动排气阀
V11～V18	蝶阀，空冷器管束进口检修阀
V20～V28	蝶阀，空冷器管束出口检修阀
W11～W28	金属软管，空冷器管束进口软连接，用于位移补偿
W19～W20	金属软管，空冷器进、出口位移补偿

二、传感器

设备编号	作用
TT4	温度传感器，外冷电加热器加热效果监测
TT1～TT2	温度传感器，外冷管道冷却水温度监测
TT3	室外温度传感器
TS1	电接点温度计，外冷电加热器加热效果监测

三、主要设备

设备编号	作用
AC1～AC4	空冷器管束，对内冷水进行鼓风散热
H01～H02	加热器，当水温太低时，为了防止水结冰，用来对水加热
Z1	Y型过滤器，滤除水中的刚性颗粒
TC1～TC8	空冷器管束，对内冷水进行鼓风散热
H	加热器，当水温太低时，为了防止水结冰，用来对水加热

四、复合式外冷系统

目前，在运的祁连站、伊克昭站、雁门关站、扎鲁特站、康巴诺尔站、延庆站的复合式外冷系统均为河南晶锐提供的设备。本章以祁连换流站为例进行介绍，复合式外冷系统流程图如图 2-1-4 所示（见文后插页），元件图例说明如表 2-1-6 所示。

复合式外冷系统主要由四大部分组成：空冷器、电加热器、冷却塔及其辅助系统、管路及阀门组成。各个部分由以下主要元器件组成。

（一）空冷器

空气冷却器（M11～M81）由换热管束、风机、电机、风筒、风箱、构架、操作检修平台、百叶窗、阀门及管路等组成。换热管束采用水平鼓风式换热管束，换热管束为不锈钢翅片管，管材选用不锈钢 304L。空气冷却器风机采用水平鼓风形式布置，为方便控制采用变频调速高效低噪声风机，风机叶片采用高强度优质铝合金材质，使用寿命长。轮毂采用 45#钢，风筒等采用钢制（Q235B）。室外布置的风机电机内部需要安装电加热带，避免当设备停运时，造成电机绕组表面冷凝。风机所配电机采用优质电机，其防护等级为 IP55 以上。轴承采用进口优质轴承，并加注耐低温润滑油脂，以保证长期运行平稳及防冻；每个风机就地设置就地启、停安全开关，其防水等级为 IP65 以上。

（二）闭式冷却塔及其辅助系统

闭式冷却塔作为冷却系统中最重要的部件之一，主要包括：换热盘管、换交热层、动力传动系统、水分配系统、检修门及检修通道、集水箱、底部滤网等。冷却塔盘管采用高规格 316L 不锈钢管，每组换热管先经过预检和压力实验，合格后再组装，组装完成后在水中进行 2.5MPa 的气压实验，使得盘管在运行中可承受系统压力以确保无泄漏，同时足以承受在冬季运行设备停机期间结冰造成对盘管的压力影响。

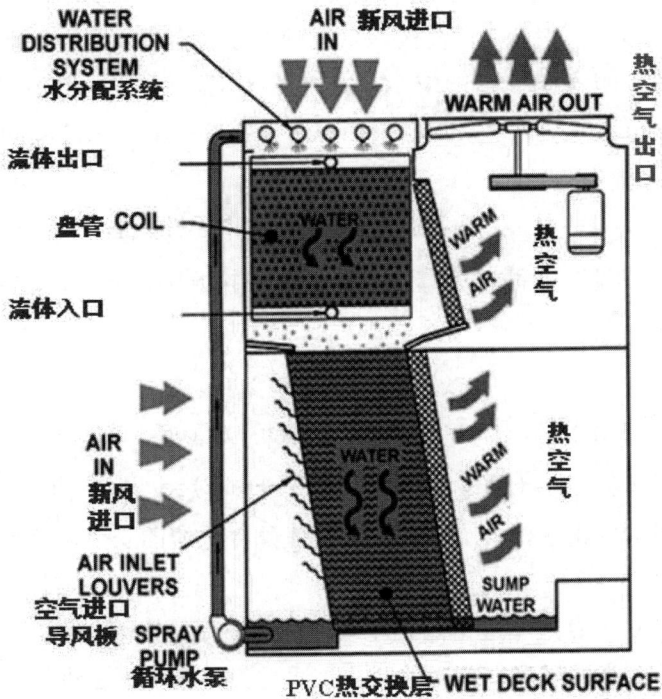

图 2-1-5　闭式冷却塔工作原理示意图

每台冷却塔配置有两台能够变频调速的风机，每一台风机单独配备一台电机。风扇电机采用全封闭式电机。风机与电机间采用经典的皮带传动方式。冷却塔底部出水口设置有不锈钢滤网，保证进入地下水池的水干净无杂质。不锈钢滤网可拆卸，方便维护清洗。

（三）喷淋水回路

喷淋回路主要由冷却塔、喷淋泵、喷淋水输送管道及管道附件、喷淋水池（满足 24h 用水量）等组成。喷淋泵共 4 台，分为 2 组，每组两台，互为备用，工作电源为 AC380V、50Hz，可自动切换。同时，为了实时在线监测泵的运行状态，在每组泵的出水口前安装有一只电接点压力表。

喷淋水的补水系统主要由喷淋补水过滤器、全自动过滤器和软水器组成。其具体流程为原水（自来水）首先通过喷淋原水泵驱动进入全自动反冲洗过滤器去除水中的微生物、悬浮物等杂质，再经过全自动软水器降低原水的硬度后，最终进入缓冲水池，软水器再生时直接从盐箱吸盐。

喷淋补水量由蒸发水量、排污水量及辅助设备自用水量（如全自动反冲洗过滤器）组成。闭式冷却塔 FXV-Q421 额定工况运行下的蒸发损失可由 BAC 厂家提供的公式计算，在 5℃热岛效应下所需要冷却塔提供的辅助冷却容量最大，为 443kW。

$$Q_{蒸发水量} = 3.6 Q_{冷却容量} / 2400 = 0.67 \text{m}^3/\text{h} \qquad (2-1-1)$$

排污水量根据工业循环冷却水设计规范，按照喷淋水循环水量的 0.5% 计算，则排污水量

$$Q_{排污水量} = 0.22 \text{m}^3/\text{h} \qquad (2-1-2)$$

考虑设备自用水量，外冷系统的补水量可以通过下式计算

$$Q_{补水量} = 1.1(Q_{排污水量} + Q_{蒸发水量}) = 1.1 \times (0.67 + 0.22) = 0.98 \text{m}^3/\text{h} \qquad (2-1-3)$$

为了及时向喷淋水池补充新鲜水，保证外冷系统的安全可靠性，设计补水量取为 5m³/h。

喷淋水反复不停地经过密闭式冷却塔的蒸发而被浓缩，为了避免因喷淋水中杂质过多、菌类的滋生，缓冲水池的水通过旁路循环管道进行过滤。旁路过滤系统主要由旁滤泵，过滤器和水处理装置，管道及管道附件等部分组成。系统配有 2 台旁路循环水泵（P01，P02），选用 AMIAD 砂介质过滤器。为保证喷淋水水质稳定，采用喷淋水加药方案，药剂采用环保型药剂。根据循环冷却水特点和药剂的特性在实际工程中多采用氧化性杀生剂与非氧化性杀生

剂的交替使用的方法即：采用氧化性杀菌剂进行日常的微生物控制，结合周期性投加非氧化性杀菌剂来控制系统的微生物问题，这样既可以有效控制微生物，防止产生抗药性，而且还具有处理费用低、性价比高等特点；在阻垢方面，采用无磷系列的缓蚀阻垢剂，能够有效地降低污垢沉积速率及设备腐蚀率。

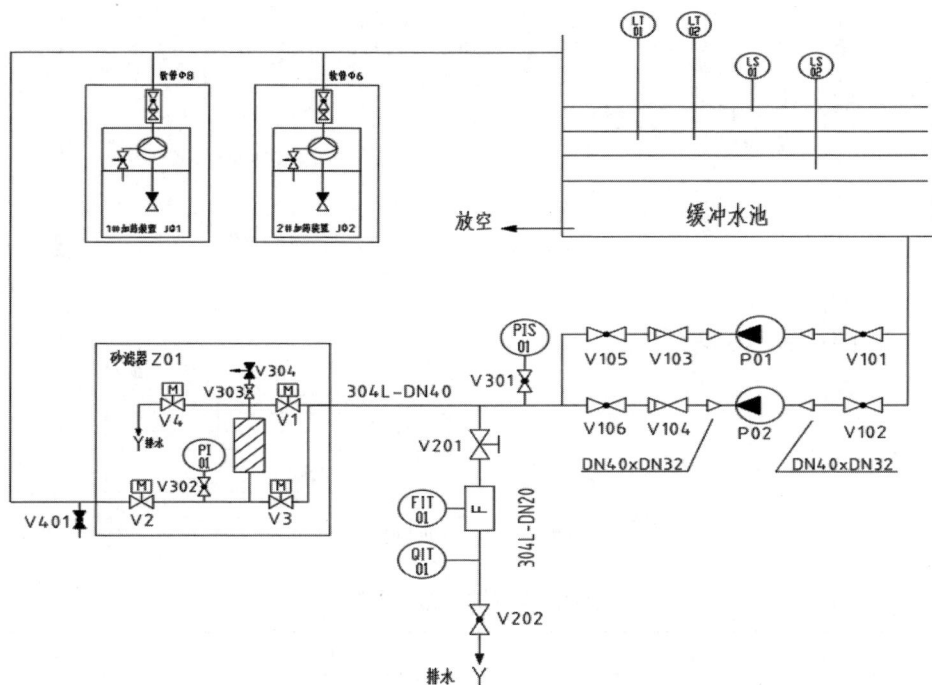

图 2-1-6　喷淋水自循环水处理回路

（四）软水回路

1. 全自动反冲洗过滤器

为了防止自来水中的杂质进入软化水装置，损伤树脂影响出水水质，在软化水装置的进口设置了全自动反冲洗过滤器，过滤自来水中的杂质。

当水通过过滤机的粗滤网后进入细过滤室，杂质在细滤网上逐渐堆积形成一层滤饼。于是在细网的内部与外部产生压力差，当此压力差达到预先设定值，反冲洗控制器控制液压阀和液压缸活塞控制过滤器开始反冲洗。整个冲洗过程小于 10s。

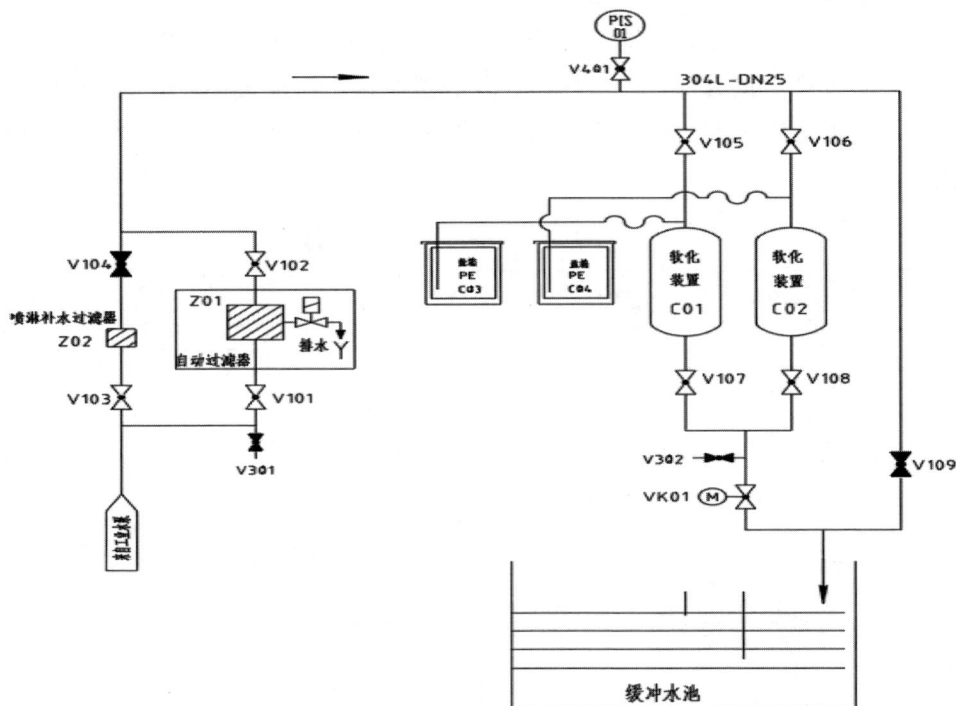

图 2-1-7 软水回路

表 2-1-4 全自动反冲洗过滤器参数

序号	参数名称	参数信息	单位
1	过滤精度	100	μm
2	过滤流量	5	m³/h
3	工作压力	0.15~2.5	MPa
4	工作温度	2~70	℃
5	最高工作压力	2.5	MPa

2. 全自动软水器

全自动软水器主要由三部分组成：集中控制系统、离子交换器、再生系统及管路系统等，离子交换罐选用优质不锈钢罐，内衬防腐层。盐箱选用耐腐蚀、耐火阻燃的 PE 材质。全自动软化水装置采用双台配置，根据补水量的大小可以双台同时工作，或一用一备。出水水质硬度可达到≤0.03mmol/L，这作为防止喷淋水结垢的第一道把关措施。

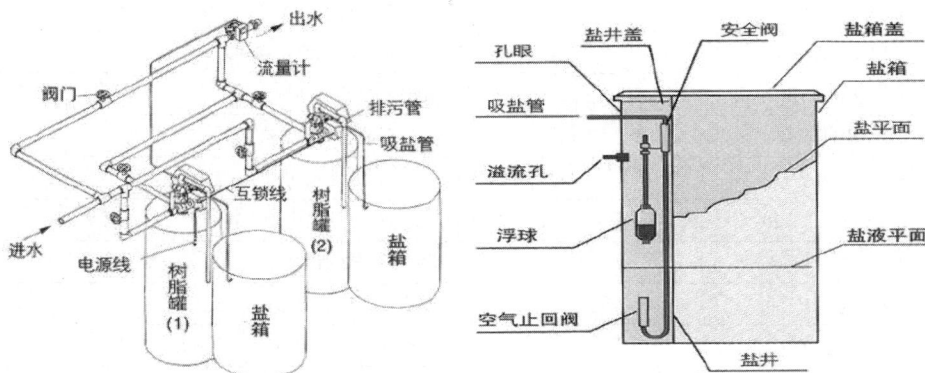

图 2-1-8　全自动软水器及盐箱结构示意图

表 2-1-5　　　　　　全 自 动 软 水 器 参 数

序号	参数名称	参数信息	单位
1	出水量	>7.5	m³/h
2	软化水硬度	≤0.03	mol/L
3	控制阀	美国 FLECK	
4	树脂	美国罗门哈斯树脂	
5	树脂罐	$\phi 600 \times 1800$	mm
6	盐箱	1000	L

表 2-1-6　　　　　　阀外冷系统元件图例

一、阀门

设备编号	作用
E2.V121	蝶阀，冷却塔旁通阀，常闭
E2.V117-V120	蝶阀，冷却塔金属软管检修阀，常开
E2.V109-V116	蝶阀，管束金属软管检修阀，常开
E2.V101-V108	蝶阀，空冷器各台管束进口检修阀，常开
E2.V201、V202	球阀，空冷器排空阀，常闭
E2.V203-V206	球阀，冷却塔排空阀，常闭

续表

设备编号	作用
E2.V301、V302	球阀，空冷器排气阀，常闭
E2.V303、V304	球阀，冷却塔排气阀，常闭
E2.V401、V402	空冷器进水总管自动排气阀
E2.V403、V404	自动排气阀检修阀，常开
E2.W101－W116	空冷器管束进、出口软连接，用于位移补偿
E2.W117－W120	冷却塔进、出口软连接，用于位移补偿
E2.V131－V146	蝶阀，管束金属软管检修阀，常开
E2.V147－V150	蝶阀，冷却塔金属软管检修阀，常开
E3.V101、V102	球阀，全自动过滤器进出口检修阀，常开
E3.V103、V104	球阀，喷淋补水过滤器进出口检修阀
E3.V105－V108	球阀，软水器进出口检修阀，常开
E3.V109	球阀，软水器旁路检修阀，常闭
E3.V201－V204	蝶阀，喷淋泵进口检修阀，常开
E3.V205－V208	喷淋泵出口止回阀
E3.V209－V212	蝶阀，喷淋泵出口检修阀，常开
E3.V301、V302	球阀，喷淋补水取样阀，常闭
E3.V303、V304	球阀，喷淋水管排空阀，常闭
E3.V305	球阀，喷淋总管排空阀，常闭
E3.V306	球阀，喷淋总管排气阀，常闭
E3.V401－V403	球阀，电接点压力表检修阀
E3.VK01	电动开关蝶阀，喷淋水补水开关控制
E3.W101－W104	软连接，喷淋泵进口位移补偿
E3.W105－W108	软连接，喷淋泵出口位移补偿
E3.W201、W202	软连接，冷却塔喷淋管软连接
E4.V101、V102	止回阀，排水泵出口止回
E4.V103、V104	球阀，排水泵出口检修阀，常开
E5.V101－V108	球阀，外冷电加热器进出口检修阀，常开
E5.V201	球阀，电加热器管底部排空阀，常闭
E5.V301	球阀，自动排气阀检修阀，常开
E5.V302	自动排气阀，系统自动排气
E6.V101、V102	球阀，旁滤泵入口检修阀，常开

续表

设备编号	作用
E6.V103、V104	止回阀，旁滤泵出口止回
E6.V105、V106	球阀，旁滤泵出口检修阀，常开
E6.V201	截止阀，喷淋水排水流量调节
E6.V202	球阀，喷淋水排水支路检修，常开
E6.V301	球阀，电接点压力表检修阀，常开
E6.V302	球阀，砂滤器出口压力表检修阀，常开
E6.V303	球阀，自动排气阀检修阀，常开
E6.V304	自动排气阀
E6.V401	球阀，取样阀，常闭

二、传感器

设备编号	作用
E2.TT01、TT02	外冷管道冷却水温度监测
E2.TT01、TT02	外冷管道冷却水温度监测
E3.PIS01	砂滤器进口压力就地显示及电接点输出
E3.PIS02－PIS03	喷淋泵出口压力就地显示及电接点输出
E3.FIT01	喷淋补水流量检测
E3.LT01、LT02	缓冲水池液位检测
E3.LS01、LS02	缓冲水池液位检测
E3.TT01、TT02	室外环境温度传感器
E4.LS01、LS02	集水池液位监视
E5.TT01－TT04	外冷电加热器加热效果监测
E6.PIS01	砂滤器进口压力就地显示及电接点输出
E6.PI01	砂滤器出口压力就地显示
E6.FIT01	喷淋水排水流量监测
E6.QIT01	喷淋水排水电导率监测

三、主要设备

设备编号	作用
E2.FXV01、FXV02	闭式冷却塔，对内冷水进行喷淋散热
E2.AC01－AC08	空气冷却器，对内冷水进行鼓风散热

续表

设备编号	作用
E3.P01–P04	循环泵，给外冷喷淋水提供动力，每两台互为备用，每周自动切换一次
E3.C01、C02	外冷软化水处理
E3.C03、C04	软水器再生所需盐液容器
E3.Z01	水质预处理
E3.Z02	备用过滤器
E3.J01、J02	加药装置，对外冷水进行杀菌降噪、阻垢等处理
E6.P01、P02	循环泵，给旁滤循环水提供动力，每两台互为备用，每周自动切换一次
E6.Z01	喷淋水系统旁滤循环处理

第三节 系统控制及保护

一、阀冷却系统控制

换流阀冷却控制保护系统是换流阀冷却系统的神经中枢，换流阀冷却系统运行的数据信息上传到控制保护系统，控制保护系统对采集到的信息进行逻辑性分析判断，进而对换流阀冷却系统设备进行控制，确保换流阀冷却系统正常运行。同时，控制保护系统将设备运行状态、采集量、报警信息等数据传送到人机接口界面和远程工作站，以便运维人员集中监控。它起着以下几个方面的重要作用：

（1）对换流阀冷却系统设备的运行状态进行监视，采集来自各个采样传感器的重要数据，如流量、压力、温度、水位和电导率等，起到监视功能。

（2）对参数超限及设备故障进行逻辑判据，并根据情况发出报警和跳闸信号，起到保护功能。

（3）根据换流阀冷却系统运行状态对换流阀冷却系统设备进行自动控制，如主循环泵、喷淋泵的定期切换，冷却塔风机启停等，起到控制作用。

（4）通过现场总线与高压直流控制系统进行通信，起"上传下达"的作用。一方面上传换流阀冷却系统的实时监视信息和故障信息；另一方面，通过高压直流控制系统，实现换流阀冷却系统的远方控制功能。

（5）实现换流阀冷却控制保护系统定值修改、设备就地控制等操作。

控制系统通信网络冗余设计，CPU 到 I/O 模块网络为交叉冗余的 Profibus DP 网络，冷却系统到上位机后台提供交叉冗余的光纤网络接口，具体冗余设计的系统结构如图 2-1-9 所示。

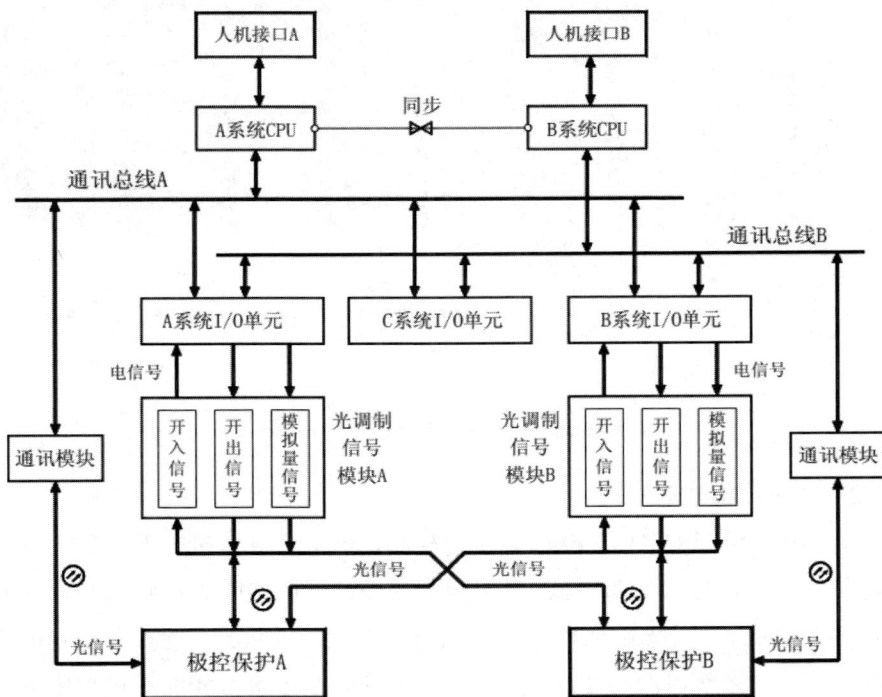

图 2-1-9　阀冷控制系统冗余设计

（一）阀冷却系统控制系统构成

换流阀冷却控制保护系统由 PLC 系统构成，可编程控制器（Programmable Logic Controller，PLC）是一种专用于工业控制的电子装置。控制单元处理器是整个水冷系统控制与保护的核心元件，河南晶锐本系统选用的是西门子 S7-400 系列 PLC。

1. 电源模块 PS

电源模块 PS 在 PLC 系统中起着十分重要的作用。如果没有一个良好的、可靠地电源系统，设备是无法正常工作的。电源模块提供电压为 24V，电流最大为 10A 的直流电源，与相应 CPU 板卡、接口板卡、系统层架配合使用。同时，为防止电源模块故障导致 PLC 系统无法保存数据，电源模块内配置后备电池。

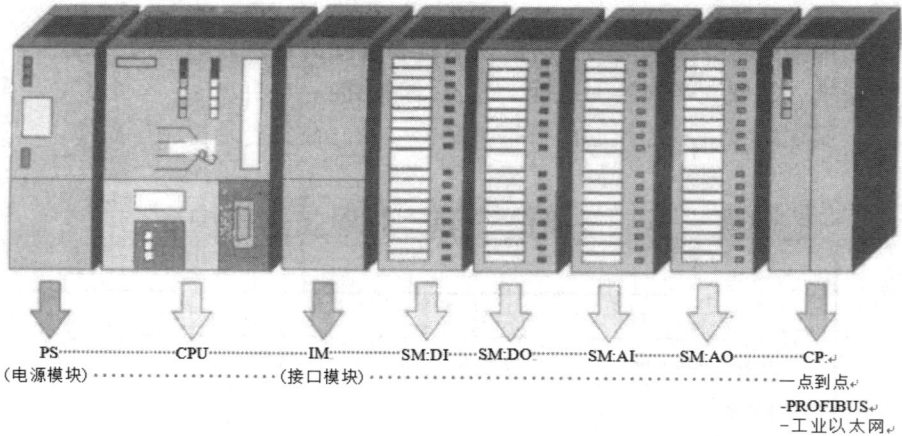

图 2-1-10　标准模块式结构化 PLC 系统

2. 中央处理单元 CPU

中央处理单元 CPU 是 PLC 系统的核心，起神经中枢的作用，每套 PLC 系统至少有一个 CPU，它按 PLC 系统程序赋予的功能接收并存贮用户程序和数据，用扫描的方式采集由现场输入装置送来的状态或数据，并存入规定的寄存器中，同时，诊断电源和 PLC 系统内部电路的工作状态和编程过程中的语法错误等。进入运行后，从用户程序存储器中逐条读取指令，经分析后再按指令规定的任务产生相应的控制信号，去指挥有关的控制电路。

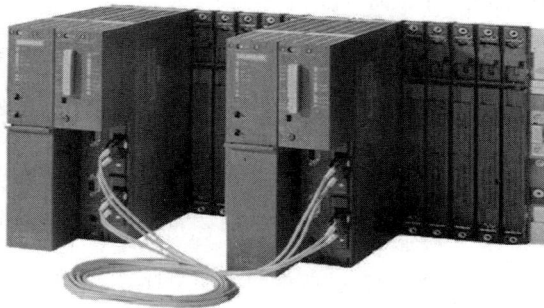

图 2-1-11　S7-400H 系列 PLC

表 2-1-7　　　　　　　　CPU 板卡 LED 指示灯含义

指示灯	指示灯颜色	含义
INTF	红灯	内部错误
EXTF	红灯	外部错误
FRCE	黄灯	强制请求处于激活状态
RUN	绿灯	运行模式
STOP	黄灯	停止模式
BUS1F	红灯	总线接口 1 上出现总线故障
BUS2F	红灯	总线接口 2 上出现总线故障
MSTR	黄灯	主用 CPU
REDF	红灯	冗余错误
RACK0	黄灯	机架 0 中的 CPU
RACK1	黄灯	机架 1 中的 CPU
IFM1F	红灯	同步子模块 1 故障
IFM2F	红灯	同步子模块 2 故障

表 2-1-8　　　　　　CPU 板卡模式选择开关位置含义

位置	内容
RUN	CPU 进入运行模式，程序开始运算，I/0 接口的数据开始读入
STOP	CPU 不运行程序，所有的开出被固定为初始值
MRES	复归 CPU 的内存

CPU 模块有自动监视和诊断功能，表 2-1-9～表 2-1-14 分别显示 CPU 模块对各种故障类型的判据和指示。

表 2-1-9　　　　　　　CPU 运 行 状 态 监 视

指示灯		含义
RUN	STOP	
亮	暗	CPU 处于运行模式
暗	亮	CPU 处于停止模式，不执行用户程序，可以冷启动或者热启动。如果停止模式状态是由于某个错误触发的，错误指示灯（INTF 或 EXTF）也会亮
2Hz 闪烁	2Hz 闪烁	CPU 处于不定义模式，所有其他的指示灯均以 2Hz 的频率闪烁
0.5Hz 闪烁	亮	CPU 的"STOP"状态是由于调试造成的

续表

指示灯		含义
RUN	STOP	
2Hz 闪烁	亮	CPU 正处于冷启动或者热启动过程中
暗	2Hz 闪烁	CPU 自检，通常需要 10min 左右
	0.5Hz 闪烁	CPU 请求存储器复位
0.5Hz 闪烁	0.5Hz 闪烁	故障诊断模式

表 2-1-10　　　　　主系统状态监视

指示灯			含义
MSTR	RACKO	RACK1	
亮			CPU 控制着可以切换的两套 I/0 系统
	亮	暗	CPU 在机架 0 中
	暗	亮	CPU 在机架 1 中

表 2-1-11　　　　　CPU 故障指示

指示灯			含义
INTF	EXTF	FRCE	
亮			检测到内部错误（程序或参数错误）
	亮		检测到外部错误（如 CPU 模块的故障）
		亮	强制请求处于激活状态

表 2-1-12　　　　　通信通道监视

指示灯		含义
BUS1F	BUS2F	
亮		MPI/DP 接口上发现错误
	亮	PROFIBUSDP 接口上发现错误
暗		DP 主站：PROFIBUSDP 接口 1 有 1 个或多个从站无响应；DP 从站：DP 主站未进行寻址
	暗	DP 主站：PROFIBUSDP 接口 2 有 1 个或多个从站无响应；DP 从站：DP 主站未进行寻址

50

表 2-1-13 接 口 模 块 监 视

指示灯		含义
IFM1F	IFM2F	
亮		同步模块 1 上检测到错误
	亮	同步模块 2 上检测到错误

表 2-1-14 冗 余 监 视

指示灯	系统状态	极限条件
REDF		
0.5Hz 闪烁	链接	
2Hz 闪烁	更新	
暗	冗余（CPU 为冗余）	无冗余错误
亮	冗余（CPU 为冗余）	存在 I/O 冗余错误（DP 主站故障或 DP 从站冗余丢失）
	除以上外的所有状态	

3. 接口模块 IM

接口模块用于多机架配置时连接主机架和扩展机架，采用双通道结构，冗余配置，包括接口模块电源、开入/开出接口、重要数据的采样传感器等均双重化，以实现更高等级的容错功能，确保控制保护单元可靠性。

4. 信号模块 SM

信号模块是 PLC 系统与电气回路的接口，包括数字量信号模块、模拟量信号模块。以西门子 ET200M 接口模块为例，主要有 32 通道数字输入模块 SM321、32 数字输出模块 SM322、8 通道模拟量输入模块 SM331、8 通道模拟量输出模块 SM332 等部件，这些部件通过现场总线与 CPU 进行通信。信号模块将不同过程信号电压或电流转换为可在控制器内部进行处理的数字量信号。输入模块用于接收换流阀冷却系统运行过程中，设备的运行状态及系统运行参数；输出模块用来输出可编程控制器运算后得到的信息，并通过外部的执行机构完成换流阀冷却系统的各类控制。换流阀冷却控制保护系统中，所有的 I/O 通道都采用冗余配置，包括数字量输入、数字量输出、模拟量输入、模拟量输出。

（二）控制单元冗余功能

对于实时性要求较高的远程控制信号及换流阀水冷系统报警信号，阀冷系统通过开关量接点与控制保护系统（简称上位机）进行交互传输；对于重要的模拟量信号，通过硬接点传送控制保护系统；对于换流阀水冷监控系统输出的保护信号（跳闸信号），通过开关量接点直接输出到接口屏中；对信息量较大的在线参数、设备状态监测及换流阀水冷监控系统报警信息报文，阀冷系统通过 2 路 PROFIBUS 总线与上位机进行冗余通信，换流阀水冷监控系统作为子站直接与上位机主站进行通信；PROFIBUS 总线采用的是光缆，换流阀阀冷监控系统与上位机的总线结构示意图如图 2-1-12 所示。

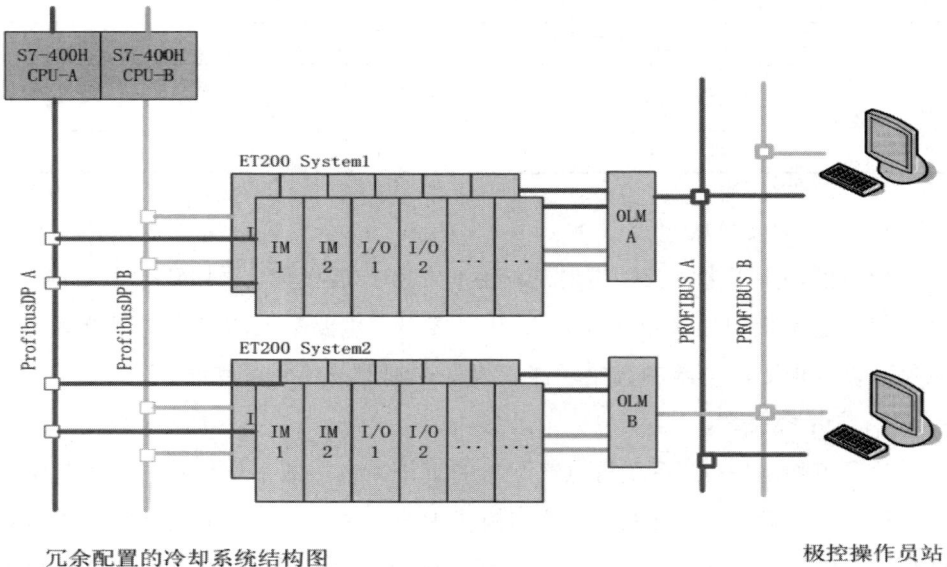

图 2-1-12　阀冷监控系统与极控的总线结构示意图

1. CPU 冗余配置

CPU 采用冗余配置，两个 CPU 通过光纤连接，实现 CPU 硬件冗余和实时数据交换。S7-400H 采用热备用模式的主动冗余原理，当发生故障时，可无扰动地自动切换。无故障时两个子单元均处于运行状态，若其中一个 CPU 发生故障，正常工作的子单元能够独立地完成整个过程的控制。CPU 冗余配置图如图 2-1-13 所示。

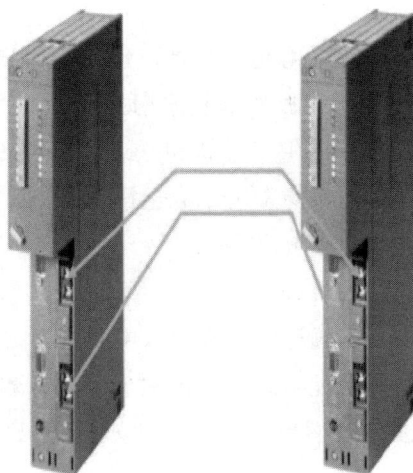

图 2-1-13　PLC 处理模块冗余配置示意图

2. 通信冗余配置

本控制系统中，CPU 与 I/O 模块以及极控系统的通信均采用冗余配置，其中 CPU 与 I/O 模块通过 PROFIBUS 通信接口交叉连接，通信冗余配置的示意图如图 2-1-14 所示。

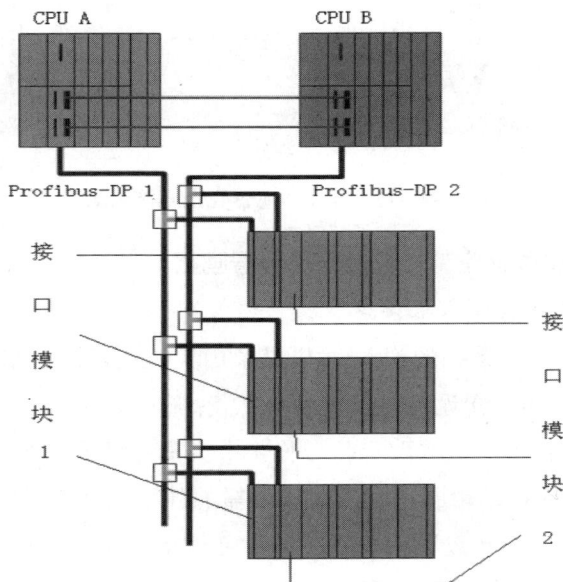

图 2-1-14　控制单元通信冗余配置示意图

3. I/O 冗余配置

系统中所有的 I/O 通道均采用冗余配置，包括数字量输入、数字量输出、模拟量输入、模拟量输出。所有模件都是采用接插式的，具有在线插拔功能。在阀冷控制系统中，PLC 系统提供了导轨和联锁，以避免在拆除和插入过程中出现故障。所有开关量 I/O 模件均采用了光电隔离装置，同时开关量模件具备自诊断功能，能够进行掉线和掉电诊断。

4. 传感器冗余

进阀流量、进阀压力、进阀温度、冷却水电导率等传感器均采用冗余或三冗余配置，其根据合理的冗余配置选择判断逻辑，将有效的传感器信号传递给阀冷控制系统。具有冗余的传感器连接示意图如图 2-1-15 所示。

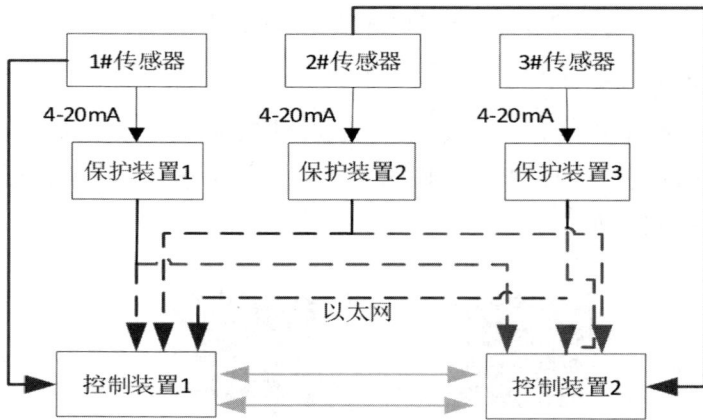

图 2-1-15 冗余传感器冗余连接示意图

（三）阀冷却系统控制人机接口及信号回路

1. 阀冷却系统控制人机接口

阀冷却控制保护系统的输入/输出设备由人机接口面板组成。人机接口面板作为 PLC 系统的前端设备在用户和 PLC 系统之间架设了一座桥梁，用一种简单明了而又灵活的方式来取代传统设备中大量的触控按钮、指示灯、选择开关等。利用其软件可编辑制作生产现场所需的外冷水循环界面、内冷水循环界面、参数查看界面、参数设定界面、设备启动操作界面、设备停止操作界面、实时报警界面等。其中外冷水循环界面可以显示换流阀外冷水系统包括冷却塔风机、喷淋泵、旁滤循环泵、排水泵、加药泵、外冷水池等主要设备的运行状态和主要参数；内冷水循环界面可以显示换流阀内冷水系统包括主循环泵、补水泵等主要设备的运行状态和主要参数；参数查看界面可以实时查看换流阀冷却系统的流量、压力、温度、电导率和水位等各类运行参数；参数设定界面可以就地查看、修改换流阀冷却控制保护定值；设备启动操作界面和设备停止操作界面实现换流阀冷却系统设备的就地操作；实时报警界面可以显示换阀冷却系统相关告警信息。换流阀冷却系统人机接口面板如图2-1-16、图2-1-17所示。

图2-1-16 阀冷却系统人机接口面板1

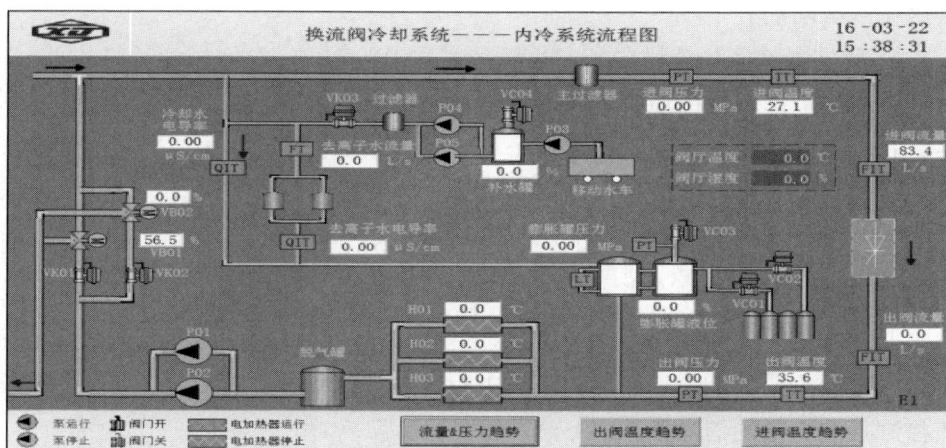

图2-1-17 阀冷却系统人机接口面板2

人机设备上电后不需输入密码应能直接进入［内冷流程］画面。权限分为三级，"浏览""操作"和"管理"，每级的权限任务分别具有不同的任务。①"浏览"–人机界面上电后，无须输入"用户"和"密码"即可浏览人机界面上的页面，但是不允许对各个设备进行任何操作。②"操作"–登录具有"操作"权限的"用户"，可以完成设备的启动、停止、切换、维护操作，但不具有修改参数整定、报警定值。③"管理"–具有系统全部的浏览和操作权限，同时可以修改水冷系统运行的参数整定值，人机界面的时间，同步 PLC 系统时间，屏幕校准等功能。

2. 阀冷却系统信号回路

换流阀冷却控制保护系统配有开关量和模拟量信号。开关量信号主要用于设备状态的采集和设备控制操作，主要包含主循环泵、喷淋泵、冷却塔风机、排水泵等设备运行状态信号以及主循环泵、喷淋泵、冷却塔风机、排水泵等设备启停止控制命令信号。模拟量主要用于传感器信号采集和冷却塔风机给定频率控制等，主要包括内冷水流量、内冷水温度、内冷水回路电导率、内冷水压力、阀厅温/湿度、环境温度、内冷水电导率、风机反馈频率等。其中，开关量输入信号主要包括换流阀冷却系统中相关设备的状态信号量，以及与高压直流控制系统交换的信号量。

阀冷控制系统的信号采集，主要指所有传感器采集的信号及信号显示。传感器名称及相应量程如表 2–1–15 所示。

表 2–1–15　　　　　　　　控制系统的信号采集表

序号	名称	量程	备注
1	E1.TT01 进阀温度	−30～80℃	4～20mA
	E1.TT02 进阀温度		
	E1.TT03 进阀温度		
2	E1.PT01 进阀压力	0～1.6MPa	4～20mA
	E1.PT02 进阀压力		
	E1.PT03 进阀压力		
3	E1.FIT01 进阀冷却水流量	0～130L/s	4～20mA
	E1.FIT02 进阀冷却水流量		

续表

序号	名称	量程	备注
4	E1.TT04 出阀温度	−20−75	4～20mA
	E1.TT05 出阀温度		
5	E1.PT04 出阀压力	0～1.0MPa	4～20mA
	E1.PT05 出阀压力		
6	E1.LT01 膨胀罐电容式液位	0～1700mm	4～20mA
	E1.LT02 膨胀罐电容式液位		
	E1.LT03 膨胀罐电容式液位		
7	E1.LIT01 原水罐磁翻板液位	0～1700mm	4～20mA
8	E1.QIT01 冷却水电导率	0～3μS/cm	4～20mA
	E1.QIT02 冷却水电导率		
9	E1.QIT03 去离子水电导率	0～3μS/cm	4～20mA
	E1.QIT04 去离子水电导率		
10	E1.FIT03 去离子水流量	0～5L/s	4～20mA
11	E1.H01 电加热器温度	−30～+200℃	4～20mA
	E1.H02 电加热器温度		
	E1.H03 电加热器温度		
12	E1.HT01 阀厅温度	−20～+80℃	4～20mA
	E1.HT02 阀厅温度		
13	E1.HT01 阀厅湿度	0～100%RH	4～20mA
	E1.HT02 阀厅湿度		
14	E3.LT01 缓冲水池液位	0～2000mm	4～20mA
	E3.LT02 缓冲水池液位		
15	E3.TT01 室外温度	−30～+80℃	4～20mA
	E3.TT02 室外温度		
16	E2.M11 风机变频器反馈频率	0～50Hz	4～20mA
	E2.M12 风机变频器反馈频率		
	E2.M21 风机变频器反馈频率		
	E2.M22 风机变频器反馈频率		
	E2.M31 风机变频器反馈频率		
	E2.M32 风机变频器反馈频率		
	E2.M41 风机变频器反馈频率		

序号	名称	量程	备注
16	E2.M42 风机变频器反馈频率	0～50Hz	4～20mA
	E2.M51 风机变频器反馈频率		
	E2.M52 风机变频器反馈频率		
	E2.M61 风机变频器反馈频率		
	E2.M62 风机变频器反馈频率		
	E2.M71 风机变频器反馈频率		
	E2.M72 风机变频器反馈频率		
	E2.M81 风机变频器反馈频率		
	E2.M82 风机变频器反馈频率		
	E2.M91 风机变频器反馈频率		
	E2.M92 风机变频器反馈频率		
17	E6.QIT01 喷淋水电导率	0～5000μS/cm	4～20mA
18	E1.PT06 膨胀罐压力	0～0.6MPa	4～20mA
	E1.PT07 膨胀罐压力		
19	E5.H01 电加热器温度	−30～＋200℃	4～20mA
	E5.H02 电加热器温度		
	E5.H03 电加热器温度		
	E5.H04 电加热器温度		
20	E2.TT01 出换热设备内冷水温度	−50～＋100℃	4～20mA
	E2.TT02 出换热设备内冷水温度		
21	E1.VB01 比例阀开度	0～100%	4～20mA
	E2.VB01 比例阀开度		
22	E4.LT01 集水池液位	0～3000mm	4～20mA
	E4.LT02 集水池液位		

3. 通信接口

阀冷控制系统提供两组相互冗余的 Profibus－DP/IEC61850 通信协议，采用光纤通信分别通过交叉冗余的方式接入直流控保接口屏，通过该网络将阀冷系统的状态信息、报警信息和阀冷系统模拟量实时上传至控保系统，使操作人员能够及时，准确地了解阀冷系统的运行状况。

阀冷控制保护（VCCP）产生的报警、事件等信息通过光纤向 OWS 传输，采用光调制信号。信号通道采用波长 820μm 的多模光纤，该通信分别交叉冗余地接入直流控保接口屏，通过该网络将阀冷系统的状态信息、报警信息和重要的阀冷系统模拟量实时上传至控保系统，使操作人员能够及时，准确地了解阀冷系统的运行状况。

换流器控制保护（CCP）和（VCCP）系统之间的所有开关量和模拟量均采用光信号通信，通信协议为 IEC 60044-8，传输速率 2.5Mbit/s，通信介质采用多模玻璃光纤，ST 或 LC 接口。

表 2-1-16　　　　　　　　VCCP 上送 CCP 硬接点信号表

序号	信号名称	信号类型	信号说明
1	阀冷系统就绪	光信号	阀冷具备直流解锁条件
2	阀冷系统请求跳闸	光信号	阀冷系统请求跳闸
3	阀冷系统可用	光信号	阀冷控制系统故障
4	SYS-ACTIVE	光信号	阀冷系统主备状态
5	阀冷系统具备冗余冷却能力	光信号	阀冷系统当前可满足超负荷需求
6	接收 VCC A/B 系统信号通道异常	光信号	阀冷系统通信通道故障

表 2-1-17　　　　　　　　CCP 送 VCCP 信号表

序号	信号名称	信号类型	信号说明
1	远方切换主循环泵命令（SWITCH_PUMP）	光信号	/
2	换流阀解锁/闭锁信号（DEBLOCK）	光信号	/
3	换流器控制保护系统主用/备用信号（CCP_ACTIVE）	光信号	/
4	接收 CCP A/B 系统信号通道异常	光信号	/

（四）阀冷却系统主要控制功能

1. 主循环泵控制

在阀冷系统的主水路中配置两台冗余的主泵，其中一台主泵为运行状态，另一台为备用状态。每台主泵具有两个独立的工作回路，任一回路正常均可以保证主泵正常工作。

注：

（1）主泵工作回路包括工频旁路和软起回路。

（2）主泵故障分为：严重故障和轻微故障，如图 2-1-18 所示。严重故障即该回路完全不满足主泵运行条件，包括主泵工频旁路严重故障和软起回路严重故障；主泵轻微故障时若备用泵严重故障，则运行泵可继续运行。

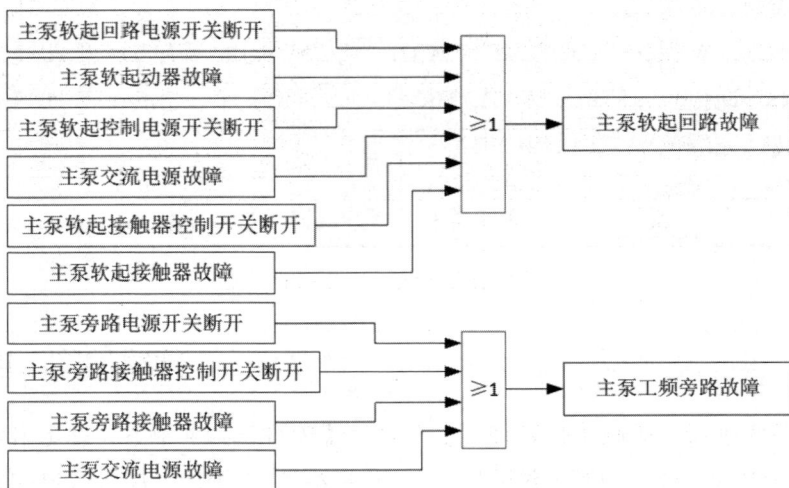

（a）主泵回路故障类型逻辑判断

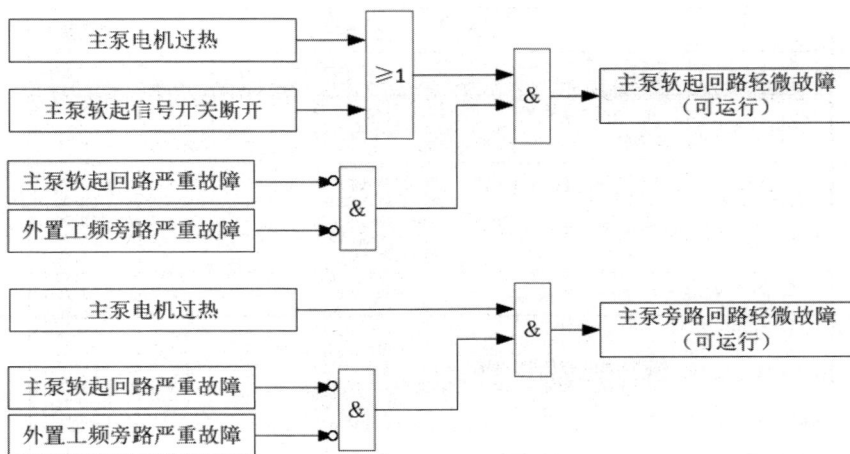

（b）主泵轻微故障类型逻辑判断

图 2-1-18 主泵故障逻辑判断

1）主泵工频旁路严重故障包括：主泵旁路电源开关断开、主泵旁路接触器故障、主泵旁路接触器控制开关断开、主泵交流电源故障。

2）主泵软起回路严重故障包括：主泵软起回路电源开关断开、主泵软起控制电源开关断开、主泵软起接触器控制开关断开、主泵软起接触器故障、主泵交流电源故障、主泵软启动器故障。

3）主泵轻微故障包括：主泵过热、主泵软起信号开关断开。

（3）主泵启动顺序：

1）如果主泵软起回路和工频旁路均正常，则主泵软起启动结束后自动切换到工频旁路长期运行，软启动器退出运行。

2）如果软起回路故障且工频旁路正常，则直接启动工频旁路。

3）如果软起回路正常且工频旁路故障，则软起回路长期运行。

主泵具有如下主要逻辑控制功能：

（1）主泵定时、手动、远程切换功能。

运行模式下，当一台主泵连续运行时间大于主泵定时切换时间定值或人机界面手动切换主泵或远程切换主泵命令有效时，如果此时备用泵无任何故障，切换到备用泵运行；如果此时备用泵有任意故障（包括备用泵安全开关断开），则当前运行泵继续运行，如图2-1-24所示。

（2）主泵计时复归功能。

通过人机界面"主泵控制"页面的"计时复归"按钮可以对主泵运行时间清零，当前运行泵运行时间从0开始重新计时。

（3）主泵工频旁路运行时故障切换功能。

运行泵在工频旁路稳定运行过程中仅有过热报警时，若备用泵任一回路正常且无轻微故障，则切换至备用泵运行。运行泵在工频旁路稳定运行过程中出现工频旁路严重故障：

1）若备用泵任一回路正常，则切换至备用泵运行。

2）若备用泵回路均严重故障，运行泵软起回路正常，则运行泵切换至软起回路继续运行。

3）当两台泵的工频旁路、软起回路均严重故障时，保持主泵的最后控制状态。

（4）主泵软起回路运行时故障切换功能。

运行泵在软起回路稳定运行过程中出现轻微故障时，若备用泵任一回路正常且无轻微故障，则切换至备用泵运行。运行泵在软起回路稳定运行或软起启动过程中出现软起回路严重故障：

1）若备用泵任一回路正常，则切换至备用泵运行。

2）若备用泵回路均严重故障，运行泵工频旁路正常时，则运行泵切换至工频旁路继续运行。

3）当两台泵的工频旁路、软起回路均严重故障，则保持主泵的最后控制状态。

（5）当出现系统泄漏或膨胀罐液位超低时，向控制保护发送跳闸请求信号，收到换流阀闭锁信号有效，延时 5s 自动停止阀冷。

（6）冷却水流量低且进阀压力低切换主泵功能。

当运行泵出现主泵出口压力低且进阀压力低故障报警时，若备用泵工频回路正常，则直接切换至备用泵工频旁路运行；若备用泵工频旁路故障，软起回路正常，则切换到备用泵软起回路运行；若备用泵回路均严重故障，则运行泵继续运行。如果因为冷却水流量低且进阀压力低切换到备用泵运行后，仍然存在冷却水流量低且进阀压力低故障报警时，则保持当前泵运行，延时 5min 后主泵再回切；也可以通过人机界面上"主泵控制"画面进行"流量低且压力低切换主泵确认"后立即切泵。

（7）主泵流量压力低故障告警及复归

主泵运行时，若冷却水流量低报警和进阀压力低报警同时有效，则产生主泵流量压力低故障告警。该告警可通过人机界面进行手动复归，或主泵运行时，流量低或压力低恢复正常后，该主泵流量压力低故障方可自动复归。

（8）主泵（软起/旁路）接触器故障告警及复归

如果主泵接触器控制信号发出 2s 后未收到相应接触器触点闭合反馈信号，则认为该接触器故障。该告警可通过人机界面进行手动复归，或接触器控制信号发出后，收到相应接触器触点闭合反馈信号，则接触器故障自动复归。

主循环泵主要控制保护逻辑如下所述：

（1）主泵故障判断逻辑，如图 2-1-18 所示。

（2）运行模式下主泵首次启动控制逻辑。

根据每台主泵各种工况组合不同，自动选择最优的方式起动主泵，首次优先起动控制逻辑如图 2-1-19～图 2-1-21 所示。

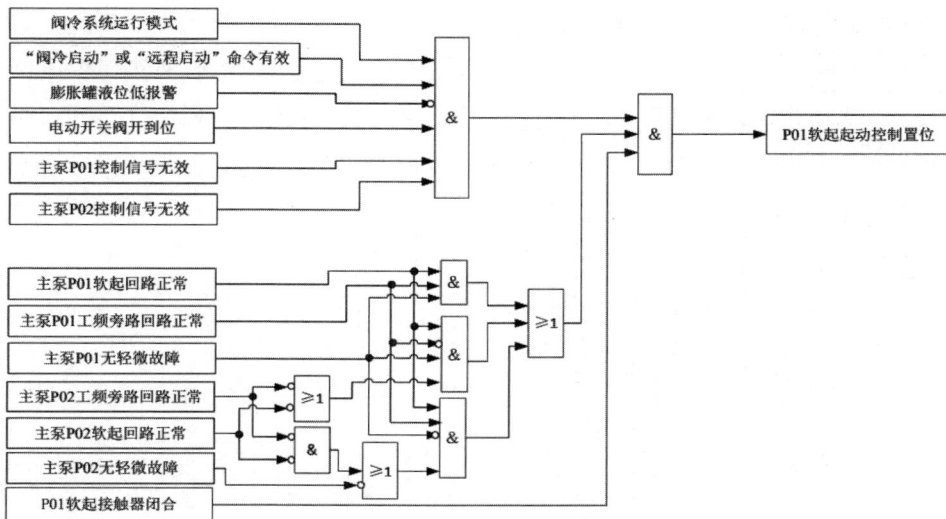

图 2-1-19　主泵 P01 软起回路起动控制逻辑

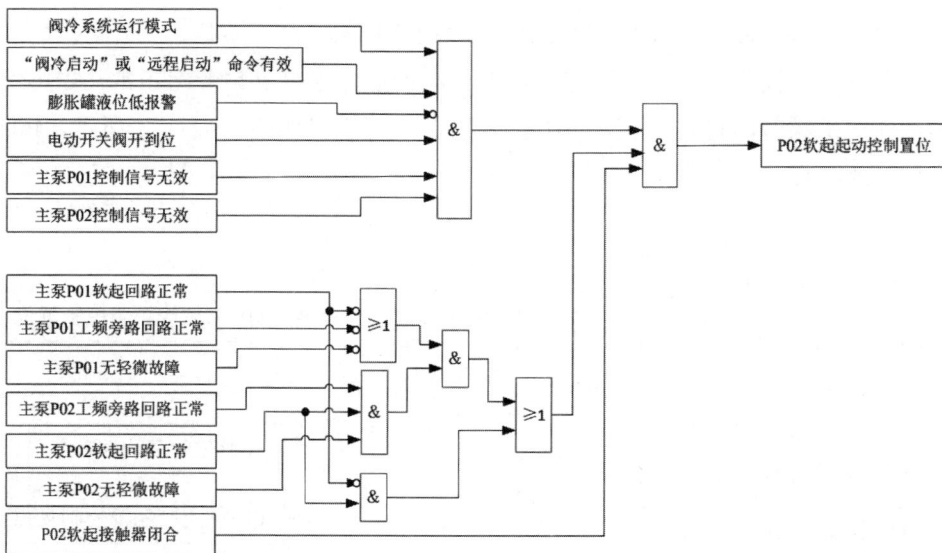

图 2-1-20　主泵 P02 软起回路起动控制逻辑

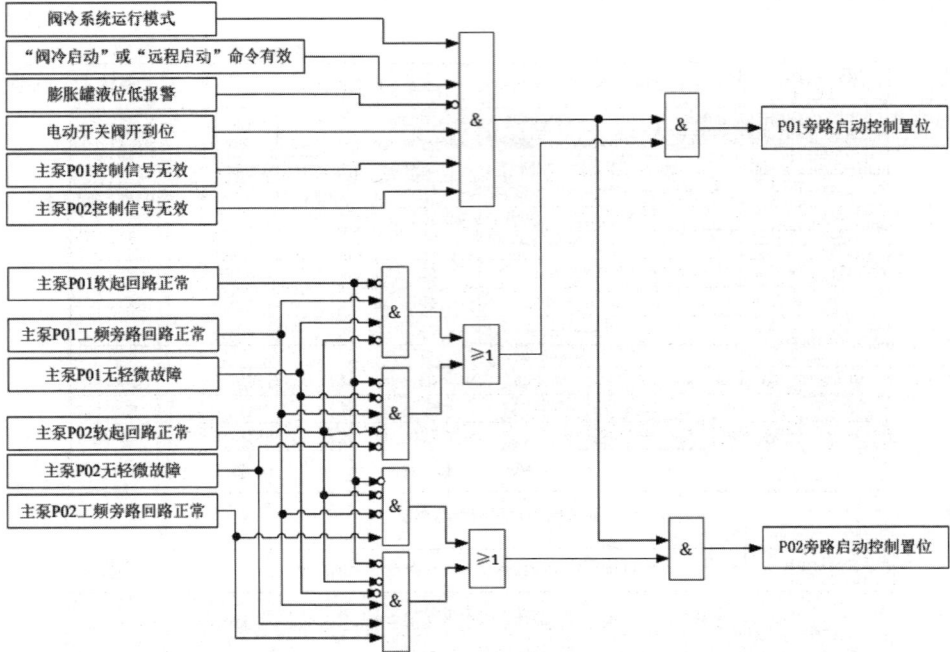

图 2-1-21　主泵首次起动主泵旁路控制逻辑

（3）主泵从软起回路切换至工频旁路控制逻辑。

系统任何模式下，主泵软起回路完全起动后，相应工频旁路正常，均可切换至外置工频旁路稳定运行，P01 主泵详细控制逻辑如图 2-1-22 所示，P02 主泵与此类似：

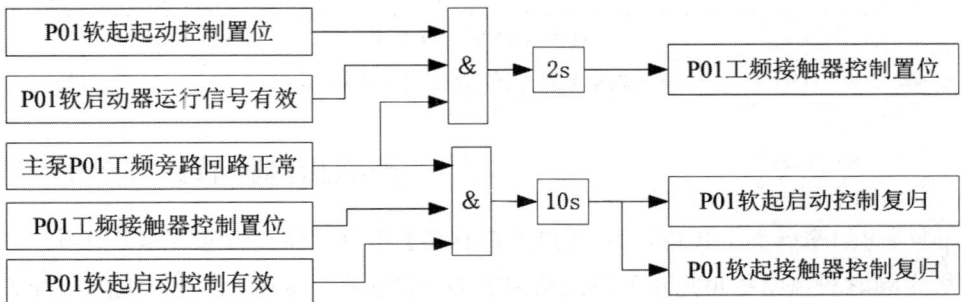

图 2-1-22　主泵 P01 从软起回路切换至外置工频旁路控制逻辑

（4）运行模式下主泵停止控制逻辑。

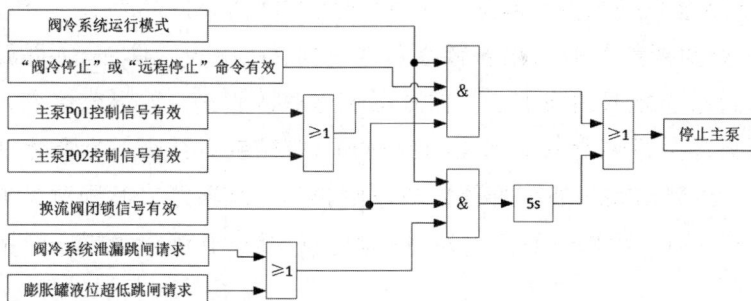

图 2-1-23　运行模式下主泵停止控制逻辑

（5）主泵远程、定时、手动切换控制逻辑。主泵远程、定时、手动切换成功后，备用泵软起回路启动，之后的控制逻辑和主泵从软起回路切换至外置工频旁路控制逻辑完全相同。

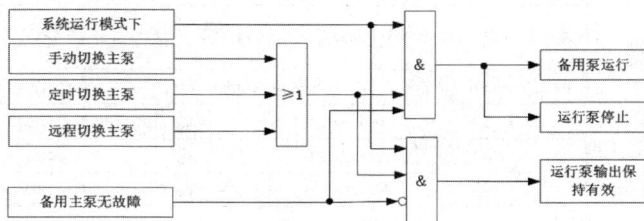

图 2-1-24　主泵远程、定时、手动切换控制逻辑

（6）主泵故障切换控制逻辑。以 P01 故障切换到 P02 为例。

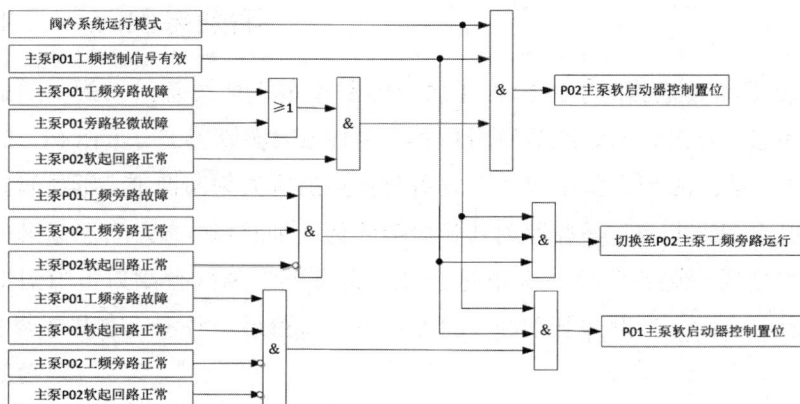

图 2-1-25　主泵 P01 旁路运行时旁路回路故障切换控制逻辑

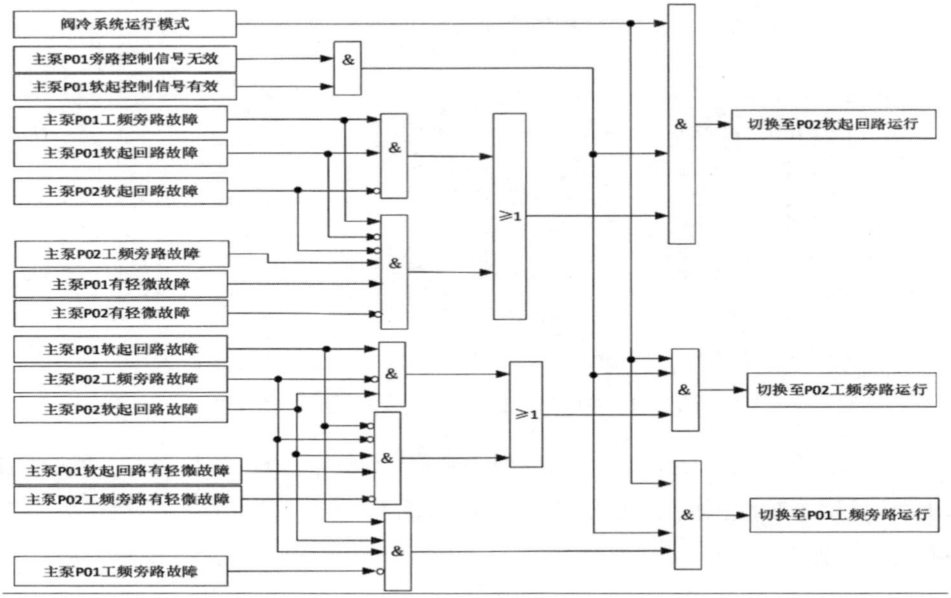

图 2-1-26　主泵 P01 软起运行时故障切换控制逻辑

（7）冷却水流量低且进阀压力低主泵控制逻辑。下图以 P01 主泵运行时，冷却水流量低且进阀压力低主泵切换控制逻辑为例。

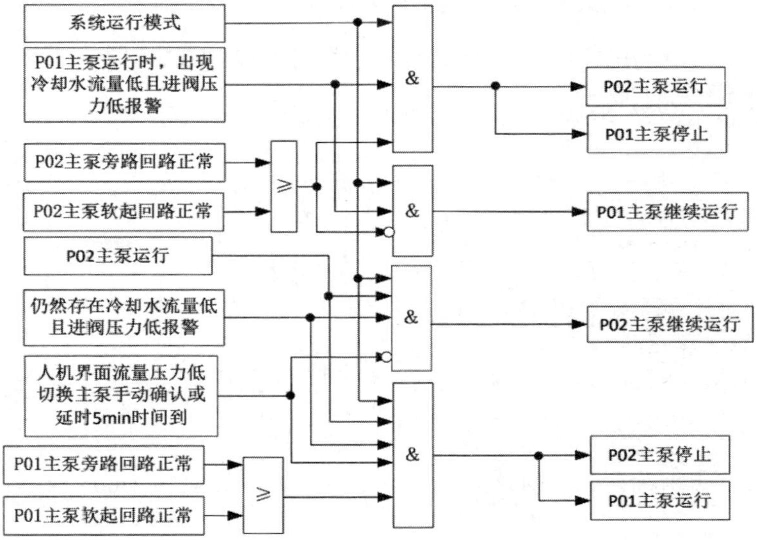

图 2-1-27　主泵运行时冷却水流量低且进阀压力低主泵控制逻辑

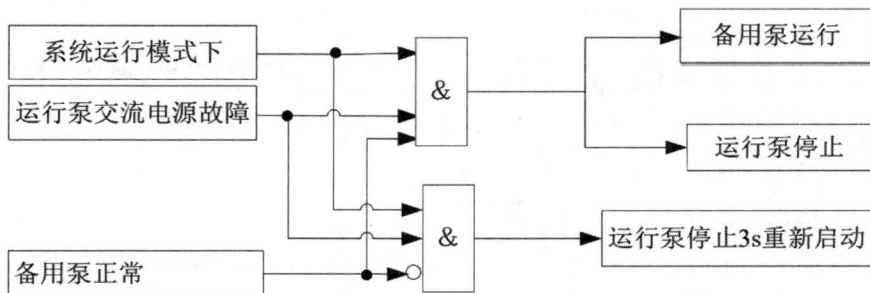

图 2-1-28　主泵电源故障控制逻辑

2. 电加热器控制

（1）内冷电加热器控制。

为了避免进阀温度过低导致换流阀冷却水管外壁产生凝露，系统配置内冷电加热器。当进阀温度小于电加热器启动设定值时，电加热器分级启动，进阀温度大于电加热器停止设定值且无凝露相关报警时，电加热器停止。任何模式下，电加热器的启动与阀冷系统运行、冷却水流量超低报警及进阀温度高报警互锁，即阀冷系统停运、冷却水流量超低及进阀温度高报警时电加热器禁止运行。运行模式下，控制逻辑如下：

1）当进阀温度小于一组电加热器启动值而大于两组电加热器启动值或有接近凝露报警时，启动一组电加热器。

2）当进阀温度小于两组电加热器启动值或可能产生凝露报警时，启动两组电加热器。

3）当进阀温度高于一组电加热器停止值且低于两组电加热器停止值，且可能产生凝露报警无效时，停止一组电加热器。

4）当进阀温度高于两组电加热器停止值，且无接近凝露报警和可能产生凝露报警时，停止所有电加热器。

5）在主泵均未运行，或冷却水流量超低，或进阀温度高报警时，禁止电加热器启动。

6）电加热器故障时发出报警信号且停止运行。

电加热器控制逻辑框图如图 2-1-29 所示。

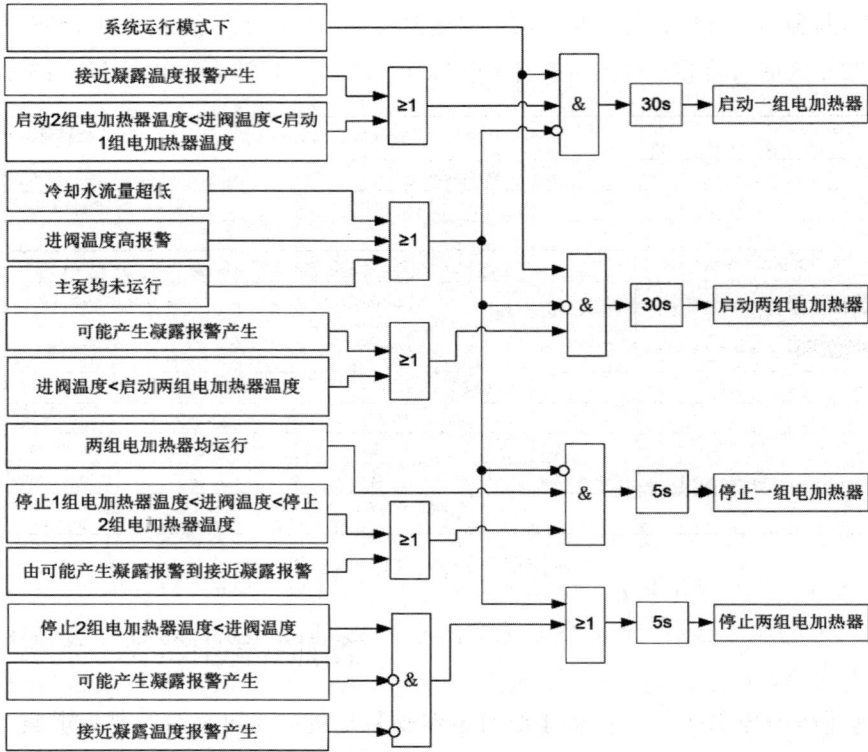

图 2-1-29　内冷电加热器自动控制逻辑

（2）外冷电加热器控制。

为了防止出换热设备冷却水温度过低影响换流阀的正常运行，系统配置外冷电加热器。外冷电加热器根据出换热设备的冷却水温度自动启停，控制逻辑如下：

1）当出换热设备冷却水温度小于一组电加热器启动值而大于两组电加热器启动值时，启动一组电加热器。

2）当出换热设备冷却水温度小于两组电加热器启动值时，启动两组电加热器。

3）当出换热设备冷却水温度高于一组电加热器停止值且低于两组电加热器停止值时，停止一组电加热器。

4）当出换热设备冷却水温度高于两组电加热器停止值时，停止所有电加热器。

5）在主泵均未运行，或冷却水流量超低，或进阀温度高报警时，禁止电加热器启动。

6）电加热器故障时发出报警信号且停止运行。

电加热器控制逻辑框图如图2-1-30所示。

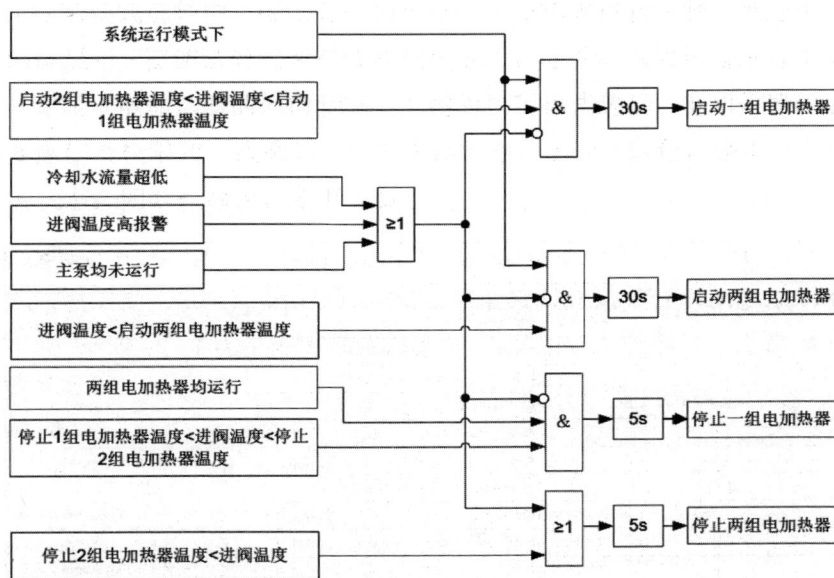

图2-1-30　外冷电加热器自动控制逻辑

3. 补水控制

（1）内冷补水控制。

需要补水时，系统将自动打开补水阀和原水罐进气阀，打开成功后自动启动补水泵，否则补水泵不能启动。补水泵采用一用一备的配置方式，互为备用。工作泵故障时自动切换至备用泵运行；调试和在线测试模式下，可以通过人机界面上的软按钮启停补水泵进行手动补水；运行模式下，当膨胀罐液位小于启动补水泵液位定值时，补水泵自动启动，当膨胀罐液位大于补水泵停止液位值时，停止补水；当膨胀罐液位小于膨胀罐液位超低报警定值时，控制系统发送请求跳闸信号；不论任何模式下补水，原水罐液位低报警或者膨胀罐液位大于停止补水液位时不能启动补水。

运行模式下，内冷补水控制逻辑框图如图2-1-31所示。

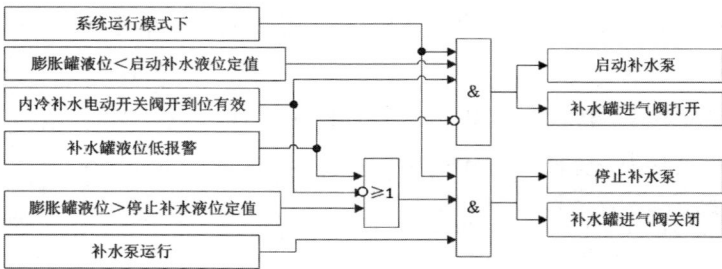

图 2-1-31　内冷自动补水控制逻辑

（2）外冷补水控制。

当缓冲水池液位小于启动外冷补水定值时，打开补水电动开关阀，对外冷水池补水；当缓冲水池液位大于某一定值时，关闭补水电动开关阀，停止补水。当外冷补水电动阀开到位或软水器再生信号有效时，工业水泵启动信号有效。

运行模式下外冷缓冲水池补水控制逻辑框图如图 2-1-32 所示。

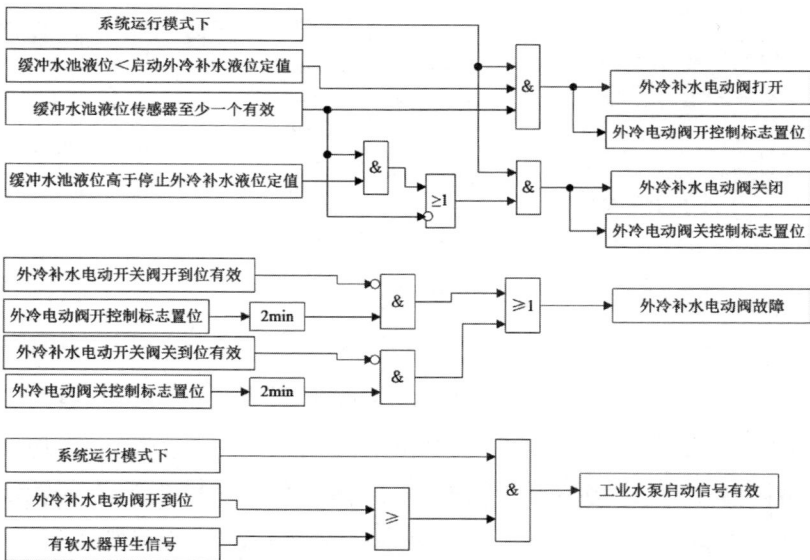

图 2-1-32　外冷缓冲水池自动补水控制逻辑

4. 外冷风机及喷淋泵控制

（1）空冷器风机控制。

阀外冷系统的空冷器共配置 32 台风机，其中 M11-M81、M12-M82 为变频风机，M13-M83、M14-M84 为工频风机。对空冷器风机分 8 组进行控制，其中每4台变频风机为1组,每4台工频风机为1组,即 M11−M41、M51−M81、M12−M42、M52−M82 为4组变频风机;M13−M43、M53−M83、M14−M44、M54−M84 为4组工频风机。具体控制逻辑如下所示:

1)当进阀温度大于空冷器风机启动温度值(36℃,可调)时,延时 1min 启动一组变频风机,然后根据 PID 控制原理控制变频器的输出频率。

2)当1组变频风机运行时,如果进阀温度大于目标值(38℃,可调)+1℃ 且已运行风机工频运行,持续 100s(可调),启动下1组变频风机,按照此控制逻辑依次延时启动剩余风机。风机启动顺序为:先4组变频→后4组工频。

3)当有风机运行时,如果进阀温度小于进阀温度目标值(38℃,可调)−2℃且已运行变频风机最低转速运行,持续 6min(可调),停止1组风机。按照该逻辑,轮询停止剩余空冷器风机。

4)当只有1组风机运行时,如果进阀温度小于风机停止值(34℃,可调),持续 6min(可调),则停止最后一组风机。风机停止顺序为:先4组工频→后4组变频。

5)当进阀温度大于冷却塔风机启动值或进阀温度仪表均故障时,风机全部工频运行。

逻辑框图如图 2−1−33 所示。

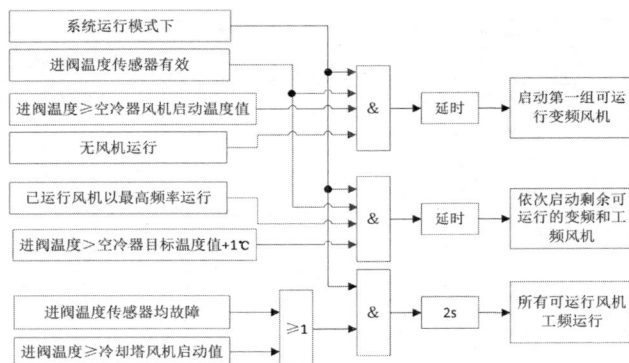

图 2−1−33　空冷器风机启动逻辑

(2)喷淋泵控制。

阀冷系统配置2台冷却塔,每台冷却塔中配置2台喷淋泵,一用一备。当外水冷系统投入时,喷淋泵具有如下控制逻辑:

1）空冷器风机均工频运行，且进阀温度大于空冷器目标温度+1℃时，延时启动 1 台喷淋泵；若条件仍满足，则延时启动另 1 台冷却塔的喷淋泵。

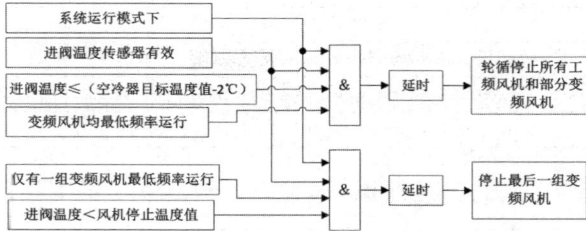

图 2-1-34　空冷器风机停止逻辑

2）冷却塔中仅有喷淋泵运行时，若空冷器变频风机均最低频率运行，且进阀温度低于空冷器目标温度-2℃时，依次延时停止 2 台喷淋泵。

3）进阀温度仪表均故障，且可运行空冷器风机均运行时，延时启动 2 台喷淋泵。

4）运行喷淋泵具有故障切换、手动切换的功能。当外水冷系统退出时，禁止喷淋泵启动。

逻辑框图如图 2-1-35～图 2-1-37 所示。

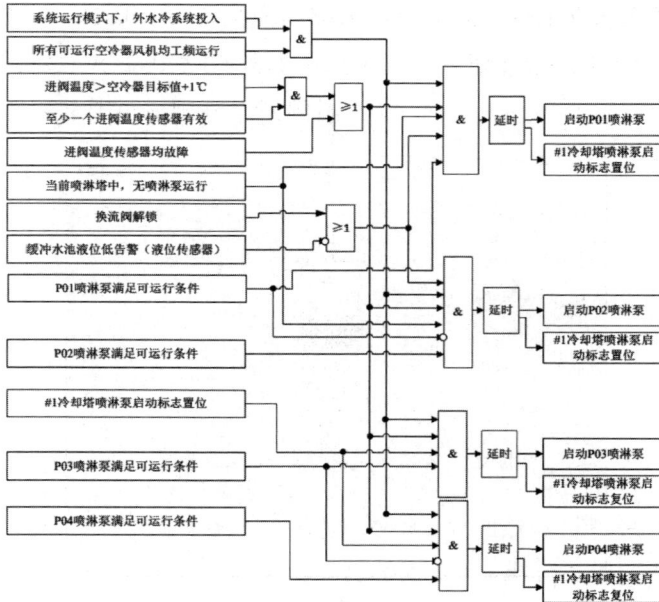

图 2-1-35　喷淋泵启动控制逻辑

72

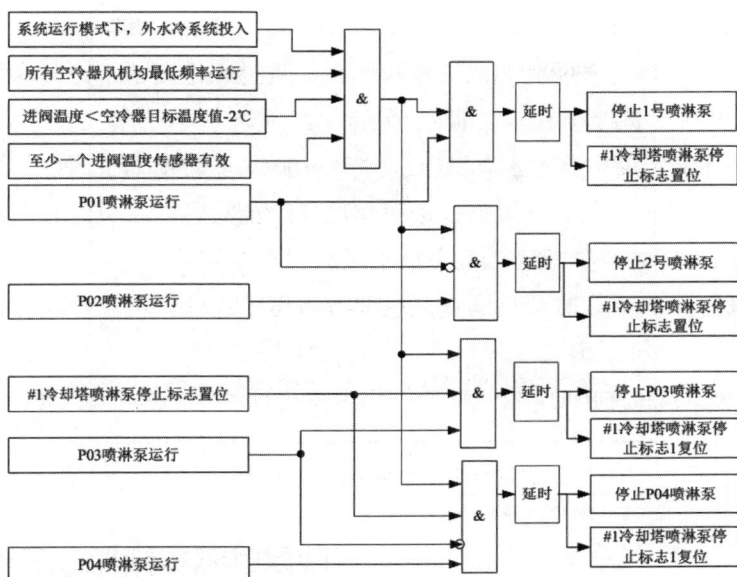

图 2-1-36　喷淋泵停止控制逻辑

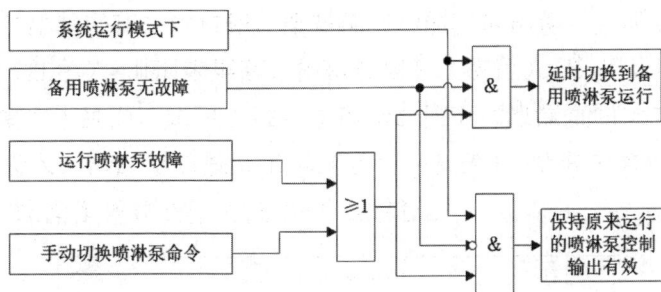

图 2-1-37　喷淋泵切换控制逻辑

5. 冷却塔风机控制

阀冷系统每台冷却塔配置 1 台变频风机，每台变频风机配置 1 台尾扇。冷却塔风机分为 2 组控制，每 1 台冷却风机为 1 组。当外水冷系统投入时，冷却塔风机具有如下控制逻辑：

1）当进阀温度大于冷却塔风机启动温度（41℃，可调）时，持续 100s（可调），启动 1 组冷却塔风机，然后根据 PID 控制原理控制变频器的输出频率。

2）有一组冷却塔风机以最高频率运行，且进阀温度大于冷却塔风机运行目标值+1℃时，持续 100s（可调），启动另 1 组冷却塔风机，然后根据 PID 控制原理控制变频器的输出频率。

3）当 2 组冷却塔风机均最低频率运行，且进阀温度小于冷却塔风机运行目标值−2℃时，持续 100s（可调），停止 1 组风机。

4）当进阀温度小于风机停止温度，持续 100s（可调），停止最后一组风机。

5）当进阀温度大于一定值或进阀温度仪表全故障，且可运行空冷器风机和喷淋泵均运行时，冷却塔风机全部工频运行。

6）变频风机运行时，启动该风机的风机尾扇；若风机停止运行，则同时停止该风机的风机尾扇。

当外水冷系统退出时，禁止对冷却塔风机进行控制。逻辑框图如图 2−1−39 所示。

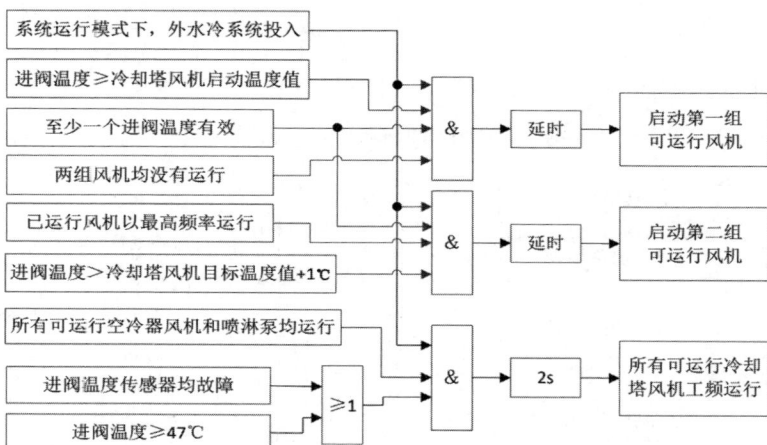

图 2−1−38　冷却塔风机启动逻辑

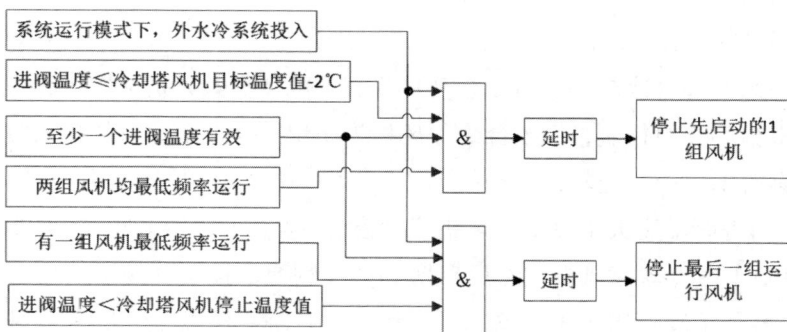

图 2−1−39　冷却塔风机停止逻辑

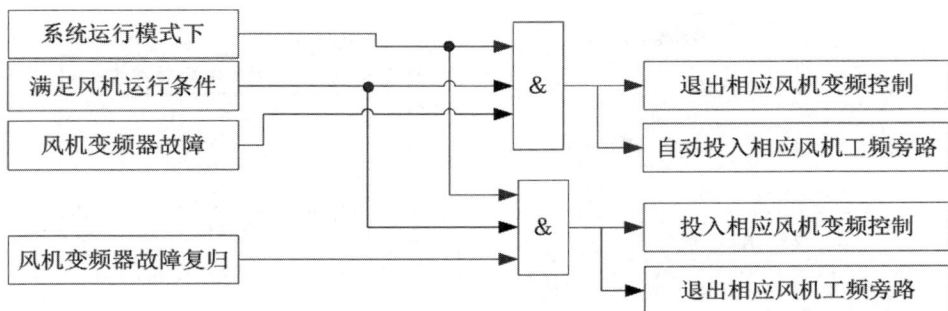

图 2-1-40　风机变频器故障自动强投控制逻辑

6. 补气排气电磁阀控制

当膨胀罐压力小于打开补气阀压力定值时，打开氮气补气阀进行补气；当膨胀罐压力大于等于关闭补气阀压力定值时，关闭补气阀停止补气；当膨胀罐压力大于打开排气阀压力定值时，打开膨胀罐排气阀；当膨胀罐压力小于等于关闭排气阀压力定值时，关闭膨胀罐排气阀，停止排气。运行模式下，如果在人机界面上选择 VC01 补气回路为主，则优先打开#1 补气回路进行补气，仅仅当#1 补气回路中出现氮气瓶压力低报警或 VC01 氮气补气阀故障报警时，自动切换到另一个回路进行补气。当前选择 VC02 补气回路为主，则在氮气补气条件满足时，优先启动#2 氮气补气回路。运行模式下补气阀控制逻辑框图如图 2-1-41 所示。

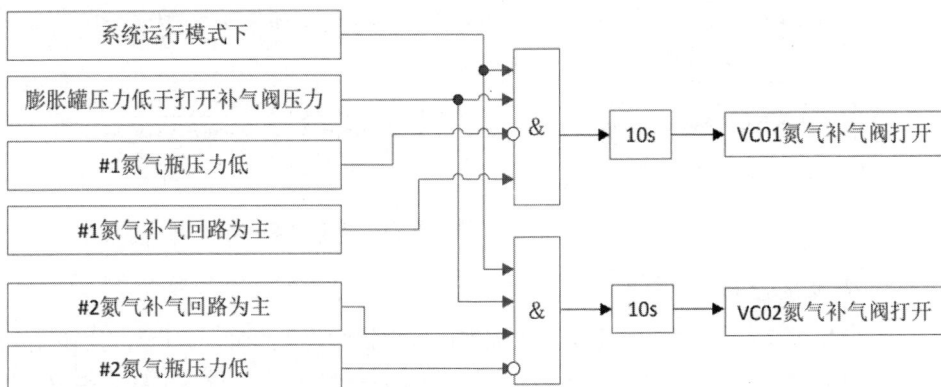

图 2-1-41　自动打开氮气补气阀控制逻辑

75

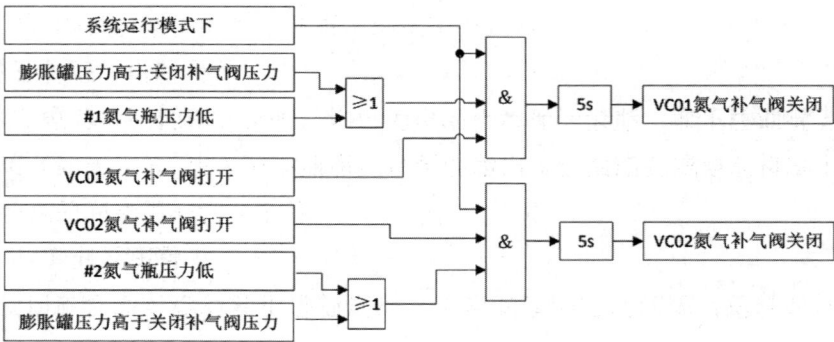

图 2-1-42　自动关闭氮气补气阀控制逻辑

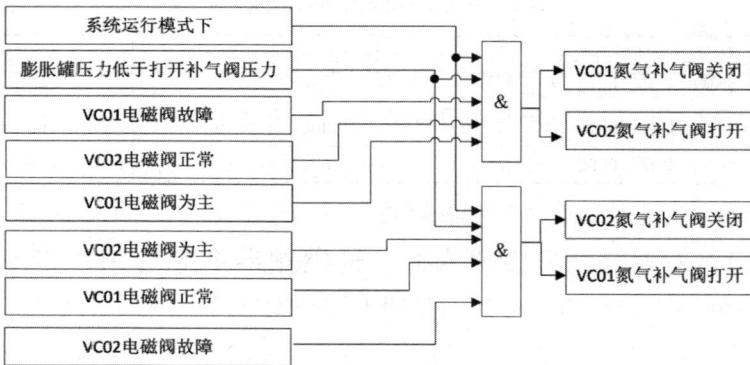

图 2-1-43　氮气补气回路故障切换控制逻辑

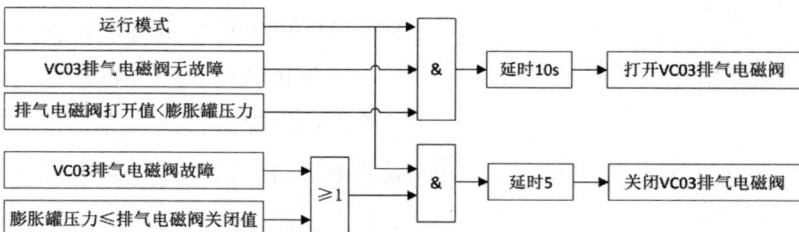

图 2-1-44　膨胀罐排气阀自动控制逻辑

7. 旁滤泵控制

系统配置 2 台旁滤泵，无缓冲水池液位低报警时，旁滤泵一直运行，当运行时间大于切换时间定值或者运行泵故障时，切换到无故障备用旁滤泵工作；当缓冲水池液位低时，不允许启动旁滤泵。运行模式下，旁滤泵控制逻辑如图 2-1-45、图 2-1-46 所示。

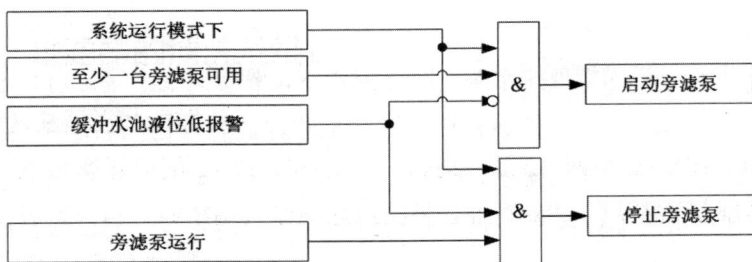

图 2-1-45　旁滤泵自动启动控制逻辑

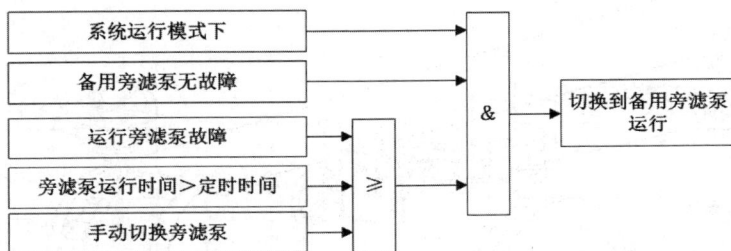

图 2-1-46　旁滤泵切换控制逻辑

8. 加药泵控制

加药系统实现定期自动加药,加药泵和旁滤泵关联,仅当旁滤泵运行时加药泵才可以启动。运行模式下,首次加药时,J01 加药泵根据启动时间是否到控制 J01 加药泵的启停;非首次启动情况下,J01 加药泵根据间隔时间是否到控制启停,每次最大加药时间不超过 J01 加药泵设定的运行时间。J02 加药泵 24 小时连续运行。加药泵 J01 的控制逻辑如图 2-1-47 所示。

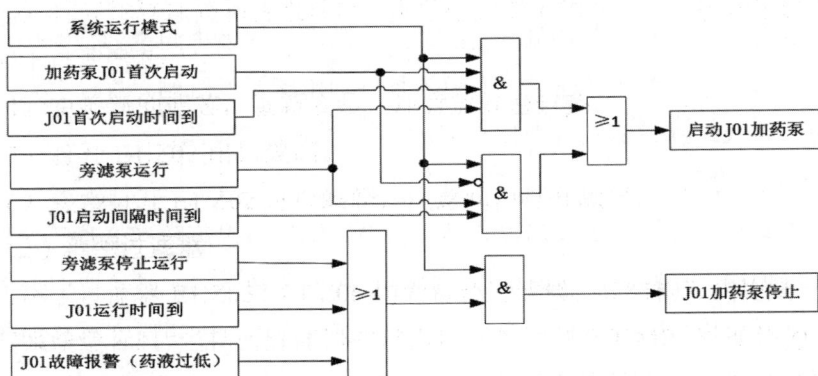

图 2-1-47　加药泵 J01 自动控制逻辑框图

9. 集水池排水泵控制

阀冷系统配备有 2 台排水泵。运行模式下，根据集水池液位对排水泵进行自动控制：当集水池液位值高于启动排水泵液位值时，自动启动 1 台排水泵；当集水池液位值低于停止排水泵液位值时，排水泵自动停止。1 台排水泵运行时，若仍有集水池液位高报警，则自动启动第 2 台排水泵。调试或在线测试模式下，可以从人机界面同时启动两台排水泵。

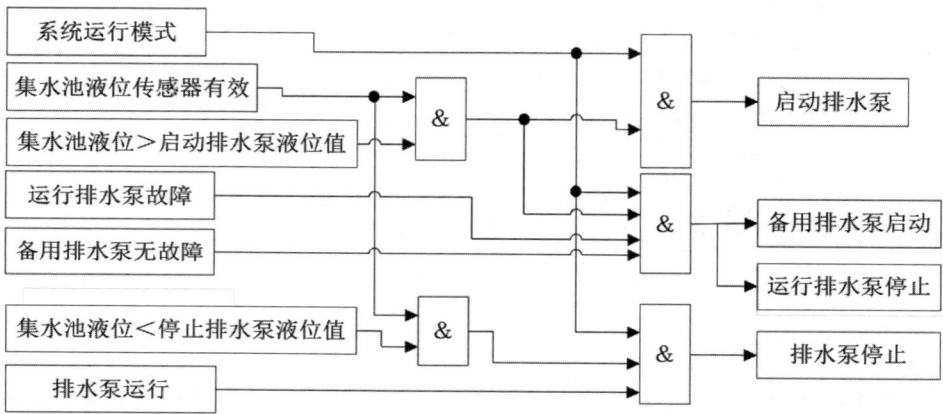

图 2-1-48　排水泵控制逻辑

二、阀冷却系统保护

阀冷保护配置有温度保护、流量及压力保护、泄漏保护和膨胀罐液位保护。阀冷系统跳闸逻辑有：进阀温度超高跳闸，流量超低且进阀压力低跳闸，流量超低且进阀压力高跳闸，进阀压力超低且冷却水流量低跳闸，两台主泵都故障且进阀压力低跳闸，膨胀罐液位超低跳闸，系统泄漏跳闸。

（一）温度保护

阀冷系统装设三个进阀温度传感器，当三个进阀温度传感器均正常时，进阀温度保护按"三取二"原则出口；当一套传感器故障时，按"二取一"逻辑出口；当两套传感器故障时，按"一取一"逻辑出口，进阀温度超高动作后闭锁直流。

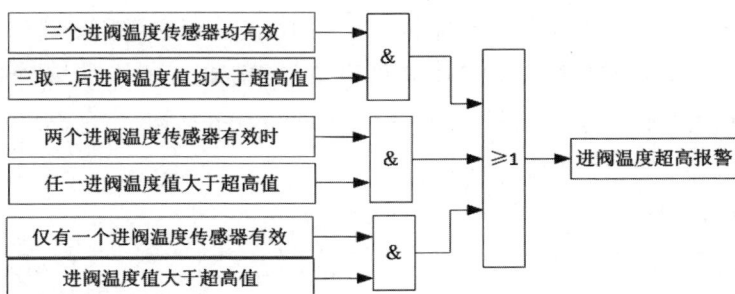

图 2-1-49　进阀温度超高报警逻辑

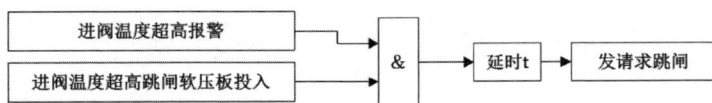

图 2-1-50　温度保护逻辑

（二）流量及压力保护

换流阀水冷主循环回路配置双重化的流量传感器，三个进阀压力传感器和两个出阀压力传感器。冷却水流量超低采用"二取一"原则。进阀压力采用"三取二"原则，出阀压力采用"二取一"原则。冷却水流量超低，进阀压力超低、冷却水流量低报警判断逻辑如图 2-1-51、图 2-1-52 所示。

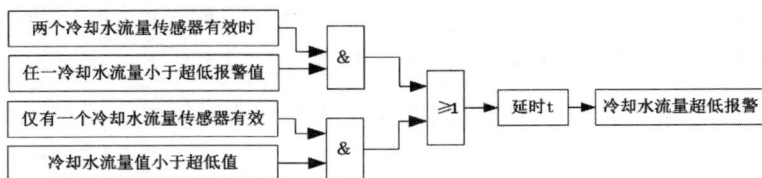

图 2-1-51　冷却水流量超低报警逻辑

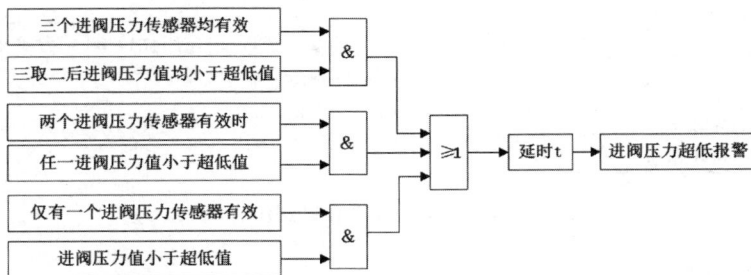

图 2-1-52　进阀压力超低报警逻辑

进阀压力低、进阀压力高判断逻辑与进阀压力超低报警判断逻辑类似，冷却水流量低判断逻辑与冷却水流量超低报警判断逻辑类似。冷却水流量、进/出阀压力相关的跳闸逻辑如图2-1-53～图2-1-56所示。

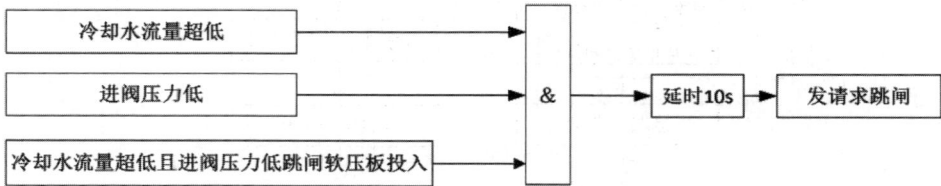

图 2-1-53　冷却水流量超低且进阀压力低保护逻辑

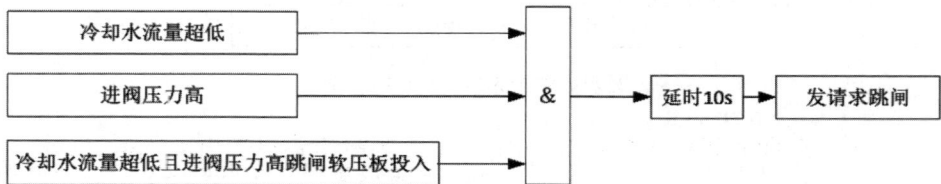

图 2-1-54　冷却水流量超低且进阀压力高保护逻辑

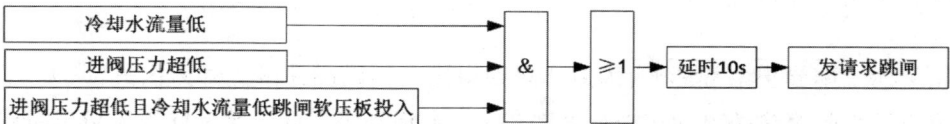

图 2-1-55　进阀压力超低且流量低保护逻辑

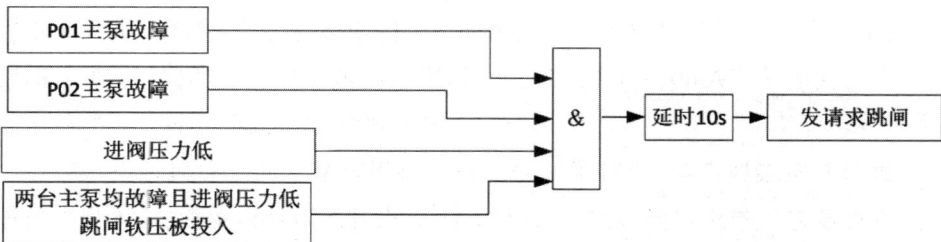

图 2-1-56　两台主泵均故障且进阀压力低保护逻辑

（三）液位保护

膨胀罐配置有3套液位传感器。膨胀罐液位保护逻辑图如图2-1-57所示。

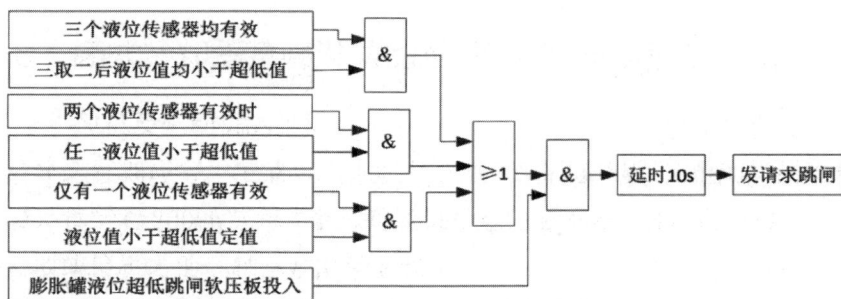

图 2-1-57　膨胀罐液位保护逻辑图

（四）微分泄漏保护

微分泄漏保护采集膨胀罐液位传感器信号，采样和计算周期为 2s，有效计算时间为 30s，当液位下降速率超过泄漏保护定值时，发请求停阀冷信号，如果收到换流阀闭锁信号有效且阀投运信号无效，则延时 5s 停主泵。微分泄漏保护应躲过阀冷系统启动、外冷风机启动、喷淋泵启动、主循环泵切换等因素引起的液位变化，避免泄漏保护误动。泄漏屏蔽判断逻辑如图 2-1-58 所示。

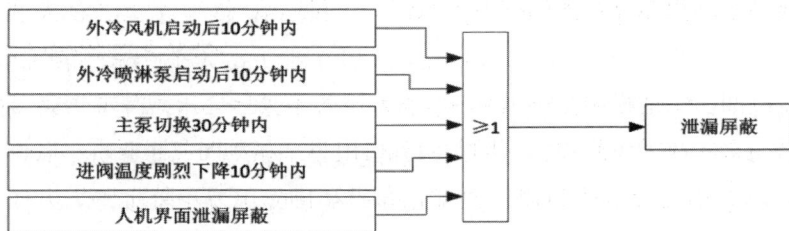

图 2-1-58　泄漏屏蔽判断逻辑

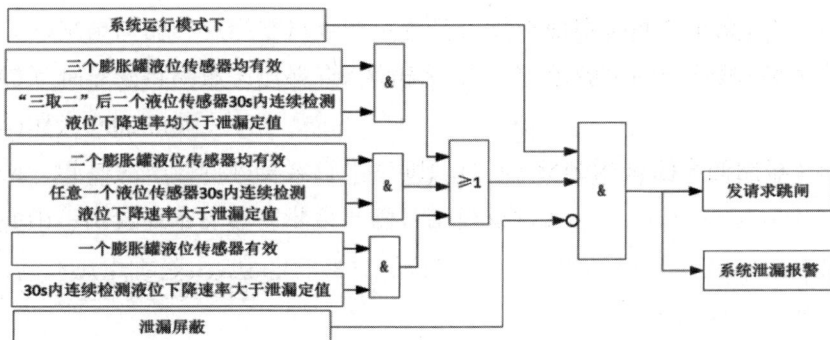

图 2-1-59　泄漏保护逻辑

三、阀冷却系统电源配置

（一）动力电源

阀冷却系统的交流电源主要作为主循环泵、喷淋泵、外冷风机、补水泵、加药泵、电动阀等设备的工作电源。目前，我国已建或在建的高压直流输电工程，阀冷却系统设备的交流电源配置方式均采用双母线供电方式，两条母线之间相互电气独立，其中一路进线为工作电源，另一路进线为备用电源，当其中一路工作电源失电时，双电源切换装置将自动切换到另一路备用电源供电。主循环泵是内冷水循环系统的总动力源，在换流阀冷却系统中占有主导地位，因此，主循环泵采用独立的供电系统，其他交流设备如喷淋泵、冷却塔风机、过滤器、加药泵、电动阀、照明等作为一个整体采用另外一套独立的供电系统。两套独立供电系统的两路400V交流进线电源同样分别取自两个不同400V交流母线段，两路交流进线电源经双电源切换装置选择后，分别供电于主循环泵和其他交流设备。

以祁连换流站为例，交流电源的冗余设计为 24 路独立 AC 380V 进线，1 路 AC 220V 电源。主循环泵分别采用 2 路相互独立的交流进线，内冷其他负荷 2 路交流进线。空冷器设备采用 16 路交流进线，冷却塔设备采用 4 路交流进线。

控制及保护系统实时对进线交流电源状况进行监控。电源相序信息、故障信息、切换装置动作信息以等信息都实时上传到控制保护系统。为方便获得电源信息，控制柜上设置有电源监视指示灯指示当前供电系统有电或无电信息，以及电源故障指示灯指示当前电源的缺相、相序、欠压信息。

（二）控制保护系统电源

阀冷却系统的控制和保护都由直流电源进行供电，直流电源主要作为换流阀冷却系统控制保护装置、测控装置、人机界面、I/O 模块、PLC 控制中间继电器、传感器等装置的工作电源，均采用两路直流电源供电，以防止在电源扰动期间换流阀冷却系统失去控制和保护。阀冷控制系统满足在站用电电源的如下波动条件下稳定运行：稳态电压波动：±10%额定电压；暂态电压波动：70%额定电压，持续时间 300ms。

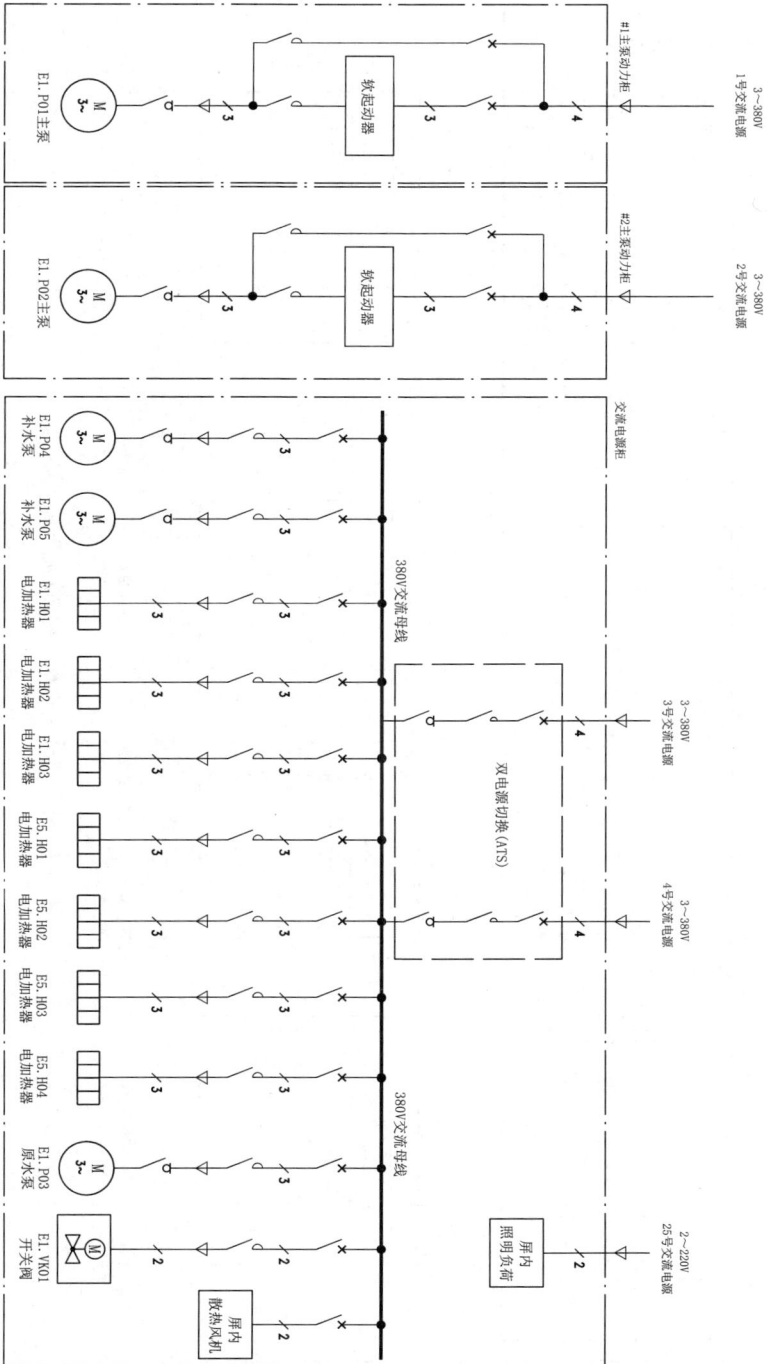

图 2-1-60　置阀内冷系统交流电源系统原理图

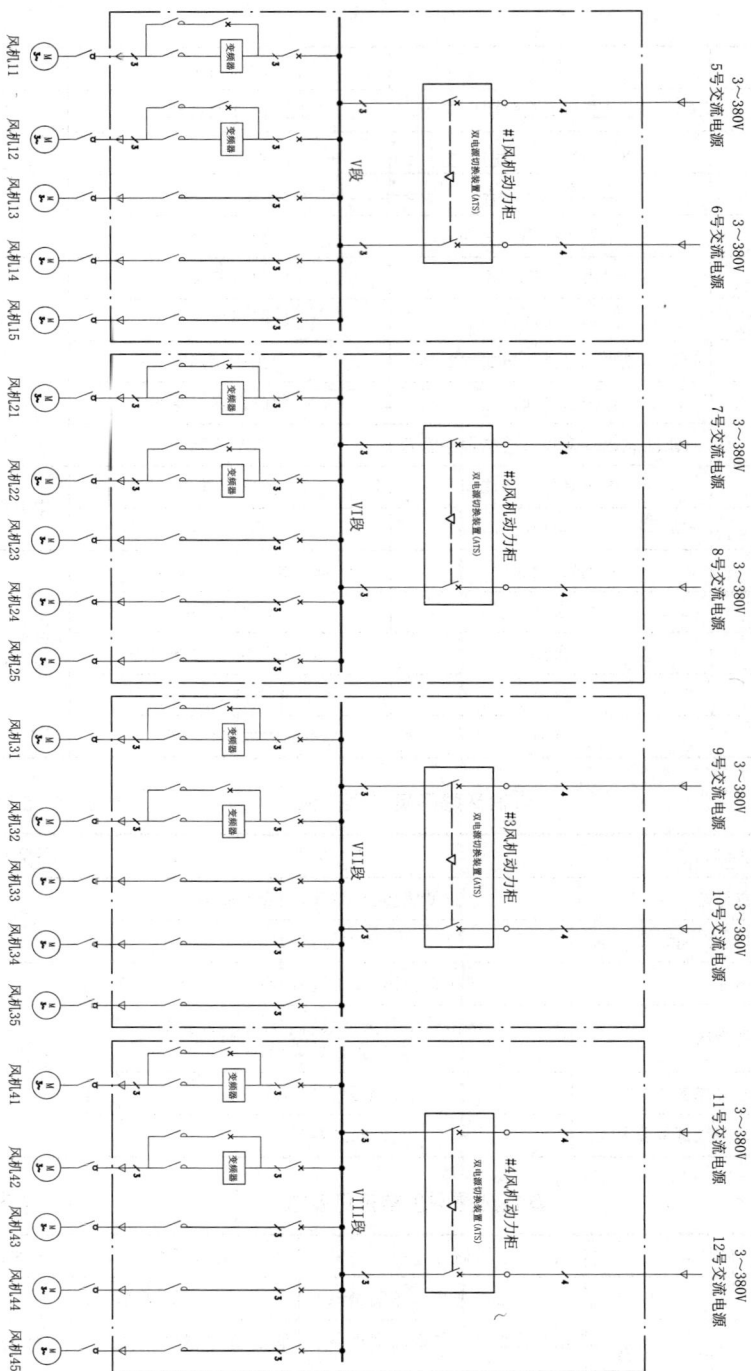

图 2-1-61 系统交流电源配置 1 阀冷（外冷）冷却

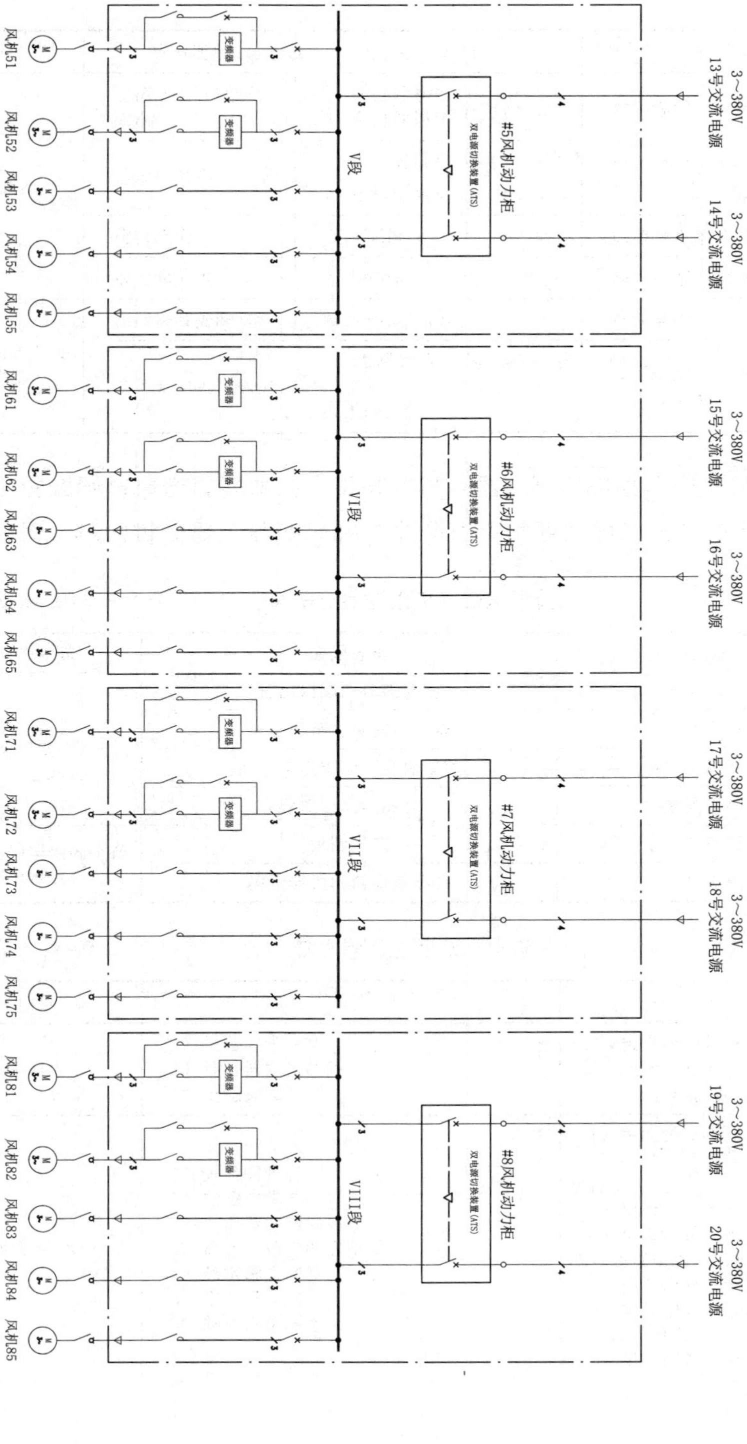

图 2-1-62　系统交流电源配置（外冷）阀冷 2

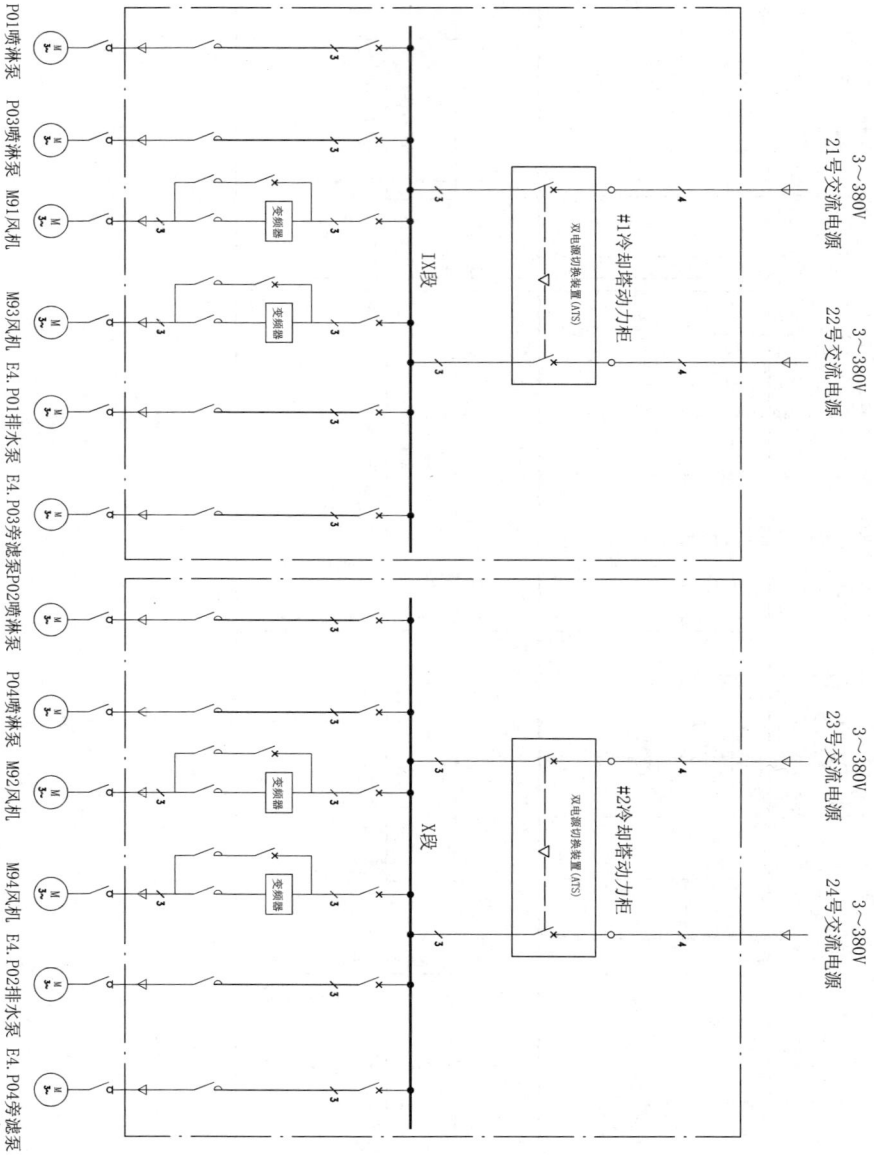

图 2-1-63 阀冷（外冷）系统交流电源配置 3

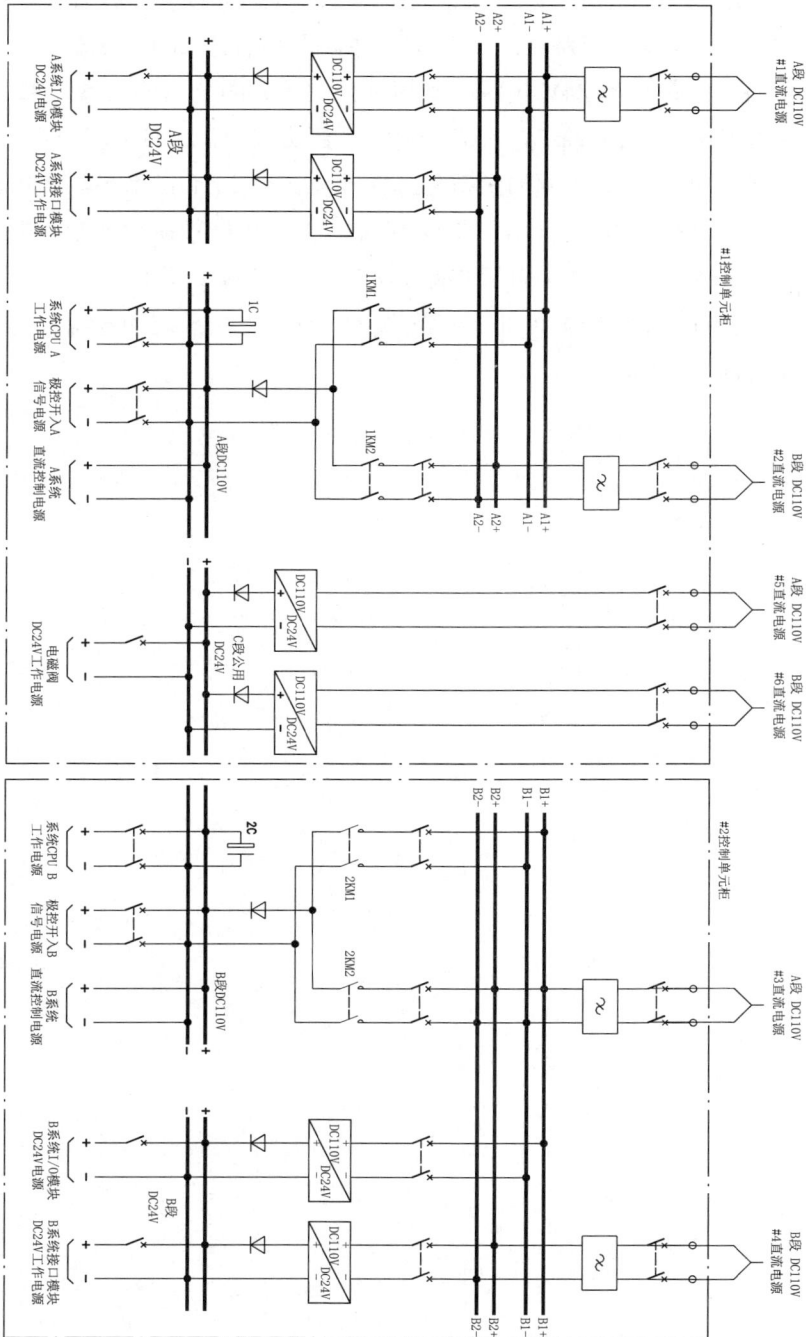

图 2−1−64 阀冷控制保护系统电源配置

　　以祁连换流站为例，直流电源的设计为 6 路独立进线，分别经耦合器输出两路直流 110V 母线电源和三路直流 24V 的电源。两路直流 110V 母线电源分别用于控制回路，三路直流 24V 电源分别用于控制单元的 A 工作电源、B 工作电源、共用的工作电源。6 路 DC 110V±10%直流进线电源，#1 和#2 直流电源接入#1 控制单元柜，每路电源的负荷包括 1 个 CPU、若干直流接触器和若干继电器以及 1 个 24V 开关电源，#3 和#4 直流电源接入#2 控制单元柜，每路电源的负荷包括 1 个 CPU、若干直流接触器和若干继电器以及 1 个 24V 开关电源，#5 和#6 直流电源接入#1 控制单元柜中，作为公共 C 系统的电源，其电源负荷为一个 24V 开关电源。

第二章 技能实践

第一节 阀冷却系统操作

河南晶锐技术路线阀冷系统的操作分为阀内水冷系统操作与阀外冷系统操作,阀外冷系统根据冷却方式的不同分为阀外水冷、阀外风冷以及复合式(水冷+风冷)三种形式,阀外水冷、阀外风冷的操作与复合式阀冷系统差异不大,下面就以祁连换流站阀冷系统操作为例进行介绍。

阀冷监控系统选择的人机界面型号为 Siemens 精智面板 KP1200,其额定工作电压为 DC 24V(允许范围为 19.2~28.8V)。阀冷监控系统的控制面板如图 2-2-1 所示。权限分为三级,"浏览""操作"和"管理",每级的权限任务分别具有不同的任务。"浏览"-人机界面上电后,无须输入"用户"和"密码"即可浏览人机界面上的页面,但是不允许对各个设备进行任何操作。"操作"-登录具有"操作"权限的"用户",可以完成设备的启动、停止、切换、维护操作,但不具有修改参数整定、报警定值。"管理"-具有系统全部的浏

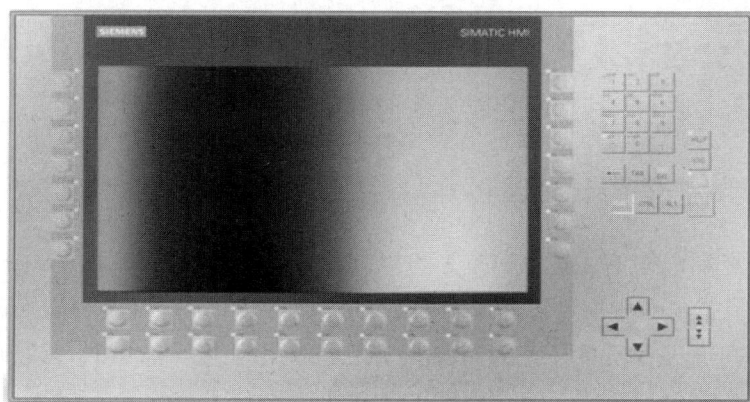

图 2-2-1 人机接口控制面板外观

览和操作权限，同时可以修改水冷系统运行的参数整定值，人机界面的时间，同步 PLC 系统时间，屏幕校准等功能。

一、系统维护

操作步骤：按下【系统维护】可以打开［系统维护］画面，如图 2-2-2 所示。点击相关设备的＜维护＞按钮，经二次确认后相应设备将会从系统中退出使用，用户可进行相关的维护工作，此时，处于维护状态的设备是高亮红色显示的。维护完毕后，点击＜投入＞按钮，经二次确认后相应的设备将重新投入使用。［系统维护］共包括 4 个画面，通过画面下方的软按钮可以进行画面切换。该操作需要具有管理员的操作权限。

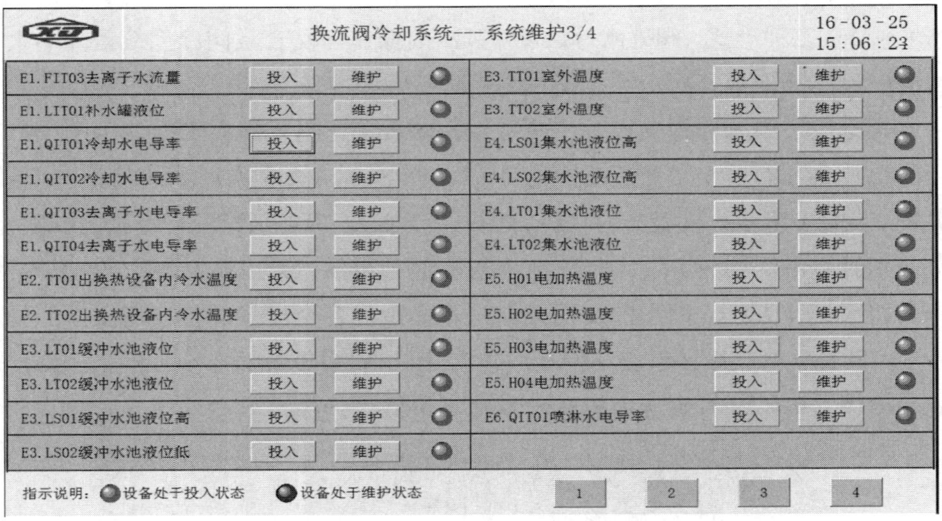

	换流阀冷却系统---系统维护3/4				16-03-25 15:06:24		
E1.FIT03去离子水流量	投入	维护	○	E3.TT01室外温度	投入	维护	○
E1.LIT01补水罐液位	投入	维护	○	E3.TT02室外温度	投入	维护	○
E1.QIT01冷却水电导率	投入	维护	○	E4.LS01集水池液位高	投入	维护	○
E1.QIT02冷却水电导率	投入	维护	○	E4.LS02集水池液位高	投入	维护	○
E1.QIT03去离子水电导率	投入	维护	○	E4.LT01集水池液位	投入	维护	○
E1.QIT04去离子水电导率	投入	维护	○	E4.LT02集水池液位	投入	维护	○
E2.TT01出换热设备内冷水温度	投入	维护	○	E5.H01电加热温度	投入	维护	○
E2.TT02出换热设备内冷水温度	投入	维护	○	E5.H02电加热温度	投入	维护	○
E3.LT01缓冲水池液位	投入	维护	○	E5.H03电加热温度	投入	维护	○
E3.LT02缓冲水池液位	投入	维护	○	E5.H04电加热温度	投入	维护	○
E3.LS01缓冲水池液位高	投入	维护	○	E6.QIT01喷淋水电导率	投入	维护	○
E3.LS02缓冲水池液位低	投入	维护	○				
指示说明：○设备处于投入状态 ●设备处于维护状态				1	2	3	4

图 2-2-2　系统维护画面

二、状态信息

操作步骤：按下【状态信息】可以打开［状态信息］画面，如图 2-2-3 所示，共包括 9 个画面，可通过画面下方的软按钮可以进行画面切换。该画面主要显示阀冷设备所有开关的闭合/断开状态、相关报警信号的有效/无效，以及阀冷与直流保护系统之间的硬接点状态。

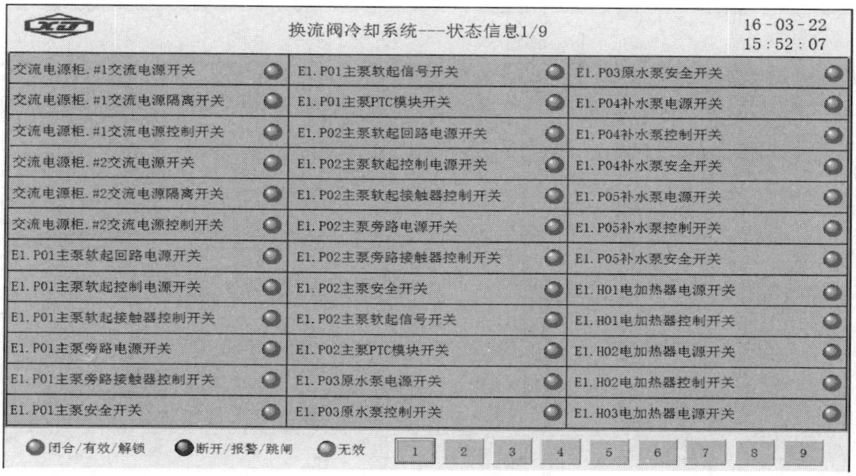

换流阀冷却系统---状态信息1/9　16-03-22 15:52:07

交流电源柜.#1交流电源开关	E1.P01主泵起信号开关	E1.P03原水泵安全开关
交流电源柜.#1交流电源隔离开关	E1.P01主泵PTC模块开关	E1.P04补水泵电源开关
交流电源柜.#1交流电源控制开关	E1.P01主泵软起回路电源开关	E1.P04补水泵控制开关
交流电源柜.#2交流电源开关	E1.P02主泵软起控制电源开关	E1.P04补水泵安全开关
交流电源柜.#2交流电源隔离开关	E1.P02主泵软起接触器控制开关	E1.P05补水泵电源开关
交流电源柜.#2交流电源控制开关	E1.P02主泵旁路电源开关	E1.P05补水泵控制开关
E1.P01主泵软起回路电源开关	E1.P02主泵旁路接触器控制开关	E1.P05补水泵安全开关
E1.P01主泵软起控制电源开关	E1.P02主泵安全开关	E1.H01电加热器电源开关
E1.P01主泵软起接触器控制开关	E1.P02主泵软起信号开关	E1.H01电加热器控制开关
E1.P01主泵旁路电源开关	E1.P02主泵PTC模块开关	E1.H02电加热器电源开关
E1.P01主泵旁路接触器控制开关	E1.P03原水泵电源开关	E1.H02电加热器控制开关
E1.P01主泵安全开关	E1.P03原水泵控制开关	E1.H03电加热器电源开关

● 闭合/有效/解锁　● 断开/报警/跳闸　● 无效　　1　2　3　4　5　6　7　8　9

图2-2-3　状态信息画面

三、参数查看

操作步骤：按下【参数查看】可以打开［总参查看］画面，如图 2-2-4 所示，显示阀冷系统的所有冗余处理后的模拟量信息。其中，模拟量信息又分［总参查看］和［分参查看］画面。通过点击相应的画面，可显示阀冷系统相应的模拟量信号，如图 2-2-5 所示。

换流阀冷却系统---总参查看　16-03-22 16:44:2?

进阀温度	27.1 ℃	进阀压力	0.00 MPa	M31风机运行频率	30.0 Hz
出阀温度	35.6 ℃	出阀压力	0.00 MPa	M41风机运行频率	30.0 Hz
阀厅温度	0.0 ℃	膨胀罐压力	0.00 MPa	M51风机运行频率	30.0 Hz
阀厅湿度	0.0 %	冷却水流量	41.7 L/s	M61风机运行频率	30.0 Hz
室外温度	24.0 ℃	去离子水流量	0.0 L/s	M71风机运行频率	30.0 Hz
出换热设备内冷水温度	36.3 ℃	冷却水电导率	0.00 μS/cm	M81风机运行频率	30.0 Hz
E1.H01电加热器温度	0.0 ℃	去离子水电导率	0.00 μS/cm	M12风机运行频率	30.0 Hz
E1.H02电加热器温度	0.0 ℃	VB01电动比例阀开度	56.5 %	M22风机运行频率	30.0 Hz
E1.H03电加热器温度	0.0 ℃	VB02电动比例阀开度	0.0 %	M32风机运行频率	30.0 Hz
E5.H01电加热器温度	0.0 ℃	膨胀罐液位	0.0 %	M42风机运行频率	30.0 Hz
E5.H02电加热器温度	0.0 ℃	补水罐液位	0.0 %	M52风机运行频率	30.0 Hz
E5.H03电加热器温度	0.0 ℃	缓冲水池液位	0.0 %	M62风机运行频率	30.0 Hz
E5.H04电加热器温度	0.0 ℃	集水池液位	0.0 %	M72风机运行频率	30.0 Hz
喷淋水电导率	0 μS/cm	M91风机运行频率	0.0 Hz	M82风机运行频率	30.0 Hz
凝露温度	-99.9 ℃	M92风机运行频率	0.0 Hz		
补水量	0.0 m³	M11风机运行频率	30.0 Hz		
排水量	0.0 m³	M21风机运行频率	30.0 Hz		

注：仪表故障或回路断线时，参数显示为-99.9。　　　总参查看　　　分参查看

图2-2-4　总参查看画面

91

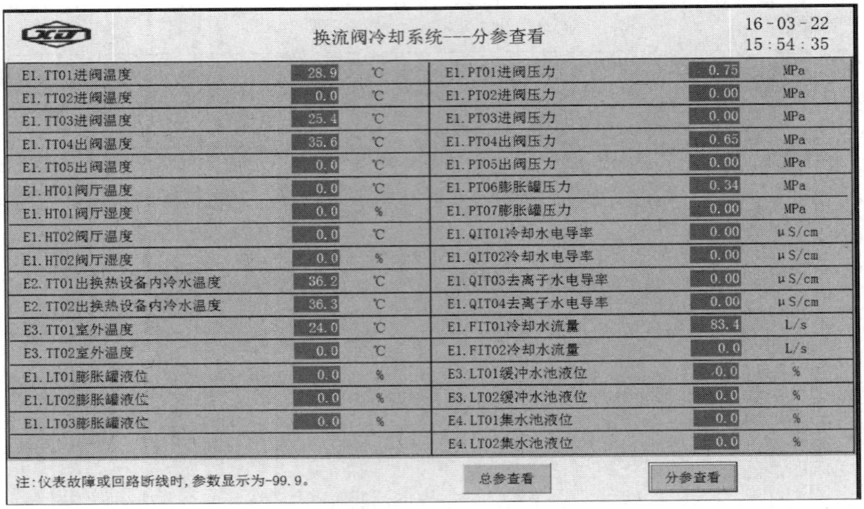

图2-2-5 分参查看画面

四、实时报警

操作步骤：按下【实时报警】可打开［实时报警］画面，该画面应能够显示实时的报警信息，如图2-2-6所示。［实时报警］画面主要的功能是显示实时报警信息，当报警消失时，相应的报警报文也从该页面消失。

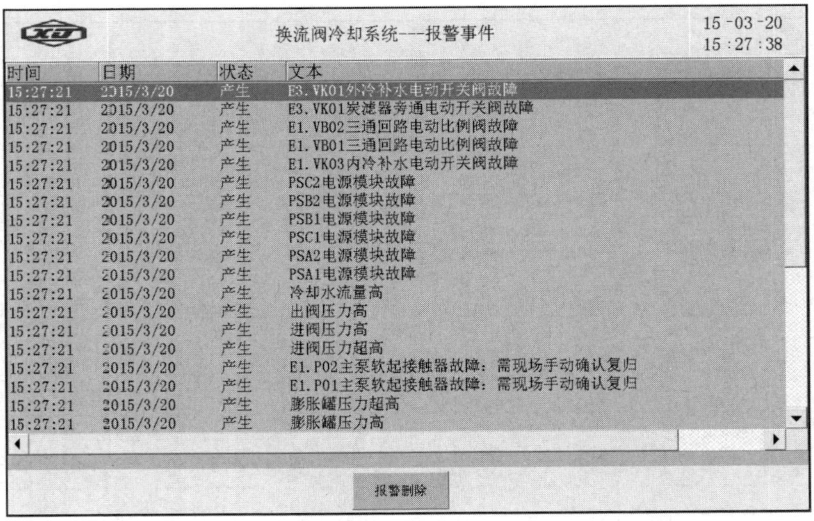

图2-2-6 实时报警画面

五、报警事件

操作步骤：按下快捷键【报警事件】，可以打开［报警事件］画面，如图2－2－7所示。该画面用于显示当前存在的实时报警信息及过去一段时间存在但现在已经消失的历史报警信息。点击＜报警删除＞按钮可以删除选中的报警信息。

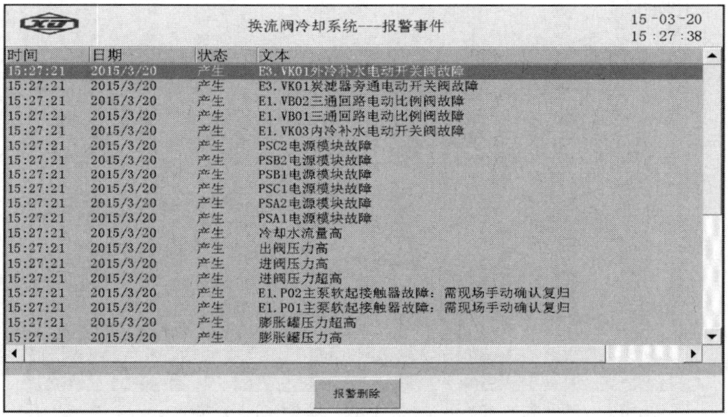

图2－2－7　报警事件画面

六、状态事件

操作步骤：在任意画面按下【状态事件】可以打开［状态事件］画面，如图2－2－8所示。该画面用于显示历史状态信息。

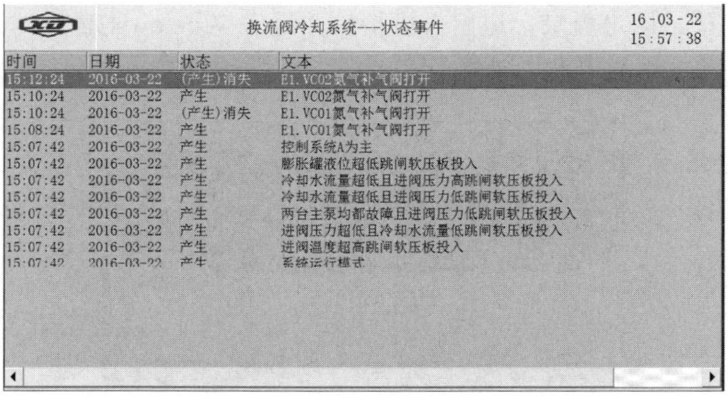

图2－2－8　状态事件画面

七、参数设置

操作步骤：在任意画面按下【参数设置】，可打开［参数设置］的画面，如图 2-2-9 所示。该画面包括量程定值、报警定值、控制参数定值、软压板设置画面，点击相应的软按钮，可以对阀冷系统中的仪表量程、报警值、控制参数等进行设置，具有管理员身份的操作员才能对相关参数进行设置或修改，并且需要二次确认。

图 2-2-9　参数设置画面

八、系统工具

操作步骤：任意页面下按下【系统工具】可以打开［系统工具］画面，如图 2-2-10 所示。该画面包括 PLC 本地时间校正和远方 GPS 时间校正选择，本地校时确认，用户登录、退出人机接口并进入 WindowsCE 操作界面功能。上述功能都需要管理员操作权限。

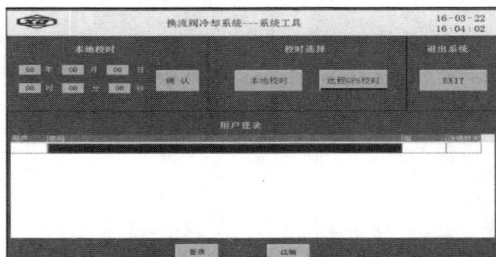

图 2-2-10　系统工具画面

九、交流电源切换

操作步骤：任意页面下按下【交流电源切换】，可进入［交流电源切换］画面，如图2-2-11所示。该画面能够实现交流电源柜.#1/2交流电源、#1冷却塔柜.#1/2交流电源、#2冷却塔柜.#1/2交流电源、#1风机动力柜.#1/2交流电源、#2风机动力柜.#1/2交流电源、#3风机动力柜.#1/2交流电源、#4风机动力柜.#1/2交流电源、#5风机动力柜.#1/2交流电源、#6风机动力柜.#1/2交流电源、#7风机动力柜.#1/2交流电源、#8风机动力柜.#1/2交流电源的手动切换，以及各交流电源的投入状态、回路开关状态的显示交流电源状态：投入—绿色，未投入—灰色。交流电源回路开关状态：闭合—绿色，断开—红色。交流电源切换的操作必须具有操作员的权限且需要二次确认。

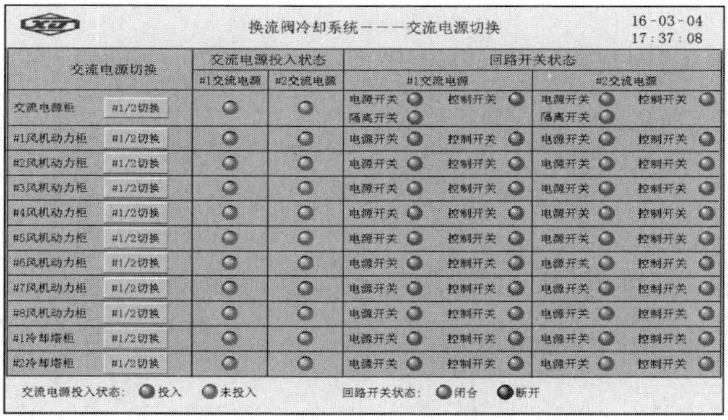

图2-2-11　交流电源切换画面

十、空冷器风机操作

操作步骤：任意页面下按下【空冷器风机】（空冷器风机分为变频风机和工频风机），可以打开［变频风机控制］画面和［工频风机控制］画面，如图2-2-12所示。［变频风机控制］画面能够实现调试模式下风机手动启停及频率设定操作，也可反映风机的运行状态、运行频率及风机回路开关状态；［工频风机控制］画面能够实现调试模式下风机手动启停操作及风机运行状态、回路开关状态的显示。风机启停操作需要操作员的权限和二次确认，风机频率设定需要管理员的操作权限。回路开关状态：闭合—绿色，断开—红色。风机状态：运行—绿色，停止—灰色。

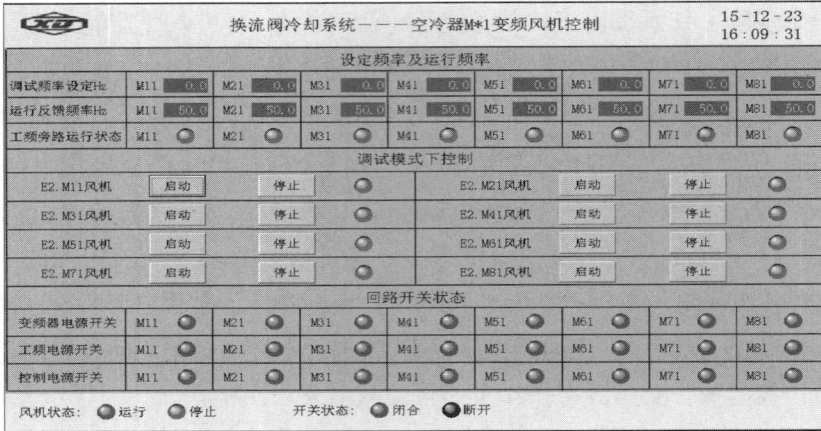

(a) 空冷器变频风机控制画面

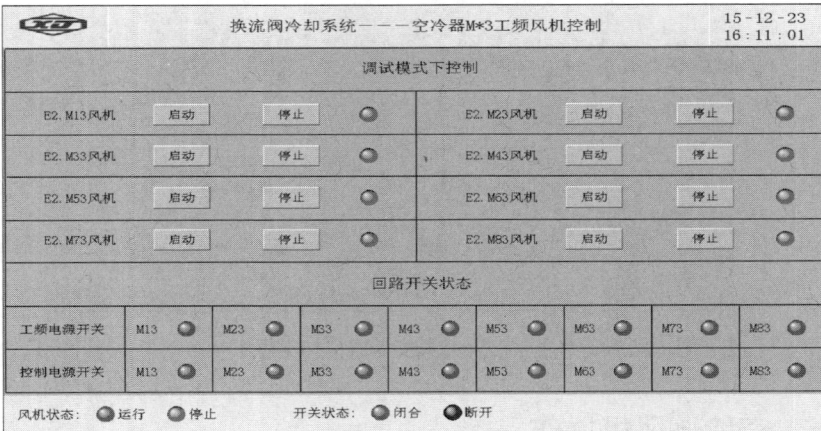

(b) 空冷器工频风机控制画面

图 2-2-12　空冷器风机控制画面

十一、冷却塔风机操作

操作步骤：任意页面下按下【冷却塔风机】，可以打开 [冷却塔风机控制] 画面，如图 2-2-13 所示。该画面能够实现调试模式下风机手动启停和频率设定操作，也可实现外水冷系统的投退操作，可反映风机的运行状态、运行频率以及风机回路开关状态。外水冷系统投/退需业主根据现场实际情况进行手动操作，如在室外环境温度可能接近空冷器设计环境温度 41℃时，应提前投入外水冷系统。外水冷系统按季节性投/退（只限复合式阀外冷系统），在环境温度较低的 1～5 月、9～12 月时外水冷系统退出；在环境温度较高的 6～8 月时外水冷系统投入。在投入外水冷系统前，应注意在外水冷系统调试模式下将缓冲水池水补充至设定液位。风机启停操作和外水冷系统的投退操作均需要操作员权限和二次确认，风机频率设定需要管理员操作权限。回路开关状态：闭合—绿色，断开—红色；风机状态：运行—绿色，停止—灰色。

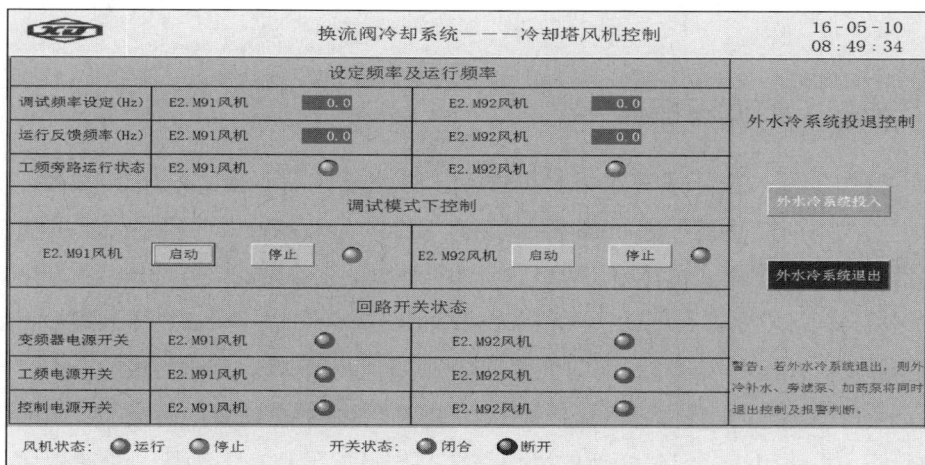

图 2-2-13　冷却塔风机控制画面

十二、加药泵操作

操作步骤：任意页面下按下【加药泵】可进入［加药泵控制］画面，如图 2-2-14 所示。在控制模式选择中，可以选择在线或运行模式，选中的工作模式闪烁显示。在调试模式和在线测试模式下可以手动启停加药泵功能，以及显示加药泵运行状态、运行时间及回路电源开关状态等。启动或停止加药泵操作需要操作员权限且要求二次确认。加药泵相关参数设定操作需要操作员权限。加药泵状态：运行—绿色，停止—灰色。回路开关状态：闭合—绿色，断开—红色。

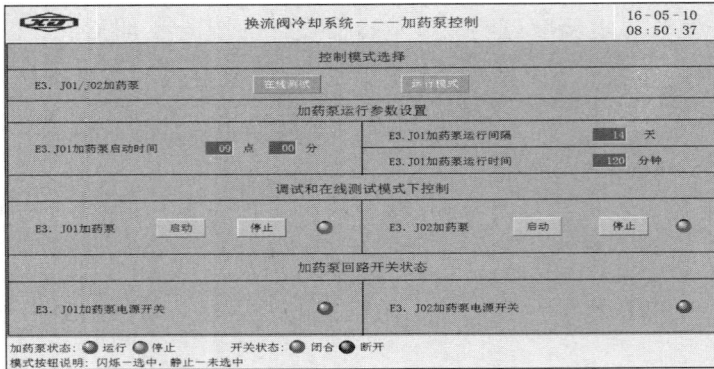

图 2-2-14　加药泵控制画面

十三、旁滤泵操作

操作步骤：按下【旁滤泵】可进入［旁滤泵控制］画面，如图 2-2-15 所示。该画面能够显示旁滤循环泵的控制模式、运行状态、回路电源开关状态等信息。在控制模式选择中，可以对旁滤循环泵的工作模式进行选择，且选中的工作模式闪烁显示。在调试模式和在线测试模式下，可以对旁滤循环泵进行手动启停操作；在运行模式下，可对旁滤循环泵进行手动切换、定时切换的操作，并显示旁滤循环泵的当前状态和运行时间。上述的控制模式选择、旁滤循环泵的手动启停、手动切换、定时切换的操作需要操作员权限和二次确认。旁滤循环泵状态：运行—绿色，停止—灰色。回路开关状态：闭合—绿色，断开—红色。

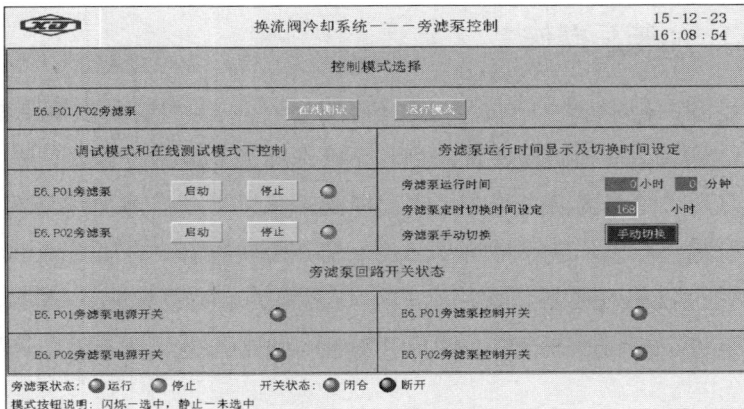

图 2-2-15　旁滤循环泵控制画面

十四、排水泵操作

操作步骤：按下【排水泵】可进入［排水泵控制］画面，如图 2-2-16 所示。该画面能够显示排水泵的控制模式、运行状态、回路电源开关状态及集水池液位的高低等信息。在控制模式选择中，可以对排水泵的工作模式进行选择，且选中的工作模式闪烁显示。在调试模式和在线测试模式下，可以对排水泵进行手动启停操作并显示排水泵的当前状态，上述的控制模式选择、排水泵的手动启停操作需要操作员权限和二次确认。排水泵状态：运行—绿色，停止—灰色。回路开关状态：闭合—绿色，断开—红色。集水池液位开关状态：有效—绿色，无效—灰色。

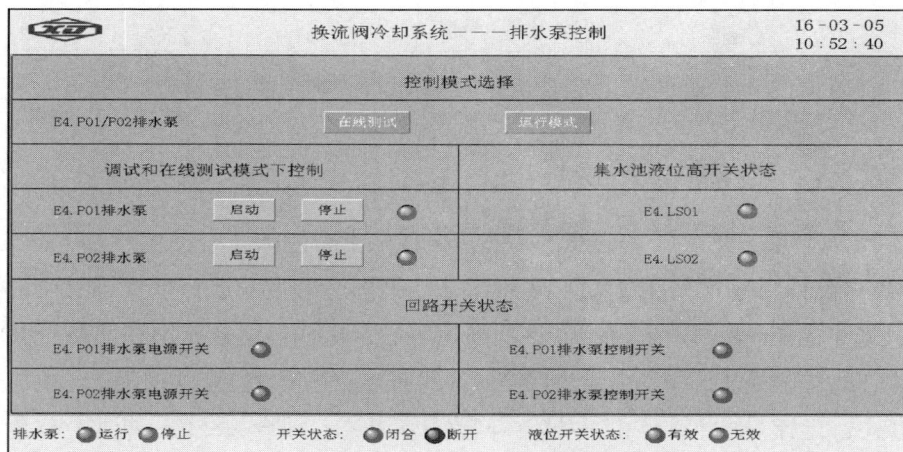

图 2-2-16　排水泵控制画面

十五、喷淋泵操作

操作步骤：任意页面下按下【喷淋泵】可进入【喷淋泵】画面，【喷淋泵控制】画面如图 2-2-17 所示。该画面能够显示喷淋泵的控制模式、运行状态、回路电源开关状态等信息。在控制模式选择中，可以对每组喷淋泵的工作模式进行选择，且选中的工作模式闪烁显示。在调试模式和在线测试模式下，可以对喷淋泵进行手动启停操作，并显示喷淋泵的当前状态。在运行模式下控制系统将自动控制喷淋泵的运行，且可以对每组喷淋泵进行手动切换操作。上述的控制模式选择、喷淋泵的手动启停、手动切换操作需要操作员权限和二次确认。喷淋泵状态：运行—绿色，停止—灰色。回路开关状态：闭合—绿色，断开—红色。

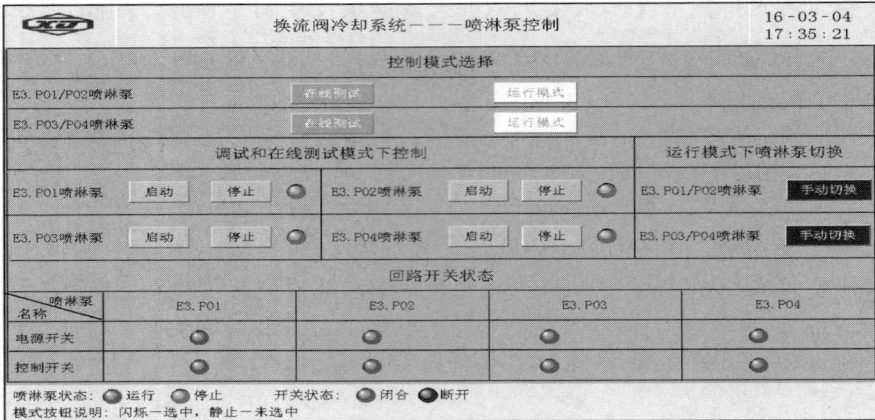

图2-2-17　喷淋泵控制画面

十六、外冷电伴热操作

操作步骤：任意页面下按下【外冷电伴热】可进入［外冷电伴热］画面，［外冷电伴热］画面如图2-2-18所示。该画面能够手动选择电伴热的控制模式且选中的工作模式闪烁显示。该画面也可显示电伴热运行状态和回路开关状态。上述控制模式选择、电伴热启停操作均需要操作员权限和二次确认。电加热器状态：运行—绿色，停止—灰色；回路开关状态：闭合—绿色，断开—红色。

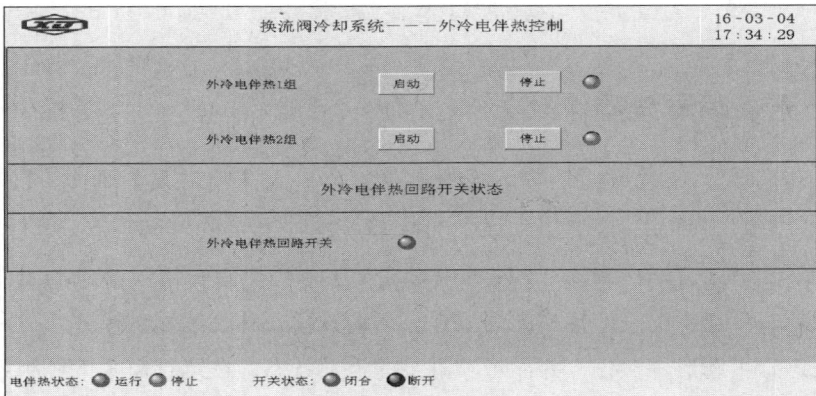

图2-2-18　外冷电伴热控制画面

十七、电加热器操作

操作步骤：按下【电加热器】可进入［电加热器控制］画面，如图 2-2-19 所示。该画面能够显示电加热器的控制模式、运行状态、回路电源开关状态信息。在控制模式选择中，可以对电加热器的工作模式进行选择，且选中的工作模式闪烁显示。在调试模式和在线测试模式下，可以对电加热器进行手动启停操作，并显示电加热器的当前状态。上述的控制模式选择、电加热器的启停操作需要操作员权限和二次确认。电加热器状态：运行—绿色，停止—灰色。回路开关状态：闭合—绿色，断开—红色。

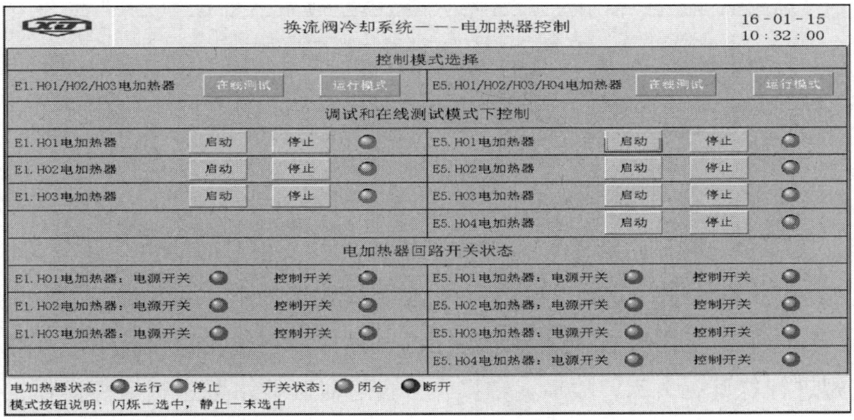

图 2-2-19　电加热器控制画面

十八、内冷补水操作

操作步骤：按下【内冷补水】可进入［内冷补水］画面，如图 2-2-20 所示。该画面能够显示内冷补水回路的控制模式、回路电源开关状态，以及补水泵、电动开关阀、补水电磁阀的运行状态。在控制模式选择中，可以对内冷补水回路的工作模式进行选择，且选中的工作模式闪烁显示。在调试模式和在线测试模式下，可以对补水泵、电动开关阀、补水电磁阀进行手动启停或开闭操作，并显示当前状态。系统中阀门故障报警后，需要手动按下＜故障复归＞软按钮进行复归。上述操作需要操作员权限和二次确认。回路开关状态：闭合—绿色，断开—红色。水泵状态：打开—绿色，关闭—灰色。开到位/关到位：有效—绿色，无效—灰色。

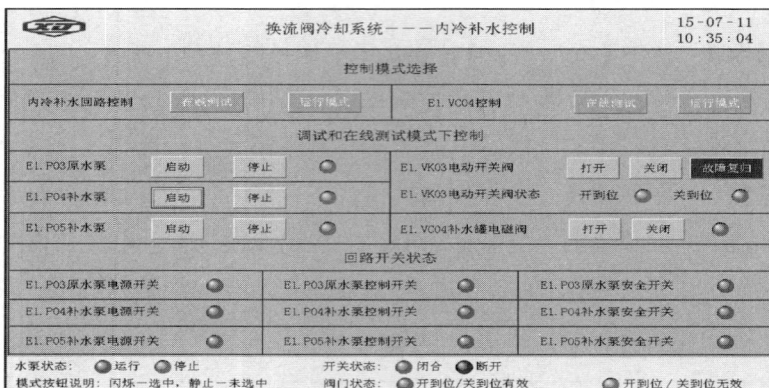

图 2-2-20　内冷补水控制画面

十九、外冷补水操作

操作步骤：按下【外冷补水】可进入［外冷补水］画面，如图 2-2-21 所示。该画面能够显示补水、排水控制模式，以及相对应的电动开关阀状态、工业水泵运行及补水排水量等信息。在控制模式选择中，可以对工作模式进行选择，且选中的工作模式闪烁显示。在调试模式和在线测试模式下，可对电动开关阀进行打开、关闭、故障复归操作，也可对工业水泵进行启停操作，并显示当前运行状态。系统中阀门故障报警后，需要手动按下＜故障复归＞软按钮进行复归。上述操作需要操作员权限和二次确认。

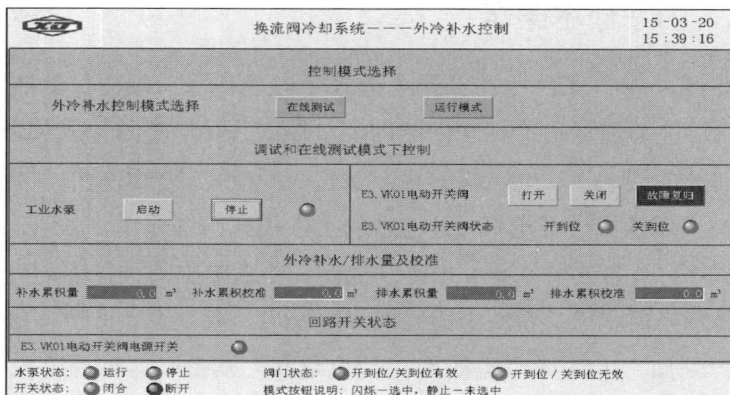

图 2-2-21　外冷补水控制画面

二十、主循环泵操作

操作步骤：按下【主循环泵】可进入［主泵控制］画面，如图2-2-22所示。该画面能够显示主循环泵运行、回路电源开关及主泵软启动器状态。在调试模式下，可以对主循环泵进行手动启停操作，并显示主循环泵的当前状态。在运行模式下控制系统将自动控制主循环泵的运行，且具有主泵切换、流量低且压力低切换主泵、计时复归的操作。上述的启停、切换、复归操作需要操作员权限和二次确认。主泵运行状态：运行—绿色，停止—灰色。主泵故障状态：正常—灰色，故障—红色。回路开关状态：闭合—绿色，断开—红色。

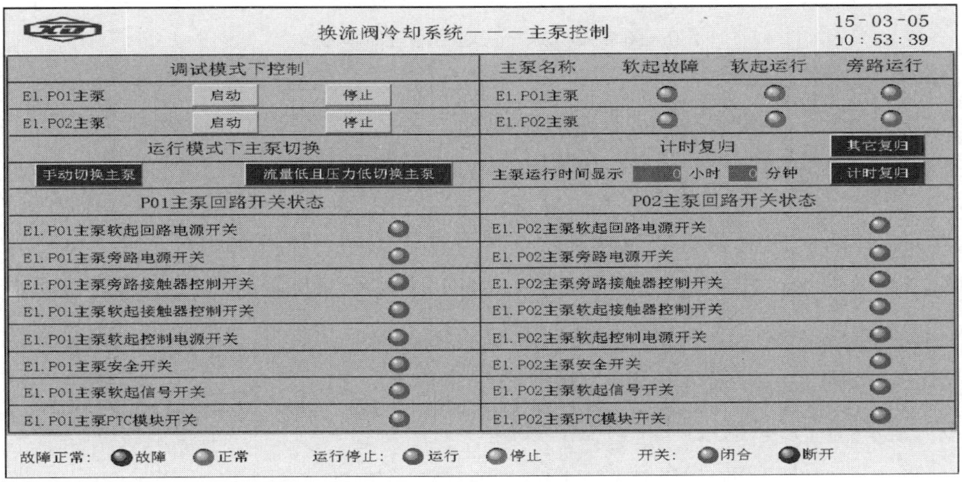

图2-2-22 主循环泵控制画面

二十一、三通回路操作

操作步骤：按下【三通回路】可进入［三通回路控制］画面，如图2-2-23所示。该画面能够显示电动开关阀的状态，及电动比例阀的开度。在控制模式选择中，可以选择在线或运行模式，选中的工作模式闪烁显示。在调试或在线测试模式下，可以手动打开或关闭电动开关阀，可手动设定比例阀的开度。画面上的模式选择操作和阀门开闭操作需要二次确认，且需要操作员权限。阀门状态：开到位—绿色，关到位—灰色。

103

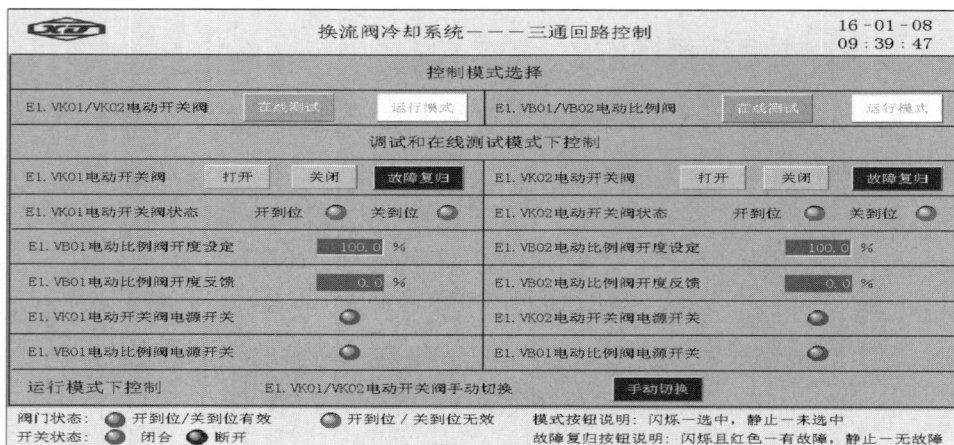

图 2-2-23　三通回路控制画面

二十二、阀冷启动和停止操作

操作步骤：按下【阀冷启动】可进入［阀冷启动］画面，如图 2-2-24 所示。在该画面能够启动阀冷系统。阀冷系统启动，按键指示灯点亮（绿色），阀冷系统停止，指示灯熄灭（灰色）。按下【阀冷停止】可进入［阀冷停止］画面，如图 2-2-25 所示。该画面能够在运行模式下停止阀冷系统。阀冷系统停止，按键指示灯灭（灰色），阀冷系统未停止，指示灯亮（绿色）。阀冷启动和停止操作需要操作员权限和二次确认。

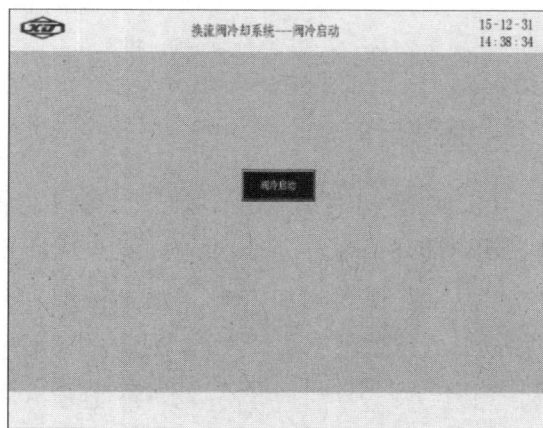

图 2-2-24　阀冷启动画面

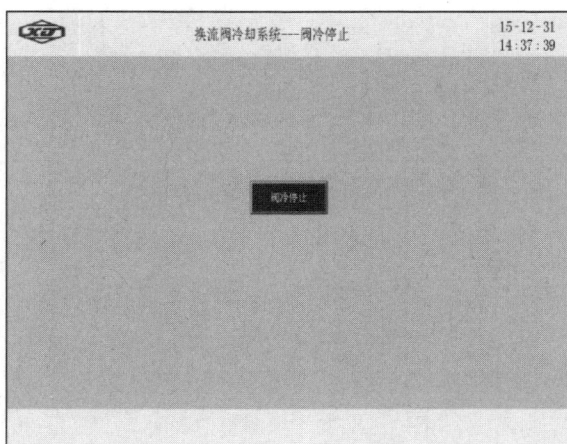

图2-2-25　阀冷停止画面

二十三、泄漏屏蔽和复归

操作步骤：按下【泄漏屏蔽】可进入［泄漏屏蔽］画面，如图 2-2-26 所示。按下＜泄漏屏蔽＞软按钮，泄漏跳闸功能将退出保护。泄漏屏蔽，按键指示灯点亮（红色），泄漏未屏蔽，指示灯熄灭（灰色）。按下【泄漏复归】可进入［泄漏复归］画面，如图 2-2-27 所示。按下＜泄漏复归＞软按钮，泄漏跳闸功能将投入。泄漏复归按键指示灯点亮（灰色），泄漏未复归，指示灯熄灭（红色）。此操作需要操作员权限和二次确认。

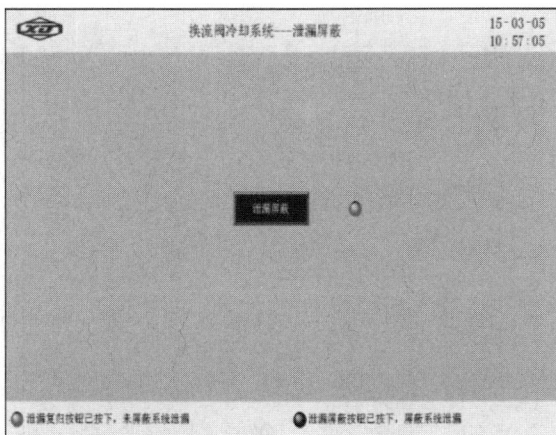

图2-2-26　泄漏屏蔽画面

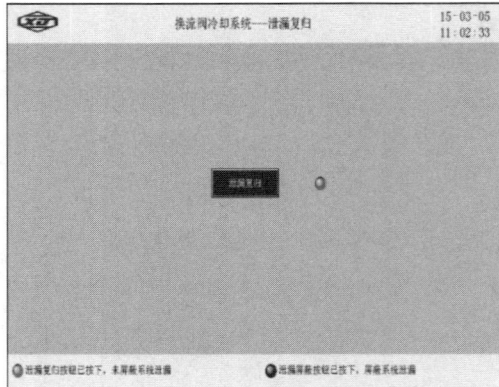

图 2-2-27　泄漏复归画面

二十四、就绪屏蔽和复归

操作步骤：按下【就绪屏蔽】可进入［就绪屏蔽］画面，如图 2-2-28 所示。当阀冷系统中某些设备发生故障或出现错误报警信号时，且这些故障或报警信号不会影响设备的正常运行，则可按下＜就绪屏蔽＞软按钮，系统将强制就绪。就绪屏蔽，按键指示灯点亮（红色），就绪未屏蔽，指示灯熄灭（灰色）。按下【就绪复归】可进入［就绪复归］画面，如图 2-2-29 所示。按下＜就绪复归＞软按钮，系统将根据设备实际状态判断系统是否就绪，就绪复归，按键指示灯点亮（灰色），就绪未复归，指示灯熄灭（红色）。此操作需要操作员权限和二次确认。

图 2-2-28　就绪屏蔽画面图

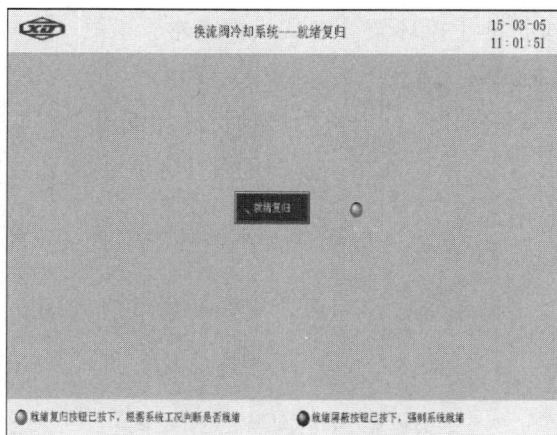

图 2-2-29　就绪复归画面图

第二节　阀冷却系统运行与维护

河南晶锐技术路线阀冷系统的运行维护分为阀内水冷系统操作与阀外冷系统运行维护，其中阀外冷系统根据冷却方式的不同分为阀外水冷、阀外风冷以及复合式（水冷＋风冷）三种形式，阀外水冷、阀外风冷的运行维护与复合式阀冷系统差异不大，下面就以祁连换流站阀冷系统运行维护为例进行介绍。

一、主循环泵的维护

（一）维护注意事项

（1）维护时必须将泵冷却至室温，释放泵内压力，并排干泵内介质。

（2）只有当泵处于停机状态时，才可以对其进行操作。

（二）维护步序

（1）确认被维护的主循环泵已处于备用状态。

（2）将被维护的主循环泵动力断路器、控制断路器、安全开关断开。

（3）将被维护的主循环泵进出口阀门关闭。

（4）对被维护的主循环泵进行维护。

（5）维护完毕后将主循环泵进出口阀门打开。

（6）将主循环泵安全开关、动力断路器、控制断路器合闸。

（7）测试被维护的主循环泵，确认工作正常。

（三）电动机润滑

（在电动机运转和静止时，均可为电动机添加润滑脂，取下注油嘴上的排脂丝堵（如果有），注入干净油脂，直至油脂出现在油脂孔或电动机轴上。水泵电动机的润滑周期为 3 个月。

（四）水泵润滑

使用矿物油对滚动轴承进行润滑。更换润滑油时间间隔（运转时间）如表 2-2-1 所示。

表 2-2-1　　　　　　　　更换润滑油时间间隔（运转时间）

润滑点温度（℃）	第一次换油时的运转时间（h）	全部换油时的运转时间（h）
小于 70	300	8500（最少每年 1 次）
70～80	300	4200（最少每年 1 次）
80～90	300	2000（最少每年 1 次）

二、补水泵、原水泵的维护

（一）维护步序

（1）确认被维护地泵已处于备用或断开状态。

（2）将被维护的泵动力断路器、控制断路器断开。

（3）将被维护地泵进出口阀门关闭。

（4）对被维护地泵进行维护。

（5）维护完毕后将泵进出口阀门打开。

（6）将泵动力断路器、控制断路器合闸。

（7）测试被维护地泵，确认工作正常。

（二）泵和泵电动机的维护注意事项

（1）在启动泵维护工作之前，要确保所有的与泵相连的电源都被完全关闭，并且保证它们不会出现意外的闭合通电。

（2）如果泵将要排尽水并且长期不再使用的话，应该拆掉泵的一只联轴器保护盖，在泵端部和连接之间的轴上滴几滴硅树脂油，有效防止轴封的黏结。

三、过滤器的清洗及维护

（一）主回路过滤器

主回路过滤器如图 2-2-30 所示，过滤器设置有两个 E1.Z01、E1.Z02 为并联管路连接，可在线维护，当压差达到推荐值 50kPa。以精密过滤器 E1.Z01 运行，维护 E1.Z02 为例。

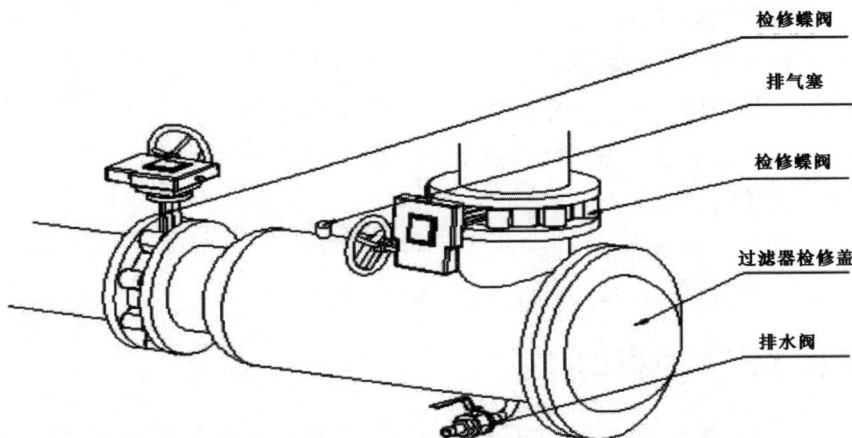

图 2-2-30　主回路过滤器

主过滤器在线冲洗或者更换时需退出泄漏保护并按以下步骤依次进行：

（1）先关闭 E1.Z02 进口蝶阀。

（2）再关闭 E1.Z02 出口蝶阀；注意蝶阀的开闭顺序。

（3）打开排气球阀和排水球阀，排尽过滤器中的存水后，拧开过滤器检修盖，取下过滤器芯。

（4）更换新的滤芯，重新安装，注意放好密封垫。

（5）打开 E1.Z02 出口蝶阀。

（6）缓慢打开 E1.Z02 进口蝶阀，注意阀门打开顺序。

（二）精密过滤器

去离子过滤器 E1.Z05、E1.Z06 均为精密过滤器。其结构形式均是一致的。在冷却系统运行时，当精密过滤器的进出口压差达到 0.05MPa 时即认为过滤器滤芯已经堵塞，需进行滤芯更换或维护。去离子回路精密过滤器 E1.Z05 和

E1.Z06 为离子交换器出水过滤器，一备一用，可在线维护。以精密过滤器 E1.Z05 运行，维护 E1.Z06 为例。

依次按以下步骤依次进行：

（1）先关闭 E1.Z06 进口球阀。

（2）再关闭出口球阀；注意球阀关闭顺序。

（3）拧开活接，取下过滤器。

（4）拧开快装法兰。

（5）取下整个过滤器滤芯。

（6）更换新的滤网，重新安装，注意放好密封垫。

（7）重新装进过滤器，紧固好快装法兰。

（8）连接活接至管路。

（9）打开出口球阀。

（10）缓慢打开进口球阀，注意球阀打开顺序。

四、离子交换器的维护

离子交换器运行一段时间后当监视到离子交换器出水电导率超过 0.3μS/cm（20℃时），即认为离子交换器需要更换树脂。软水器树脂的更换可参照离子交换器树脂的维护。

（一）树脂的维护

去离子回路的树脂采为免维护型，在使用寿命内无需对树脂进行维护。一般使用寿命为 3 年，取决于补给的原水水质，若水质电导率过高会大大缩短树脂的寿命。

（二）树脂的更换

到树脂使用期限时，需在线更换树脂可按以下步骤依次进行，以在离子交换器 E1.C03 运行，更换 E1.C04 的树脂为例：

（1）准备树脂，先关闭离子交换器 E1.C04 顶端进口阀门。

（2）再关闭离子交换器 E1.C04 底端阀门。

（3）开启树脂排放阀。

（4）拆开 E1.C04 顶部的法兰连接管路。

（5）拆卸下 E1.C04 顶部法兰封头。

（6）在 E1.C04 内倒入纯净水，使树脂能更快地排出离子交换器，直至排空为止。

（7）冲洗干净后，在离子交换器内留约占罐体 1/10（约 50L）的纯净水。

（8）关闭树脂排放阀。

（9）再缓慢倒入树脂至距离顶盖 300mm。

（10）恢复并安装好法兰封头和管道法兰等，注意螺栓的紧固，保证法兰密封处严密无渗漏。

（11）完全开启 E1.C04 底端阀门。

（12）缓慢开启 E1.C04 顶端进口阀门，此过程注意排气。

五、氮气瓶的更换与维护

氮气瓶缺气时，电接点压力表会发出氮气缺气信号，此时说明需要更换氮气瓶。步骤如下：

（1）首先用扳手将氮气瓶出口螺栓拧紧关闭。

（2）其后拧开氮气瓶与不锈钢软管的接口。

（3）将不锈钢软管与备用氮气瓶连接好，接入管路。

（4）打开用扳手单开氮气瓶出口螺栓。

（5）调整好氮气减压阀出口端低压端压力，恢复正常使用。

（6）再拆下氮气瓶 E1.N1，进行灌气，完成后装回水冷机组，以为备用；其余氮气瓶缺气时更换步骤相似，阀门做相应变更。

六、仪表的维护

仪表和传感器主要有流量传感器、温度传感器、压力传感器、电接点差压表、电接点压力表、压力表、液位传感器、液位开关、电导率仪等九种。系统所用的所有仪表和传感器（除流量传感器本体外）均可在线维护。

仪表维护（模拟信号）的通用步骤为：

（1）检查和维护一定要专业技术人员，在充分熟悉阀冷系统电气、控制回路后方可进行；按触摸屏上的"用户登录"，输入用户名及密码。

（2）按触摸屏上的"系统维护"→"仪表维护"，点需要维护的仪表右侧按钮"维护"，使对应的状态由"投入"变为"维护"。

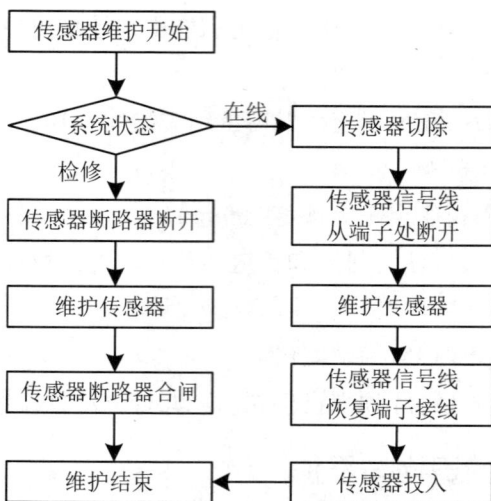

图 2-2-31 仪表维护步骤图

（3）参看"电气设备现场施工图"，断开仪表接入位置处的刀闸端子或拆除电缆接线。

（4）测量控制柜上的仪表电缆"＋""－"对地电压，确认电压为小于 1V；拆除仪表接线端盖，测量仪表输出"＋""－"接线端子对地电压，确认电压为小于 1V。

（5）关闭仪表上相关的阀门；更换或校准仪表；（注意：电导率、流量、液位等仪表带有参数设置，在更换前，请确认替换仪表的相关参数是否已设置好。）恢复仪表接线。

（6）用万用表电阻挡测量仪表电缆"＋""－"之间的电阻，应大于 10 欧姆以上（非直通）；合上仪表电缆"＋"对应的控制柜刀闸端子；用万用表 mA 档测量"－"端的刀闸端子两侧，测得电流应在"4～20mA"范围内；合上仪表电缆"－"对应的控制柜刀闸端子。

（7）按触摸屏上的"系统维护"→"仪表维护"，点需要维护的仪表右侧按钮"投入"，使仪表对应的状态变为"投入"；按触摸屏上的"参数查看"→"分参查看"或"总参查看"，观察到的值在合理的范围之内；（带指示的仪表，现场仪表显示值和触摸屏上的显示值应一致）。

（8）观察触摸屏，应无实时报警；维护工作结束，做维护记录。

七、闭式冷却塔及喷淋泵的维护

（一）风机及电动机的维护

（1）运行期应每季度清理电动机外表至少一次，以保证电动机的冷却。

（2）每运行 2000h 或每 3 个月对风机轴承进行润滑，以先到期的一个为准；长期存放或停机之前，轴承注入新黄油。

（3）电动机底座调节螺栓一年应两次补涂上润滑油。

（4）在密闭式冷却塔初次启动之后或换上一条新皮带后，应适时检查皮带松紧情况，必要时进行调整。

（二）集水盘和过滤器的维护

经常检查集水盘，清除积聚在盘中或过滤器中的杂质，保证集水盘的下水管道畅通。每季度或在必要时排干整个集水盘，用清水冲洗掉运行期间积聚到集水盘中和填料表面的淤泥和沉淀物。如果不定期清理，这些沉淀物会有腐蚀性，导致保护层破坏。在冲洗集水盘时，过滤器应就位以防止沉淀物再次进入冷却塔系统。冲洗完集水盘，过滤器应拆下，清理后在密闭式冷却塔投运之前装上。

（三）喷淋泵的维护

确认被维护的喷淋泵已处于备用状态。将被维护的喷淋泵动力断路器、控制断路器断开，将被维护的喷淋泵进出口阀门关闭，对被维护的喷淋泵进行维护。

（1）电动机润滑。在电动机运转和静止时，均可为电动机添加润滑剂，取下油杯上的排脂丝堵（如果有）和油杯，注入干净油脂，直至油脂出现在油脂孔或电动机轴上，电动机润滑周期可参见厂家相关说明。

（2）水泵润滑。应经常检查油位看是否需要加油，每 2 年换一次油。

（3）轴径向跳动最大值检查。检查机封位置的轴的径向跳动，最大允许径向跳动值为 0.05mm。

（4）维护完毕后将喷淋泵进出口阀门打开，将喷淋泵动力断路器、控制断路器合闸，测试被维护的喷淋泵，确认工作正常。

八、控制系统维护

冷却系统控制柜在适合的环境中运行，维护内容及方法如表 2-2-2 所示。

表 2-2-2 冷却系统控制柜维护内容

序号	维护内容	维护方法
1	控制柜信号指示灯是否显示正常	巡视
2	观察人机界面上的数据显示是否正确	巡视
3	观察人机接口设备的报警信息	巡视
4	控制柜温度显示	巡视
5	散热风扇工作情况	巡视
6	PLC 系统工作情况	巡视
7	柜内散热风扇的清洁和更换	关闭风扇电源，拆下电缆；拆下固定风扇的4个螺栓，取下风扇，使用清洁、干燥的压缩空气吹扫散热器或更换恢复风扇及电源
8	柜内空气过滤网的清洁和更换	将过滤罩的四周螺栓拆除，取下过滤网清洗或更换
9	控制柜信号指示灯的更换	将指示灯工作电源断路器断开，将指示灯接线拆除并旋下指示灯，更换后恢复接线并合上断路器
10	主要设备断路器及接触器的维护	停车维护（注意操作空间）
11	辅助设备断路器及接触器的维护	维护断路器可能需停车维护；维护接触器时，将断路器断开后更换接触器（注意操作空间）

第三节 阀冷却系统日常检修

一、常见故障处理

表 2-2-3 空冷器常见故障处理

故障	产生原因	处理方法
风机振动及异常声响	轮毂上的平衡块脱落或检修后未校准平衡	轮毂重新平衡
	叶片安装角不一致，叶片高度差超出要求叶片安装	按要求重新安装
	叶片表面出现不均匀附着物	清理叶片表面
	主轴轴承损坏	更换轴承
	轮毂安装不正	拆卸并重新安装
	基础或机座的刚度不够或不牢固	查明原因，施以适当的修补和加固，拧紧螺母，加强支撑
	调角机构不正常，叶片不同步变角	检查修复调角机构

续表

故障	产生原因	处理方法
电动机额定 电流过大	叶片初始安装角过大	减小叶片安装角
	电动机本身故障	查明原因
	手轮下锁紧螺母松动角度变大	将角度调整到位并锁紧手轮
风量过小	叶片安装角过小	在电动机允许功率范围内增加初始叶 片安装角
	手轮下锁紧螺母松动角度变小	将角度调整到位并锁紧手轮下螺母

表 2-2-4　　　　　　　　　冷却塔常见问题及排查

问题	可能原因	排查
出水温度过高	布水管（配水槽）部分出水孔堵塞，造成偏流	清除堵塞物
	填料部分堵塞造成偏流	清除堵塞物
通风量不足	传动皮带松弛	调整电机位张紧或更换皮带
	轴承润滑不良	加油或更换轴承
	风机叶片角度不合适	调整叶片角
	风机叶片破损	更换破损叶片
集水盘	集水盘（槽）出水口（滤网）堵塞	清除杂物
	集水盘（槽）中水位偏低	查明是否有漏水处，并进行封堵
明显漂水	风量过大	通过风机变频器调整风机转速
	填料中有偏流现象	填料变形，更换填料
	挡水板安装位置发生变动	恢复挡水板位置
异常噪声或 振动	风机转速过高，通风量过大	降低风机转速或调整风机叶片角度 或更换合适风量的风机
	轴承缺油或损坏	加油或更换轴承
	风机叶片与风筒碰撞	重新调整风机叶片并紧固
	其他部件紧固螺栓松动	紧固相应松动的螺栓
	风机叶片螺钉松动	紧固相应松动的螺栓

表 2-2-5　　　　　　　　　立式泵常见问题及排查

问题	可能原因	排查	备注
不能启动	电机有问题	联系厂家更换或维修	
	电机掉线，没有电源	重新连接电源	
不能出水	启动前泵内气体未排尽	灌水、打开手动排气阀进行排气	

续表

问题	可能原因	排查	备注
不能出水	管路主线阀门关死	检查阀门状态	
	电机反转	调换电机 2 相接线	
	过滤器堵塞	清洗过滤器滤芯	
	叶轮卡死	联系厂家更换或维修	
振动、噪音大	安装基础松动	紧固相应的螺栓	
	水泵、电机轴偏心	重新调整同轴度	
	润滑不良	查看油质油位、更换或添加润滑油	
泵轴温度过高	水泵、电机轴偏心	重新调整同轴度	
	润滑不良	查看油质油位、更换或添加润滑油	
运行不稳定	叶轮不平衡	送制造厂调换或校正	
	轴承损坏	更换	
电机绝缘度降低	电缆线电源接线端渗漏	拧紧压紧螺栓	
	电缆线破损	更换	
	机械密封破损产生泄漏	更换	
	各 O 形密封圈失效	更换	
	机壳被介质腐蚀漏水	修补	

表 2-2-6　　　　　　　　　加药泵常见问题及排查

故障现象	原因分析	排除方法
无法启动	电源线连接、控制柜电源断电	重新供电
	计量泵坏掉	联系厂家更换、维修
流量不足	检查加药桶的药剂量，药剂量不足	加药
	检查加药泵的冲程频率设置是否正确，可能参数设置错误	调整参数
	进出口管线堵塞	清理吸入管线
	管线泄漏	及时紧固漏点连接或更换漏水管

表 2-2-7　　　　　　　　　过滤设备常见问题及排查

设备	故障现象	原因分析	排除方法
主过滤器、精密过滤器	堵塞	清洗滤芯，更换滤芯	
	连接螺栓处存在漏水	检查紧固螺栓，存在螺栓松动	紧固松动螺栓

续表

设备	故障现象	原因分析	排除方法
砂滤器	连接法兰（或螺纹）处漏水	1. 连接螺栓松动 2. 密封件损坏	紧固螺栓、更换密封件
	出水流量小	1. 进水流量小 2. 滤料层堵塞	1. 检查供水源、保证供水 2. 更换滤料/增加反洗次数
	滤料流失	反洗流量大	调节排水阀开度
	水力阀漏水	水力阀坏	联系厂家更换
全自动清洗过滤器	连接螺纹处漏水	螺纹连接口松动	重新紧固
	设备无法进行清洗	1. 滤网堵塞或清洗机构被杂质卡死 2. 断电	1. 清洗滤网、清除杂物 2. 检查电源，重新上电

主过滤器与精密过滤器同为机械式过滤器，他们的故障类型相同。以下为主过滤器、精密过滤器、砂滤器和全自动清洗过滤器的故障类型和排除方法。

表 2-2-8　　　　　　　　离子交换器常见问题及排查

故障现象	原因分析	排除方法
流量变小	进出口阀门存在误动	恢复阀门阀位
	进出口精密过滤器堵塞	清洗滤芯
	离子交换罐顶部滤帽堵塞	清洗滤帽
	螺栓松动，漏水	紧固松动螺栓
出水电导率偏高不在要求范围内	树脂失效	更换树脂
	树脂流失，树脂量不够	添加树脂

表 2-2-9　　　　　　　　软水器常见问题及排查

问题	原因	纠正措施
不再生	1）设备电源中断 2）计时器发生故障 3）电源故障	1）检查电源是否正常 2）更换计时器 3）重新设置时间
输送硬水	1）旁通阀开启 2）盐箱中无盐 3）射流器滤网堵塞 4）流入盐箱内的水不足 5）热水罐有硬度 6）中心管漏水 7）阀体内部漏水	1）关闭旁通阀 2）向盐箱内加盐，保持盐位高于水位上 3）更换射流器滤网 4）检查盐箱注水时间，如吸盐限流量装置堵塞，用水清洁 5）需要反复冲洗热水罐 6）确保中心管未破裂。检查 O 型圈以及导流管 7）更换密封、垫片或活塞

续表

问题	原因	纠正措施
装置耗盐过多	1）盐份设置不正确 2）盐箱内水过多	1）检查耗盐量及吸管设置 2）参见第7个问题
水压损失	1）通向净水器的管路内有铁物质堆积 2）净水器内有铁物质堆积 3）由于进气管路安装，导致管道中的异物堵塞控制阀进水口	1）清洁净水器管路 2）清洁控制阀在数值层中添加树脂清洁剂。增加再生频率 3）取下活塞，并清洗控制阀
树脂经排污流出	1）系统内有空气 2）排污限流尺寸不适	1）确保盐井系统内排气控制正常 2）更换正确的排污限流
净化水有铁物质	树脂床壅塞	检查反洗、吸盐及盐箱注水状况。提高再生频率。增加反洗时间
盐箱内水过多	1）排污限流量发生堵塞 2）射流器系统堵塞 3）计时器不运转 4）吸盐阀内部有异物 5）吸盐阀内部漏水 6）联动组件不运行 7）下活塞凸轮轴销钉断裂	1）清洁排污管路流量控制装置 2）清洁射流器并更换过滤网 3）更换计时器 4）更换吸盐阀或清洁吸盐阀 5）清洁排污限流 6）更改销钉
软水器不能吸盐	1）排污限流堵塞 2）射流器堵塞 3）射流器滤网发生堵塞 4）吸盐管压力过低 5）阀体内部漏水 6）联动组件不运行	1）清洁排水管路流量控制装置 2）清洁射流器 3）清洁滤网 4）吸盐管压力升至0.14MPa 5）更换密封、垫片及活塞组件 6）检查驱动马达以及开关
控制阀反复再生	微动开关发生故障	如确定开关或计时器是发生故障，须及时更换开关或计时器，或更换整个组件
排污口连续排水	1）阀门设置不当 2）阀体内有异物 3）阀体内部漏水	1）检查计时器程序以及控制装置的位置。如果位置不正确，更换控制装置组件 2）取下阀体控制装置组件并检查钻孔。清除异物并在各再生位置检查阀体运行情况 3）更换密封以及活塞组件

二、系统停电检修

（一）主循环泵检修

1. 整体更换

（1）安全注意事项

1）检修前应确认电机电源及安全开关已断开。

2）检修前应确认主循环泵进、出口阀门已关闭。

3）拆除电源接线前，确认已无电压。

4）拆除电源线前应在电源线上做好标记，并将连接方式、标记做好记录。

5）工作前确认电机冷却至环境温度，防止烫伤。

6）现场使用的工具，应是带有绝缘把柄的工具，防止造成短路和接地。

7）现场工作应有两人及以上进行，其中一人监护，防止出现安全事故。

（2）关键工艺质量控制

1）应按厂家规定正确吊装设备。

2）主循环泵应无锈蚀、无渗漏，润滑油油位正常。

3）主循环泵及其电动机应固定在一个单独的铸铁或钢座上。

4）检查主循环泵底座地脚螺栓，应紧固且每套螺栓应有平垫和弹垫。

5）主循环泵应通过弹性联轴器和电动机相连，联轴器都应有保护罩。

6）主循环泵和驱动器的旋转部分应静态平衡和动态平衡。

7）机械密封应密封完好。

8）联轴器应无松动、破损。

9）校准主循环泵同心度，应符合设备说明书、技术要求。

10）主循环泵振动检测应无异常。

11）电机绝缘电阻应不小于 10MΩ（1000V 兆欧表），绕组直流电阻三相平衡（三相最大差值/最小值≤2%），接线牢固且相序正确。

12）对主循环泵进行排气时应缓慢，有水后关闭排气阀，然后再次打开，直到水流平稳无气泡溢出后方可判断主循环泵内气泡已排尽。

2. 电机解体检修

（1）安全注意事项

1）检修前应确认电机电源及安全开关已断开。

2）拆除电源接线前，确认已无电压。

3）拆除电源线前应在电源线上做好标记，并将连接方式、标记做好记录。

4）工作前确认电机冷却至环境温度，防止烫伤。

5）进入检修区严禁吸烟和明火，需要动火的必须开具动火工作票，动火时禁止将氧气瓶与乙炔瓶堆放在一起。

6）现场使用的工具，应是带有绝缘把柄的工具，防止造成短路和接地。

（2）关键工艺质量控制

1）拆除电机两端端盖的固定螺丝时，应注意不要损坏结合面。

2）转子抽出后水平放置在硬木衬垫上，木垫上不得有突出的铁钉或其他硬质碎块，以防损坏转子铁芯。

3）检查定子线圈应无松动、断线、绝缘老化、破裂、损伤、过热变色、表面漆层脱落等情况，否则重新绕线。

4）机体和线圈上有油迹时，应用抹布沾少许汽油擦净。

5）检查转子铁芯应无磨损、锈斑、局部变色，如有轻度的磨损、锈斑、局部变色需用石英砂纸沿着轴向轻轻擦拭，再用棉布沾少许汽油擦净，严重时更换备品。

6）检查轴承内外轨道和滚珠上有无麻点、破裂、脱皮、砸沟和滚珠卡子过松、磨偏、破裂等情况，否则应进行更换。

7）检查轴与轴承的内套之间不应有转动的现象，若发现轴承有位移退出和内外套一同转动时应对主轴进行处理。

8）轴承间隙检查磨损微量时，对轴承用汽油、毛刷进行清洗晾干，检查轴承转动是否灵活，有无异常响声，内外钢圈有无晃动，轴承正常时，对轴承加装适量润滑脂继续使用。

9）轴承间隙晃动、磨损较大时，须更换轴承。

10）新轴承安装过程中禁止硬力敲击轴承外圈，防止轴承变形。

11）新轴承安装后，须用卡环钳将卡环安装在卡环槽定位，并左右摆动，检查确认卡环到位。

12）转子安装时至少两人进行，应水平安装，看好定、转子间隙，严防碰坏损伤定子线圈。

13）将电机两端端盖油污清洗干净，检查端盖有无裂纹，止口环轴承室的结合面应光滑。

14）电机主轴转动应灵活、平稳。

3. 主循环泵解体检修

（1）安全注意事项

1）检修前应确认主循环泵电源及安全开关已断开。

2）检修前应确认主循环泵进、出口阀门已全关闭。

3）进入检修区严禁吸烟和明火，需要动火的必须开具动火工作票，动火时禁止将氧气瓶与乙炔瓶堆放在一起。

（2）关键工艺质量控制

1）应严格按厂家设备说明文件要求进行。

2）解体前将本体内润滑油排空。

3）拆除泵两侧的封盖时，防止损坏垫片。

4）解体后应清洗所有零部件，并检查易损件，碰伤的任何零件均应更换。

5）重新装配时，某些部件配合部位装配前应涂上石墨或近似于石墨的润滑剂涂层，对螺纹也要涂润滑剂。

6）重新装配时，应检验径向轴封圈是否损坏，如有损坏，应予更换。

7）重新装配时，填料如有磨损也应更换，其尺寸应与原来的一致。

8）重新装配时，轴承要背靠背安装，装入轴承后在未装锁紧垫圈时，用钩扳手把锁紧螺母拧紧。

9）在安装前盖和后盖时，注意不要损坏油封。

10）轴与轴套间的滑动配合情况按设备文件说明进行检查。

11）叶轮螺母应按设备说明文件要求拧紧。

12）泵与管路连接后，应重新检查、校正联轴器。

13）机械密封安装前须清洁，轴套表面须清洁和光滑，棱边须修去毛刺。

14）机械密封静环安装后，应检查其端面及压盖零件的平行度。

15）动环装入轴套时，必须采取防止轴套表面损坏的措施。

16）机械密封总装配前，密封面应加油润滑。

17）对装有双端面机械密封的泵，其密封腔应进行排气，并按照装配图所规定的压力进行增压。

18）填料安装时应适当压实，但不能压得过紧，否则会使轴套发热。

（二）主过滤器更换

1．安全注意事项

（1）正确使用工器具，防止机械伤害。

（2）对过滤器泄压时，应缓慢进行，防止水溅到其他设备上。

（3）工作结束后应恢复过滤器两侧阀门到运行位置。

2. 关键工艺质量控制

（1）工作前需关闭过滤器两侧阀门，将过滤器里的水全部排尽。

（2）检查密封垫圈应完整无破损，否则更换。

（3）回装过滤器时，应注意过滤器的安装方向正确，过滤器和法兰间的垫圈应居中。

（4）紧固过滤器两侧法兰时，应使法兰密封面与垫片均匀压紧，必须均匀对称地紧固连接螺栓，避免用力不均。

（5）对过滤器进行排气时应缓慢，有水后关闭排气阀，然后再次打开，直到水流平稳无气泡溢出后方可判断过滤器内气泡已排尽。

（6）安装后应检查无渗漏。

（三）稳压系统检修

1. 安全注意事项

（1）高处作业应做好防坠落措施。

（2）更换氮气瓶时应小心谨慎，防止重物砸伤。

（3）工作中加强监护，防止高压气体伤人。

2. 关键工艺质量控制

（1）检修前应记录稳压系统压力、液位等参数以及各阀门位置状态，检修后应恢复至检修前正常状态。

（2）高位水箱（如有）表面清洁，液位应满足要求。

（3）氮气装置管道、阀门、接头密封检查，应无渗漏。

（4）自动排气装置功能检查，排气应正常。

（5）手动排气阀功能检查，开合应正常。

（6）压力释放阀、安全阀动作值整定应正确。

（7）更换氮气瓶后应将所有阀门恢复至正常状态，且应检测管道及阀门位置无渗漏。

（四）去离子树脂更换

1. 安全注意事项

（1）在运行状态下更换树脂时应退出泄漏保护。

（2）更换树脂时应穿防护服，戴橡胶手套、护目镜和口罩，防止树脂直接接触人体，对人体造成损伤。

（3）上下梯子固定并牢固，派专人监护，高空作业系好安全带。

2. 关键工艺质量控制

（1）关闭需更换树脂的去离子罐两侧阀门，将其与内冷水系统隔离。

（2）将相关手动阀打至树脂排放状态。

（3）应使用合格的去离子水清洗去离子罐。

（4）去离子罐上部端盖复位安装时，用力矩扳手双人对角紧固。

（5）更换树脂后应对去离子罐进行排气。

（6）更换树脂后检查去离子罐密封情况，应无渗水现象。

（五）补水泵更换

1. 安全注意事项

（1）检修前应断开补水泵和原水泵（如有）电源及安全开关。

（2）拆接电源线前应用万用表验明已无电压。

2. 关键工艺质量控制

（1）电源线拆除前应做好记录，工作结束时及时恢复。

（2）应按厂家规定正确吊装设备。

（3）水泵及电机应无锈蚀、机械密封位置应无渗漏。

（4）水泵底座地脚螺栓及连接螺栓应紧固，且每套螺栓应有平垫和弹垫。

（5）电机绝缘电阻应不小于 $1M\Omega$（1000V 兆欧表），绕组直流电阻三相平衡（三相最大差值/最小值≤2%），接线牢固且相序正确。

（6）水泵安装后应进行排气，排气时应缓慢，有水后关闭排气阀，然后再次打开，直到水流平稳无气泡溢出后方可判断补水泵内气泡已排尽。

（六）传感器更换

1. 安全注意事项

（1）更换前应断开传感器交、直流电源，防止低压触电。

（2）高空作业系好安全带。

2. 关键工艺质量控制

（1）在更换前，应确认备用仪表的相关参数及性能与原设备一致。

（2）拆除与表计相连的所有接线，并与图纸核对，做好标记。

（3）所拆接线必须用绝缘胶布包好。

（4）更换压力、电导率传感器前，应关闭传感器出口阀门。

（5）更换流量、温度传感器前，应将所属管道两端阀门关闭，将管道内介质排空。

（6）应同时更换传感器密封圈。

（7）紧固接头及螺栓时，应按力矩标准进行紧固，并重新做好标记。

（8）压力传感器更换后应进行零位置调整。

（9）更换完成后应对传感器接头进行紧固，应无松动、无渗漏，必要时采取防松动措施。

（10）压力、电导率传感器更换后，应将传感器出口阀门打开。

（11）流量、温度传感器更换后，应将所属管道两端阀门缓慢打开，并进行排气。

（12）更换完成后应对传感器进行通电测试，检查传感器在不同控制保护系统中的参数和现场指示一致。

（七）管道、法兰及阀门更换

1. 安全注意事项

（1）检修前应确认需更换部分已与主回路隔离或者主循环泵电源及安全开关已断开。

（2）高空作业系好安全带。

2. 关键工艺质量控制

（1）更换前应将被更换部件两侧的阀门关闭，并将内部去离子水排净。

（2）密封圈应同时进行更换。

（3）紧固法兰螺栓时，应使法兰密封面与垫片均匀压紧，必须均匀对称地紧固连接螺栓，避免用力不均。

（4）螺栓紧固后应重新做好标记。

（5）工作完成后应进行排气，排气时应缓慢，有水后关闭排气阀，然后再次打开，直到水流平稳无气泡溢出后方可判断管道内气泡已排尽。隔离管道内无排气阀时，需打开就近的自动排气阀，长时间运行，确保系统排气完成。

（八）加热器更换

1. 安全注意事项

（1）工作前应断开加热器电源开关和安全开关。

（2）需用万用表对电源接线进行验电，确保无电后方可开始工作。

2. 关键工艺质量控制

（1）电源接线端子拆开前应做好标记。

（2）应用扳手对角线拆下电加热器接线盒和法兰螺栓。

（3）安装加热器前先把新密封圈套在加热器上。

（4）紧固加热器固定螺栓时，必须均匀对称地紧固连接螺栓，避免用力不均。

（5）电源接线恢复时应紧固，相序正确。

（6）阀门阀位恢复，补充冷却介质，排除气体。

（7）安装后应检查加热器密封部位无渗漏水现象。

（8）加热器更换前应对其备品进行绝缘电阻测试。

（九）内水冷系统加压试验

1. 安全注意事项

（1）高空作业系好安全带。

（2）操作作业车时，应有专人监护，防止碰撞设备。

（3）加压试验应使用专用加压泵，不应使用补水泵。

（4）加压之前需再次核对加压回路，以及阀门开启状态。

2. 关键工艺质量控制

（1）施加试验压力为 1.2 倍额定静态压力（进阀压力），时间不少于 30 分钟。

（2）加压试验所使用的加压泵、软管、水桶清洗干净，防止二次污染。

（3）加压试验时水桶要盖好，减少内冷水与空气接触，减少溶解氧。

（4）加压时应先打开加压泵进、出水阀门，后启动加压泵。

（5）检查每个阀塔主水回路的密封性，应无渗漏、压力无明显下降。

（6）检查冷却水管路、水接头和各个通水元件，应无渗漏、无明显压降。

（7）检查内水冷系统的压力、流量、温度、电导率等仪表，要求外观无异常，读数合理。

（8）对漏水位置接头进行紧固时，应按要求力矩进行紧固，不宜过紧。

（十）系统功能试验

1. 安全注意事项

（1）确认水冷系统所有检修工作已完成，相关人员已撤离。

（2）内水冷系统已恢复至正常运行状态。

2．关键工艺质量控制

（1）交流电源切换装置功能正常，当其中一路交流电源故障时，系统应能发出告警，且能自动切换至另一路备用电源。

（2）主循环泵手动（包括远方操作）和自动切换功能正常，当主循环泵切换不成功时，应能自动回切，且内水冷系统流量保护应不动作。

（3）主循环泵漏水检测装置功能正常。

（4）内外循环方式切换功能正常，且切换过程中泄漏保护不动作。

（5）流量、温度、压力、泄漏、液位等保护定值及动作结果正确。

（十一）冷却塔检修

1．整体更换

（1）安全注意事项

1）爬梯应固定牢固，上下时派专人监护，高空作业系好安全带。

2）敞开的平衡水池四周应有围栏并派专人监护，工作中断时盖上平衡水池外盖。

3）严禁进入非施工区域，施工区域设立"冷却塔施工工地"标示牌。

4）接线使用带绝缘把手的工具，确认电源是否断开，并派专人监护。

5）冷却塔风机吊装时应有 3 人以上配合，并在吊装位置区域摆放"危险"标识牌。

6）邻近运行设备应上锁，工作地点悬挂"在此工作"标识牌。

7）在电源电缆接入时，核对正确后，检查开关在断开位置时再进行接入，并派专人核查监护。

8）对照图纸做好阀门开关记录，工具使用正确、用力合适。

9）拆接回路接线做好书面记录，严禁改动回路接线。

10）工器具和表计均应校验合格，工作时必须使用绝缘工具，接线前用绝缘胶带将未接入线头包好。

11）进入检修区严禁吸烟和明火，需要动火的必须开具动火工作票，动火时禁止将氧气瓶与乙炔瓶堆放在一起。

（2）关键工艺质量控制

1）关闭阀门时应做好记录，并确保阀门已关死，防止漏水和反送水。

2) 安装宝塔接头时，应安装牢固，应有防渗漏措施。

3) 内水冷放水时，确保进出水阀门已完全关闭，内冷水排尽后应及时将排放阀关闭。

4) 冷却塔附属管路拆除时应整段拆除，不得破坏原有管道螺纹。

5) 冷却塔吊装拆除、下箱体、上箱体吊装，应严格执行吊车使用规定进行，绑扎方法应正确牢固，控制上下箱体安装偏差在正常范围内。

6) 冷却塔底座工字钢点焊时，焊点应牢固，不得有虚焊。

7) 改造爬梯、电机防护罩及附属管路安装应牢固，螺栓应拧紧。

8) 原喷淋管切割时，切口应平直，切割后，切口上不允许有裂纹。

9) 原母管法兰焊接时，焊缝应平整、光滑，无虚焊、脱焊。

10) 新喷淋管移入、安装时，应能保证管道水平，防止倾斜、弯曲。

11) 拆除喷淋泵电缆进线时，应做好记录，安装新接线时应按原接线方式安装，走线应整齐、平直。

12) 安装新喷淋泵时应保持垂直，注意进出口方向，并按要求对螺栓进行力矩紧固。

13) 接线端子应连接紧固，接触良好，绕组对地绝缘应不小于 $1M\Omega$（1000V 绝缘电阻表）。

14) 安装完毕后应进行投运试验，检查冷却塔无漏水，风扇电机、喷淋泵旋转方向正确，冷却塔出水平稳，回水顺畅。

2. 风机更换

（1）安全注意事项。

1) 断开冷却塔风机电源和安全开关。

2) 工作前，需用万用表对冷却塔风机及其接线盒进行验电，确保无电后方可开始工作。

3) 现场使用的工具，应是带有绝缘手柄的工具，防止造成短路和接地。

4) 按厂家规定正确吊装设备，起吊作业时应设置揽风绳控制方向，并设专人指挥。

5) 禁止上下抛掷工器具等物品。

6) 高空作业人员必须系安全带或安全绳，禁止无绳、无带作业。

7) 工作中注意物件和工具掉落，避免砸坏冷却塔内蛇形管。

（2）关键工艺质量控制。

1）检查冷却塔运行情况，确保冷却塔容量足够。

2）拆除风机外罩时应小心，防止外罩变形，如已经变形，应立即将其恢复。

3）拆除风机扇叶，如果扇叶与电机连接处锈蚀，可先喷洒除锈剂，以便于拆除。

4）拆除故障风机并安装新风机，工作过程中不得踩踏冷却塔内蛇形管。

5）安装后风机与侧壁无摩擦，否则需调整电机位置。

6）手动转动扇叶无卡阻，扇叶与侧壁无摩擦。

7）风机接线盒内放入吸潮剂，使用密封胶封堵，防雨罩安装应牢固，防止进水。

8）启动风机进行检查，电机无异常声音和振动，转向正确。

3．变频器更换

（1）安全注意事项。

1）检修过程中拆接回路线，要有书面记录，恢复接线正确，严禁私自改动回路接线。

2）现场使用的工具，应是带有绝缘手柄的工具，防止造成短路和接地。

3）检修过程中，严禁自行拆除或变动二次设备盘柜、装置的接地线。

4）工作开始前，需断开变频器电源开关，并将所有风扇电源开关、安全开关断开。

（2）关键工艺质量控制。

1）安装变频器时，应按照原来控制要求和新变频器接线图接线。

2）接完线后上电前，应对回路接线进行核对，二次回路电缆绝缘测量不小于 $1M\Omega$（1000V 绝缘电阻表），接线紧固。

3）变频器上电后需按照说明书进行参数设置，设置完成后，需进行调试。

4）通过变频器进行手动启动试验时，检查变频器运行情况是否正常以及外部相关设备的工作情况是否正常，比如冷却塔风扇电机有无反转，转速是否正常等。

5）进行远方控制试验时，检查远方控制信号如启动、停止、频率调整等信号是否正常，变频器响应是否正确。

（十二）喷淋泵更换

1．安全注意事项

（1）更换喷淋泵前，应确保系统的冷却容量满足使用需求，防止冷却容量不足引起直流系统功率回降。

（2）工作前，需用万用表对喷淋泵及其接线盒进行验电，确保无电后方可开始工作。

（3）安装电机与泵体间连接部件时要保证轴心在一条直线上，紧固时应均匀对角固定。

（4）启动前一定要确认膨胀罐中已补满水，防止空气进入喷淋泵中造成干烧损坏。

（5）启动后再次对喷淋泵进行排气。

2．关键工艺质量控制

（1）在工作开始前，应检查备用喷淋泵能否正常投运。

（2）在动力电源控制柜上断开需更换的喷淋泵的电源开关，并断开其安全开关，确保电源完全断开。

（3）拆除喷淋泵前，需对喷淋泵进行排气和排水。

（4）拆下喷淋泵电机及电源线，并做好记录。

（5）拆下喷淋泵泵体时，需多人配合，防止掉落损坏。

（6）更换新的喷淋泵时应注意安装方向和风扇转向，安装后手动转动灵活无卡阻。

（7）回装电机及电源线时应按原接线方式，不得私自更改接线方式。

（8）安装完毕后需对喷淋泵进水管道和膨胀罐进行补水，补水时应及时通过排气阀对泵进行排气。

（9）对喷淋泵膨胀罐进行补水时，应缓慢进行，控制流量，防止气泡残留。

（10）启动喷淋泵后应对电机转向、有无漏水进行检查。

（11）喷淋泵启动运行后应无明显异常声音和振动，泵出水平稳。

（十三）软化罐树脂更换

1．安全注意事项

（1）工作前须将系统停运，将控制系统电源断开，确保系统不会自动启动。

（2）工作前需将软化罐里的水全部排尽，关闭进出水阀门。

（3）处理树脂过程中，工作人员必须穿戴保护用的手套、眼镜和口罩，防止树脂对眼睛和皮肤造成伤害，防止灰尘或树脂吸入肺部。

（4）爬梯应固定牢固，上下时派专人监护，高空作业系好安全带。

2. 关键工艺质量控制

（1）新树脂使用前，必须做前期处理，以起到去除杂质、活化树脂的作用。

（2）更换前需进行系统试压以确认无泄漏，并检查集水器、布水器，内衬及支撑层等部件是否完好无损。

（3）拆下进出水管路，排污管，吸盐管，取下控制阀头时应小心，防止损坏塑胶法兰，如发现有裂纹，应进行更换。

（4）抽出中心管，如罐体直径大于500mm，则不用取出中心管。

（5）利用虹吸原理抽出树脂，如没有专门用于排出树脂的阀门，可利用吸尘器将树脂吸出。

（6）安装中心管时，应确保中心杆在软化罐最底端的中心位置，在中心管上方用塑料布堵住，防止树脂倒入中心管。

（7）装填树脂前，应仔细检查交换柱及管道、阀门的总体情况，仔细检查过滤器是否完好。

（8）倒入新树脂前，应检查旧树脂是否全部排尽。

（9）树脂更换完成后应检查各法兰连接紧固情况，力矩满足规定要求，无渗漏。

（10）更换完毕，将树脂罐密封好后，把控制阀调到反冲洗位置（顺流再生），少量给水，将软化罐内气体排出。

（十四）反渗透单元检修

1. 反渗透膜更换

（1）安全注意事项。

1）拆除反渗透管两端堵板时应小心，不得损坏反渗透管上的烤漆。

2）使用木方或其他工具将反渗透膜从反渗透管中顶出时，应有人接住，防止反渗透膜坠落砸坏其他设备。

3）拆除反渗透管两端堵板前需将反渗透管内的水排干净，防止存在压力。

4）安装或拆除反渗透膜时，应多人进行，相互配合，防止坠落伤人。

（2）关键工艺质量控制。

1）将外水冷旁通阀打开，外水冷须处于旁通补水状态才能进行工作。

2）关闭反渗透管进出水阀门后，需打开反渗透管两侧排水阀将反渗透管中水彻底排净并泄压。

3）必须使用反渗透管专用工具拆除反渗透管两端堵板。

4）反渗透膜取出后应对反渗透管内杂质及水垢进行清洗，保证反渗透管内壁清洁无污垢。

5）安装新的反渗透膜时，应在将几个反渗透膜首尾连接好后再送入反渗透管。

6）将反渗透膜送入反渗透管时，宜在反渗透膜外壁涂抹少许清洁剂作为润滑。

7）打开反渗透管排气阀并微开反渗透管进水阀，对反渗透管进行补水，待排气阀中有水流出后关闭排气阀。

8）启动外水冷补水系统进行补水，并通过各排气阀进行排气，直到排气阀出水平稳后，方可判断确无气体残留。

2．反渗透膜清洗

（1）安全注意事项。

1）冲洗前确保平衡水池水位正常，约三分之二左右。

2）不能用手直接接触柠檬酸及其溶液，如需接触须戴防腐蚀手套和护目镜。

3）冲洗时不得触碰管道，以免人员烫伤。

4）倾倒药物时需小心，不能溅到其他设备或管道上，导致腐蚀，如已溅到其他设备上，应立即用湿抹布擦拭干净。

5）冲洗过程全程需有人监护。

（2）关键工艺质量控制。

1）使用平衡水池经净化后的水对反渗透膜进行冲洗。

2）清洗前，须将控制系统打至手动模式后，对清洗用的水箱补水至三分之二位置。

3）加药时应将药物搅拌均匀，溶解充分。

4）进行冲洗前，需将回路切换至冲洗模式下的回路，然后在控制面板上启动冲洗模式。

5）冲洗过程中需打开加热器，将循环冲洗水加热，但水温不得高于 45℃，以免对反渗透膜造成损坏。

6）冲洗过程中如水流较小，可手动增大高压泵运行频率加大水流，利于冲洗。

7）每次冲洗时间约为 1 小时，冲洗完成后须在控制面板上停止冲洗，然后将水箱中冲洗下来的脏水排出。

8）如冲洗完成后压差仍未恢复正常，可对反渗透膜多次冲洗，将吸附在反渗透膜上的污秽全部洗清。

9）全部工作结束后须在控制面板上将补水模式打至自动模式。

（十五）冷却塔、喷淋泵功能试验

1. 安全注意事项

（1）确认所有交流动力电源供电正常，防止切换后电源丢失。

（2）确认运行设备可靠隔离，防止误碰运行设备。

（3）试验中应做好记录，工作结束时及时恢复，严禁改动回路接线。

（4）设备试验或切换中，若发现设备缺陷，应及时消除。短时不能消除的缺陷，应采取安全措施。

2. 关键工艺质量控制

（1）试验前检查系统所有供电电源正常，电压及频率符合要求，喷淋泵主、备用正常。

（2）试验前检查系统无报警信号。

（3）模拟三用喷淋泵故障后，应自动切至备用喷淋泵运行，故障恢复后保持备用泵运行。

（4）模拟备用喷淋泵故障后，保持主用泵工作正常，故障恢复后仍保持主用泵运行。

（5）动力电源切换试验时，主用电源切除后，应自动切至备用电源供电，检查并记录切换前后现场受电设备运行状态及相关失电报警、异常动作情况，并记录相关试验情况。

（6）动力电源切换试验时，断开备用电源后，泵应工作正常，再次投入备用电源，仍工作正常。

（7）动力电源切换试验时，操作切换把手后，应切至其他电源供电，检查并记录电源切换相关试验情况。

（8）喷淋泵、冷却塔风机工频强投功能正常，在断开自动启动回路后，合上工频强投开关，喷淋泵、冷却塔风机能工频运行。

第四节　阀冷却系统典型故障处理

一、传感器回路故障处理

（一）监测手段

阀冷就地 HMI 界面显示相关报警报文，OWS 界面显示相关报警报文。

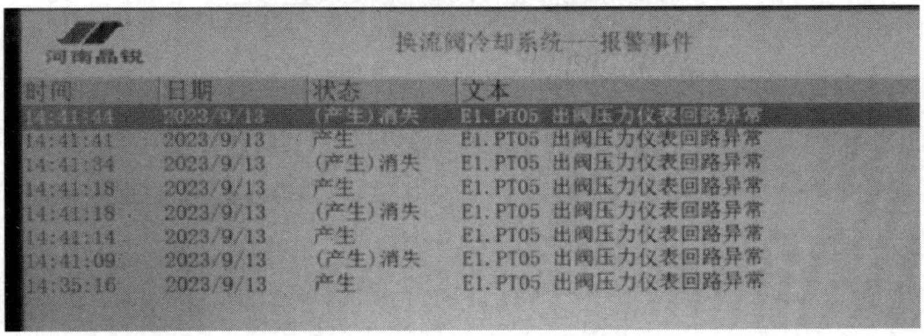

图 2-2-32　就地 HMI 界面显示相关报警报文

（二）故障特征

控制系统不发生切换。故障具有不确定性，需要具体分析。

（三）发生案例

某换流站极 1 低端阀冷控制保护系统出现 E1.PT05 出阀压力仪表回路异常。

（四）分析诊断

如图 2-2-33 所示，查看厂家图纸，根据 E1.PT05 出阀压力电气回路原理，分析 E1.PT05 出阀压力仪表回路异常的原因。

在阀冷就地 HMI 界面上将故障仪表切换至维护状态，使阀冷程序退出传感器对应的保护和控制判据。使用一字螺丝刀，挑开 -2X14-6 端子刀闸，使用万用表切换至直流电流测试挡位并将红、黑表笔分别接入 -2X14-6 刀闸端子两侧，测量仪表的回路电流，示数显示基本为 0mA（如图 2-2-34 所示）。

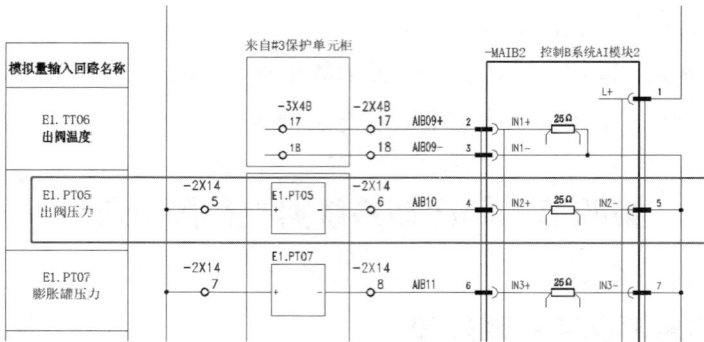

图 2-2-33 端子接线

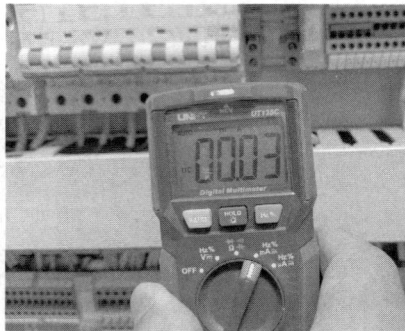

图 2-2-34 回路电流 1

然后，保持刀闸端子仪表测表笔接入，使万用表另一表笔接到 M 端，此时 AI 通道和部分回路未接入，检查传感器电流监测为 6.11mA，如图 2-2-35 所示，属于正常状态。根据电气原理图和以上排查，AI 通道和未接入的部分回路存在断点。

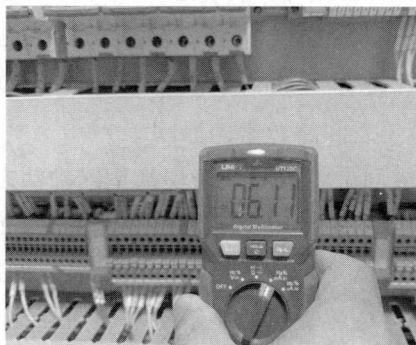

图 2-2-35 回路电流 2

在阀冷就地 HMI 界面上将故障仪表切换至维护状态，使阀冷程序退出传感器对应的保护和控制判据。使用一字螺丝刀，挑开 2X14-6 端子，使用万用表红、黑表笔分别接入-2X14-6 刀闸端子两侧，测量仪表的回路电流，示数显示为 21.23mA 如图 2-2-36 所示。

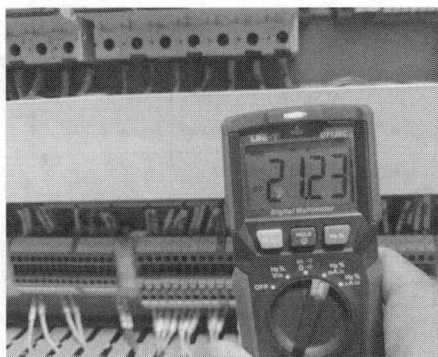

图 2-2-36　回路电流

因当前工况下仪表不存在满量程等工况，直接对该仪表进行更换，仪表更换完毕后，闭合-2X14-6 刀闸端子，无对应仪表故障报文且示数显示恢复正常。确认仪表故障排除后，在阀冷就地 HMI 界面上将故障仪表切换至投入状态。

在阀冷就地 HMI 界面上将故障仪表切换至维护状态，使阀冷程序退出传感器对应的保护和控制判据。使用一字螺丝刀，挑开-2X14-6 端子，使用万用表红、黑表笔分别接入-2X14-6 刀闸端子两侧，测量仪表的回路电流，示数显示基本为 0mA 如图 2-2-37 所示。

图 2-2-37　回路电流 1

然后，保持刀闸端子仪表测表笔接入，使万用表另一表笔接到 M 端，此时 AI 通道和部分回路未接入，检查传感器电流监测为 6.11mA，如图 2-2-38 所示，属于正常状态。根据电气原理图和以上排查，AI 通道和未接入的部分回路存在断点。

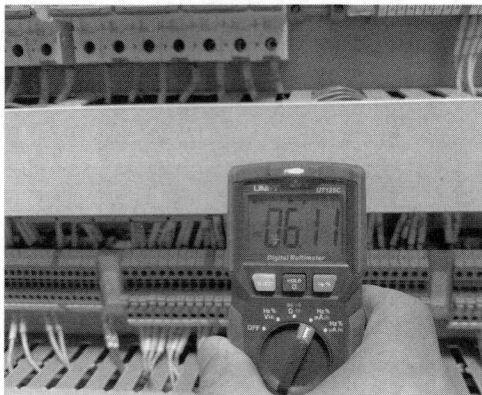

图 2-2-38　回路电流 2

检查以上回路接线紧固无松动，根据电气原理图维护该 MAIB2 模块上的传感器，拔下 MAIB2 前连接器，后对相应 AI 模块通道进行阻值测量（通道正常时为 25Ω左右），测量显示通道阻值为 OL（模拟为通道损坏时的测量值，阻值超万用表量程）。

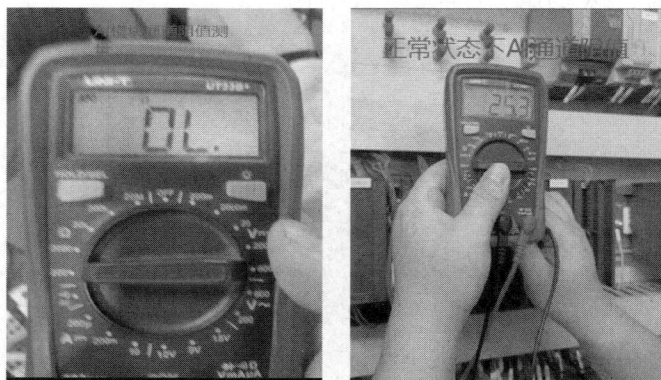

图 2-2-39　阻值测量

对 AI 模块进行更换（支持热插拔、可在线更换），恢复安装 MAIB2 前连接器后，无对应仪表故障报文且示数显示均恢复正常。确认仪表故障排除后，在阀冷就地 HMI 界面上将故障仪表切换至投入状态。

（五）处置方法

根据以上三种分析诊断结果，传感器回路的故障主要有接线松动、传感器故障以及模块故障，通过端子紧固、传感器更换以及模块更换的方法，确认仪表故障排除后，在阀冷就地 HMI 界面上将故障仪表切换至投入状态。

（六）预防措施

（1）换流站结合年度检修，开展对系统传感器的校验工作，并且优化校验方法。阀冷控制保护系统逻辑传统校验方法，是通过修改控制与保护定值或手动调节电位计模拟仪表数据变化，验证控制与保护功能，通过设置故障及一次设备启、停配合，验证控制功能的正确性，工作量大、准确度不高，且频繁启、停主泵易对机封、轴承造成损害。LZFL－001 型阀冷控制保护系统逻辑校验仪可输出 4～20mA 的电流信号并入传感器回路的接线端子，模拟阀冷系统的流量、压力、液位、温度、电导率、温湿度等仪表数据，验证阀冷控制保护功能的正确性。仪表模拟装置采用 PLC 控制模拟量的输出值，精度可达到 0.1mA，且输出信号能够根据输入的起始值、目标值、变化时间自动计算变化率，实现数据的平滑变化。

改进型仪器在灵州换流站年度检修期间对阀冷系统控制保护功能进行了全面应用，能够一键完成 117 项阀冷控制保护功能试验，与原有手动修改定值或采用电位计模拟方法相比，检验工时效率提高 50% 以上，且该测试装置不需要频繁启停、切换主循环泵，提升了阀冷系统的精益化检修水平。

（2）加强日常巡视，对阀冷系统电气回路中的端子进行全部紧固。

（3）做好备品备件采购，确保发生此类故障能快速消除，保证系统正常运行状态。

二、控制回路故障处理（DO 继电器故障）

（一）监测手段

HMI 界面显示相关报文。

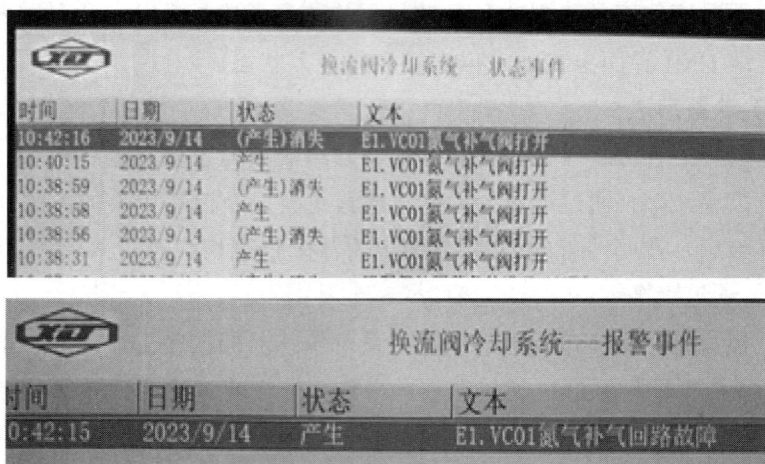

图 2-2-40　HMI 界面显示相关报文

（二）故障特征

控制系统不发生切换。氮气补气阀频繁动作，故障具有不确定性，需要具体分析。

（三）发生案例

某换流站极 1 低端阀冷控制保护系统出现氮气补气回路故障告警。

（四）分析诊断

如图 2-2-41 所示，分析氮气补气回路电气原理图。

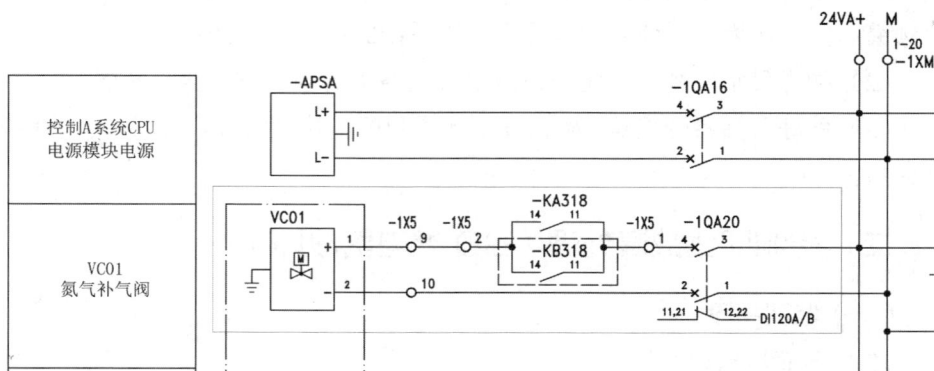

图 2-2-41　电气原理图 1

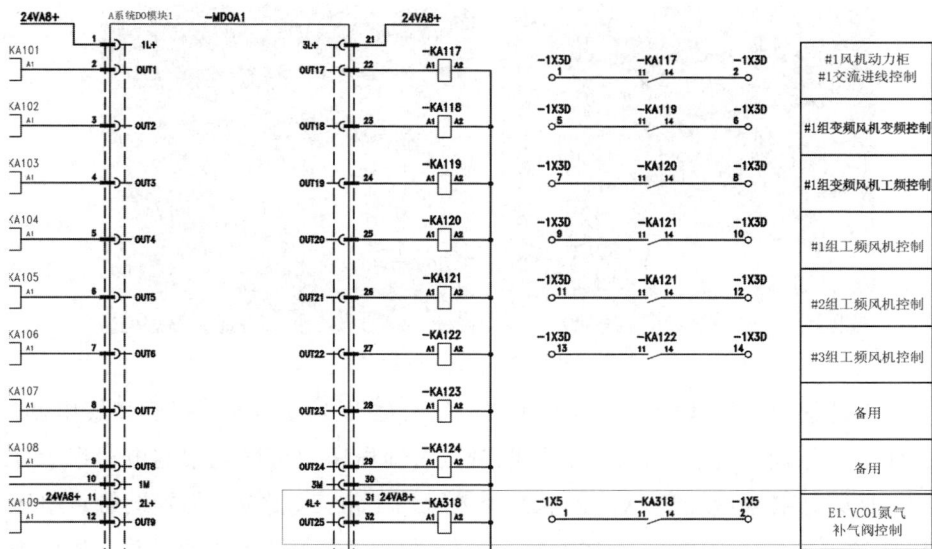

图 2-2-42　电气原理图 2

使用万用表分别对−1QA20 出线端 4 和 1X5−1 端子对地进行电压测量，测量显示电压均为 24V 左右，即上端电源供电回路正常。

图 2-2-43　电压测量 1

手动对电磁阀故障进行手动复归，再次模拟补气过程，此时根据图 2-2-44 检查 MDOA1 模块和 MDOB1 模块 25 通道输出灯均点亮，测量 1X5−2 和 9 端子对地电压，测量显示电压为 0，测量 1X5−9 和 10 端子间电压，测量显示电压也为 0。且现场就地观察时，现场没有听到电磁阀打开的声音。

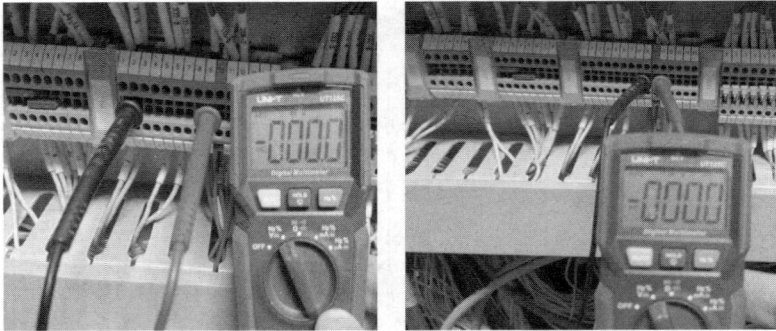

图 2-2-44　电压测量 2

　　补气过程中，继续检查继电器线圈电压（如图 2-2-45 所示类型继电器，指示灯常亮即代表有驱动电压）、辅助触点对地电压。可以观察继电器指示灯点亮，且测到继电器线圈 A1 和 A2 间电压为正常 DC24V，但辅助触点电压 1X5-2 对地电压为 0V，证明辅助触点未接通。检查回路接线无松动，故可判定为继电器异常，需要更换继电器。

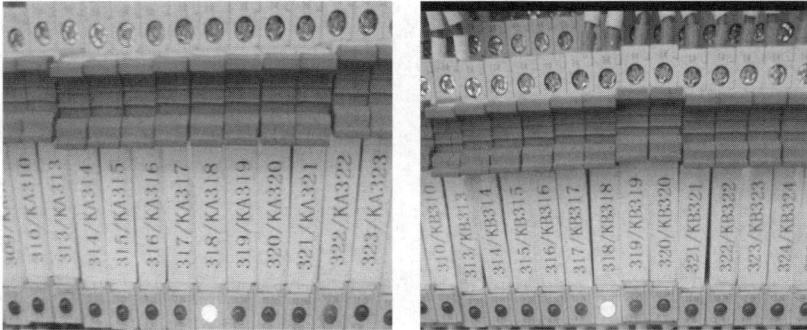

图 2-2-45　检查继电器线圈电压

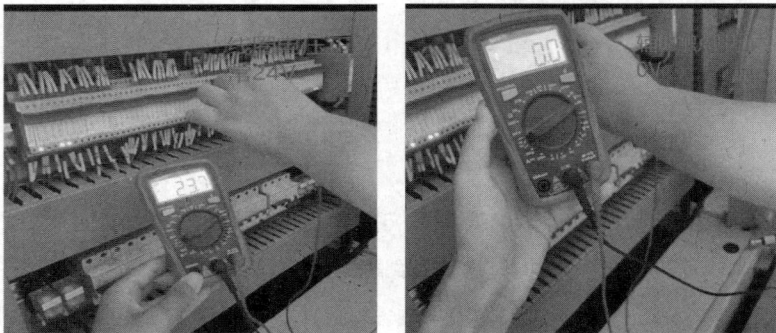

图 2-2-46　电压测量

继电器更换后，尝试再次进行补气操作，此时系统自动补气正常。

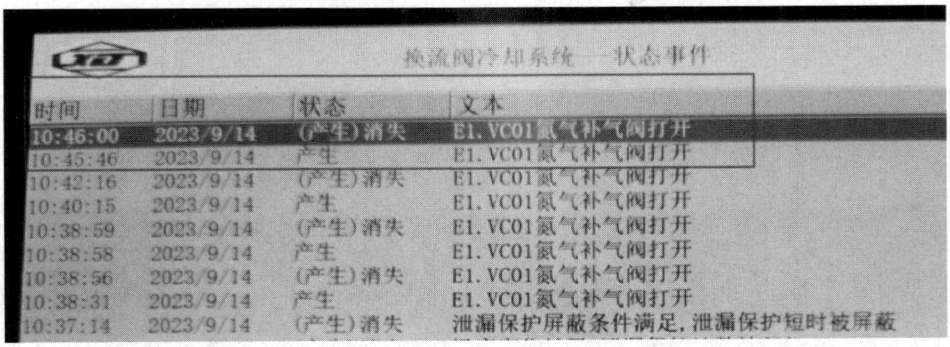

时间	日期	状态	文本
10:46:00	2023/9/14	(产生)消失	E1.VC01氮气补气阀打开
10:45:46	2023/9/14	产生	E1.VC01氮气补气阀打开
10:42:16	2023/9/14	(产生)消失	E1.VC01氮气补气阀打开
10:40:15	2023/9/14	产生	E1.VC01氮气补气阀打开
10:38:59	2023/9/14	(产生)消失	E1.VC01氮气补气阀打开
10:38:58	2023/9/14	产生	E1.VC01氮气补气阀打开
10:38:56	2023/9/14	(产生)消失	E1.VC01氮气补气阀打开
10:38:31	2023/9/14	产生	E1.VC01氮气补气阀打开
10:37:14	2023/9/14	(产生)消失	泄漏保护屏蔽条件满足，泄漏保护短时被屏蔽

图 2-2-47 HMI 界面显示相关报文

三、阀冷系统冷却水流量低

（一）监测手段

通过监控后台报警发现，根据报文信息现场复核系统运行状态。

2021-01-01,02:15:43:310	直流SER事件	主(B)	113883	极1高端阀组控制系统	阀冷_E1.VC01氮气补气阀打开	状态	产生	0:54:16
2021-01-01,02:15:43:323	直流SER事件	从(A)	113883	极1高端阀组控制系统	阀冷_E1.VC01氮气补气阀打开	状态	产生	0:54:16
2021-01-01,02:16:17:389	直流SER事件	从(A)	113883	极1高端阀组控制系统	阀冷_E1.VC01氮气补气阀打开	状态	消失	0:00:34
2021-01-01,02:16:17:393	直流SER事件	主(B)	113883	极1高端阀组控制系统	阀冷_E1.VC01氮气补气阀打开	状态	消失	0:00:34
2021-01-01,03:04:52:418	直流SER事件	主(B)	113883	极1高端阀组控制系统	阀冷_E1.VC01氮气补气阀打开	状态	产生	0:48:35
2021-01-01,03:04:52:419	直流SER事件	从(A)	113883	极1高端阀组控制系统	阀冷_E1.VC01氮气补气阀打开	状态	产生	0:48:35
2021-01-01,03:05:28:468	直流SER事件	主(B)	113883	极1高端阀组控制系统	阀冷_E1.VC01氮气补气阀打开	状态	消失	0:00:36
2021-01-01,03:05:28:470	直流SER事件	从(A)	113883	极1高端阀组控制系统	阀冷_E1.VC01氮气补气阀打开	状态	消失	0:00:36
2021-01-01,05:30:15:667	直流SER事件	主(B)	113418	极1高端阀组控制系统	阀冷_冷却水流量超低	警告	产生	--:--:--
2021-01-01,05:30:15:670	直流SER事件	从(A)	113418	极1高端阀组控制系统	阀冷_冷却水流量超低	警告	产生	--:--:--

图 2-2-48 HMI 界面显示相关报文

（二）故障特征

控制系统不发生切换。故障具有不确定性，需要具体分析。

（三）发生案例

2021 年 1 月 1 日 02 时 15 分 43 秒，××换流站 OWS 报极 1 高端阀冷 E1.VC01 氮气补气阀打开状态产生；02 时 16 分 17 秒，OWS 报“极 1 高端阀冷 E1.VC01 氮气补气阀打开状态消失”。03 时 00 分直流功率降至 1000MW。03 时 04 分 52 秒，OWS 报“极 1 高端阀冷 E1.VC01 氮气补气阀打开状态产生”；03 时 05 分 28 秒，OWS 报“极 1 高端阀冷 E1.VC01 氮气补气阀打开状态消失”。05 时 30 分 15 秒，OWS 报“极 1 高端阀冷冷却水流量超低”。

（四）分析诊断

（1）极1高端阀冷冷却水流量为118L/S（定值为119L/S），当前冷却水流量超低条件满足。

（2）极1高端阀冷进阀温度为16℃，对比极2高端阀冷进阀温度为22℃。

（3）极1高端阀冷进阀压力为0.79MPa（定值为0.71MPa）。

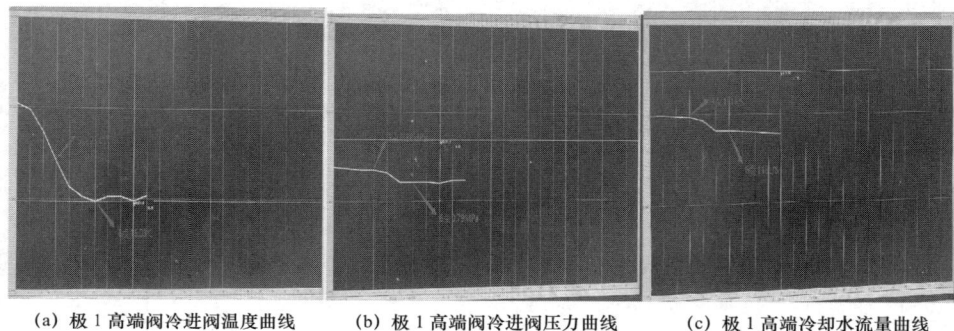

(a) 极1高端阀冷进阀温度曲线　　　(b) 极1高端阀冷进阀压力曲线　　　(c) 极1高端冷却水流量曲线

图2-2-49　进阀温度、压力及冷却水流量曲线

（4）现场对极1高端阀冷设备间、空冷棚的管道和设备本体进行检查，未发现泄漏情况，空冷器、内冷加热器、外冷加热器均未启动，膨胀罐液位示数、膨胀罐压力示数、主泵出口压力示数、主泵进口压力，以上表计示数均在正常范围内。

（5）极1高阀组运行功率250MW（双极功率为1000MW），且外部环境温度较低（-25℃）导致极1高端阀冷系统进阀温度降低，进而出现冷却水流量超低、进阀压力降低的情况。当前进阀温度为16℃，高于加热器启动定值；在阀冷逻辑中，冷却水流量超低又禁止电加热器启动。基于以上两点，加热器无法正常投入运行，进阀温度很可能会继续降低，导致进阀压力低报警出现，满足阀冷请求闭锁极1高端阀组逻辑（冷却水流量超低且进阀压力低跳闸）。

（6）极1高端阀冷却系统无法正常保压，在系统补气后压力仍逐渐降低，无法稳定系统压力。环境温度与直流功率同时降低的特殊工况下，与温度有关的阀冷参数均存在同时下降趋势，是导致这次事故的直接原因。内、外冷加热器定值过低，导致系统进阀温度未达到启动加热器定值时，系统流量已经降到超低定值后禁止启动加热器，从而导致阀冷系统温度持续降低，是导致这次事故的间接原因。

（五）处置方法

将冷却水流量超低告警定值更改为 50L/S，复归值更改为 55L/S；使冷却水流量超低告警复归，同时加热器启动不受冷却水流量超低联锁条件限制。将加热器相关启动值、停止值进行调整，使加热器投入运行。现场加热器正常启动 30 分钟后，进阀温度恢复到 23℃左右，冷却水流量恢复到 131L/S 左右。最后，按定值单将冷却水流量超低报警值恢复为 119L/S，告警复归值恢复为 119.5L/S，冷却水流量保护恢复正常运行。极 1 高端阀冷系统恢复正常。

（六）预防措施

针对部分换流站发生阀冷系统流量超低告警，同时换流阀进阀压力存在下降趋势，存在直流闭锁风险；现场检查分析告警原因为因环温下降，阀冷系统从外循环转为内循环，因内循环回路手动阀门开度不足，导致流量超低告警进阀压力降低。针对该问题，直流技术中心提出相关建议如下：阀冷系统阀门应设置防误动措施，避免在运行过程中因振动发生位移；阀冷系统检修结束后或冬季来临前应检查阀门位置的正确性，避免因阀门位置不当导致流量低保护误动作。寒冷地区换流站阀冷系统因气温低首次转换为内循环运行方式后，建议运维人员关注流量和压力变化情况，及时发现异常。增加主泵进出口压力告警，便于提醒运维人员提前发现阀门位置不当等问题。

四、阀冷系统冷主泵电机故障

（一）监测手段

通过监控后台报警发现，根据报文信息现场复核主泵运行状态。

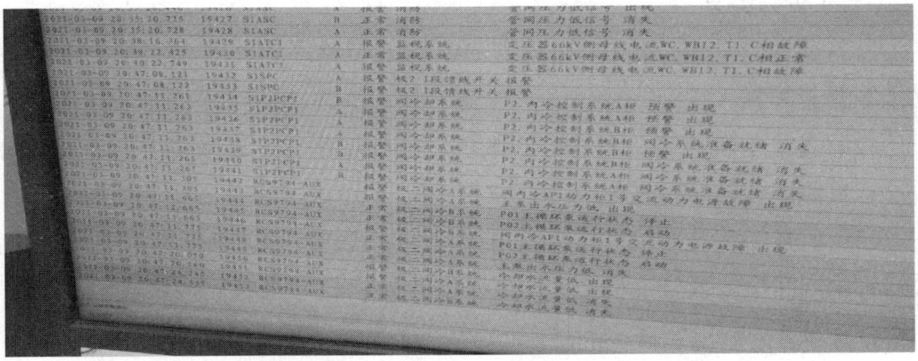

图 2-2-50　HMI 界面显示相关报文

（二）故障特征

控制系统不发生切换。主循环泵电机电源失电、冷却水流量低等报警信号，故障具有不确定性，需要具体分析。

（三）发生案例

2021 年 03 月 09 日 20:48，××换流站运行人员在后台 OWS 发现："极 2 阀冷系统冷却水流量低出现"，"极 2 阀内冷 1 号交流动力电源故障出现"。

（四）分析诊断

现场检查时发现极 2 内冷主泵动力电源开关跳闸，P01 号主泵退出运行，P02 号主泵自动投入，P01 主泵电机软启动器、软启接触器、工频接触器正常。对 P01 主泵电机绕组进行绝缘电阻测量，根据对地绝缘和相间绝缘数据，UW 之间可能存在相间短路故障。用万用表测量绕组之间的通断进一步验证，UW 绕组之间为导通状态，UV、WV 状态正常。由此可判断，P01 主泵电机 UW 绕组之间发生相间短路，导致 1 号交流电源跳闸。P01 主泵电机故障后站内极 2 阀冷系统由 P02 单台主泵运行，若 P02 主泵故障将会导致单极闭锁，存在极大的安全隐患，需要对极 2 阀冷却设备间 P01 主泵电机进行紧急在线更换。

	W	U	V	标准
对地绝缘	11.2MΩ	10.9MΩ	13.2GΩ	≥10MΩ
相间绝缘	无法建压（UW）	15.2GΩ(UV)	12.9GΩ(VW)	≥10MΩ

图 2-2-51

（五）处置方法

（1）元器件检查：P01 主泵电机 UW 相间短路产生大电流，检查工频及软启接触器无异常。

（2）备品电机检查，对备品新电机进行外观检查无异常，手动盘泵正常，并进行直阻绝缘测量，备品合格。

（3）拆除故障电机；打开故障电机电源进线接线盒，拆除电机电源接线并做好记录，拆除主泵与电机之间的联轴器以及电机同底座连接螺丝，对故障电机进行吊装拆卸。

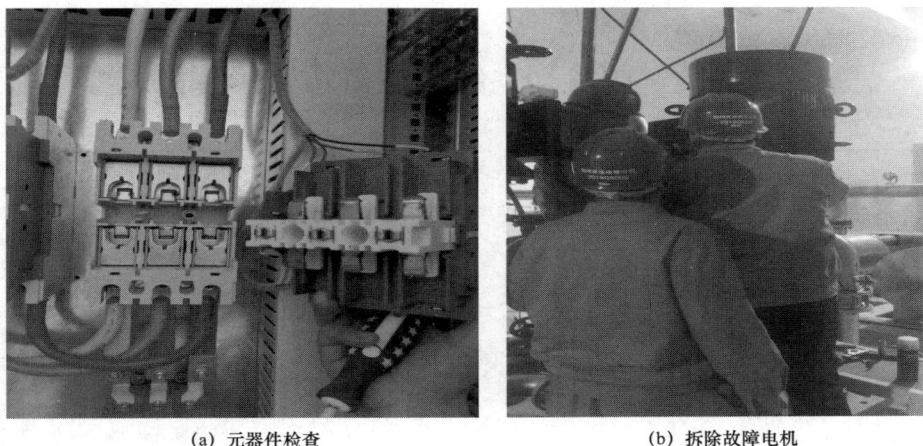

| (a) 元器件检查 | (b) 拆除故障电机 |

图 2－2－52

（4）新电机吊装测试：将新电机吊装到主泵底座，安装好固定螺丝，并紧固，按照接线记录恢复电机进线电源接线，断开 P01 主泵运行监测信号，给软启动器线圈装设一路 220V 外加电源，电机带电后，在断开 P01 主泵与电机联轴器的情况下瞬时合分软启动器的外加 220V 电源，检查电机的转动方向正确。

（5）新电机安装调整：断开电机电源，安装主泵与电机之间的联轴器，调整好间隙、同心度并紧固，带主泵进行手动盘泵，检查转动良好无卡涩，最后恢复防护罩观察窗；恢复电机电源，进行主泵切换，检查 P01 主泵进阀压力、流量、回水压力等相关数据均正常，面板无报警信号。

（6）新电机运行监视：电机运行 8 小时后检查更换电机以及系统运行工况，主泵电机本体最高温度 59.9℃，接线柱最高温度 68.5℃，对比极 2 运行主泵电机最高温度 62.4℃，主泵电机运行温度正常，系统运行正常。

（六）预防措施

（1）电机绝缘老化问题对直流安全稳定运行存在极大的安全隐患，建议各站按国网公司下发的《国家电网公司关于印发特高压变电站和直流换流站备品备件配置定额的通知》对主泵电机备品进行储备。

（2）阀冷设备间各类设备体积及重量大，空间狭小，设备发生故障吊装困难，现有的吊装工具安装及使用过程烦琐，严重降低了阀冷系统设备间设备故障后的抢修效率。为提高检修工作效率，建议在双极阀冷设备间横梁间加装行吊，从而降低设备故障后抢修效率低带来的风险。

第五节　阀冷却系统典型技术监督意见

序号	文件名称	厂家	概述	问题描述	监督意见
1	国网直流技术监督〔2022〕28号 关于白鹤滩—浙江特高压直流工程河南晶锐阀冷系统生产制造阶段的技术监督意见	河南晶锐	依据《特高压阀冷系统关键点技术监督实施细则》《国家电网公司本八项电网重大反事故措施》《国家电网有限公司防止换流站事故措施及释义》等反措和相关技术标准同时对照以往新建直流工程技术监督发现的问题，采用查资料和对关键功能抽查验证的方式，共监督发现重要设备问题11项。	（1）液位保护定值设置不合理。 （2）主泵过热保护仅采用电机绕组温度。 （3）阀冷系统故障录波功能配置不完善。 （4）阀冷系统流量变送器故障模式设置不合理，可能导致流量保护拒动。 （5）阀冷动力柜内的部分导线缺少标签。 （6）阀冷系统未配置61850规约上送定值功能。 （7）阀冷主泵、风机等设备动力柜内设置封闭式母排绝缘挡板，不利于运维人员在线测温。 （9）电伴热带电源回路未配置漏电保护开关	布拖站河南晶锐阀冷系统液位保护整定值按低于膨胀罐总液位30%发液位低报警，低于10%发液位超低跳闸请求，不满足《国家电网公司防止直流换流站事故措施及释义(修订版)》"4.1.4.5　水位测量值低于其额定液位高度的30%时报警，低于10%时发直流闭锁命令。"的要求。（1）选择电机驱动端轴承温度及主泵三相绕组温度共2类4个测点的温度作为主泵过热保护条件。（2）主泵过热保护分设2级，1级报警用以提醒运维人员现场检查，2级报警致使主泵过热切换，2级报警值参照主泵厂家推荐值设置。对于电机驱动端轴承温度，两级报警间温度差不小于5℃；对于绕组温度，两级报警间温度差不小于10℃。增加主泵启停、阀冷系统不可用、阀冷系统保护动作等重要信号自动触发故障录波功能，将启动录波时刻前后30s的数据纳入录波文件，便于故障分析。建议河南晶锐开展将主泵状态、阀冷主机状态、风机状态、VOC与CCP接口信号、内外冷水温度、流量、压力、液位等数据同时纳入故障录波文件的可行性研究，制定实施方案，在厂内和现场进行充分测试验证，确保录波功能正确可靠，"E+H"流量传感器故障模3式设置为"最大值"，即当传感器故障时，变送器输出最大电流值（22.5mA），超出传感器正常输出范围，系统可及时检测到传感器故障，并退出对应保护功能。开展61850规约上送定值功能可行性研究，制定实施方案，在户内和现场进行充分测试验证，确保通信功能的稳定性，在双极投运前择机实施。建议河南晶锐根据《国家电网有限公司直流换流站验收管理规定　第15分册　阀内水冷

序号	文件名称	厂家	概述	问题描述	监督意见
1	国网直流技术监督〔2022〕28号 关于白鹤滩-浙江特高压直流工程河南晶锐阀冷系统生产制造阶段的技术监督意见	河南晶锐	依据《特高压阀冷系统关键点技术监督实施细则》《国家电网公司本八项电网重大反事故措施》《国家电网有限公司防止换流站事故措施及释义》等反措和相关技术标准同时对照以往新建直流工程技术监督发现的问题,采用查资料和对关键功能抽查验证的方式,共监督发现重要设备问题11项	(9)主泵电机接线盒动力电缆弯折半径过小。 (10)单套阀冷控制主机检测到三台保护主机故障时未置阀冷系统不可用。 (11)阀冷控制主机检测到PROFIBUS总线故障未尝试系统切换,逻辑功能不合理	系统验收细则》"检查主泵运行情况,声响及振动,对主泵及阀内水冷控制柜进行红外测温"的要求,在主泵、风机等设备动力柜母排绝缘挡板处设计测温孔,测温孔位置及尺寸应合理,便于运维人员在线测温。建议河南晶锐按照《国家电网公司防止直流换流站事故措施及释义(修订版)》"4.1.6.阀冷控制保护系统应具备完善的自检功能,当发生板卡故障、通道故障、电源丢失等异常时,应发出报警信号并具有完善的防误出口措施。"的要求,在伴热带动力电源回路配置漏电保护开关;在伴热带绝缘受损漏电时能快速断开电源,并在故障未恢复前禁止启动电伴热带。重新优化布置主泵接线盒电缆接线方式,避免电缆受到机械应力。建议河南晶锐按照反措要求,完善控制主机相关逻辑,当单套阀冷控制主机检测到三台保护主机故障时,对应控制主机应置阀冷系统不可用
2	国网直流技术监督〔2021〕38号 白江工程河南晶锐换流阀冷却设备厂内技术监督意见	河南晶锐	依据《特高压阀冷系统关键点技术监督实施细则》《国家电网公司十八项电网重大反事故措施》《国家电网有限公司防止换流站事故措施及释义》等反措和相关技术标准,采用查阅资料和对关键功能抽查验证的方式,共发现重要设备问题9项	(1)阀冷控制保护系统基于星形组网结构的逻辑功能尚未完成白江工程出厂验证。 (2)阀冷控制系统切换逻辑不完善,未选用较为完好的系统作为主系统。 (3)阀冷控制装置与三套保护装置通信均故障时,通过进阀温度传感器均故障跳闸不合理。 (4)阀冷系统首次采用IEC 61850通信规约上传事件信息,事件信息的完整性和系统性能的稳定性尚未充分验证。 (5)阀冷膨胀罐液位保护定值不满足要求。 (6)阀冷控制屏柜功能压板颜色配置不符合要求。 (7)阀冷冷却塔动力柜交流进线接触器布局不合理。 (8)阀冷主泵电机外壳局部点蚀。 (9)主泵动力电缆与接线盒之间的护套开裂	建议河南晶锐参照《国家电网有限公司防止换流站事故措施及释义》"5.1.5任何时候运行的有效控制系统应是双重化系统中较为完好的一套,当运行控制系统故障时,应根据故障等级自动切换"的要求,进一步优化控制系统的切换逻辑,并完成控制保护系统切换试验。建议河南晶锐按阀冷乏次通用接口规范要求"VCCP应监视阀冷系统传感器、处理器、通信通道运行状态向CCP系统发出阀冷系统正常/不可用信号"修改软件,并进行相关测试。建议河南晶锐继续开展阀冷控制保护的拷机试验,验证系统的稳定性;建议按照《特高压阀冷系统关键点技术监督实施细则》"3.5.1应与极控或阀组控制进行接口联调试验,接口信号应满足《直流输电换流阀冷系统通用接口技术规范》的要求"在联调试验及现场调试期间开展阀冷系统与后台之间通信功能的全面测试,并进行网络风暴测试,建议在联调试验结束前提交相关试验证明材料

序号	文件名称	厂家	概述	问题描述	监督意见
3	国网直流技术监督〔2023〕49号 关于中州站主泵故障情况分析的技术监督意见	河南晶锐	中州站自2013年投运以来,阀冷系统主泵发生主轴断裂、机封渗水、油封渗油等故障近百起,且总体呈现上升趋势,严重影响直流系统安全稳定运行。针对中州换流站历年阀冷主泵故障情况,国网直流中心会同国网河南电力组织深入分析研究故障原因及可靠性提升措施,并于2023年7月13日组织国网河南电力、国网河南直流中心、河南晶锐、KSB等单位及特邀专家,召开中州站主泵故障情况分析会	(1)中州站阀冷主泵故障主要类型为主轴断裂、机封渗水、油封渗油及泵组振动大等,分析原因为中州站阀冷主泵(极Ⅰ高低端阀组主泵型号为MCPK200-150-400、极Ⅱ高低端阀组主泵型号 MCPK200-1502500)采用德国纯进口泵,该系列主泵的主轴机械强度机封自冷却方式,以及主机固定支撑结构等方面设计,与现场实际运行工况存在一定差异,主要存在主轴机械强度不足、机封冲洗方式不合理、主泵振动过大等问题,导致主轴断裂、机封渗水、油封渗油等故障频发。虽然通过对故障部件进行更换或换型可以恢复运行,但由于新旧部件之间在机械结构、尺寸等方面匹配度存在差异,上述主泵故障问题仍无法彻底解决。 (2)考虑到天中直流长期大负荷运行,阀冷系统设备可靠性对直流系统安全稳定运行至关重要,为消除阀冷主泵故障隐患切实提升阀冷设备可靠性,经会议充分讨论,建议中州站选取一个阀组开展主泵及相关结构件改造换型的可靠性提升工作。建议主泵改造应综合考虑目前中州站各种运行工况对主泵及相关结构件的影响因素,并参考近几年阀冷系统隐患治理及可靠性提升措施,同时应考虑在泵组进出口管路固定支架安装、电机热敏元件布置等方面进行合理优化,并通过仿真分析研究校核方案设计的合理性,为后续其他阀组阀冷主泵改造奠定基础

第三篇

广州高澜技术阀冷却系统

第一章　广州高澜技术阀冷却系统理论知识

第一节　系　统　概　述

广州高澜技术阀冷却系统包括一套阀内冷系统（包括主循环设备和水处理设备）、一套阀外冷系统（包括空气冷却器、闭式冷却塔、喷淋泵组、外冷水处理系统）、一套内外冷系统共用的电源和控制系统以及整个设备的所有管道。控制系统选用西门子 S7-400H 系列 PLC，CPU 及 I/O 模块均冗余配置。

阀冷系统冷却介质循环通过内冷系统主循环泵，进入室外换热设备（空气冷却器+闭式喷淋塔），将换流阀产生的热量带到室外进行热交换，带出热量，冷却液冷却后，循环进入换流阀，形成密闭式循环冷却系统。通过控制空气冷却器风机的启停、运行频率以及闭式喷淋塔风机启停、转速共同实现精确控制冷却系统的循环冷却水温度的要求。为降低换流阀塔内管道所承压力，提高换流阀的安全运行能力，阀冷系统将阀组布置在循环水泵入口侧。

阀冷系统中各机电单元和传感器由 PLC 自动监控运行，并通过操作面板的界面实现人机的即时交流。阀内冷系统的运行参数和报警信息条即时传输至主控制器，并可通过主控制器远程操控阀冷系统。系统中所有仪表、传感器、变送器等测量元件装设于便于维护的位置，能满足故障后不停运直流可检修及更换的要求（流量变送器除外）；阀进出口水温传感器装设在阀厅外。

第二节　系统组成及功能

目前，黑河、鄱阳湖、陕北、韶山、穆家、高岭、锡盟、伊敏、阜康、鹭岛、浦园、淮安、金华、灵州、广固、建昌、南桥、宜昌、武汉、昌吉、天山、柴达木、祁连站阀内冷系统均为广州高澜提供的设备。本章以祁连换流站为例进行介绍，阀内冷系统流程图如图 3-1-1 所示，元件图例如表 3-1-1 所示。

表 3-1-1　　　　　　　　高澜阀冷却系统元件图例说明

一、阀门

设备编号	作用
V001.V002	逆止阀，防止水倒流
V003	蝶阀，用于检修 P01 主泵
V004	蝶阀，用于检修 P02 主泵
V006.V007	电动阀门，调节通往冷却塔支路和旁通回路的流量比
V023	蝶阀，用于检修阀冷管道和流量表 FIT01
V024	蝶阀，用于检修阀冷却管道和流量表 FIT02
V012.V013	逆止阀，防止水倒流
V016	截止阀，用于隔离阀门 K001
V017	截止阀，用于隔离阀门 K002
V018	球阀，用于保证冷却塔中有较小的流量，防止管道结冰
V014.V015	截止阀，用于连通旁通回路
V019	蝶阀，用于主过滤器 Z01 检修
V020	蝶阀，用于主过滤器 Z02 检修
V021	蝶阀，用于主过滤器 Z01 检修
V022	蝶阀，用于主过滤器 Z02 检修
V025.V026	蝶阀，用于脱气罐 C31 检修
V027	蝶阀，用于旁通脱气罐 C31
V028	蝶阀，用于检修 P01 主泵
V029	蝶阀，用于检修 P02 主泵
V030.V031	蝶阀（常闭），旁通阀塔冷却管路
V041~V052	蝶阀（常开），阀塔检修隔离水回路
V081.V082	球阀，用于电导率变送器 QIT01 检修
V083.V084	球阀，用于电导率变送器 QIT02 检修
V085	球阀，溶解氧测量仪检修时打开
V086.V087	球阀，用于溶解氧测量仪 OTI01 检修

续表

设备编号	作用
V110	球阀，水处理回路总进水阀，用于水处理回路隔离
V111	止回阀，防止水倒流
V112..V114	球阀，离子交换器 C01 检修时隔离使用
V113.V115	球阀，离子交换器 C02 检修时隔离使用
V116	球阀
V117.V118	球阀，用于过滤器 Z11 检修
V119.V120	球阀，用于过滤器 Z12 检修
V121	球阀，用于膨胀罐 C11、C12 检修
V122	球阀，用于膨胀罐 C11、C12 和流量计 FIS11 检修
V123	球阀，水处理回路总回水阀，用于水处理回路隔离和 FIS11 流量计隔离
V130	球阀，原水回路进水阀，P21 原水泵及 Z21 过滤器检修时隔离使用
V131.V132	止回阀，防止水倒流
V133	球阀，P21 原水泵及 Z21 过滤器检修时隔离使用
V134	球阀，P11 补水泵检修时隔离使用
V135	球阀，P12 补水泵检修时隔离使用
V136	电动阀，P11、P12 补水泵检修时隔离使用
V137	球阀，补水回路和水处理回路隔离时使用
V201.V202	排水阀，在检修泵时排出泵体及就近管道中的水
V203	排水阀，排空管道中水
V204	排水阀，在检修主过滤器 Z01 时，排干过滤器
V205	排水阀，在检修主过滤器 Z02 时，排干过滤器
V206	排水阀，当 FIT01 检修时，排空管道中水
V207	排水阀，当 FIT02 检修时，排空管道中水
V208	排水阀，排空脱气罐中的水
V209	排水阀
V211	蝶阀，在清洗离子交换罐 C01 时与外置容器连接
V212	蝶阀，在清洗离子交换罐 C02 时与外置容器连接
V213	排水阀，离子交换罐 C01 检修时使用
V214	排水阀，离子交换罐 C02 检修时使用

续表

设备编号	作用
V215	排水阀，过滤器 Z11 检修时使用
V216	排水阀，过滤器 Z12 检修时使用
V217	排水阀，膨胀罐 C11 检修时使用
V218	排水阀，膨胀罐 C12 检修时使用
V219	排水阀，原水罐 C21 检修时使用
V220	排水阀
V231	球阀，排气阀 V301 检修时使用
V232	球阀，排气阀 V302 检修时使用
V235	球阀，排气阀 V303 检修时使用
V236	球阀，排气阀 V304 检修时使用
V238	球阀，排气阀 V308 检修时使用
V241	球阀，排气阀 V311 检修时使用
V242	球阀，排气阀 V312 检修时使用
V243	球阀，排气阀 V313 检修时使用
V248	球阀，排气阀 V316 检修时使用
V249	球阀，排气阀 V317 检修时使用
V301	排气阀，主过滤器 Z01 排气
V302	排气阀，主过滤器 Z02 排气
V303.V304	排气阀，阀厅顶部主水管路排气
V308	排气阀，脱气罐排气
V311	排气阀，离子交换罐 C01 排气
V312	排气阀，离子交换罐 C02 排气
V313	排气阀，膨胀罐 C11、从 C12 排气
V314.V315	止回阀
V316.V317	排气阀，管道排气
V401	球阀，用于检修压力表 PI01
V402	球阀，用于检修压力表 PI02
V403	球阀，用于检修压力变送器 PT01
V404	球阀，用于检修压力变送器 PT02

设备编号	作用
V405	球阀，用于检修压力表 PI04
V406	球阀，用于检修压力表 PI03
V407.V408	球阀，主过滤器 Z01 压差表检修时使用
V409.V410	球阀，主过滤器 Z02 压差表检修时使用
V411	球阀，用于检修压力变送器 PT03
V412	球阀，用于检修压力变送器 PT04
V413	球阀，用于检修压力变送器 PT06
V414	球阀，用于检修压力变送器 PT05
V415	针型阀，用于检修压力变送器 PT11
V416	针型阀，用于检修压力变送器 PT12
V417	球阀，用于检修压力表 PI11
V418	球阀，用于检修压力表 PI12
V419	球阀，用于检修压力表 PI13
V420	球阀，用于检修压力表 PI14
V421	球阀，用于检修压力表 PI15
V422	球阀，用于检修压力表 PI09
V423.V424	球阀，检修水位传感器 LT11 用地
V425.V426	球阀，检修水位传感器 LT12 用地
V501.V502	压力调节阀
V503.V504	电磁阀，控制气回路的通断
V505～V508	针型阀
V509	止回阀，防止水倒流
V510	可调式压力释放阀，用于防止膨胀罐压力过大
V511.V512	电磁阀，自动调整膨胀罐压力，防止压力过大
V514	截止阀，用于更换氮气瓶 C41 时使用
V515	截止阀，用于更换氮气瓶 C42 时使用
V516.V517	球阀，用于隔离气回路和膨胀罐的连接
K001.K002	电动阀门，其中一个阀门关闭，一个打开，该阀门可以根据所需冷却容量来确定打开的程度

二、传感器

设备编号	作用
FIT01.FIT02	监控进阀流量
FIS11	监控去离子回路流量
LT11.LT12	监控高位水箱液位，检漏
LT21.LT22	监控水池液位
LS3	监控高位水箱低液位
LS1	监控原水罐低液位补水
LS2	监控原水罐高液位停泵
LS21.LS22	监控集水坑液位
PT01.PT02	监控主泵出口压力
PT03.PT04	监控系统压力
PT05.PT06	监控主泵进口压力
QIT01.QIT02	监控系统冷却介质水质
QIT11	监控水处理水质
QT21、QT22	监控喷淋水电导率
QT23	监控软化水出水电导率
TT01、TT02、TT03	监控系统冷却水进阀温度
TT04、TT05	监控系统冷却水出阀温度
TRT01	监控阀厅室内温度
TT06.TT07	监控电机内部温度
TT21.TT22	监控冷却塔进水温度
TT23.TT24	监控喷淋水池水温度
TT25	监控室外环境温度
dPI01	现场指示
DPS21.DPS22	监控自循环过滤器压差
PI01.PI02	现场指示

续表

设备编号	作用
PI14～PI16	现场指示
PI12、PI13	现场指示
OIT01	监测冷却水溶解氧

三、主要设备

设备编号	作用
P01	循环泵，给主回路提供动力，与 P02 互为备用，每周自动切换一次
P02	循环泵，给主回路提供动力，与 P01 互为备用，每周自动切换一次
H01～H04	加热器，当水温太低时，为了防止水结冰，用来对水加热
P21	原水泵，向系统提供原水
P11	当原水罐水位偏低时，手动通过该泵将原水打入原水罐 C21 中
P12	当膨胀罐水位降低时，通过该泵将原水罐 C21 中的水打到内水冷系统
Z01.Z02	主管道过滤器，滤除水中的刚性颗粒
Z11	精密过滤器，滤除可能从离子交换罐中破碎流出的树脂颗粒
C41.C42	氮气瓶，用于给膨胀罐加压
C11.C12	膨胀罐，用于维持系统压力
C21	原水罐，用于向水冷系统提供原水
C31	脱气罐，顶部带有一个自动排气阀，排出冷却水中的气体
C01.C02	离子交换器，吸附水中电解离子，维持内水冷低电导率
K001.K002	电动三通阀，调节流经阀外冷设备的冷却水流量与不经过阀外冷设备的冷却水流量的比例
V006.V007	电动蝶阀，用于电动三通阀故障时的选择切换
V503.V504	电磁阀，控制氮气进入膨胀罐
V511	电磁阀，防止膨胀罐 C11、C12 内部压力过大
V512	电磁阀，防止原水罐 C21 内部压力过大
W01～W04	软连接，防止电动机带动管道一起震动

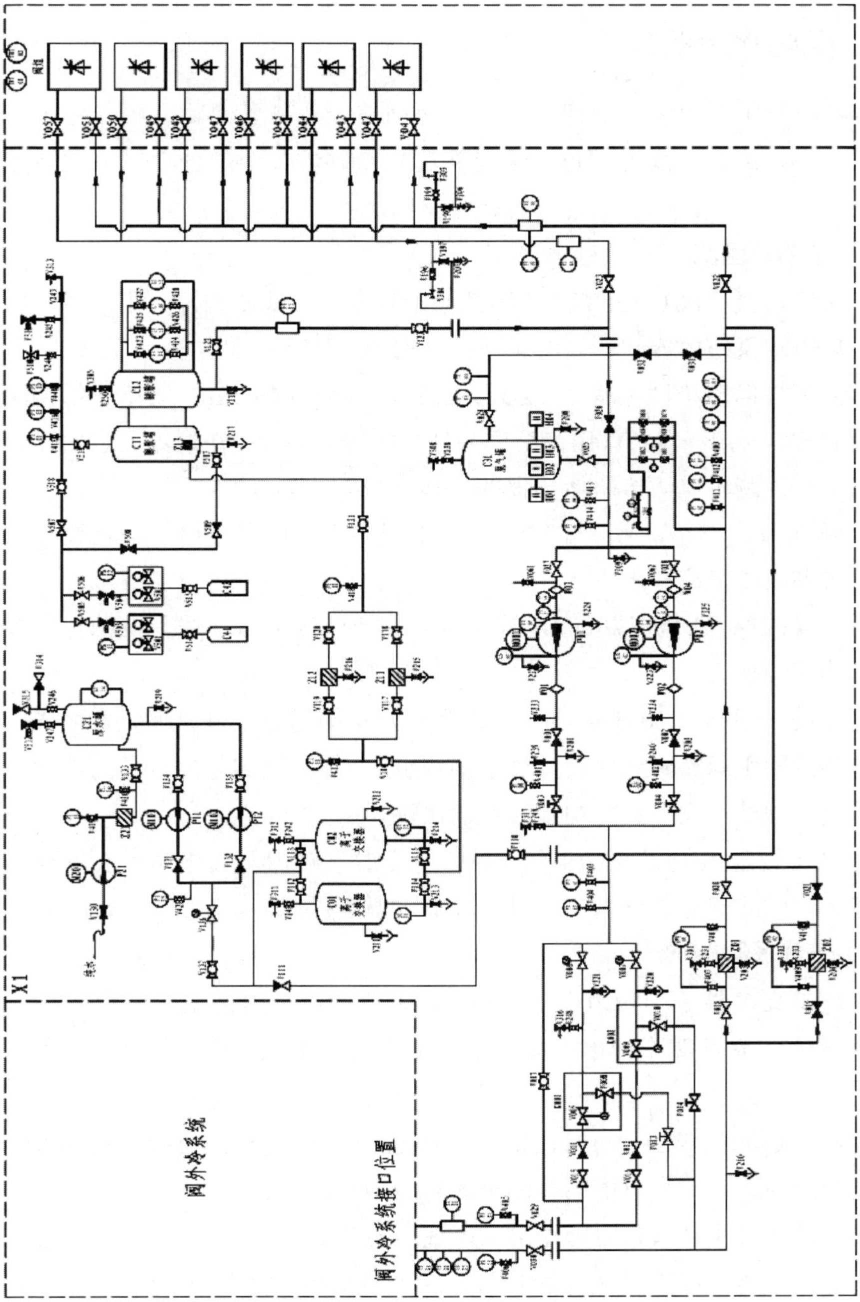

图 3－1－1　阀内冷系统流程图

一、阀内水冷系统

阀内冷系统主要由六部分组成：主循环回路、去离子回路、氮气稳压回路、补水回路、冷却介质及管路、换流阀配水管路，各个部分由以下主要元器件组成。

（一）主循环回路

（1）主循环泵（P01、P02），高速离心叶片泵，卧式结构，一用一备，为换流阀闭环冷却系统中冷却介质的循环提供动力。

（2）主循环回路机械过滤器（Z01、Z02），精度为100μm，采用不锈钢网孔烧结网滤芯，一用一备，作用为防止刚性颗粒进入阀体。在过滤器进出口设置压差表，可监测主过滤器的堵塞程度。

（3）脱气罐（C31），置于主循环冷却水回路主循环泵进口，罐顶设自动排气阀，可彻底排出冷却水中气体。

（4）电动蝶阀（V006/V007），置于电动三通阀进水前，用于电动三通阀故障时的选择切换。

（5）电动三通阀（K001/K002），采用2台蝶阀通过杠杆原理组合而成，置于主循环冷却水回路阀外冷设备进水侧，用于调节流经阀外冷设备的冷却水流量与不经过阀外冷设备的冷却水流量的比例。

（6）电加热器（H01/H02/H03/H04），置于脱气罐内，用于冬天温度极低及阀体停运时的冷却水温度调节，避免冷却水温度过低。

（二）去离子回路

（1）离子交换器（C01/C02），选用非再生树脂，对主循环回路中的部分介质进行纯化，通过对冷却水中离子的不断脱除，达到长期维持极低电导率的目的。

（2）精密过滤器（Z11/Z12），精度≤10μm，采用可更换滤芯方式，置于离子交换器出口，以拦截可能破碎流出的树脂颗粒。

（3）去离子流量计（FIS11），用于监视回路流量。

（4）去离子电导率变送器（QIT11），用于监视树脂是否失效。

（三）氮气稳压回路

氮气稳压系统由膨胀罐、氮气瓶和补水系统等组成。膨胀罐的顶部充有稳定压力的高纯氮气，用以保持管路的压力恒定和冷却介质的充满。

（1）膨胀罐（C11/C12），罐体共 2 台，用于缓冲冷却水因温度变化而产生的容量变化。其中一台底部设置曝气装置，增加氮气溶解度，脱气时更有效地带走氧气。膨胀罐配置磁翻板式液位计和电容式液位变送器，装在罐体外侧，可显示膨胀罐中的液位并用于水位保护。

（2）氮气系统，氮气管路主要由减压阀、补气电磁阀、排气电磁阀、安全阀、氮气瓶及监控仪表等组成。氮气瓶容量 40L，设置 4 个。氮气补气回路设置为双路，其中一路有故障时可切换至另一路运行。

（3）原水罐（C21），用于存储冷却液，设置可视液位计及高液位和低液位开关。自动开关的电磁阀，在补水泵和原水泵启动时自动打开。

（4）补水泵（P11/P12）及原水泵（P21），原水泵 1 台，手动运行；补水泵 2 台，自动运行，互为备用。原水泵出水设置 Y 型过滤器，并在过滤器前后设置压力表。

（四）冷却介质及管路

所有的不锈钢设备、管道焊接采用氩弧焊工艺，并经过严格的试压、酸洗、清洗。现场管道采用厂内预制、现场装配形式，以确保质量、安全和施工的快捷。

由于本系统在高电压条件下工作，为避免冷却介质中存在杂质离子，导致各元件之间形成漏电流，要求冷却介质具有很低的电导率。同时为保持介质的低电导率，循环管路均采用 304L 以上材质不锈钢管。管道系统的最高位置设有特殊设计的自动排气阀，能自动有效地进行汽水分离和排气，保证最少的液体泄漏。为方便检修、维护及保养，阀冷系统管道的最低位置设置了泄空阀，并保留有足够的检修空间。

二、阀外水冷系统

目前在运的鄱阳湖、陕北、韶山、高岭、锡盟、阜康、鹭岛、浦园、淮安、金华、灵州、广固、南桥、宜昌、武汉、昌吉、天山、祁连站阀外水冷系统均为广州高澜提供的设备。本书以祁连换流站为例进行介绍，阀外水冷系统流程如图 3-1-2 所示。

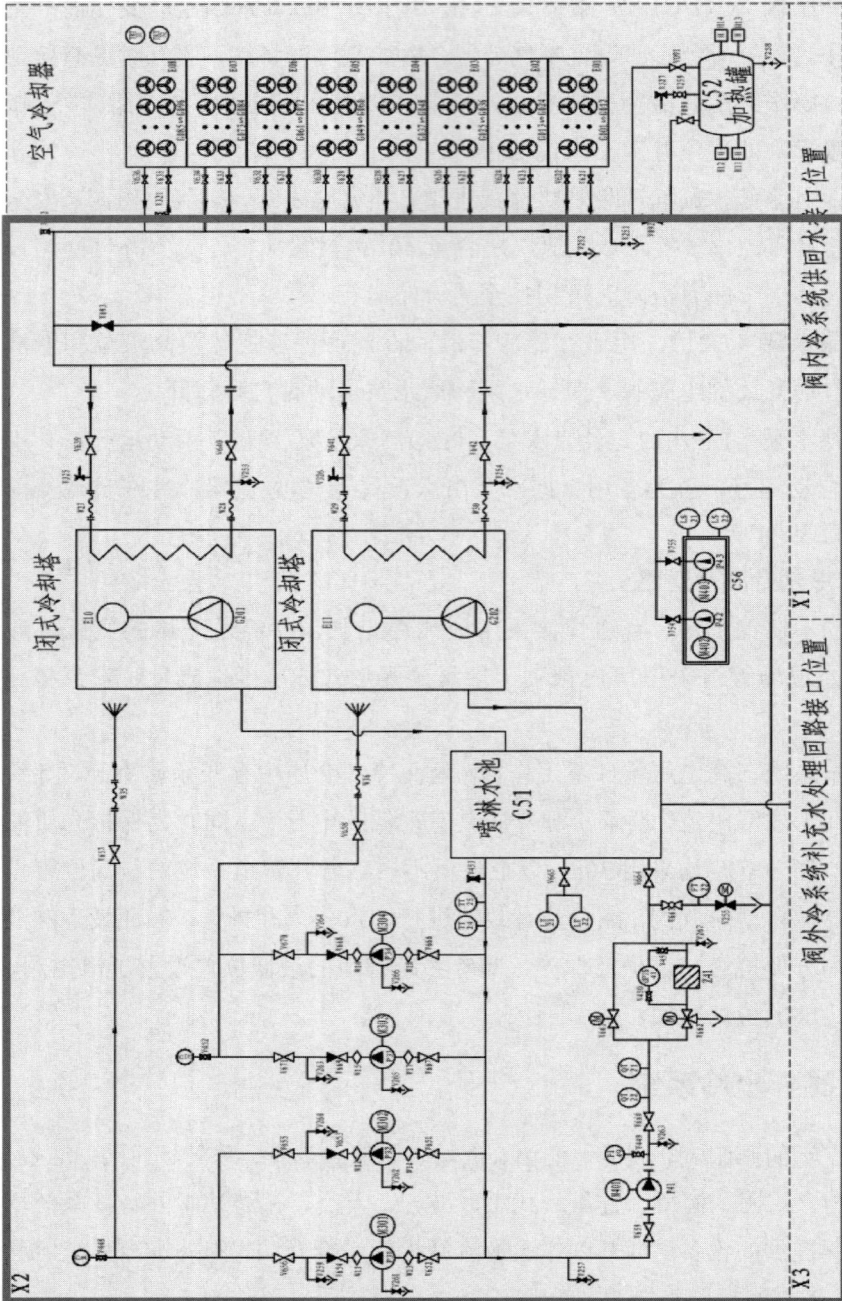

图 3-1-2 阀外水冷系统流程图

阀外水冷系统主要由冷却塔及其辅助系统组成。各个部分由以下主要元器件组成。

（一）冷却塔

闭式冷却塔作为换流阀冷却系统的室外换热设备，将换流阀的热损耗传递给喷淋水以及大气。安装地点位于防冻棚内循环水池上部，与空气冷却器串联，共 2 台闭式冷却塔。一般情况下，2 台冷却塔均可投入运行，如其中 1 台冷却塔发生故障退出运行，也可确保冷却效果。闭式冷却塔所有金属和非金属密封材料至少保证 35 年的设计使用寿命，材料的选择、焊接制作工艺和密封工艺遵循的原则是在任何情况下都不允许渗漏。本工程所使用的冷却塔选用了相同尺寸和规格的风机、阀门和电气元件，其备品备件均可互换。在冬季，当阀冷系统停运时，为了防止室外设备及管道内的水结冰，在最低点设置有紧急排空的阀门，当极端情况时，可采取迅速排空管束和管道内的介质来进行防冻。

阀内冷却液的热量经过盘管壁以显热换热的方式传递给流经盘管外表面的水中。吸收热量的水落入水盘，通过喷淋泵，经水分配系统到达喷嘴。温热的喷淋水在填料表面形成一层很薄的薄膜，以达到极佳的冷却效果。同时通风机系统启动，使机组外大量的空气以与落水相反的方向从进风格栅进入。空气和水在填料表面直接接触，一小部分水蒸发。在这个蒸发过程中，喷淋水将热量以潜热换热的方式传递给流过机组的空气。饱和气流从闭式冷却塔顶部的通风机排放到周围大气中，从而将热量消散。其余被填料部分冷却的喷淋水淋向盘管，落入水盘，如此循环。

设备采用闭式冷却塔专用的风机，风机电机配置长寿命的全封闭变频电机，电机处于塔外的干区，远离塔内湿热水汽。鉴于设备的使用场合为电力系统的超特高压输变电换流站，配置高效挡水板，具有防腐烂、抗生物侵害的作用，保证水的飘逸率少于 0.001，确保设备使用的稳定性和高安全性。冷却塔整个水系统设计为全封闭式，阻止了阳光照射，可避免机组内产生生物性污染，确保换热的稳定性，仅需投放少量药剂便可控制循环水的水藻、菌类等的生长。整个设备采用高效节能的轴流式风机，运行时空气和喷淋水以顺畅、平行和向下的路径流过盘管表面,维持了完全的管外覆盖。在这种平行的流动方式下,水不会由于空气流动的影响出现与管底侧分离的现象,从而消除了有利于水垢形成的干点。

设备布水系统包括喷淋水泵、喷淋配水管网、喷嘴等;设备采用大口径的"反堵塞环"喷嘴,能有效防止堵塞和便于清洗;均匀分布的配水管网、实验室数据确定的喷水流量可以保证整个运行期间盘管处于完全浸湿的状态下。喷淋水采用超大口径防堵塞喷嘴,更便于单个喷嘴或整个支管拆卸后的清理和冲洗。设备风机电机、水泵电机均采用全封闭防潮密闭性设计,具有很高的防潮和防雷效果,保证了换流站运行的安全性。

(二)补充水处理系统

冷却塔的水量损失根据蒸发、风吹和排污等各项损失水量确定,为了达到冷却塔长期稳定地运行,减少和降低冷却塔因长期运行冷却盘管产生积垢以及延长冷却机组的使用寿命等,对喷淋水的补充、排放和处理进行分析计算,根据水源参数的不同,选择相应的处理设备和工艺。软化处理所采用的设备和工艺是根据补充水原水水质为 GB 5749—2006《生活饮用水卫生标准》要求的水质标准进行设计。

(三)喷淋泵及其喷淋总管道

喷淋泵采用卧式离心结构,两台喷淋水泵共用一根进水母管,每个喷淋水泵进口设置蝶阀,出口设置止回阀和蝶阀、压力表,为了减震,水泵与管道采用波纹管连接,室内喷淋总管和室外部分总管的材料均采用不锈钢 304L,管内流速不大于 2.5m/s,法兰密封圈材质 PTFE,在喷淋水泵至冷却塔的出水管上设置排水支管和阀门。喷淋水管最低点设置排水阀以便将管道内的水排空,防止冬季停运且室外气温较低时喷淋水结冰。水泵的轴封采用优质机械密封,水泵采用防潮密闭型电机。两台喷淋水泵组成一个泵组,组装在一个整体减震基座上,以节约空间,便于布置。

(四)地下喷淋循环水池

为了保证冷却塔喷淋水的稳定性和可靠性,室外设置地下水池,水池中设置冗余配置的液位传感器,便于控制。

（五）排污系统

在喷淋泵坑中设置集水坑，用以收集系统中的各种故障漏水。集水坑中设置高低液位开关用以监测坑中液位，当液位值达到高值时，坑中配置的潜水泵启动，将坑中的水抽出排放。到达低液位时潜水泵自动停止，两台水泵递次交替运行。潜水泵也可以手动启动。每台排污泵出口设置止回阀。

三、阀外风冷系统

目前，在运的黑河、陕北、穆家、高岭、锡盟、伊敏、阜康、灵州、建昌、昌吉、天山、柴达木、祁连站阀外风冷系统均为广州高澜提供的设备。本章以祁连换流站为例进行介绍，阀外风冷系统流程图如图 3-1-3 所示。

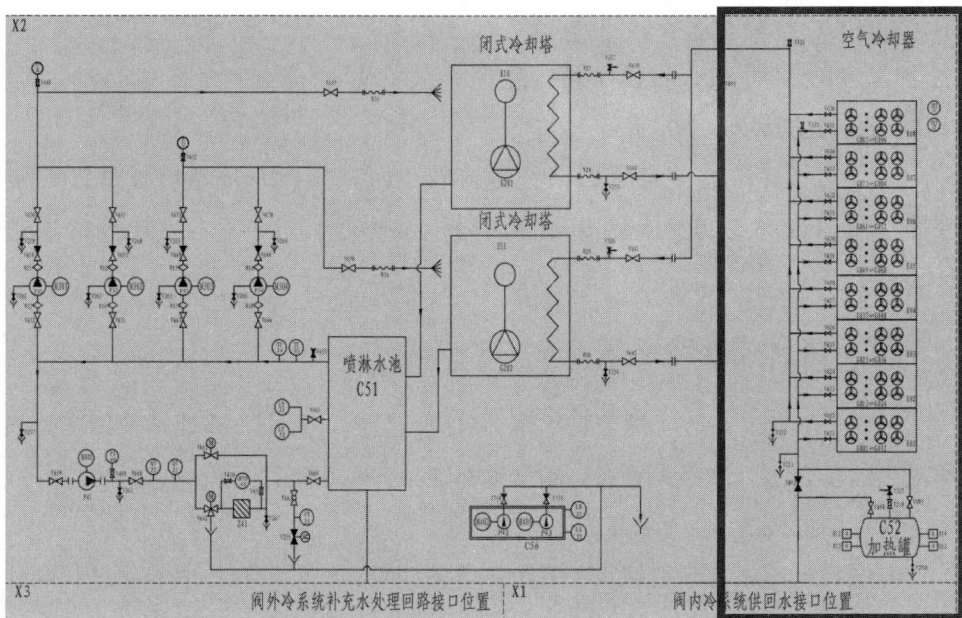

图 3-1-3　阀外风冷系统流程图

阀外风冷系统主要由三大部分组成：空冷器、风机和电加热器。各个部分由以下主要元器件组成。

（一）空冷器

空气冷却器设置进水和出水联箱，且每套换热管束的进出水口处设置调节阀和闸阀。管束与联箱间用不锈钢软管进行软连接。除部分密封材料外，联箱及阀门所有与冷却水接触的材料为不锈钢，工作压力与换热管束相同。所有与介质接触的密封材料未使用含石棉、石墨、铜等影响水质的材质。空气冷却器换热管束设置有一定的坡度，冬季设备不运行时，可将管束内的水顺利放空。管道最高处应设置有性能可靠的自动排气阀。

（二）风机

风机所配电机采用知名品牌，防护等级不小于 IP55；电机绝缘等级为 F 级，加注耐低温油脂，以保证冬天长时间停转后启动畅顺；每台风机单独配置一台电机，故障风机检修时，其余风机可正常运行。空冷器风机能耗低，噪音小，风扇的扇叶与马达外转子为一体式，出厂前做好预平衡，风机采用低转速、小功率、高性能电机，将噪声减到最小。

（三）电加热器

为了防止环境温度较低、系统负荷较小时，阀内水冷温度过低，在空冷器总出口处的不锈钢罐体内设置 3 台电加热器，用于对内水冷冷却液进行加热。

四、复合式外冷系统

目前，陕北、高岭、锡盟、阜康、灵州、昌吉、天山、祁连站采用广州高澜提供的复合式外冷系统设备。本章以祁连换流站为例进行介绍，复合式外冷系统流程图如图 3-1-4 所示。

考虑到换流站实际地域、水源和环境条件限制，可将阀外水冷系统和阀外风冷系统整合设计成复合式外冷系统。复合式外冷系统由一套阀外水冷系统和一套阀外风冷系统组成。正常情况下，阀外风冷系统长期运行；夏季高温大负荷期间，阀外水冷系统根据运行工况需要启用。主要设备详见阀外水冷系统和阀外风冷系统设备介绍。

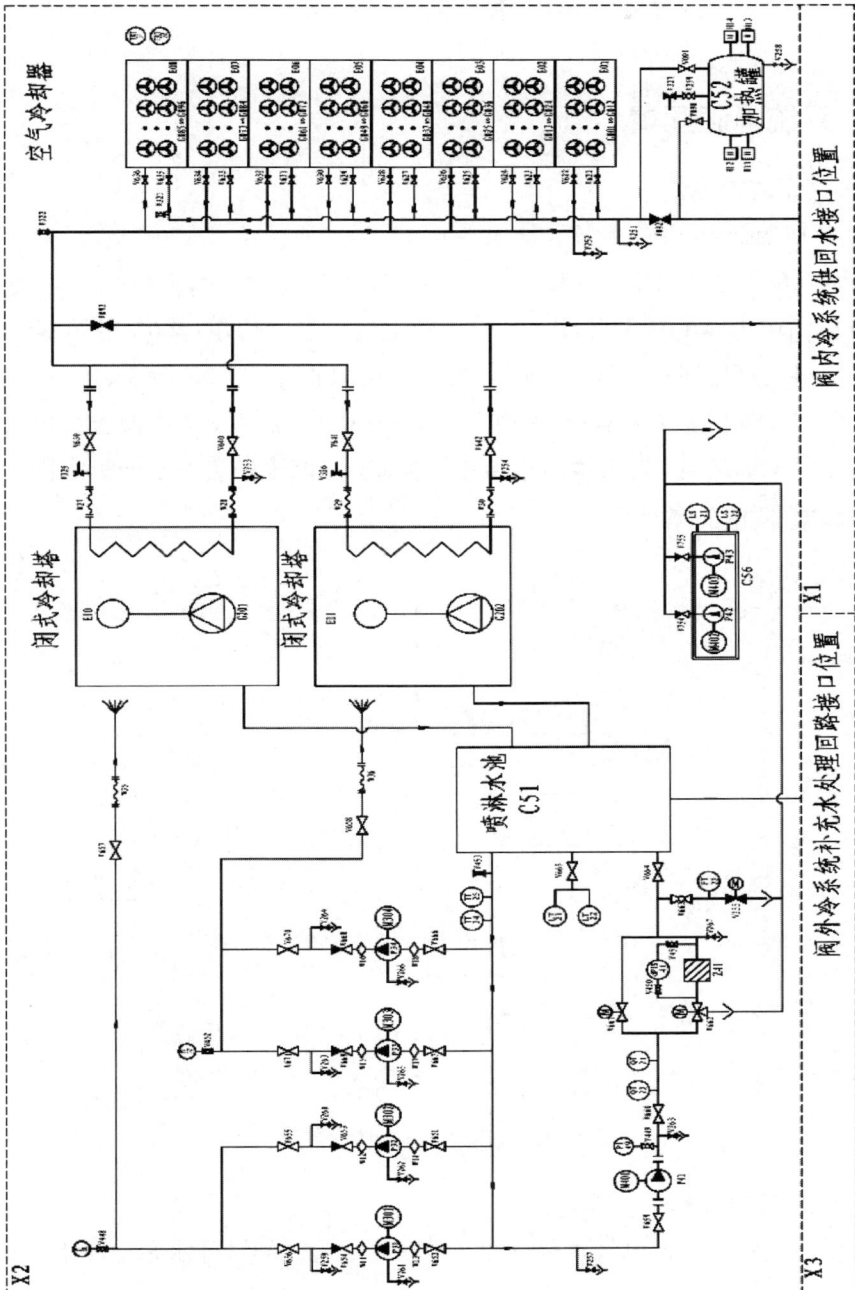

图 3-1-4　复合式外冷系统流程图

第三节 系统控制及保护

一、系统电源配置

(一)交流动力电源

1. 主循环泵电源

阀冷却系统由 1 号交流电源、2 号交流电源两路 400V 电源供电。1 号交流电源引自站用电 400V Ⅰ 母线，2 号交流电源引自站用电 400V Ⅱ 母线。400V Ⅰ 母线和 Ⅱ 母线分别引自站用电 10kV Ⅰ 母和 Ⅱ 母。

1 号交流电源直接接入 AP1 柜内 1 号主循环泵，2 号交流电源直接接入 AP2 柜内 2 号主循环泵，两台主泵电源相互独立，一路电源丢失不会影响换流阀的冷却。如图 3-1-5 所示。

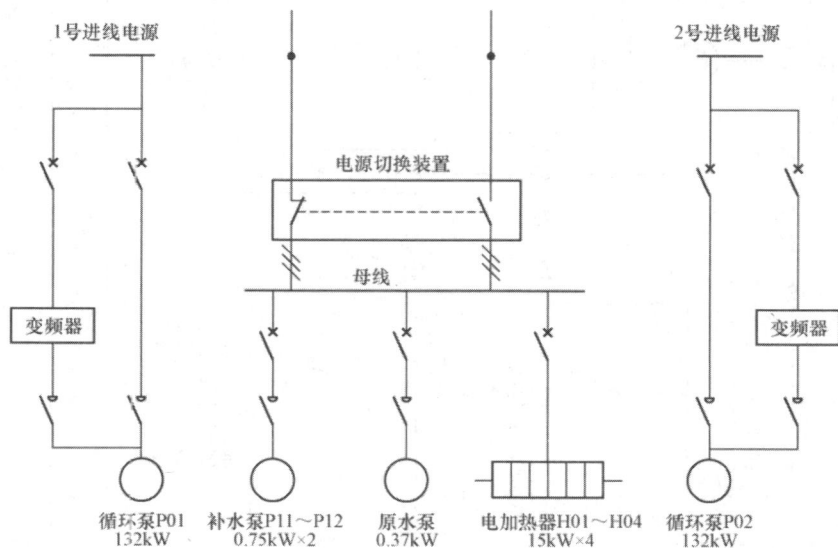

图 3-1-5 主循环泵及 OTM 动力电源简图

2. 电源自动切换装置 OTM

除主循环泵外，其他电气负荷电源（电动阀、电磁阀、补水泵、原水泵、加热器等）通过电源自动切换装置 OTM 接入，OTM 安装在内水冷 AP3 动力

166

柜内，电源分别来自两段 400V 母线（Ⅰ母线和Ⅱ母线）。400V Ⅰ母线和Ⅱ母线分别接入 10kV Ⅰ母和Ⅱ母。如图 3-1-2 所示。

（二）直流电源

110V 直流电源两路即 A1、A2 号直流电源接入水冷 A 控制系统，110V 直流电源两路即 B1、B2 号直流电源接入水冷 B 控制系统。在一路电源发生故障或断开时，故障或断开电源的控制系统停止工作，由另一个控制系统执行工作。阀冷控制保护系统直流电源为 24V，配置情况如图 3-1-6 所示。

现场的电源模块对进线电源状况进行实时监控，掉电故障、电源故障和当前工作电源回路等状态信息都实时上传。

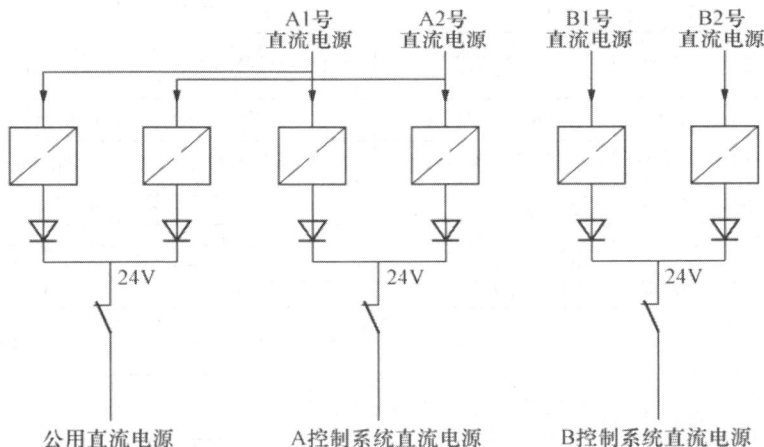

图 3-1-6　直流电源配置简图

二、阀冷却系统控制及保护

（一）阀冷却系统仪表配置

阀冷却系统仪表分为 3 类：现场指示、开关量信号、4～20mA 线性信号。通过 PLC 连接和反馈，实现监视、控制、报警及保护功能。

PLC 接收并直接处理现场开关量信号。

PLC 接收现场变送器 4～20mA 信号并显示其参数在线值。如 PLC 接收到现场变送器的超量程读数，将发出相应变送器故障的报警信号。

阀冷却系统监视装置配置情况见表 3-1-2。

表 3-1-2 阀冷却系统监视装置配置情况

序号	表计编号	表计名称	功能描述	备注
1	FIT01、FIT02	冷却水流量变送器	监控进阀流量	冗余配置，4～20mA
2	FIS11	去离子水流量计	监控去离子回路流量	开关量输出
3	LT11、LT12	高位水箱液位变送器	监控高位水箱液位，检漏	冗余配置，4～20mA
4	LT21、LT22	喷淋水池液位变送器	监控水池液位	4～20mA
5	LS3	高位水箱液位开关	监控高位水箱低液位	开关量输出
6	LS1	原水罐液位开关	监控原水罐低液位补水	开关量输出
7	LS2	原水罐液位开关	监控原水罐高液位停泵	开关量输出
8	LS21	集水坑高液位开关	监控集水坑液位	开关量输出
9	LS22	集水坑低液位开关	监控集水坑液位	开关量输出
10	PT01、PT02	主循环泵出水压力变送器	监控主循环泵出口压力	冗余配置，4～20mA
11	PT03、PT04	进阀压力变送器	监控系统压力	冗余配置，4～20mA
12	PT05、PT06	回水压力变送器	监控主循环泵进口压力	冗余配置，4～20mA
13	QIT01、QIT02	冷却水电导率变送器	监控系统冷却介质水质	冗余配置，4～20mA
14	QIT11	去离子水电导率变送器	监控水处理水质	4～20mA
15	QT21、QT22	喷淋水电导率变送器	监控喷淋水电导率	4～20mA
16	QT23	软化水出水电导率变送器	监控软化出水电导率	4～20mA
17	TT01、TT02、TT03	冷却水进阀温度变送器	监控系统冷却水进阀温度	冗余配置，4～20mA
18	TT04、TT05	冷却水出阀温度变送器	监控系统冷却水出阀温度	冗余配置，4～20mA
19	TRT01	阀厅温湿度变送器	监控阀厅室内温度	4～20mA
20	TT06	1号主循环泵电机温度变送器	监控电机内部温度	4～20mA
21	TT07	2号主循环泵电机温度变送器	监控电机内部温度	4～20mA
22	TT21	冷却塔进水温度变送器	监控冷却塔进水温度	4～20mA
23	TT22	冷却塔出水温度变送器	监控冷却塔出水温度	4～20mA
24	TT23	喷淋水池温度变送器	监控喷淋水池水温	4～20mA
25	TT24	喷淋水出水温度变送器	监控喷淋水出水温度	4～20mA
26	TT25	室外温度变送器	监控室外环境温度	4～20mA
27	dPI01	主过滤器压差表	现场指示	0～0.06MPa
28	DPS21	自循环过滤器压差开关	监控自循环过滤器压差	开关量输出

续表

序号	表计编号	表计名称	功能描述	备注
29	DPS22	预处理过滤器压差开关	监控预处理过滤器压差	开关量输出
30	PI01	1 号主循环泵出水压力表	现场指示	
31	PI02	2 号主循环泵出水压力表	现场指示	
32	PI15、PI16	补水过滤器压力表	现场指示	
33	PI14	补水系统压力表	现场指示	
34	PI12、PI13	精密过滤器进水压力表	现场指示	
35	OIT01	溶解氧测量仪	监测冷却水溶解氧	0.001～20mg/L

（二）阀冷却控制系统

　　阀冷却控制保护系统采用冗余控制器（PLC），负责阀冷却系统的监控与保护，将阀冷却系统的工作状况上传给直流控制与保护系统以及阀冷却系统的远程控制。

　　PLC 是阀冷却系统控制与保护的核心元件，选用西门子 S7－400H 系列 PLC，如图 3－1－7 所示。

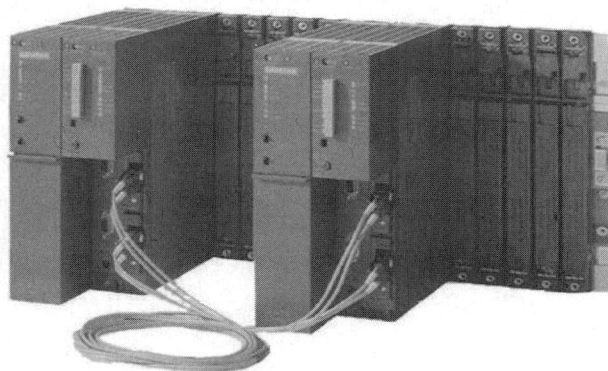

图 3－1－7　S7－400H 系列 PLC 外形图

　　CPU 采用 S7－400H 系列 CPU，CPU 及 I/O 模块均冗余配置。两个 CPU 配置同步模板通过光缆连接，实现 CPU 的硬件冗余。S7－400H 采用热备用模式的主动冗余原理，发生故障时，无扰动地自动切换。无故障时两个子单元都处于运行状态，如果发生故障，正常工作的子单元能独立完成整个过程的控制。冗余系统的基本结构如图 3－1－8 所示。

冗余系统由 A 和 B 两套 PLC 控制系统组成。正常情况下，A 系统为主，B 系统为备用，当主系统 A 中的任何一个组件出错，控制任务会自动切换到备用系统 B 当中执行。这时，B 系统为主，A 系统为备用，这种切换过程是包括电源、CPU、通信电缆、IM153-2 接口模块和 I/O 模块的整体切换。

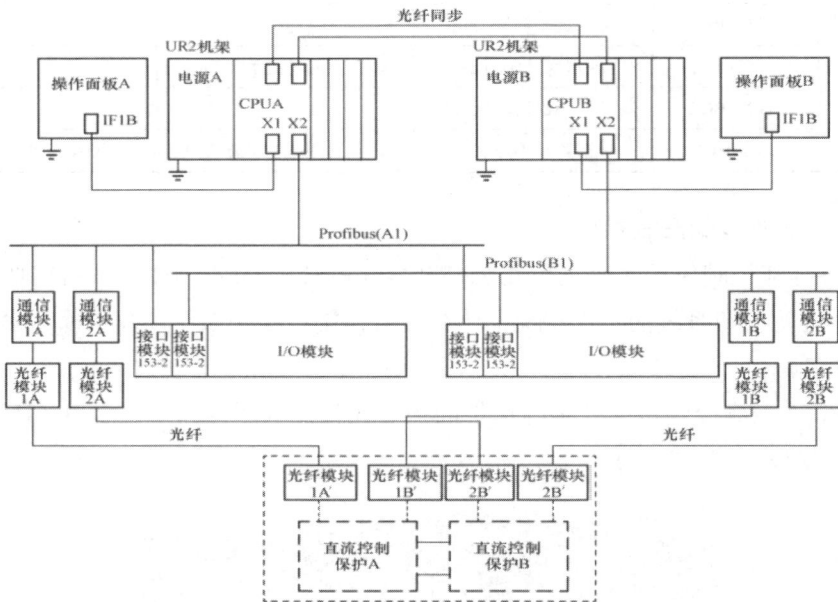

图 3-1-8　冗余系统的基本结构

阀冷却系统主设备控制功能描述如下。

1. 主循环泵控制

（1）主循环泵采用一用一备的配置方式，互为备用，正常工作时，其流量是恒定不变的。

（2）通常情况下，即使阀体退出运行，主循环泵也不切除，阀冷却系统保持运行，除非产生泄漏或膨胀罐液位超低等请求停水冷报警。

（3）当系统检测到循环冷却水流量低发出报警信号，冷却水流量超低并有进阀压力低或进阀压力高时发出跳闸保护信号。

（4）当系统检测到循环冷却水主循环泵出水压力低发出报警信号且存在进阀压力低信号时，并切换至备用泵运行。

（5）当系统检测到工作泵过载时，切换至备用泵运行。

（6）当系统检测到工作泵过热时，切换至备用泵运行。

（7）当系统检测到动力电源故障时，切换至备用泵运行。

（8）主循环泵切换后，仍然有压力低、主循环泵过热报警，不再切换。

（9）工作泵连续运行168h，自动切换至备用泵运行。

（10）自动操作模式下，可通过 OP 面板按键手动切换工作泵与备用泵。

主循环泵控制保护流程如下：

1）主循环泵自动切换流程。以 P01 主循环泵为例，当其运行满 168h 后，切换备用泵软启启动，5s 后切换至工频连续运行，P02 主循环泵则停止运行，如图 3-1-9 所示。

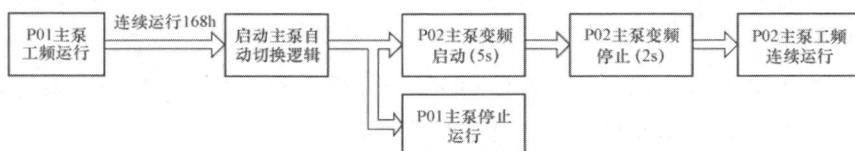

图 3-1-9　主循环泵自动切换流程

2）主循环泵故障切换流程。以 P01 主循环泵为例，在其工频运行时，当阀冷却系统出现以下故障时，系统均自动切换到备用泵 P02 工频运行。故障情况包括当前运行主循环泵电机过热，当前泵交流电源故障、主循环泵出水压力低且进阀压力低报警，如图 3-1-10 所示。

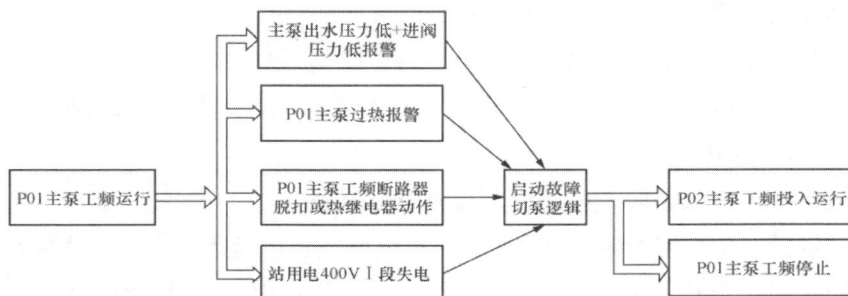

图 3-1-10　主循环泵故障切换流程

3）主循环泵切换不成功回切流程。以 P01 主循环泵为例，当连续工频运行 168h 后需要自动切换至备用泵运行,当控制系统切换至备用泵运行失败时,控制系统检测出"主循环泵出水压力低",报警后回切到原运行主循环泵工频运行。主循环泵切换不成功回切流程如图 3-1-11 所示。

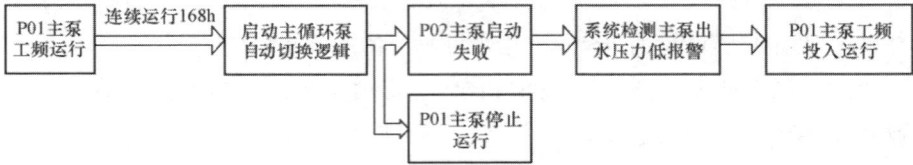

图 3-1-11 主循环泵切换不成功回切流程

2. 补水泵和原水泵控制

(1)补水泵采用一用一备的配置方式,互为备用。工作泵故障时自动切换至备用泵运行。

(2)手动补水方式:可以通过 OP 操作面板手动补水,两台补水泵可同时启动,补水泵到达停补水泵液位时强制停止。

(3)自动补水方式:阀冷却系统自动运行中补水泵能根据膨胀罐液位自动补水。膨胀罐液位低于设定值时补水泵启动自动补水,到膨胀罐液位到达停泵液位时停止。补水泵运行方式为间断式补水。

(4)当系统检测到膨胀罐液位下降至低报警液位时,发出液位低报警信号。膨胀罐液位继续下降至超低报警液位时,发出跳闸信号。

(5)无论是手动补水还是自动补水,原水罐液位低报警时均强制停补水泵,防止将大量空气吸入阀冷却系统。

(6)补水泵或原水泵启动时,原水罐电磁阀开启。

(7)原水泵只有手动启动功能,任何液位均可以启动,高液位停。

3. 温度控制

温度控制按低温段、中温段、高温段分段控制。

低温段:冬天室外环境温度较低,换流阀低负荷运行,冷却水进阀温度处于低温段时,电动三通阀全关(保留设定的最小关限位),切除阀外冷设备回路,使系统散热量最小。如此时冷却水进阀温度继续下降,下降至设定值时,启动电加热器,防止冷却水进阀温度过低导致沿程管路及换流阀损伤;或在冷却水进阀温度下降至接近露点时,启动电加热器,防止换流阀散热器或管路表面结露影响绝缘。

中温段：冷却水进阀温度处于中温段时，通过开/关电动三通阀改变冷却介质流经阀外冷设备流量，从而改变系统散热量，最终使冷却水进阀温度稳定在电动三通阀工作温度范围内。

高温段：夏天室外环境温度较高，换流阀满负荷运行，冷却水进阀温度处于高温段时，电动三通阀全开，冷却介质全部流经室外冷却回路。

（1）电动三通阀控制。

1）冷却水进阀温度高于28℃时，电动三通阀全开状态，保证全部冷却水通过室外冷却系统。

2）冷却水进阀温度在23～28℃时，电动三通阀的阀门开度由PLC控制，通过控制电动三通阀的阀门开度大小来调节室外回路和室内旁路的流量比例，使冷却水进阀温度保持在23～28℃。

3）冷却水进阀温度低于23℃时，电动三通阀处于关闭状态（保留设定的最小关限位），保证绝大部分冷却水流量通过室内旁路。

4）电动三通阀的开启及关闭说明，电动三通阀的开闭是通过电动阀的设定温度工作范围来控制，其开关方式是脉冲式。

5）电动三通阀故障发出报警信号。

（2）电加热器控制。

1）当冬天室外环境温度极低而换流阀又处于低负荷运行时，电加热器（H01/H02）将启动以避免冷却水进阀温度过低。

2）冷却水进阀温度不大于21℃时，电加热器H03和H04启动；冷却水进阀温度不小于23℃时，电加热器H03和H04停止。

3）冷却水进阀温度不大于20℃时，电加热器H01和H02启动；冷却水进阀温度不小于22℃时，电加热器H01和H02停止。

4）冷却水进阀温度接近阀厅露点时，4台电加热器强制启动，高于露点温度4℃时，4台电加热器停止。如果冷却水进阀温度高，4台电加热器强制停止，防止超温，此逻辑优先。

5）电加热器的启动与主循环泵运行及冷却水流量超低互锁，主循环泵停运或冷却水流量超低时，电加热器禁止运行。

6）电加热器故障发出报警信号。

7）电加热失败发出"电加热失败"报警信息。

4. 电动蝶阀 V006/V007 控制

（1）阀冷却系统处于手动/自动模式下均可在 OP 操作面板上可以手动"开"和"关"电动蝶阀。

（2）两个电动蝶阀开/关切换时，其中任意一个电动蝶阀处于开状态，另外一个处于关状态。

（3）阀冷却系统处于自动运行状态时，如果全开的电动蝶阀回路对应的电动三通阀故障，则处于热备用的电动三通阀所对应的电动蝶阀自动开启，已故障的电动三通阀所对应的电动蝶阀自动关闭。

（4）电动蝶阀故障时，在 OP 操作面板上可以手动对故障进行复位。

（5）阀冷却系统处于停止位：电动蝶阀不接受任何指令。

注：V006 电动蝶阀与 V007 电动蝶阀保证有任意一个在全开，另一个才允许关闭。

5. 补气电磁阀逻辑

（1）阀冷却系统处于手动模式：在 OP 操作面板上可以手动开/关任一电磁阀。

（2）阀冷却系统处于自动模式：阀冷却系统运行或停运，补气电磁阀根据膨胀罐压力设定补气值，自动开/关。

（3）阀冷却系统处于停止模式：电磁阀不接受任何指令，保持关闭状态。

（4）如果一个电磁阀报故障，则自动切换到另一电磁阀运行。

（5）电磁阀自动切换的条件是：补气电磁阀连续动作 25min 后膨胀罐压力仍未到达停止补气压力值。

6. 排气电磁阀逻辑

（1）阀冷却系统处于手动模式：在 OP 操作面板上可以手动开/关排气电磁阀。

（2）阀冷却系统处于自动模式：阀冷却系统运行或停运，排气电磁阀根据膨胀罐压力设定排气值，自动开/关，不接受手动操作。

（3）阀冷却系统处于停止模式：排气电磁阀不接受任何指令，保持关闭状态。

7. 补水电动阀逻辑

（1）自动补水方式。阀冷却系统手动或自动运行中，补水泵能根据膨胀罐液位自动补水。膨胀罐液位低于设定值时，补水泵启动自动补水，同时补水电动阀自动打开，直到开限位；当膨胀罐液位到达停泵液位时，补水泵停运，同时补水电动阀自动关闭，直到关限位。

（2）手动补水方式。可通过 OP 面板上的按键手动启动补水电动阀至开限位；可通过 OP 面板上的按键手动停止补水电动阀至关限位。

8. 仪表故障

（1）PLC 接收各在线变送器信号并显示其在线值。

（2）对于流量、温度、压力、电导率变送器冗余，PLC 判断两路输入并选择不利值上传，某仪表显示值超过限值报警时，优先选择该显示值上传并显示。

（3）PLC 接收处理温度变送器信号并根据设定的温度上下限，输出低温预警、高温预警和超高温跳闸信号。

（4）PLC 接收并处理有关其他变送器信号，并根据设定限值输出预警及跳闸信号。

9. 电源逻辑

（1）阀冷却系统检测到工作动力电源故障（包括掉电、缺相、相间不平衡），立即切换至备用电源，其切换过程不能导致系统压力、流量报警。

（2）任一路直流电源掉电，系统控制回路供电无扰动。

（3）直流控制电源全部掉电时，发出阀冷却控制系统故障（停运直流系统）信号。

10. PLC 站逻辑

（1）双 PLC 站同时采样，同时工作。

（2）如果工作中的 PLC 站发生故障，则切换至另一站。

（3）双 PLC 站均故障时，发出阀冷却控制系统故障（请求停运直流系统）信号。

11. 密码逻辑

（1）进入参数设定页面需要密码。

（2）"预警屏蔽"及"预警屏蔽解除"按键均设密码，防止误操作。

（3）"泄漏屏蔽"及"泄漏屏蔽解除"按键均设密码，防止误操作。

12. 开机通行控制

本功能目的为：只有确认阀冷却系统运行稳定，完全准备就绪后，换流阀才允许投入运行。

上位机远程启动阀冷却系统后，PLC自动检测电源、设备、变送器运行状态及系统参数，若没有任何报警信号，延时8s后，向上位机发出"阀冷却系统准备就绪"通行信号指令，如无此信号，换流阀无法投入。

注：阀冷却系统就地启动运行，无法发出通行指令。

13. **请求停水冷逻辑**

阀冷却系统存在以下8条故障之一时，向上位机发送请求停水冷信号，若此时换流阀已退出运行，无须水冷继续运行，则上位机应向阀冷却系统发停止运行信号，使阀冷却系统退出运行。

（1）冷却水流量低+进阀压力超低。

（2）冷却水流量变送器均故障+进阀压力低。

（3）冷却水流量超低+进阀压力低。

（4）冷却水流量超低+进阀压力高。

（5）冷却水流量变送器均故障+进阀压力高。

（6）膨胀罐液位超低。

（7）进阀压力变送器均故障+冷却水流量低。

（8）阀冷系统泄漏。

14. **泄漏及渗漏逻辑**

（1）阀冷却系统泄漏时发出跳闸信号。阀冷却系统对膨胀罐液位连续监测，每个扫描周期都对当前值进行计算和判断，采样与计算周期为2s，液位比较周期为10s，比较周期内泄漏量为6mm，延时30s后泄漏保护动作（LT1、LT2与LT3同时产生以上液位下降情况时才有效）。OP面板显示阀冷却系统泄漏报警信息并上传。

（2）阀冷却系统渗漏时发出预警。扫描周期为180min，在扫描周期之间液位下降超过10mm，连续产生8次，OP面板显示阀冷却系统渗漏报警信息并上传。任意一次采样值间下降量小于设定值，则将累计次数清零、报警复位，重新开始计数。

（3）补水泵在1440min内，连续补水2次（由启动液位补到停止液位），发出渗漏报警。

（4）泄漏报警排除温度变化导致液位变化的影响，以及换流阀投运/退出运行、外冷风机初运行、主循环泵切换和电动三通阀工作的影响，出现上述动作时对泄漏报警进行相应的屏蔽。

15. 报警屏蔽功能

（1）阀冷却系统存在非关键的预警报警时，为保证能使换流阀紧急投运，OP 操作面板上设置"预警屏蔽"和"预警屏蔽解除"按键。按下"预警屏蔽"按键可将上传预警硬接点信号屏蔽，强制发出"阀冷却系统准备就绪"硬接点信号，以便换流阀紧急投运，但此按键不屏蔽 OP 报警报文及总线上传报警报文，方便运行值守人员查看处理。按下"预警屏蔽解除"按键可解除预警屏蔽功能。

（2）水泵等在线检修后，为防止系统因水量减少产生的泄漏跳闸，在 OP 操作面板上设置"泄漏屏蔽"和"泄漏屏蔽解除"按键。按下"泄漏屏蔽"按键可切除泄漏报警，暂时使泄漏报警功能失效；按下"泄漏屏蔽解除"按键恢复泄漏报警同时将泄漏采样累计时间、计数清零，重新开始采样及计数。"泄漏屏蔽解除"按键亦具有渗漏报警复位功能。

（三）阀冷却系统保护配置

阀冷却系统的保护主要由温度保护、流量保护、压力保护、泄漏保护和水位保护组成，确保阀冷却循环水系统在正常的温度、流量、压力下运行，防止换流器过热损坏。

阀冷却系统保护通过两套西门子 S7-400H 系列 PLC 装置实现，PLC 安装在阀冷却设备间的 AP5（VCCP1）、AP6（VCCP2）盘柜内，冗余配置，互为备用。阀冷却保护动作时，系统基于故障的严重程度，产生报警或跳闸信号。

阀冷却系统保护配置见表 3-1-3。

表 3-1-3　　　　　　　　　　阀冷却系统保护配置

序号	定值名称	整定值	动作后果
1	进阀温度报警限值	超高值，当温度≥45℃，延时 3s	报警/跳闸
		高值，当温度≥42℃，延时 3s	报警
		低值，当温度≤15℃，延时 3s	报警
		超低值，当温度≤10℃，延时 3s	报警

序号	定值名称	整定值	动作后果
2	出阀温度报警限值	高值，当温度≥60℃，延时 3s	报警
3	冷却水电导率报警限值	高值，当电导率≥0.5μS/cm，延时 6s	报警
		超高值，当电导率≥1.0μS/cm，延时 6s	报警
4	去离子水电导率报警限值	高值，当电导率≥0.2μS/cm，延时 6s	报警
5	冷却水电导率不符合换流阀投运限值	高值，当电导率≥0.2μS/cm，延时 6s	报警
6	主循环泵出水压力报警限值	高值，当压力≥1MPa，延时 3s	报警
		低值，当压力≤0.6MPa，延时 3s	
7	进阀压力报警限值	超高值，当压力≥0.7MPa，延时 3s	报警
		高值，当压力≥0.65MPa，延时 3s	
		低值，当压力≤0.4MPa，延时 3s	
		超低值，当压力≤0.35MPa，延时 10s	
8	回水玉力报警限值	低值，当压力≤0.22MPa，延时 3s	报警
		超低值，当压力≤0.2MPa，延时 10s	
9	膨胀罐液位报警限值	高值，当液位≥1600mm，延时 5s	报警
		低值，当液位≤300mm，延时 5s	
		超低值，当液位≤100mm，延时 10s	
10	膨胀罐压力报警限值	超高值，当压力≥0.4MPa，延时 3s	报警
		高值，当压力≥0.36MPa，延时 3s	
		低值，当压力≤0.25MPa，延时 3s	
		超低值，当压力≤0.22MPa，延时 3s	
11	阀厅温度报警限值	高值，当温度≥60℃，延时 3s	报警
12	阀厅湿度报警限值	高值，当湿度≥75%，延时 3s	报警
13	冷却水流量报警限值	低值，当流量≤6480L/min，延时 10s	报警
		超低值，当流量≤6184L/min，延时 15s	
14	气路电磁阀工作压力设定	开启定值：0.28MPa	—
		关闭定值：0.3MPa	
15	排气电磁阀工作压力设定	开启定值：0.34MPa	—
		关闭定值：0.32MPa	

续表

序号	定值名称	整定值	动作后果
16	电动三通阀工作温度设定	开启定值：28℃	—
		关闭定值：23℃	
17	H01、H02 电加热器工作温度	开启定值：20℃	—
		关闭定值：22℃	
18	H03、H04 电加热器工作温度	开启定值：21℃	—
		关闭定值：23℃	
19	补水泵启停液位	开启定值：600mm	—
		关闭定值：1000mm	
20	低速运行模式主循环泵出水压力报警限值	低值，当压力≤0.3MPa，延时 3s	报警
21	去离子水流量报警（额定值，200L/min）	低值，当流量≤83.3L/min	报警
22	1、2 号氮气瓶压力低限值	当压力≤1.5MPa	报警
23	冷却水流量低＋进阀压力超低	当进阀压力≤0.47MPa，延时 3s；冷却水流量≤85.75L/S，延时 15s	跳闸
24	控制系统均故障	/	跳闸
25	冷却水流量超低＋进阀压力高	当流量≤83.67L/S，延时 15s；当进阀压力≥0.66MPa，延时 3s	跳闸
26	冷却水流量超低＋进阀压力低	当流量≤83.67L/S，延时 15s；当进阀压力≤0.51MPa，延时 3s	跳闸
27	冷却水流量低＋进阀压力超低	冷却水流量≤85.75L/S，延时 10s；进阀压力≤0.47MPa，延时 10s	跳闸
28	膨胀罐液位超低	当液位≤5%，延时 10s（三取二逻辑实现）	跳闸
29	进阀温度超高	超高值，当温度≥51℃，延时 3s（三取二逻辑实现）	跳闸
30	泄漏动作	液位采样周期 2s，液位比较周期 10s，比较周期内泄漏量 6mm，30s 内泄漏值均超过保护定值	跳闸

保护动作逻辑如图 3-1-12 所示。

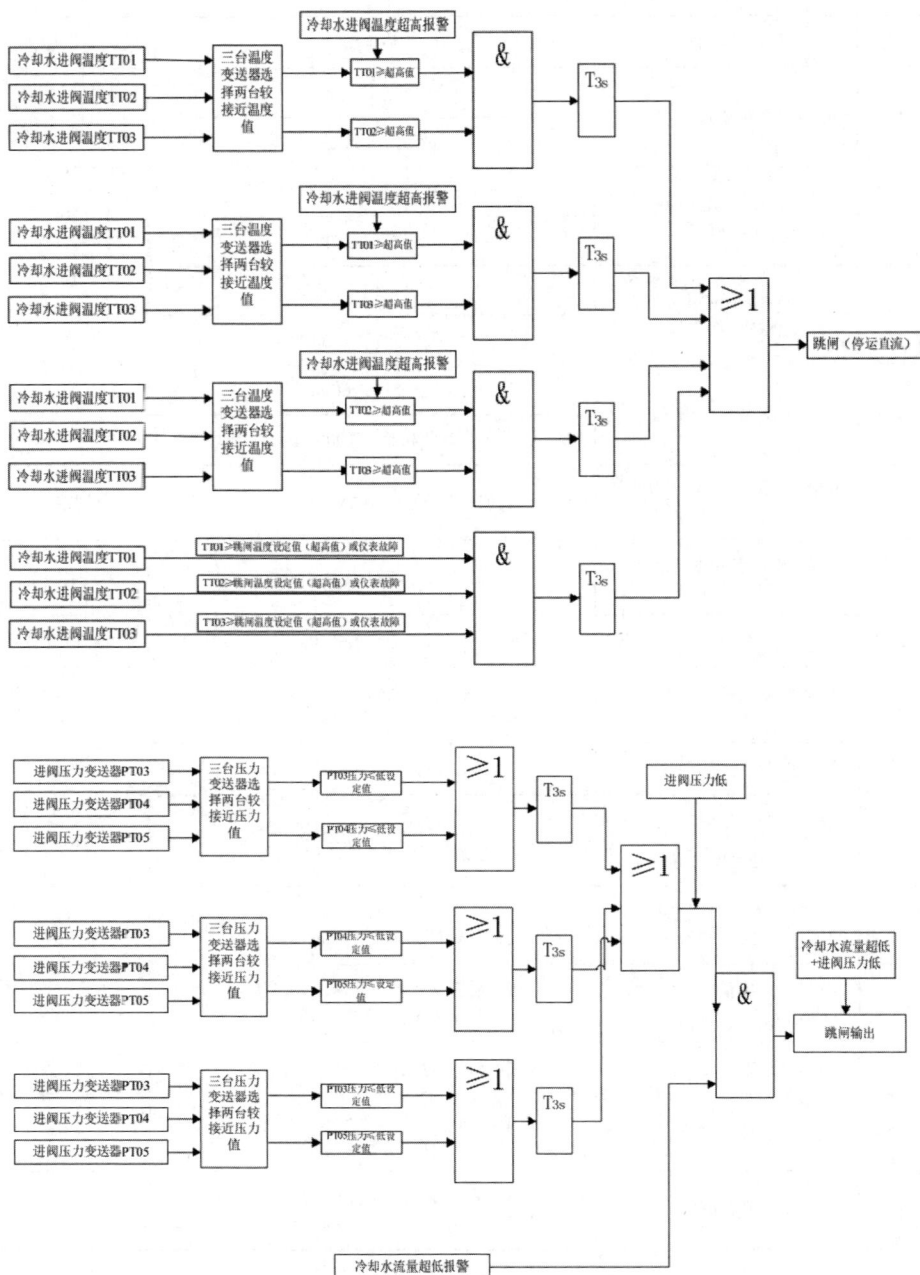

(a) 阀冷却保护跳闸逻辑图（一）

图 3-1-12 阀冷却保护跳闸逻辑图（一）

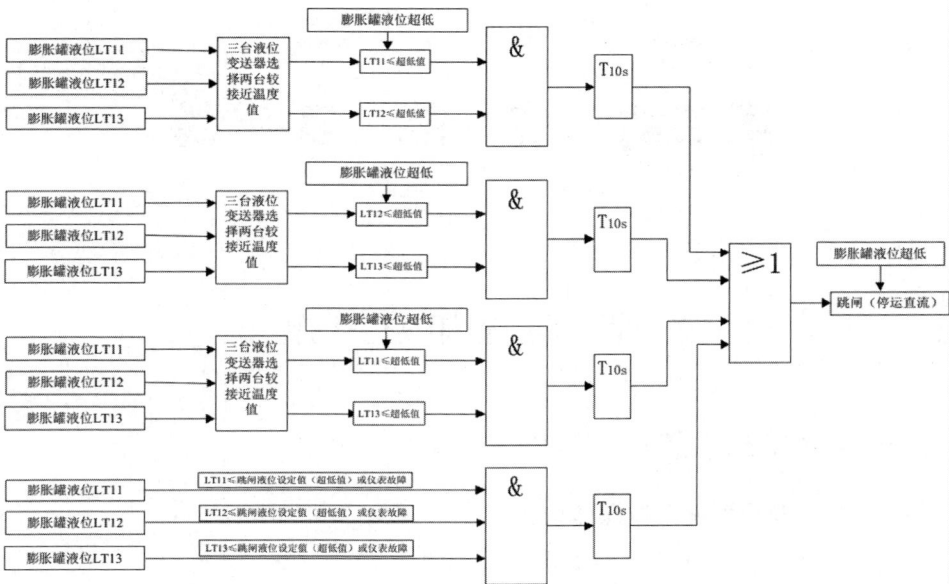

（b）阀冷却保护跳闸逻辑图（二）

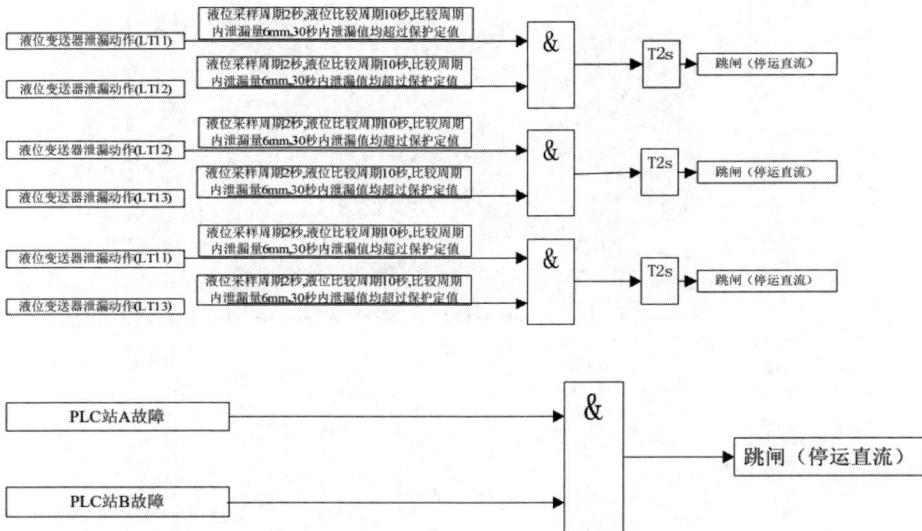

（c）阀冷却保护跳闸逻辑图（三）

图 3-1-12 阀冷却保护跳闸逻辑图（二）

第二章 技 能 实 践

第一节 阀 冷 却 系 统 操 作

一、阀冷却系统常规操作

（一）阀冷却系统设备操作说明

阀冷却系统 OP 操作面板如图 3-2-1 所示。

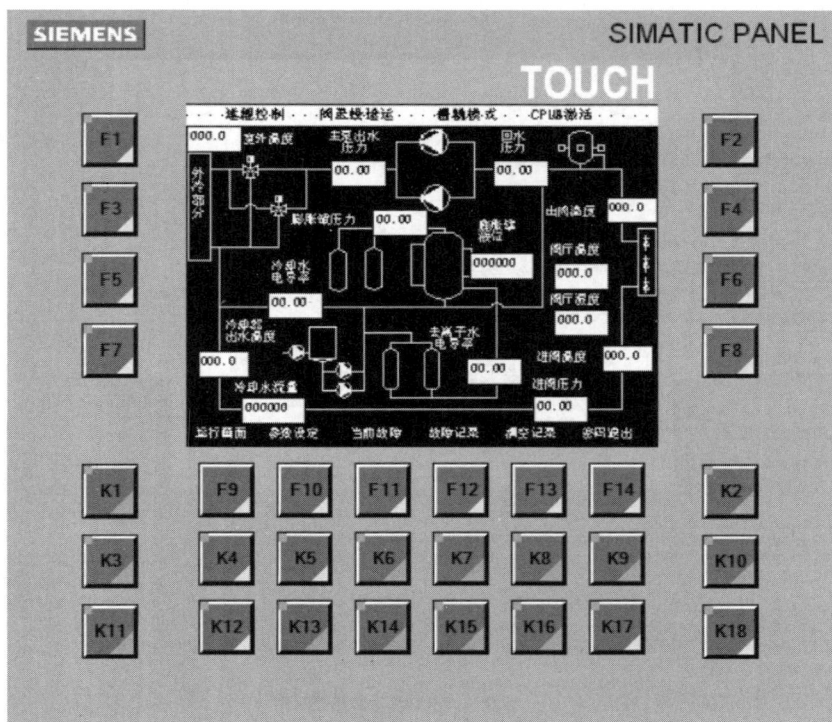

图 3-2-1 阀冷却系统 OP 操作面板

OP 操作面板各按键功能如表 3-2-1 所示。

OP 操作面板各按键说明。

OP 操作面板按键的功能是基于运行画面进行相应的操作，如操作人员需对阀冷却系统进行相关操作时应先从运行画面上进行。

表 3-2-1　　　　　　　　　　OP 操作面板按键功能

按键	功能	按键	功能	按键	功能
F1	帮助	F12	故障记录	K9	主泵手动切换
F2	V136 补水电动阀手动开	F13	清空记录	K10	确认故障画面
F3	电动蝶阀故障复位	F14	密码退出	K11	阀冷却系统停止
F4	V136 补水电动阀手动关	K1	自动模式选择	K12	低速模式启动
F5	选择 V006 电动蝶阀	K2	手动模式选择	K13	手动主泵运行画面
F6	时钟校对	K3	阀冷却系统启动	K14	P11 补水泵手动
F7	选择 V007 电动蝶阀	K4	泄漏屏蔽	K15	P12 补水泵手动
F8	设备状态	K5	泄漏屏蔽解除	K16	P21 原水泵手动
F9	运行画面	K6	预警屏蔽	K17	手动操作画面选择
F10	参数设定	K7	预警屏蔽解除	K18	确认报警信息
F11	当前故障	K8	主泵运行时间清零		

（1）F1 设置为帮助界面按键，当按下 F1 按键时可进入帮助界面，如图 3-2-2 所示。

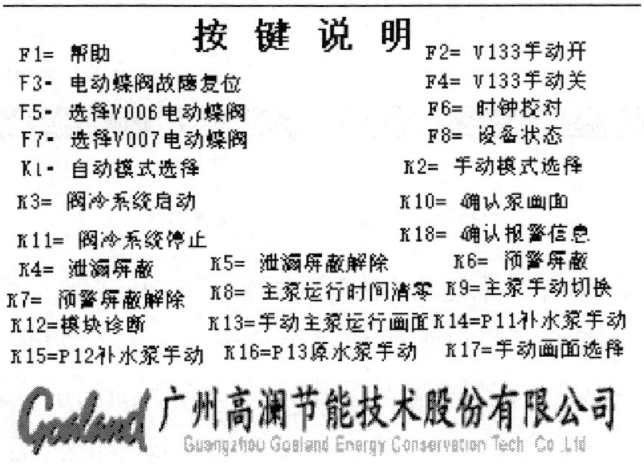

图 3-2-2　帮助界面

（2）F3 设置为电动蝶阀故障复位按键，当 V006 或 V007 电动蝶阀出现故障时，F3 指示灯开始闪烁，当故障的电动阀门检修完成后，可以通过 F3 按键复位故障。

（3）F5 设置为选择 V006 电动蝶阀打开按键，如当前 V007 处于打开状态，可通过 F5 按键选择 V006 电动蝶阀打开。

（4）F7 设置为选择 V007 电动蝶阀打开按键，如当前 V006 处于打开状态，可通过 F7 按键选择 V007 电动蝶阀打开。

（5）F2 设置为手动打开 V136 补水电动阀按键，阀冷却系统在手动、自动模式均可通过 F2 按键打开 V136 补水电动阀。

（6）F4 设置为手动关闭 V136 补水电动阀按键，阀冷系统在手动、自动模式均可通过 F4 按键关闭 V136 补水电动阀。

（7）F6 设置为时钟校对按键，可以通过 F6 按键进入时钟校对画面，对 CPU 运行时间手动校对。

（8）F8 设置为设备状态指示界面按键，如图 3-2-3 所示，可以通过按键 F8 进入设备状态指示界面。

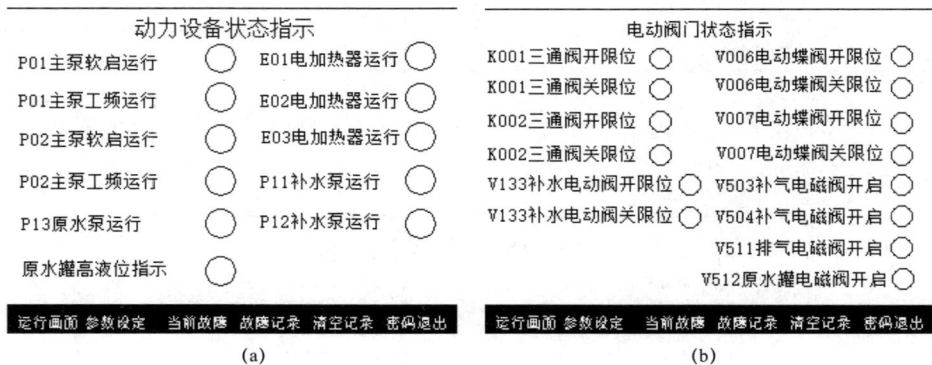

动力设备状态指示		电动阀门状态指示	
P01主泵软启运行 ○	E01电加热器运行 ○	K001三通阀开限位 ○	V006电动蝶阀开限位 ○
P01主泵工频运行 ○	E02电加热器运行 ○	K001三通阀关限位 ○	V006电动蝶阀关限位 ○
P02主泵软启运行 ○	E03电加热器运行 ○	K002三通阀开限位 ○	V007电动蝶阀开限位 ○
P02主泵工频运行 ○	P11补水泵运行 ○	K002三通阀关限位 ○	V007电动蝶阀关限位 ○
P13原水泵运行 ○	P12补水泵运行 ○	V133补水电动阀开限位 ○	V503补气电磁阀开启 ○
原水罐高液位指示 ○		V133补水电动阀关限位 ○	V504补气电磁阀开启 ○
			V511排气电磁阀开启 ○
			V512原水罐电磁阀开启 ○
运行画面 参数设定 当前故障 故障记录 清空记录 密码退出		运行画面 参数设定 当前故障 故障记录 清空记录 密码退出	
(a)		(b)	

图 3-2-3 设备状态指示

（9）F9 设置为运行画面选择按键，循环按下 F9 按键时可进入运行画面。运行画面内共有阀冷流程监视画面和冗余仪表显示画面两个画面：阀冷流程监视画面内显示在线变送器检测的有效值，运行主画面的在线值也上传至上位机；冗余仪表显示画面内显示冗余在线各仪表检测值包括 P01、P02 主循环泵运行时间，P01、P02 主循环泵电机温度等，如图 3-2-4、图 3-2-5 所示。

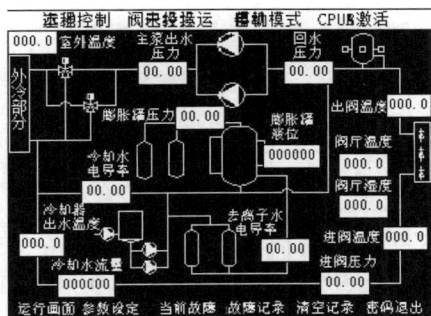

图 3-2-4　阀冷流程监视画面　　　　图 3-2-5　冗余仪表监视画面

（10）F10 设置为参数设定选择按键，通过按 F10 按键让 3 个画面循环显示，进入参数设定画面，如图 3-2-6 所示，该画面有密码保护功能。

注：阀冷却系统保护参数经正确设定后，未经许可不应随意更改。

图 3-2-4 阀冷流程监视画面

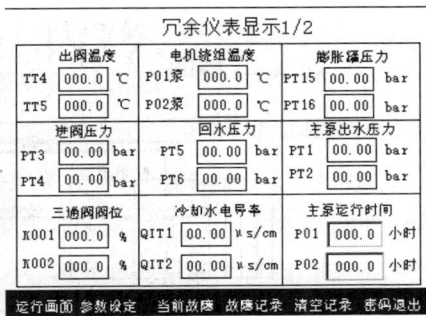

遥控控制　阀串投接运　解锁模式　CPU激活

室外温度 000.0　主泵出水压力 00.00　回水压力 00.00
外冷部分
膨胀罐压力 00.00　膨胀罐液位 000000　阀厅温度 000.0
冷却水电导率　阀厅湿度 000.0
冷却器出水温度 000.0　去离子水电导率 000.0
冷却水流量 000C00　进阀温度 000.0　进阀压力 000.0

运行画面　参数设定　当前故障　故障记录　清空记录　密码退出

图 3-2-5 冗余仪表监视画面

冗余仪表显示1/2

出阀温度		电机绕组温度		膨胀罐压力	
TT4	000.0 ℃	P01泵	000.0 ℃	PT15	00.00 bar
TT5	000.0 ℃	P02泵	000.0 ℃	PT16	00.00 bar
进阀压力		回水压力		主泵出水压力	
PT3	00.00 bar	PT5	00.00 bar	PT1	00.00 bar
PT4	00.00 bar	PT6	00.00 bar	PT2	00.00 bar
三通阀阀位		冷却水电导率		主泵运行时间	
K001	000.0 %	QIT1	00.00 μs/cm	P01	000.0 小时
K002	000.0 %	QIT2	00.00 μs/cm	P02	000.0 小时

运行画面　参数设定　当前故障　故障记录　清空记录　密码退出

图 3-2-6 参数设定界面

(a) 流量压力保护定值1/2　下一页

			延时	
冷却水流量低	00000	L/M	延时	0000 s
冷却水流量超低	00000	L/M	延时	0000 s
进阀压力高	00.00	bar	延时	0000 s
进阀压力超高	00.00	bar	延时	0000 s
进阀压力低	00.00	bar	延时	0000 s
进阀压力超低	00.00	bar	延时	0000 s
主泵出水压力低	00.00	bar	延时	0000 s

运行画面　参数设定　当前故障　故障记录　清空记录　密码退出

(b) 检漏保护定值　返回

采样周期内泄漏量	00000	mm	延时		0000 s
泄漏采样周期	00000	秒			
采样周期内渗漏量	00000	mm			
渗漏采样周期	00000	分钟	次数		0000 次
渗漏 △T	00.0 ℃	补水检漏周期	00000	分钟	
泄漏 △T	00.0 ℃	补水次数	000	次	
换流阀停运延时检漏	00000	分钟			

运行画面　参数设定　当前故障　故障记录　清空记录　密码退出

(c) 温度保护定值1/2　下一页

			延时	
进阀温度低	00.0	℃	延时	0000 s
进阀温度高	00.0	℃	延时	0000 s
进阀温度超高	00.0	℃	延时	0000 s
出阀温度高	00.0	℃	延时	0000 s
冷却器出水温度高	00.0	℃	延时	0000 s
冷却器出水温度低	00.0	℃	延时	0000 s

运行画面　参数设定　当前故障　故障记录　清空记录　密码退出

图 3-2-6　参数设定界面

（11）F11 设置为当前故障查看按键，按 F11 按键进入当前故障画面后，可以查看当前故障信息。退出故障信息画面时按"X"键或重复按下 F11 按键。在当前故障画面可以看到当前存在和曾经存在但没有确认过的故障信息，在故障记录画面可以看到阀冷却系统发生过的所有故障，对于故障发生、离开及确认的状态都留有记录。故障信息画面的字母含义如下：K 表示故障发生，G 表示故障已解除，Q 表示故障被确认。如当前有故障信息，屏幕右上角会有警报标记闪烁，标记当前故障的条数。当故障信息消失且该故障已经确认，则警报标记消失。可以打开当前故障信息画面查看当前存在的所有信息并进行处理。

（12）F12 设置为历史故障查看按键，按下 F12 按键进入历史故障画面后，可以查看曾经出现过的故障信息，也可以查看曾经出现故障的时间、故障消失的时间、故障确认的时间，如需退出历史故障查看画面，则按"X"按键或重复按下 F12 按键。

（13）F13 设置为历史故障记录清空按键，按下 F13 按键可清空历史故障记录信息。

（14）F14 用于使当前密码保护即时生效。在输入密码进行相关操作后，如未按 F14 按键，则在没有操作 10min 后，密码保护自动生效；如按下 F14 按键，密码保护当即生效。建议在执行完有密码保护的相关操作后，马上用 F14 按键使密码保护即时生效。

（15）K1 设置为自动模式选择按键，按下 K1 按键时可选择阀冷却系统进入自动模式状态。

（16）K2 设置为手动模式选择按键，按下 K2 按键时可选择阀冷却系统进入手动模式状态，如当前为自动模式，且阀冷却系统在运行状态时，手动模式按键会失效。

（17）K3 设置为阀冷却系统就地自动启动按键，此按键只在自动模式时有效。K3 键按下时，该键上灯会闪烁，阀冷却系统延时启动后，K3 按键上灯开始长亮，表明阀冷却系统在自动运行状态，阀冷却系统停止运行时，该键上灯熄灭。当有远程启动命令时，OP 操作面板上的 K3 键无效。

（18）K11 设置为阀冷却系统就地自动停止按键，此按键只在自动模式时有效。只有阀冷却系统在就地自动运行时按下 K11 按键会自动停运，当阀冷却系统为远程启动时，K11 按键失效。

（19）K4 设置为泄漏屏蔽按键，K5 设置为泄漏屏蔽解除按键。当阀冷却系统自动运行中需在线检修时，如更换主循环泵、更换树脂等，为防止在线检修中由于冷却介质流失引起阀冷却系统泄漏报警导致换流阀闭锁（跳闸），可在检修前按下泄漏屏蔽按键 K4，暂时使阀冷却系统泄漏报警功能失效，检修完成后，按下泄漏屏蔽解除按键 K5，则可恢复阀冷却系统泄漏报警功能。另 K5 键具有阀冷却系统渗漏报警复位功能，阀冷却系统发生渗漏报警时，按下此键可复位渗漏报警。建议在执行完有密码保护的相关操作后，马上用 F14 键使密码保护即时生效。

（20）K6 设置为预警屏蔽按键，K7 设置为预警屏蔽解除按键。在远程启动状态下，当换流阀需要在阀冷却系统存在预警故障时紧急投运，可按下按键 K6，暂时使预警报警信号失效，强制阀冷却系统发出"阀冷却系统就绪"信号至直流控制保护。当换流阀投运后，再按下按键 K7，则可恢复预警报警信号。使用此功能时应慎重，应确保该预警不会导致跳闸或设备损害的发生。例如：在夏天时如出现电加热器故障，可使用此功能；如出现膨胀罐压力低，则不能使用此功能。将预警信号屏蔽后切记恢复，否则将导致预警报警功能失效。

（21）K8 设置为主泵运行时间清零按键，进入运行画面（冗余仪表画面）可查看当前主泵运行时间，再按下 K8 键运行时间马上清零。

（22）K9 设置为主泵手动切换按键，阀冷却系统处于自动运行状态时，按下 K9 键，当前泵停止运行，备用泵投运，实现当前泵与备用泵间的手动切换，两泵切换的同时将泵运行时间清零。阀冷却系统处于非自动运行状态时，K9 键主泵手动切换功能失效。

（23）K10 设置为故障确认画面按键，界面如图 3–2–7 所示。在此画面内可确认以下故障：阀冷却系统自动运行中发生因"主泵出水压力低"报警引起的主泵切换故障时，操作人员需到阀冷却设备现场查看主泵切换的原因，确认或故障解决后，可通过"主泵已切换，请检修并确认"按键复位故障报警。

注：出现"主泵出水压力低"报警后，同时会报出"主泵已切换，请检修并确认"报警信号，存在此报警时主泵不再切换。

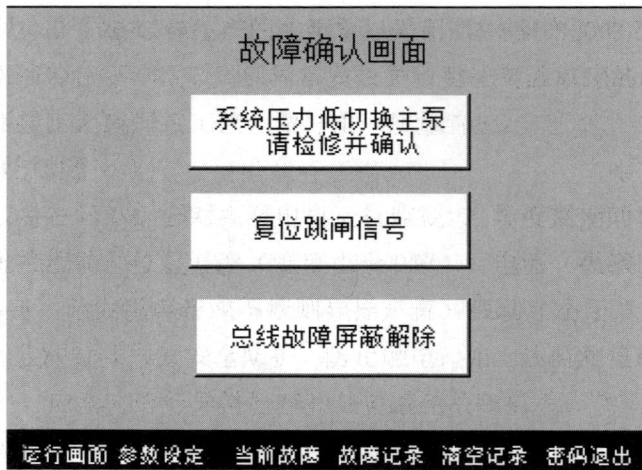

图 3-2-7　故障确认界面

当阀冷却系统出现 P01 或 P02 主循环泵变频回路故障后,控制系统会同时报出相应主循环泵变频回路故障,以及"请检修并确认"的报警信息,当对应变频回路故障解决后可通过相应按键进行确认,如果故障不被确认,所对应的主泵变频器会一直停用。K10 按键上灯会闪烁,直到该故障被复位。

当阀冷却系统出现严重故障并发出跳闸保护信号后,跳闸信号为自保持信号,可通过"复位跳闸信号"按键进行信号复位。

当出现故障确认画面内的故障时,K10 按键上灯会闪烁,直到该故障被复位。

(24) K12 设置为阀冷却系统低速运行按键,阀冷却系统低速运行只能在主泵停运状态下进行选择,以防止在冬天室外环境温度较低情况下检修换流阀时,发生因阀冷却系统的停运而导致设备结冻或冷却介质温度过低的情况。

(25) K13 设置为主循环泵手动运行选取画面按键,如需要手动测试主循环泵变频或二频运行,可进入此画面手动双击启停相应主循环泵。控制界面如图 3-2-8 所示。

(26) K14 键设置为 P11 补水泵手动启停控制按键,如需要手动启停 P11 补水泵时,可通过 K14 按键进行操作。此按键在自动模式与手动模式下均有效。

(27) K15 键设置为 P12 补水泵手动启停控制按键,如需要手动启停 P12 补水泵时,可通过 K15 按键进行操作。此按键在自动模式与手动模式下均有效。

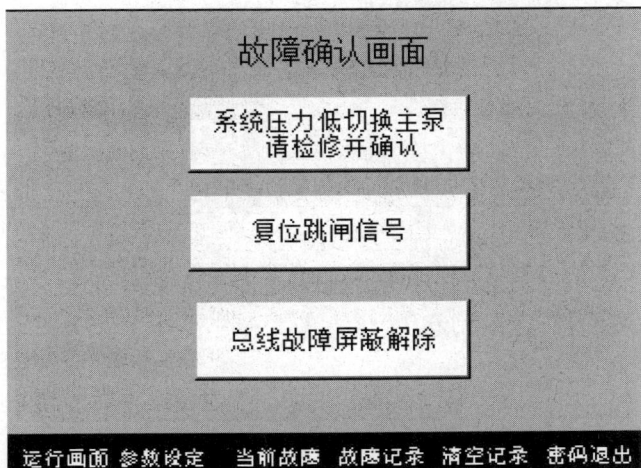

图 3-2-8　主泵手动控制界面

（28）K16 键设置为 P21 原水泵手动。

启停控制按键，如需要手动启停 P21 原水泵时，可通过 K16 按键进行操作。此按键在自动模式与手动模式下均有效。

（29）K17 键设置为手动操作画面按键，需要对 K001、K002 电动三通阀，H01～H04 电加热器，V503、V504 补气电磁阀，V511 排气电磁阀，V512 原水罐通气电磁阀进行操作时，可进入此画画进行操作，但只能在手动模式下进行，自动模式时此画面内的按键失效。选择以 V503 或 V504 补气电磁阀为主在自动与手动模式下均有效。

（30）K18 键设置为报警故障确认按键，当阀冷却系统出现故障时，可通过此按键对当前故障画面内的报警信息进行确认，如系统出现报警后没有通过此按键进行确认，信息会一直存在，直到确认后才消失。

（31）OP 操作面板设置密码保护功能，对操作会影响到阀冷却系统正常运行的按键或操作后会致使设备误动作的按键均设置了密码保护，如参数设定画面、自动与手动模式选择、阀冷却系统就地启动与停止、泄漏屏蔽与解除、预警屏蔽与解除、主泵手动切换、主泵运行时间清零、补水泵与原水泵手动启停、时钟校对、V136 补水电动阀打开等。密码进入操作画面如图 3-2-9、图 3-2-10 所示。

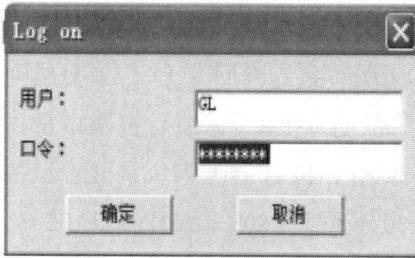

图 3-2-9　密码输入触摸屏图

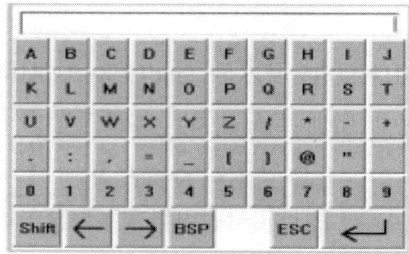

图 3-2-10　密码进入窗口

（二）阀冷却系统启动和停止

1. 通电前检查

（1）设备检查。

1）主循环管路手轮式蝶阀（V003、V004、V014、V015）阀位应根据实际。

运行情况的冷却水流量和压力调节好阀位，设定好后不可随意重设阀位，以免影响额定流量及压力；蝶阀（V016、V017、V023、V024、V025、V026、V028、V029）的阀位应处于完全开启状态；蝶阀（V027）的阀位应处于完全关闭状态。蝶阀（V019 和 V021）关闭时蝶阀（V020 和 V022）应完全开启，反之，蝶阀（V020 和 V022）关闭时蝶阀（V019 和 V021）应完全开启。

2）去离子水管路进口球阀（V110）应完全开启，树脂罐进出口球阀（V112、V114 或 V113、V115）阀位应一组开启、一组关闭，关闭的一组球阀也应确保备用的离子交换器有少许水流通过，防止因树脂干涸造成树脂失效。球阀（V119、V120 或 V117、V118）阀位应一组开启、一组关闭，球阀（V116、V121）应开启一定程度，去离子水流量通过球阀（V116）和（V121）调节，流量应调节为 133L/min 左右，不宜过大或过小。

3）溢流管针型调节阀（V206、V207）阀位应完全关闭。

4）所有压力表的控制阀和自动排气阀的控制阀应完全开启。

5）所有压力表、压差表、仪表的针型调节阀位都应处于完全开启阀位。

6）所有的泄空阀阀位都应处于完全关闭阀位。

7）气路系统氮气瓶内有足够氮气（氮气瓶压力≥1.5MPa），氮气瓶总阀（V514、V515）应开启，氮气减压阀（V501、V502）应保证有 0.4～0.5MPa 的输出气压。

8）氮气管路中的阀门（V508）阀位应完全关闭；阀门（V505、V506、V507）阀位应完全开启。

9）膨胀罐液位应高于低液位（300mm），膨胀罐压力应高于限值（0.15MPa）。

（2）控制及保护设备检查。

1）控制模式应为自动控制模式。

2）电源器件工况良好，电源质量符合系统要求。

3）电气元件状况良好，电气绝缘良好，能正常投入工作。

4）现场两个OP操作面板各联1个CPU，当CPUA激活时，运行主画面方会显示"CPUA激活"，当CPUB激活时，运行主画面上方会显示"CPUB激活"。

2．通电后检查

根据表3-2-2序号依次送上电源开关。

表3-2-2　　　　　　　　　　　电源开关编号及名称对照

序号	编号	设备名称	序号	编号	设备名称
1	QF11	P01 主循环泵变频电源	21	QFd1	V503 补气电磁阀电源
2	QF12	P01 主循环泵工频电源	22	QFd2	V504 补气电磁阀电源
3	Q10P	P01 主循环泵控制电源	23	QFd3	V511 膨胀罐排气电磁阀电源
4	Q11P	P01 主循环泵控制电源	24	QFd4	V512 原水罐电磁阀电源
5	QF21	P02 主循环泵变频电源	25	QFK	AP4 动柜控制回路电源
6	QF22	P02 主循环泵工频电源	26	Q1A	AP5 控制柜 1 号直流电源
7	Q20P	P02 主循环泵控制电源	27	Q2A	AP5 控制柜 2 号直流电源
8	Q21P	P02 主循环泵控制电源	28	Q1C	1 号公共直流电源
9	QFh1	H01 电加热器电源	29	Q2C	2 号公共直流电源
10	QFh2	H02 电加热器电源	30	Q3A	AP5 控制柜操作面板电源
11	QFh3	H03 电加热器电源	31	Q4A	AP5 控制柜 G1A 分线端子排电源
12	QFh4	H04 电加热器电源	32	Q5A	AP5 控制柜 G2A 分线端子排电源
13	QFb1	P11 补水泵电源	33	Q6A	AP5 控制柜仪表电源
14	QFb2	P12 补水泵电源	34	Q1B	AP6 控制柜 1 号直流电源
15	QFb3	P21 原水泵电源	35	Q2B	AP6 控制柜 2 号直流电源
16	QFv1	K001 电动三通阀电源	36	Q3B	AP6 控制柜操作面板电源
17	QFv2	K002 电动三通阀电源	37	Q4B	AP6 控制柜 G1B 端子排电源
18	QFv3	V006 电动蝶阀电源	38	Q5B	AP6 控制柜 G2B 端子排电源
19	QFv4	V007 电动蝶阀电源	39	Q6B	AP6 控制柜仪表电源
20	QFv5	V136 补水电动阀电源			

（1）检查 PD11、PD21 和 PD31 所示电压电流表指示值是否正常。

（2）分别选择手动、停止、自动模式，检查 OP 操作面板显示是否正确及灵敏；手动模式时，OP 操作面板显示"手动模式"，并且显示当前全部运行值；停止模式时，OP 操作面板显示"停止模式"，此时控制柜面板旋钮及 OP 操作面板均不能操作；自动模式时，OP 操作面板显示"自动模式"状态，此时可以在 OP 操作面板上进行需要的操作（调试和试验时）。

（3）检查双 CPU 及其模块状态指示灯，CPU 上"RUN"指示灯亮，模块无红色故障指示。

（4）AP1 动力柜屏柜门上安装有 2 个绿色指示灯，由左至右分别为：P01 主循环泵变频运行和 P01 主循环泵工频运行；AP2 动力柜屏柜门上安装有 2 个绿色指示灯，由左至右分别为 P02 主循环泵变频运行和 P02 主循环泵工频运行；AP3 动力柜屏柜门上安装有 1 个红色带的急停按钮；AP4 动力柜屏柜门上安装有 7 只绿色指示灯，由左至右分别为 H01 电加热器运行、H02 电加热器运行、H03 电加热器运行、H04 电加热器运行、P11 补水泵运行、P12 补水泵运行、P21 原水泵运行。AP5 控制柜和 AP6 控制柜各有 3 只指示灯，由左至右分别为阀冷却系统就绪（绿）、预警（黄）、跳闸（红）。

3. 阀冷却系统手动启动

阀冷却系统在检修时或检测各机电设备性能时，可在"手动模式"操作（按 K2 键）再按 K13 键进入主循环泵手动操作画面。

（1）双击"P01 变频低速"开关，P01 主循环泵变频低速运行，P01 变频运行指示灯亮。此时再双击"P01 变频低速"开关，P01 主循环泵停止运行，P01 变频运行指示灯灭。如图 3-2-11 所示。

（2）双击"P01 变频高速"开关，P01 主循环泵变频高速运行，P01 变频运行指示灯亮。此时再双击"P01 变频高速"开关，P01 主循环泵停止运行，P01 变频运行指示灯灭。如图 3-2-12 所示。

（3）双击"P01 工频"开关，P01 主循环泵工频运行，P01 工频运行指示灯亮。此时再双击"P01 工频"开关，P01 主循环泵停止运行，P01 工频运行指示灯灭。如图 3-2-13 所示。

注：双击 ▥ 开关进行操作。

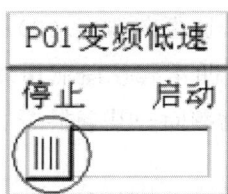

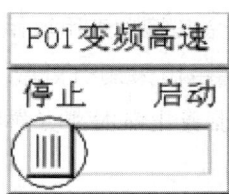

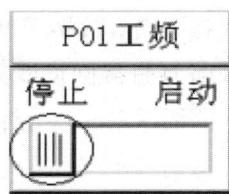

图 3-2-11　P01 变频低速图　　图 3-2-12　P01 变频高速图　　图 3-2-13　P01 工频图

（4）双击"P02 变频低速"开关，P02 主循环泵变频低速运行，P02 变频运行指示灯亮。此时再双击"P02 变频低速"开关，P02 主循环泵停止运行，P02 变频运行指示灯灭。如图 3-2-14 所示。

（5）双击"P02 变频高速"开关，P02 主循环泵变频高速运行，P02 变频运行指示灯亮。此时再双击"P02 变频高速"开关，P02 主循环泵停止运行，P02 变频运行指示灯灭。如图 3-2-15 所示。

（6）双击"P02 工频"开关，P02 主循环泵工频运行，P02 工频运行指示灯亮。此时再双击"P02 工频"开关，P02 主循环泵停止运行，P02 工频运行指示灯灭。如图 3-2-16 所示。

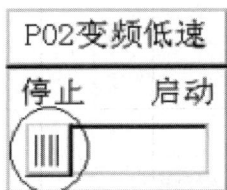

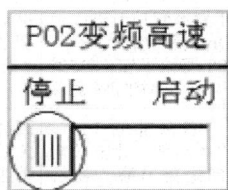

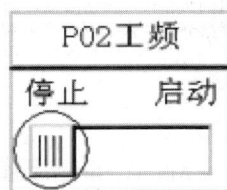

图 3-2-14　P02 变频低速图　　图 3-2-15　P02 变频高速图　　图 3-2-16　P02 工频图

（7）按 OP 操作面板 K14 按键，P11 补水泵启动运行并保持，运行指示灯亮。此时再按一次 K14 按键，P11 补水泵停止运行，运行指示灯灭。

（8）按 OP 操作面板 K15 按键，P12 补水泵启动运行并保持，运行指示灯亮。此时再按一次 K15 按键，P12 补水泵停止运行，运行指示灯灭。膨胀罐液位高于停补水液位时或原水罐液位到达低液位时，补水泵无法手动启动。

（9）按 OP 操作面板 K16 按键，P21 原水泵启动运行并保持，运行指示灯亮。此时再按一次 K16 按键，P21 原水泵停止运行，运行指示灯灭。原水罐到达高液位时，原水泵会强制停止。

（10）按 OP 操作面板 K17 按键进入"其他设备手动控制"画面,可对 H01～H04 电加热器和 K001、K002 电动三通阀进行手动操作。如图 3-2-17 所示。

需要手动启动电加热器时,必须先启动主循环泵才允许启动电加热器,电加热器的启动与主循环泵启动互锁。

（11）按 OP 操作面板 F2 按键,H01 电加热器启动运行,运行指示灯亮。此时再按一次 F2 按键,H01 电加热器停止运行,运行指示灯灭。

（12）按 OP 操作面板 F4 按键,H02 电加热器启动运行,运行指示灯亮。此时再按一次 F4 按键,H02 电加热器停止运行,运行指示灯灭。

（13）按 OP 操作面板 F6 按键,H03 电加热器启动运行,运行指示灯亮。此时再按一次 F6 按键,H03 电加热器停止运行,运行指示灯灭。

（14）按 OP 操作面板 F8 按键,H04 电加热器启动运行,运行指示灯亮。此时再按一次 F8 按键,H04 电加热器停止运行,运行指示灯灭。

（15）阀冷却系统在手动模式下运行时,并且 OP 操作面板在"其他设备手动控制"画面下,按 OP 操作面板 K17 按键进入"电磁阀手动控制"画面,如图 3-2-18 所示,该画面下可对 V503、V504 补气电磁阀,V511 排气电磁阀,V512 原水罐电磁阀进行手动开关操作,也可以选择 V503 或 V504 补气电磁阀为主。

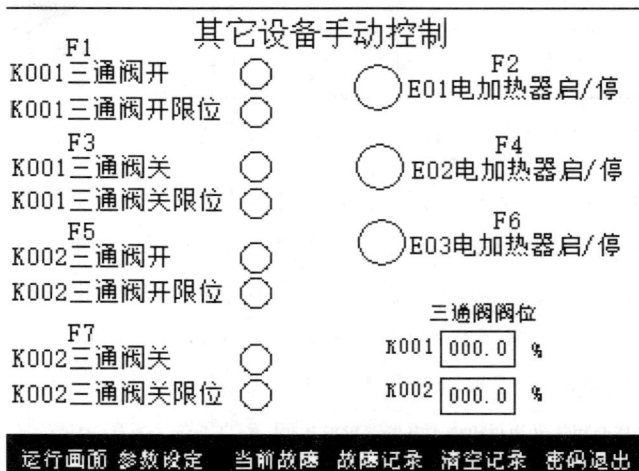

图 3-2-17　其他设备手动控制

图 3-2-18 电磁阀手动控制

（16）按 OP 操作面板 F1 按键，V503 补气电磁阀打开。

（17）按 OP 操作面板 F3 按键，V503 补气电磁阀关闭。

（18）按 OP 操作面板 F5 按键，V504 补气电磁阀打开。

（19）按 OP 操作面板 F7 按键，V504 补气电磁阀关闭。

（20）按 OP 操作面板 F2 按键，V511 排气电磁阀打开。

（21）按 OP 操作面板 F4 按键，V511 排气电磁阀关闭。

（22）按 OP 操作面板 F6 按键，V512 原水罐电磁阀打开。

（23）按 OP 操作面板 F8 按键，V512 原水罐电磁阀关闭。

4．阀冷却系统自动启动

（1）阀冷却系统自动启动分"远程自动启动"和"就地自动启动"两种启动方式。

（2）正常投运情况下必须选择"远程自动启动"方式来运行阀冷却系统，如选择"就地自动启动"方式来启动阀冷却系统，阀冷却系统就绪信号将不发出，换流阀无法投运。

（3）阀冷却系统远程启动操作方式由直流控制保护厂家完成。

（4）阀冷却系统启动前应先核对参数设定是否正确，可根据各站阀冷却系统定值表进行核对，参数核对完成后应按"密码退出"按键，防止他人对系统保护参数的误动。

（5）阀冷却系统就地自动启动，可通过 OP 操作面板 K1 按键选择自动模式，再按 K3 键（阀冷启动），5s 后系统进入就地自动运行状态，运行画面工艺流程图上显示当前各运行数据，控制室操作员工作站也可通过阀冷却监视画面查看运行参数。

（6）阀冷却系统就地自动启动后，也可以在控制室操作员工作站对阀冷却系统远程接管，远程接管后阀冷却系统将进入远程启动模式，就地 OP 操作面板停止按键失效。

（7）阀冷却系统远程启动命令为自保持信号，当有远程启动信号下行到阀冷却控制系统时，远程启动命令一直保持，阀冷却系统准备就绪信号发出，如果阀冷却系统远程启动后而远程启动命令消失，则阀冷却系统准备就绪信号也消失。

（8）阀冷却系统启动后观察在线参数是否正常，除电导率和温度报警外，无其他报警信息，则系统已正常启动（如系统重新补水后初次运行，阀冷却系统启动后可能会出现"冷却水电导率高""冷却水电导率超高""去离子水电导率高"等报警信息，系统运行约 2h 后故障会自动消除）。

（9）阀冷却系统连续运行一段时间（约 2h）后，各参数达到正常工作指标，无报警信息，各连接处无渗漏，则阀冷却系统已正常运行，换流阀可投运。

（10）阀冷却系统为远程启动方式时，只能在控制室操作员工作站对阀冷却系统进行停运操作。

（11）阀冷却系统为就地自动启动方式时，可在控制室操作员工作站或就地 OP 操作面板按 K11 键（阀冷停止）进行停运操作。

5. 阀冷却系统停止

（1）阀冷却系统就地自动运行时，按 K11 键就停止运行。

（2）远程启动后，只能通过远程停机进行停运操作。

6. 水泵的低速启停

（1）按 K12 键系统自动低速运行，按 K11 键系统低速运行停止。

（2）当阀体检修完成后，应恢复所有阀门，并转换到主循环泵高速运行。

注：只有在换流阀停运并阀体需要检修时才能操作短接管上的阀门以及 V023、V024，正常情况下 V023 和 V024 完全打开，V030 和 V031 完全关闭。

二、阀冷却系统特殊操作

（一）阀冷却系统补水

膨胀罐液位下降到达补水泵启动液位，需要向系统补充冷却介质时，可根据以下方法和注意事项进行操作。

1. 自动补水

阀冷却系统自动运行时可实现自动补水控制，当膨胀罐液位下降到自动补水液位时，其中一台补水泵启动，当膨胀罐液位到达停补水泵液位时，补水泵停止。

2. 手动补水

（1）阀冷却系统在自动模式或手动模式下运行，均可以通过 OP 操作面板进行手动补水，但膨胀罐液位必须小于补水停泵液位。

（2）补水前应检查原水罐液位是否能满足系统的补水需求，检查相应阀门状态是否开启正确。

（3）根据液位的下降情况，如需要对阀冷却系统进行手动补水，可通过 OP 操作面板 K14 和 K15 键来控制 P11、P12 补水泵的启停。

（4）手动启动补水泵时，补水泵会连续运行直到停泵液位才会自动停止，因此手动补水应时刻关注系统压力的变化，建议手动补水也采用间歇式手动控制，让系统有压力缓解过程。

（5）手动补水时当原水罐液位到达低液位时会自动停补水泵。

（6）手动补水时两台补水泵可以同时启动，在换流阀投运状态下补水时，应使用一台补水泵进行补水，避免补水速度过快引起压力迅速增加。

（7）补水管路球阀（V130、V133）应完全开启。

（8）通过 OP 操作面板 K16 键手动启动原水泵。

（9）原水泵补水时应注意排气，可以从原水泵泵体排气阀进行排气，确保原水泵管路无空气。

（10）原水泵补水时通气电磁阀（V512）会自动打开。

（11）随着原水罐液位的上升，当液位到达高液位时原水泵自动停止。

（二）调节去离子水流量

（1）可通过调节球阀 V110、V116 和 V121 使去离子水流量约 200L/min，不宜过小或过大。

（2）也可通过离子交换器进出口球阀（V112、V114 或 V113、V115）进行调整，应注意两台离子交换器应一台在使用，另一台为备用。备用的离子交换器应确保有少量流量通过，以防树脂干涸而失效。

（3）去离子水回路球阀 V123 应完全开启。

（4）通过流量计（FIS11）显示当前去离子水流量。

（三）排气操作

阀冷却系统具备自动排气功能，一般因管路检修的少量进气不需手动排气。只要保证膨胀罐压力，即使长期停机后系统重新启动，也无须手动排气。阀冷却系统管路设置自动排气阀，自动排气阀起主要排气作用。

如阀冷却系统重新补水或因其他原因导致空气进入，为缩短排气时间，可通过手动排气：

（1）打开主管路上的各手动排气阀（V301、V302、V316、V317）进行排气。

（2）如阀冷却系统内存在大量气体，则会有冷却水流量及压力摆动剧烈现象，系统运行极不正常，此时循环泵不宜长时间运行。

（四）泄空操作

如需将阀冷却系统室内部分主循环冷却介质放空，可开启主循环泄空阀（V201、V202、V204、V205、V209、V220），打开阀厅顶部管道手动三通阀（V303、V304），再打开溢流管针型阀（V206、V207）。如需将阀冷却系统室内部分去离子水处理回路冷却介质放空，可开启去离子水处理回路系统的泄空阀（V213～V219）。

室外部分热交换设备系统管路的泄空打开最低点的泄空来进行，泄空时注意放入气体。

（五）调节膨胀罐压力

（1）氮气瓶中高压纯氮经一级减压，使膨胀罐顶充满恒定压力的氮气。

（2）确认快接气瓶接头已锁紧。

（3）开启氮气瓶总阀（V514、V515）。

（4）顺时针转动减压阀（V501、V502）释放氮气，使减压阀出口压力在0.4～0.5MPa。

（5）电磁阀根据膨胀罐的压力高低，自动向膨胀罐充气，当压力达到设定值时，电磁阀自动关闭，停止向膨胀罐充气。

（6）膨胀罐压力高过设定值时，排气电磁阀排气，压力超过安全阀设定值，安全阀开启，也可通过手动排气阀（V510）释放氮气减压。

（7）如氮气瓶压力降至 1.5MPa 以下，系统将报警提示需更换氮气瓶，此时只需将在 OP 面板上进行操作切换至备用气瓶即可。

（六）氮气瓶更换

（1）当氮气瓶压力低于报警值时，压力开关 PIS21（PIS22）报"氮气瓶压力低"。

（2）手动关闭供气压力低氮气瓶 C41 或 C42（C43 或 C44）的出口总阀。

（3）将减压阀 V501（V502）手柄逆时针旋转至关闭。

（4）用扳手缓慢松开氮气瓶出口的高压金属软管接头。此过程一定要缓慢，以便金属软管内的高压气体（1.5MPa）释放。

（5）将高压金属软管接头接入高压氮气瓶接口，并拧紧。

（6）缓慢开启高压氮气瓶出口总阀，通过压力开关可记录该氮气瓶压力（约 15MPa）。

（7）顺时针旋转减压阀手柄至低压段压力为 0.4～0.5MPa。

第二节　阀冷却系统运行与维护

一、主循环泵维护

日常检查和保养是保持设备的良好运行和延长使用寿命。可通过电流表、温度计等简单仪器检测，从启动、运转中去判断电动机是否正常运转。其他诸如容易磨损零件的损耗程度、线圈有无尘埃、油渍积集或劣化等状况，只有停机检查，对异常部件进行更换，才能确保设备使用寿命，防止故障发生。

（一）主循环泵的启动

水泵泵体无水时，请不要启动水泵。水泵启动后，检查电机转向与指示转向是否相同。

系统加水初次启动前，请注意排气，并保证泵运行过程中入口具有一定的静压（＞1.0bar）。

（二）主循环泵的运行

水泵运行过程中，不宜频繁切换。如工作泵故障，控制系统会自动切换至备用泵运行。

水泵正常运行噪音低于 85dB，当噪音增大或异常时，应手动切换至备用泵，并通知厂家到现场排除故障。

（三）主循环泵的停运

主循环在线检修时，需停运该水泵，断开水泵安全开关电源。如泵长期处于停运状态，尽量将泵体内介质排空。

（四）水泵电机冷却风扇积尘过多时应清理干净，聚集在风扇上面的尘埃，会使电机转子产生不平衡及振动

（五）主循环水泵的主要维护工作

1. 润滑

泵体轴承：应定期检查油杯油量，定期添加。

电机轴承：电机应该按照电机铭牌上的数据进行润滑。在运行过程中润滑油可能会溢出。

2. 机械密封漏水检测

每台主循环泵下方设置有机封漏水检测装置，当主循环水泵机封出现漏水时，流入检测装置内，达到一定量时发预警信号，提示操作人员进行检修。当出现机械密封漏水报警时，可手动切换至备用泵运行，如漏水量较大，可关闭该泵电源及前后阀门，由运行泵长期运行，通知厂家进行维修。

单台主循环水泵可在线检修。水泵在进行在线检修时，需先通过操作面板中的控制键屏蔽阀冷系统泄漏保护，在检修完成、水泵正常运行 30min 后，通过操作面板中的控制键解除阀冷系统泄漏屏蔽。

二、补水泵、原水泵维护

原水泵、补水泵故障虽不会造成阀冷系统跳闸等严重信号，但当系统急需补水时如补水泵无法工作，则将会导致阀冷系统跳闸等严重后果，因此，应定期对原水泵、补水泵进行检查。

（1）补水泵及原水泵可在线检修。

（2）每周检查补水泵管路阀门是否有非正常地关闭。

（3）对补水泵的运行次数进行记录，以便了解阀冷系统的综合运行情况。

（4）补水泵为立式水泵，机械密封的冷却完全依赖泵体内的液体介质的浸泡，由于机械密封处于泵体的最高位，在首次运行或水泵维护后投入使用时必须松开泵体上部的排气阀对泵体内进行排气，直到有水溢出为止。

（5）原水泵为卧式水泵，在往原水罐进行补水时请尽量避免吸入大量空气。

（6）原水泵、补水泵运行时的噪音应低于 72dB，当噪声增大或异常时应立即停止运行，排除故障。

（7）每年年检期间，检查补水泵接线是否有松动、运行电流是否正常。启动原水泵、补水泵进行补水，检查原水泵、补水泵是否有异常振动、噪声，压力、流量是否正常。

（8）每 2 年应清洗水泵电机风叶一次。

三、电动三通阀、电动蝶阀维护

（1）每月巡检中对三通阀执行机构的连杆销轴进行检查。

（2）每年停机检修时，手动进行三通阀、电动蝶阀执行机构的开关动作，检查开关反馈信号是否正常。

（3）每年停机检修时，检查电动三通阀、电动蝶阀的逻辑动作是否正常，在自动运行状态下，两套电动三通阀应是同时开或关动作，电动蝶阀应是一个开启一个关闭。三通阀全开是指冷却水全部进入室外空气冷却器，全关是指冷却水全部进入旁路。

（4）电动执行器的更换。阀冷系统电动三通阀设 2 套，电动蝶阀设 2 套，可对单个故障电动执行器进行在线更换。新的电动执行器在更换前需通电进行动作测试，确保备件完好。

四、止回阀维护

每台主循环泵出口设置一件止回阀，防止介质回流。止回阀采用机械密封，当阀板或弹簧损坏时会导致运行泵的介质回流，造成当前工作泵流量、压力无法满足要求。

止回阀可以在线进行更换。

五、蝶阀维护

（1）蝶阀的更换应在系统停运时进行。

（2）排空需要检修蝶阀管段内的冷却介质，注意回收介质。

（3）置蝶阀为全关闭状态。

（4）对角线松开蝶阀法兰螺栓。

（5）松开该蝶阀管道管段的管码。

（6）向外移动管道，松开蝶阀法兰密封环，水平或垂直取出蝶阀。

（7）更换并安装新蝶阀，调节蝶阀中心轴线与管中心轴线一致，最大偏差不得大于 3mm。

（8）对角线紧固好蝶阀法兰螺栓，保证法兰密封处无渗漏。

（9）恢复蝶阀正常运行时初始阀位。

六、电加热器维护

外冷电加热器设置 4 台，由电加热器、保护棉、安装支架、接线盒组成，电加热器的维护可以在线维护或更换。电加热器安装于室外空气冷却器进水管道侧，尽量避免在雨天进行更换。

在拆开接电加热器工作前，先确保电源供应已切断，并保证电源供应不会被意外接通。

七、风机维护

风机首次运转 48h 后，要检查风机各部件紧固件是否有松动，如发现松动应重新拧紧。

（1）每年检修一次风机。

（2）风机更换和维护。

风机为免维护风机，当风机叶片或电机严重损坏时，应予以更换，本工程风机和电机设计为一体式设计，更换时一起更换。

第三节 阀冷却系统日常检修

一、主循环泵维护

（1）主循环泵检修及维护可以在线进行或在系统停机时进行。

（2）每周监测电机电源的三相电流平衡，三相电流相差应小于 10%。

（3）水泵正常运行噪声低于 85dB，当噪声增大或异常时，应立即手动切换至备用泵，并通知厂家到现场排除故障。

（4）电机主轴与泵体主轴的同心度对水泵的长期稳定运行影响极大，建议在维护后用专用测量工具进行检测。传统同心度校验采用直尺法、百分表打表法，该方法精准性不高且耗时较长，一台主泵校验调整约需 3h。激光对中法使用感试距离传感器、大尺寸测位传感器和大功率激光器，外置无线传输装置和显示仪，实时动态显示主泵和电机的对中情况，能够快速、精准和有效完成同心度校验，一台主泵校验调整仅需 1h。

（5）检查水泵轴承室润滑油的高度，油杯应可见到润滑的高度。

（6）主循环泵电机冷却风扇积尘过多时应清理干净，防止在风扇上面聚集尘埃，使电机转子产生不平衡及振动。

二、补水泵、原水泵维护

（1）补水泵及原水泵允许在线检修。

（2）补水泵、原水泵为立式水泵，机械密封的冷却完全依赖泵体内液体介质的浸泡，但机械密封处于泵体的最高位。因此在第一次运行或水泵维护后投入使用时，必须松开泵体上部的排气阀对泵体内进行排气。

（3）补水泵、原水泵运行时的噪声应低于 72dB，当噪声增大或异常时应立即停止运行，联系厂家到现场排除故障。

（4）每 2 年应清洗水泵电机风叶一次。

三、离子交换器树脂更换

如系统中注入高电导率的水，树脂寿命将大大减小，离子交换器的维护检修一般建议与系统大修时同步进行。

（一）树脂泄空（以 C01 运行 C02 检修为例）

（1）打开 V130，启动原水泵 P21，补充原水罐 C21 液位至全满液位，检查膨胀罐 C12 水位是否在（1200±50）mm 处，如不够，则需手动启动补水泵 P11/P12，增加膨胀罐液位。

（2）通过 OP177B 操作面板中的控制键 K4 屏蔽阀冷泄漏监测系统。

（3）关闭 V115，V113 小心开启大约 30°，连接好 V212 至树脂回收桶间的透明软管。

（4）手动启动补水泵 P11 或 P12，缓慢打开 V212 手柄，开度为 60°～90°，使流量计 FIS11 流量保持一致，离子交换器中的树脂被排入树脂回收桶的过程中，如出现膨胀罐液位低、原水罐液位低等警报信息时，应立即关闭 V113，停止补水泵 P11/P12，直到 C21 补充满，C12 液位达（1200±50）mm 处时再开启 V113 并启动补水泵，直至用尽的离子交换树脂被排空（可以从透明的软管中观察）。

（5）关闭 V113、V212，打开 V214，排掉离子交换器内的冷却介质。

（6）当排干离子交换器后关闭 V214，并拿掉排放软管。

（二）充入新的树脂（以 C01 运行、C02 检修为例）

（1）确认 V113、V115 完全关闭。

（2）在 C02 顶部拆卸带过滤网的法兰封头（图 3-2-19 中件 1）。

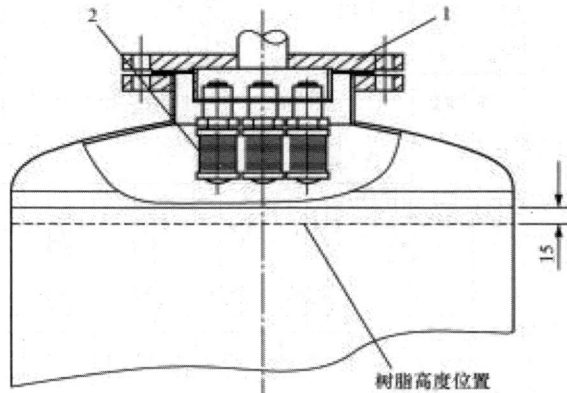

图 3-2-19　离子交换器顶部结构
1—法兰；2—滤帽

（3）仔细检查滤帽（图 2-2-19 中件 2）情况，如有损坏或异常，应更换损坏的滤帽。

（4）用漏斗和勺子充入新的树脂，至图 2-2-19 中所示位置高度处。注意滤帽应位于树脂上方，而不应埋在树脂内，罐体法兰面应清理干净，严禁有任何的残留树脂和其他杂质。

（5）恢复并安装好法兰封头和管道法兰等，注意螺栓的紧固，保证法兰密封处严密无渗漏。

（6）小心地打开 V113，开度为 20°～30°，防止流过该离子交换器的流量过大，此过程中如出现膨胀罐液位低或原水罐液位低等情况，应补充冷却介质后再缓慢开启 V113 为 20°～30°，待排气阀 V311 或 V312 中无气体排出时，关闭 V113。

（7）连接好 V214 泄空软管，打开 V214，排掉离子交换器内的冷却介质。

（8）循环操作以上步骤（6）和步骤（7）2～3 次。

（9）关闭 V214，重复本节步骤（6），使离子交换器再次充满冷却介质，然后全部开启 V115。

（10）切换 V113 与 V112 开关状态，使离子交换器 C02 至少维持 24h 串联运行在前。

（11）当电导率值低于 0.1μS/cm 时，再次切换 V112 与 V113 开关状态，使离子交换器 C01 串联运行在前，并开启 V113 约 15°开度，保持离子交换器 C01 有少量的介质流过。

（12）通过 OP 操作面板中的控制键 K5 解除阀冷监测系统泄漏屏蔽。

四、过滤器检修及维护

系统中共设置有主过滤器 Z01、Z02，精密过滤器 Z11、Z12，补水管路过滤器 Z21，这些过滤器的维护均可以在线进行。在日常巡检过程中，如出现正在运行的主过滤器、精密过滤器等压差大于正常值，则要对其进行清洗检修和维护，检修维护前应切换至备用过滤器。当向原水罐中补水时，补水管路过滤器压差大，也应对其进行清洗检修和维护。

（一）主过滤器 Z01、Z02 检修维护（以检修 Z01 为例）

（1）通过 OP170B 操作面板中的控制键 K4 屏蔽阀冷泄漏监测系统。

（2）关闭 V019 与 V021，连接排放阀门 V204 泄空软管，依次打开 V204、V301，排空过滤器内介质。

（3）依次拆卸图 3-2-20 中件 1、件 2。

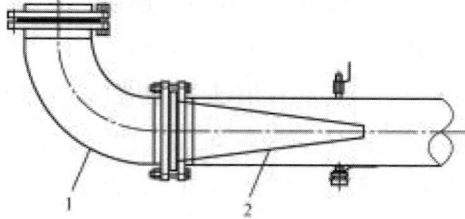

图 3-2-20 Z01 结构图

1—弯头；2—过滤器

（4）清理并检查件 2 外部的异物，可以通过 0.5MPa 的高压水枪对件 2 从内至外进行冲洗，如果滤芯污垢严重或破损，无法清理干净，则需更换新的备用滤芯。

（5）依次安装图 2-2-20 中干净的件 1、件 2，注意法兰和滤芯密封面间的密封圈，并紧固好螺栓，保证各连接处严密无渗漏。

（6）关闭排放阀门 V204，保持 V301 开启。

（7）缓慢开启 V019 约 15°，直到阀门 V301 有水溢出时，关闭 V301。

（8）通过 OP 操作面板中的控制键 K5 解除阀冷监测系统泄漏屏蔽。

（9）恢复 V019 与 V021 正常阀位。

注：如果阀冷却系统停机检修维护，可以省略以上步骤（1）、（8）。

（二）精密过滤器 Z11、Z12 检修维护（以检修 Z11 为例）

（1）通过 OP 操作面板中的控制键 K4 屏蔽阀冷泄漏监测系统。

（2）关闭 V117 与 V118，连接排放阀门 V215 泄空软管，依次打开 V215，排空过滤器内介质。

（3）松开图 3-2-21 中件 2 连接卡箍，拆卸件 3 阀门部分，用套筒扳手拆下件 1 滤芯。

（4）清理并检查件 1 外部的异物，可以通过 0.5MPa 的高压水枪对件 1 从内至外进行冲洗，如果滤芯的滤网污垢严重或破损，无法清理干净，则需更换新的备用滤芯。

（5）安装清理好的或更新的滤芯，用套筒扳手进行紧固，过程中注意安装滤芯螺纹部分的密封圈，如有损坏也应更换。

（6）安装图 3-2-21 中件 3 和件 2，紧固好件 2，保证连接处严密无渗漏。

（7）关闭 V215，缓慢依次开启 V117 与 V118。保持检修后的过滤器在工作状态。

（8）通过 OP177B 操作面板中的控制键 K5 解除阀冷监测系统泄漏屏蔽。

注：如果阀冷却系统停机检修维护时，可以省略以上步骤（1）、（8）。

（三）补水管道过滤器 Z13 检修维护

（1）关闭 V133，用活动扳手拆卸图 3-2-21 中件 2。

（2）取出图 3-2-19 中件 1，清理并检查件其内部的异物，如果滤网污垢严重或破损，无法清理干净，更换新的滤网。

（3）恢复滤网，紧固好图 3-2-22 中件 2，保证连接处严密无渗漏。

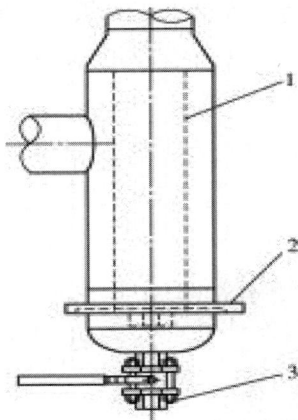

图 3-2-21　精密过滤器结构

1—滤芯；2—连接卡箍；3—阀门部分

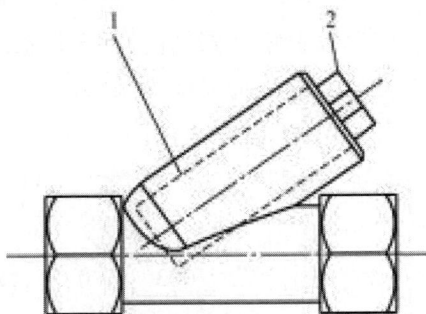

图 3-2-22　过滤器 Z13 结构图

1—滤芯；2—封头

（4）开启 V133。

注：维护过程中应尽可能回收冷却介质并保持其洁净，便于重复利用。

五、三通阀执行机构维护

（1）每月巡检中对三通阀执行机构的连杆销轴进行检查，每 3 个月加注适当的润滑剂。

（2）每年停机检修时，手动进行三通阀执行机构的开关操作。

六、主循环泵出口止回阀维护

（1）关闭 V003 与 V028（或 V004 与 V029），连接排放阀门 V201（或 V202）泄空软管，连接水泵泵体底部丝堵泄空软管，排空管道，注意回收冷却介质。

（2）对角线拆下夹持止回阀 V001（或 V002）的法兰螺栓。

（3）拆松波纹补偿件 W01（或 W02）法兰内表面间全螺纹螺栓，使波纹补偿件能有 10～15mm 的可压缩空间。

（4）压缩波纹补偿件 W01（或 W02），水平取出止回阀 V001（或 V002）及密封圈。

（5）清理并检查止回阀内部，看弹簧是否完好，双瓣轴磨损是否严重，如出现异常现象，需更换为新的备件。

（6）更新止回阀 V001（或 V002）的密封圈，水平放入止回阀及密封圈，注意箭头方向与水流方向应一致。

（7）对角线紧固恢复止回阀法兰螺栓、螺母。

（8）紧固恢复波纹补偿件全螺纹螺栓。

（9）关闭 V201（或 V202）。

（10）开启阀门 V317。

（11）缓慢开启 V003（或 V004）约 15°，直到阀门 V317 有水溢出时，关闭 V317。

（12）完全开启 V003 与 V028（或 V004 与 V029）。

注：主循环泵出口止回阀在阀冷却系统年检期间进行维护。

七、蝶阀更换

（1）蝶阀的更换应在系统停运时进行。

（2）排空需要检修蝶阀管段内的冷却介质，注意回收介质。

（3）置蝶阀为全关闭状态。

（4）对角线松开蝶阀法兰螺栓。

（5）松开该蝶阀管道管段的管码。

（6）向外移动管道，松开蝶阀法兰密封环，水平或垂直取出蝶阀。

（7）更换并安装新蝶阀，调节蝶阀中心轴线与管中心轴线一致，最大偏差不得大于 3mm。

（8）对角线紧固好蝶阀法兰螺栓，保证法兰密封处无渗漏。

（9）恢复蝶阀正常运行时初始阀位。

八、电磁阀维护

（1）电磁阀的构成如下：

1）底座：不锈钢，与管道连接。

2）线圈：电气部分，220V，黑色。

3）电缆接头：电气部分，连通控制柜，黑色。

（2）当电磁阀故障时，断开控制柜电磁阀电源，用万用表测试线圈是否烧毁。如已烧毁，按以下步骤更换线圈：

1）利用小螺丝刀拧开电磁阀线圈侧边接头上的螺丝，拆下电缆接头。

2）利用扳手拧开电磁阀线圈顶端的螺母及垫片，轻轻向上拔出线圈，露出底座阀杆。

3）将新线圈装入底座阀杆。

4）将垫片及螺母拧入阀杆螺纹，用扳手拧紧。

5）将电缆接头插入线圈的接线柱，用小螺丝刀拧紧。

（3）如线圈正常，则可以判定电磁阀阀座孔已堵塞，更换为新电磁阀或阀座。

九、法兰密封圈更换

（1）法兰密封圈的更换需在阀冷却系统停运时进行。

（2）关闭法兰两端最近的阀门，并排空该管段介质，注意回收。

（3）用扳手对角线拆下连接夹持密封圈的法兰螺栓。

（4）松开一段与法兰相连的管道管码，不需完全拆下螺栓，松开即可。

（5）错开两法兰，取出法兰密封圈。

（6）将新密封圈放入法兰间，使边缘均匀。

（7）安装连接夹持密封圈的法兰螺栓，并对角线紧固。

（8）阀门阀位恢复，补充冷却介质，排除气体。

十、电加热器维护

（1）电加热器的更换需在阀冷却系统停运时进行，断开电加热器电源。

（2）关闭阀门 V025 和 V026，缓慢打开 V027。

（3）打开泄空阀 V208，排空脱气罐内介质，注意回收冷却介质。

（4）用扳手对角线拆下电加热器接线盒盖，拆下连接电缆。

（5）用扳手对角线拆下连接电加热器的法兰螺栓。

（6）取出电加热器，并检查电加热器是否烧毁。如已烧毁，则更换电加热器。

（7）安装加热器前先把密封圈套在加热器上。

（8）连接电加热器法兰与罐体上的法兰螺栓，并对角线紧固。

（9）阀门阀位恢复，补充冷却介质，排除气体。

十一、仪表的维护

阀冷却系统中的仪表和传感器主要有流量传感器、温度传感器、压力传感器、电接点差压表、电接点压力表、压力表、液位传感器、液位开关 8 种。除流量传感器本体外，阀冷却系统中所用的所有仪表和传感器均可在线维护。

（1）仪表维护（模拟信号）的通用流程如图 3-2-23 所示，步骤如下：

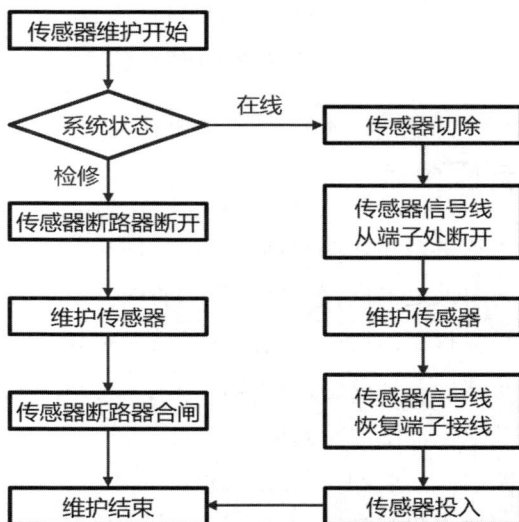

图 3-2-23　仪表维护（模拟信号）通用流程

1）检查和维护一定要专业技术人员，在充分熟悉阀冷却系统电气、控制回路后方可进行。

2）参看"现场电气施工配线图"，断开仪表接入位置处的刀闸端子或拆除电缆接线。

3）测量控制柜上的仪表电缆"＋""－"对地电压，确认电压为小于1V。

4）拆除仪表接线端盖，测量仪表输出"＋""－"接线端子对地电压，确认电压为小于1V。

5）关闭仪表上相关的阀门。

6）更换或校准仪表（注意：电导率、流量、溶解氧、液位等仪表带有参数设置，在更换前，请确认替换仪表的相关参数是否已设置好）。

7）恢复仪表接线。

8）用万用表电阻挡测量仪表电缆"＋""－"之间的电阻，应大于 1000Ω 以上（非直通）。

9）合上仪表电缆"＋"对应的控制柜刀闸端子。

10）用万用表"mA"挡测量"－"端的刀闸端子两侧，测得电流应在"4～20mA"范围内。

① 合上仪表电缆"－"对应的控制柜刀闸端子。

② 维护工作结束，做维护记录。

（2）以温度传感器（见图3-2-24）维护为例，其维护步骤如下：

1）通过人机界面将温度传感器切除。

2）断开控制柜上对应温度传感器接线端子上的刀闸端子。

3）将温度传感器的接线解开。

4）将温度传感器拆卸下进行校准。

5）将校准后的温度传感器恢复。

6）通过人机界面将温度传感器投入。

十二、控制柜维护

（一）日常巡视

（1）人机界面无实时告警信息。

（2）控制柜面板指示灯状态应与设备运行状态一致。

（3）正常运行时，除检修插座电源外，所有断路器均处于合闸状态。

（4）正常运行时，所有安全开关均处于合闸状态。

（5）PLC 运行正常。

（6）检查交流接触器内有无放电声，分、合信号指示是否与电路状态相符。

（7）巡视 CPU 有内部故障时，CPU 故障状态"SF"指示灯（红色）会亮，单台故障时会自动切换，不会影响阀冷却系统正常运行，2 台均故障时主机停运，且阀冷却系统也会停运。在此情况下，应停止对阀冷却系统的操作，并立即与厂家联系。

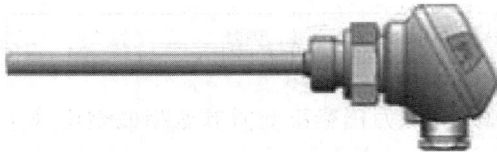

图 3-2-24　温度传感器

（二）日常维护

（1）检查和维护一定要专业技术人员，在充分熟悉阀冷却系统电气、控制回路后方可进行。

（2）一般情况下，不允许在通电运行情况下，对柜内设备进行检查维护。

（3）应定期检查柜顶散热风扇、机柜通风格栅的工作情况，防止风扇、通风格栅滤芯因积灰封堵，使控制柜的散热通风量减小而致柜内温度升高，影响柜内电气元件使用寿命。

（4）应定期使用红外测温设备对主循环泵动力柜、交流电源柜的交流断路器、接触器、动力电缆线路，控制单元柜的直流接触器及母线的搭接端头等设备进行温度测量，并与历史数据比较，可以预防电气元件因局部温升过高，造成回路故障。

（5）年度检修时，应清理控制柜灰尘，防止电气元件因积灰造成相间、相对地短路情况发生。

十三、常见故障处理

阀冷却系统常见故障及处理方法见表 3-2-3。

表 3－2－3　　　　　　　　　阀冷却系统常见故障及处理方法

序号	故障现象	可能原因	处理方法
1	主循环泵故障	主循环泵过载	测量主循环泵回路电流，看是否大于整定值
		主循环泵进线电源异常	观察主循环泵电源监视器指示灯是否正常；用万用表测量主循环泵进线电压是否正常
2	主循环泵过热	主循环泵过热	检查主循环泵 PTC 输入电阻，是否大于 3.6kΩ
		主循环泵测温模块开关未合闸	合上主循环泵测温模块开关
		主循环泵测温模块故障	检查主循环泵测温模块的工作电压是否正常
3	主循环泵渗漏	主循环泵渗漏	检查主循环泵是否有渗漏现象
		主循环泵检漏开关故障	检查主循环泵检漏开关是否异常
4	氮气瓶压力低	氮气瓶压力低	检测氮气瓶压力值是否正常
		氮气瓶压力开关故障	检查氮气瓶压力开关、压力开关阀门是否异常
5	主过滤器压差高	过滤器滤网堵塞	检查过滤器滤网状态
		主过滤器压差表故障	检查主过滤器压差表是否异常
6	电动阀故障	电动阀电源开关未合闸	合上电动阀电源开关
		电动阀阀位反馈信号异常	检查电动阀上的位置指示，看是否已开、合到位；如正常，检查阀输入的开关量输入信号
7	电加热器故障	电源开关未合闸	合上电源开关
		电加热器故障	测量电加热器的直流电阻，看是否存在断线
8	交流电源故障	交流电源异常	检查交流电源输入电压是否正常
		交流电源监视模块异常	检查交流电源监视模块是否正常工作
		交流进线开关未合闸	合上交流进线开关
		隔离开关未合闸	合上隔离开关
		交流电源监视模块开关未合闸	合上交流电源监视模块开关
		交流电源控制开关未合闸	合上交流电源控制开关
9	DC110V 直流电源故障	DC110V 直流电源消失	检查 DC110V 直流电源输入电压
		DC110V 直流电源监视继电器故障	检查继电器的控制线圈电压及输出接点状态
		DC110V 直流电源切换回路故障	1）检查 DC110V 直流电源回路切换接触器线圈两端电压；2）检查 DC110V 直流电源回路切换接触器主回路、辅助回路触点状态；3）更换直流双电源切换回路接触器
10	进阀温度高	阀冷却系统冷却出力不足	采取措施提高冷却系统出力
11	传感器断线/故障	传感器电缆接头松动	检查传感器接线端子，重新紧固
		传感器故障	检查传感器的输入电流，如小于 4mA 或大于 20mA，应更换传感器
		PLC 模拟量输入模块故障	检查传感器的输入电流，如在 4～20mA 范围内，应更换模拟量输入模块

续表

序号	故障现象	可能原因	处理方法
12	传感器 信号超差	传感器故障	在人机界面的"参数查看"查看参数，测量显示值明显偏离正常范围的传感器，进行更换处理
		PLC 输入模块故障	检查传感器的输入电流，如输入电流正常，应更换模拟量输入模块
13	控制系统 A/B 故障	CPU 的电源模块故障	检查电源模块指示灯是否显示正常
		CPU 故障	检查 CPU 指示灯是否异常

第四节　阀冷却系统典型故障处理

一、控制系统故障（同步模块异常，备用 CPU 故障）

（一）监测手段

通过监控后台报警发现，根据报文信息现场复核 CPU 运行状态。

表 3-2-4　　　　　　　　　报　　文

时间	主机	系统	事件
2019-09-30 03:56:11:284	S1P1VCT1	B	内冷控制系统 B 柜阀冷系统具备冗余冷却能力　消失
2019-09-30 03:56:11:284	S1P1VCT1	B	内冷控制系统 B 柜阀冷控制系统故障　出现
2019-09-30 03:56:11:285	S1P1VCT1	A	内冷控制系统 B 柜阀冷系统具备冗余冷却能力　消失
2019-09-30 03:56:11:285	S1P1VCT1	A	内冷控制系统 B 柜阀冷控制系统故障　出现
2019-09-30 03:56:12:625	RCS9786-VCT	VCT11A	AP5 柜 PLC 站 B 故障　出现
2019-09-30 03:56:12:715	RCS9786-VCT	VCT11A	冗余 CPU 运行状态异常　出现

（二）故障特征

控制系统不发生切换。故障具有不确定性，需要具体分析。

（三）发生案例

2017 年 4 月 17 日，××换流站极 1 低端阀冷控制保护系统出现 CPUB 主用、CPUA 停用的单系统运行异常状态。

2019 年 9 月 30 日，××换流站极 1 高端阀冷控制保护系统出现 CPUA 主用、CPUB 停用的单系统运行异常状态。

（四）分析诊断

（1）检查故障的 CPU，观察 CPU 本体指示灯状态。极 1 高端阀冷系统 AP5 控制柜 CPUB 的 EXTF、REDF、1FM1F 亮红灯，STOP 和 RACK1 亮黄灯；AP4 柜 CPUA 的 1FM1F、REDF 指示灯亮红灯，RUN 亮绿灯，MSTR 和 RACK0 亮黄灯，CPUA 处于主用状态并控制阀冷运行，CPUB 退出备用且控制屏显示运行数据均为 0。

CPUA 指示灯含义：1FM1F（接口错误接口 1）灯亮表示第 1 根光纤接口故障，REDF（冗余错误）灯亮是由于 CPUA 与 CPUB 没有冗余运行。1FM1F 是故障原因，REDF 是由 1FM1F 引起的结果。

CPUB 指示灯含义：1FM1F（接口错误接口 1）灯亮表示第 1 根光纤接口故障，EXTF（外部错误）灯亮是由于处于 STOP 状态，REDF（冗余错误）灯亮是由于 CPUA 与 CPUB 没有冗余运行。1FM1F 是故障原因，EXTF、REDF、STOP 是由 1FM1F 引起的结果。

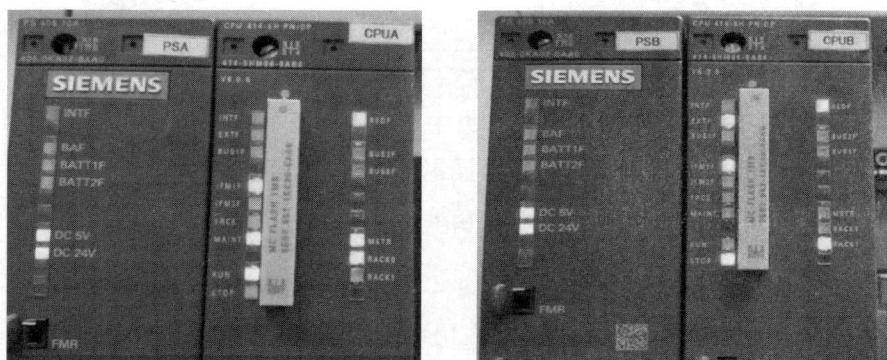

图 3-2-25　CPU 本体指示灯状态

（2）检查 CPUA 模块同步光纤。指示灯 Link1OK 不亮，Link2OK 亮，CPUB 模块同步光纤指示灯 Link1OK 和 Link2OK 都亮，见图 3-2-26、图 3-2-27，拔出同步光纤检查情况见图 3-2-28。

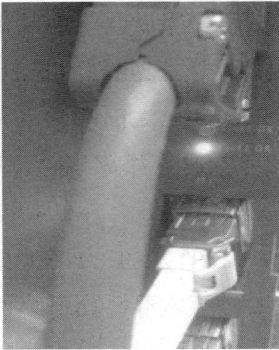

图 3-2-26 CPUA 同步光纤状态　　　图 3-2-27 CPUB 同步光纤状态

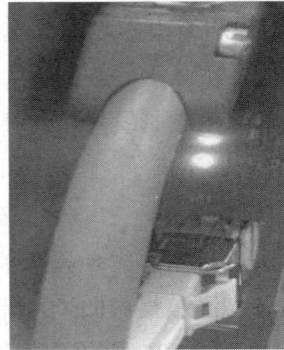

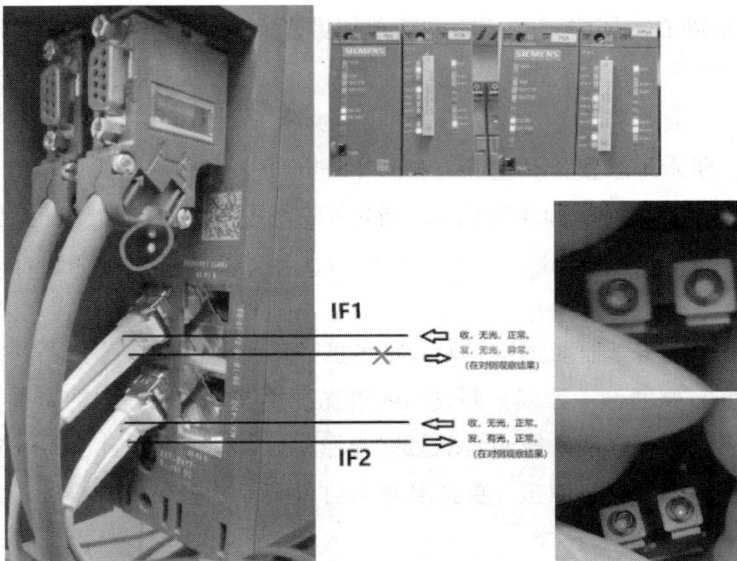

图 3-2-28　同步光纤检查情况

（3）阀冷系统 CPUA、CPUB 通过 4 根光纤互联交换信号，即光纤同步表示两对收发；保证备用系统完全跟随主用系统的控制保护命令。西门子设计理念认为只要任意一对收发环节出现问题，主用 CPU 将会停用备用 CPU，因此这两对收发实际不冗余。阀冷系统 CPUA、CPUB 光纤同步连接情况见图 3-2-29，其中 CPUA 向 CPUB 发送光纤无光信号，为异常状态，故障点可能位于图中标黄色叉或绿色叉位置的同步模块（连接光纤用的光电转换器），也可能是光纤本身故障。

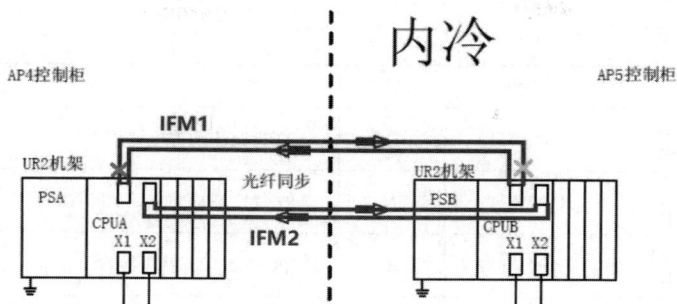

图3-2-29 阀冷系统 CPUA、CPUB 光纤同步连接情况

（五）处置方法

根据以上排查情况分析可知，产生光纤信号异常主要原因有三种：

（1）光纤物理损坏。

（2）冗余同步模块（光电转换器）异常。

（3）CPU 本体内部通信模块异常。

光纤物理损坏：通过更换光纤解决。

冗余同步模块：通过更换同步模块解决。

CPU 本体内部通信模块异常：通过更换 CPU 解决。

通过以上分析，对异常工况进行问题逐步排查，给 CPUB 模块更换同步模块（恢复同步模块连接）、进行断电重启操作后，CPUB 恢复正常可用状态。

（六）预防措施

（1）目前西门子无法修改同步机制，为避免该类故障发生时必须停电后再进行处理，西门子提供了不停电恢复双系统运行的调试工具，并经过厂内试验，验证了处置方案的可行性。

（2）运维人员加强对处置方案的熟练掌握，确保应急处置准确高效，降低单系统运行风险。

二、主泵电机故障

（一）监测手段

故障早期通过电机内检和电阻、绝缘试验发现。故障后期通过监控后台报警或三相电流比对分析发现。

表 3-2-5 报　文

时间	主机	系统	事件
2023-05-24 11:06:14:505	S1P2VCT2	B	AP2 柜交流动力电源故障
2023-05-24 11:06:14:510	S1P2VCT2	A	AP2 柜交流动力电源故障
2023-05-24 11:06:24:718	S1P2VCT2	B	冗余 CPU 运行状态异常
2023-05-24 11:06:24:730	S1P2VCT2	A	冗余 CPU 运行状态异常

（二）故障特征

电机相绕组绝缘降低，上级空开跳闸。

（三）发生案例

2023 年 5 月，××换流站检查发现多台主泵电机内部引线外绝缘破裂或烧损。

（四）分析诊断

（1）极 1 高端阀冷系统 AP2 柜交流动力电源故障告警、P02 主循环泵软启运行状态消失、P02 主循环泵运行状态消失。故障发生后，现场对主泵开展了绝缘测试和电源回路外观检查（包括通过内窥镜检查穿管直埋部分），发现问题 3 项：

1）极 2 低端 P02 主泵一相绕组对地绝缘为 0，判断电机存在短路故障，更换电机。

2）极 1 高端 P02 主泵电源电缆在安全开关箱金属锁紧头位置处发现破皮裸露铜现象，且多股硬线中有 2 股硬线断裂。现场通过切除故障段电源电缆，并重新压接电缆接头恢复使用。

3）极 1 高端 P02 主泵软启动器、极 2 低端 P02 主泵软启动器故障，启动极 1 高端 P02 主泵时，软启动器"Fault"灯点亮，后台报"软启动器故障"告警，检查软启动器外回路 A、B、C 三相导通，初步判断为软启内置工频回路接触器触头粘连，启动极 2 低端 P02 主泵时，软启动器报"软启连接错误"告警，检查软启动器外回路两相导通，初步判断为软启内置工频回路接触器两相触头粘连。

（2）为进一步定位故障原因，现场对全站在运 8 台阀冷主泵进行全面检查，发现 7 台主泵电机内部均存在引线外绝缘破裂或烧损情况见图 3 - 2 - 30。

图 3 - 2 - 30　引线外绝缘破裂或烧损情况

（3）通过返厂解体检查发现：

1）定子绕组引出线有绝缘皮开裂、脆化现象，部分引出线绝缘皮上黏附有脆化脱落的绝缘皮碎块（其他引线脱落且部分绝缘皮脆化脱落至定子膛内）。

2）定子绕组引出线有灼烧、断股、变色现象，定子绕组与引出线压接不实且压接所用中间裸接头内部存在明显过热现象（引出线侧），定子绕组出线端部漆包线有灼伤发黑现象。

3）铜管连接漆包线侧插接单根铜质芯线，与单根漆包线线径不一致。

4）电机外观及定子绕组非出线端未见明显异常，引出线接线鼻子压接牢靠，铜鼻子未见灼伤发黑现象。

（4）综合厂内解体情况，初步判断电机故障原因为：

1）电机绕组漆包线和引出线的尺寸（长度和直径）与固定两者的裸接头尺寸（长度和内径）不匹配，且裸接头压接工艺不良，导致引出线与中间裸接头接触电阻过大，造成绝缘外皮过热老化脱落且绝缘性能下降、引出线灼烧断股。

2）电机启动过程中引出线间及引出线与电机外壳短接接触器、软启动器、塑壳断路器故障损坏。

（五）处置方法

经组织阀冷厂家通过排查各电机厂工艺文件、厂内见证拉力试验等方式，确定 ABB 于 2012—2018 年生产的主泵电机采用 ADBM330003 工艺文件，存在电机内部引线冷压不牢固、局部异常发热导致引线高温氧化的隐患。新电机采用合理的压接工艺或焊接工艺，做好出厂质量管控。

（六）预防措施

（1）建议各在运站加强对主泵电机运行监视，迎峰度夏期间增加现场巡视次数，对电机接线端子位置温度（温度小于 95℃）、电流（纵横向对比，无明显差异）、声音（无尖锐声音或不规则异样声音）振动（小于 4.5mm/s）等进行定期监测，监测时要做好安全防护，防止触电；如上述监测值超过允许值或突变超过 10%，应及时进行异常检查和处置避免故障扩大。

（2）建议相关各换流站合理安排检修计划，做好电机备品、检查工器具等准备，如备件不足应提前补充，确保排查发现问题后能及时更换处置，保障直流系统安全稳定运行。

（3）建议新建站主泵电机引线采用合理的压接工艺或焊接工艺，阀冷人家负责对电机工艺质量进行严格把控，确保电机长期可靠运行。

三、主泵机封故障

（一）监测手段

通过监控后台（若漏水）、定期巡视和振动测试监测。

（二）故障特征

故障发生前，主泵有明显异响，振动增加，可能伴有异味。

（三）发生案例

2014 年 8 月 4 日，××换流站极 1 高端阀冷系统 P02 主循环泵机械密封处漏水。

（四）分析诊断

（1）现场检查发现极 1 高端阀冷系统 P02 主循环泵机械密封处漏水见图 3-2-31，同时有焦煳气味，运维人员立即停运极 1 高端内冷水系统，关闭 P02 主循环泵进水阀门 V028 和出水阀门 V004，断开 P02 主循环泵安全开关和进线电源，将极 1 高端阀冷系统 P02 主循环泵隔离。

（2）泄漏保护动作原理。阀冷控制系统每隔 2s 采集一次高位水箱液位值，比较 10s 前后液位，如每 10s 液位下降大于 6mm，连续下降 30s 且每 10s 均大

图 3-2-31 主循环泵机械密封处漏水

于 6mm，进出阀温度变化小于 0.2℃，则泄漏保护跳闸输出。本次故障液位变化情况分析：闭锁前高位水箱液位为 1157mm；闭锁后，根据 OWS 后台极 I 高端高位水箱液位曲线以及 21:02:01 "补水泵启动信号"事件判断水位为 600mm，21:03:56 OWS 后台发"高位水箱液位低告警"事件，此时液位为 300mm，21:05:21 OWS 后台发"高位水箱液位超低告警"，此时液位为 100mm。

（3）本次故障泄漏保护动作分析。现场极 I 高端 P02 主循环泵机封处内冷水长时间大量泄漏，泄漏量大于泄漏保护定值，由于水流大部分往泵体集水腔外泄漏，只有小部分流至泵体检漏装置，所以主循环泵渗漏报警较缓出现，泄漏跳闸后于 20:58:06 报 P02 主循环泵渗漏，相继于 21:00:10 报高位水箱液位低、21:01:36 报高位水箱液位超低。根据事件记录、控制软件逻辑、保护定值以及现场检查情况，确认极 I 高端内水冷 P02 主循环泵机械密封处故障漏水是导致此次极 I 高端直流系统停运的直接原因，本次泄漏控制保护动作正确。

（五）处置方法

（1）为尽快恢复极 I 高端送电，现场立即组织抢修，通过补水泵对系统进行补水。补水 3 小时后，极 1 高端高位水箱液位恢复至 1103mm。阀冷系统各报警均复归。启动极 1 高端阀冷系统 P01 主循环泵运行后（P02 主循环泵已退

221

出运行，为隔离检修状态），对系统各类数据进行检查，冷却水流量：78.13L/s；进阀温度：37.3℃；回阀温度：50.3℃；进阀压力：8.43bar；回水压力：2.41bar，与日常数据进行比对，数据均正常。对水冷系统进行检查确认无其他泄漏点且设备运行正常，现场检查阀塔外观无异常，换流阀具备投运条件。

（2）现场对故障 P02 主循环泵进行拆解，该泵机械密封损坏情况见图 3-2-32，该泵叶轮侧轴承损坏情况见图 3-2-33，可以发现机械密封处全部损坏，靠近叶轮侧轴承损坏严重。根据现场拆解泵体后损坏部件情况，主要原因分析如下：水泵轴承箱近叶轮端部轴承限位环断裂脱出，进而导致轴承端盖脱出，轴承滚珠不再均匀分布，重心靠近叶轮侧的泵轴，在高速旋转时，径向扰动幅度加大，从而导致水泵叶轮端抖动震动，在强大的机械冲击力下，将机械密封撞击破碎，用于冷却机械密封的冷却介质在密闭系统的压力下，喷出泄漏。

图 3-2-32　机械密封损坏情况　　　　图 3-2-33　叶轮侧轴承损坏情况

（六）预防措施

（1）重新更换轴承设计方案，采用耐受冲击的重载轴承，加注油润滑系统。

（2）增加主循环泵轴承温度监测，通过温度传感器实时监测轴承温度。

（3）对主循环泵漏水检测装置进行优化，使主循环泵机械密封处的漏水能及时汇流至漏水检测装置进行报警。

四、测量二次回路故障

（一）监测手段

通过监控后台报警发现，根据报文信息现场复核表计就地显示。

表3-2-6   报　文

时间	主机	系统	事件
2011-12-30 11:06:14:505	极1阀外冷	—	极1进阀温度高
2011-12-30 11:06:14:510	极1阀外冷	—	极1进阀温度超高
2011-12-30 11:06:15:718	极1阀外冷	—	极1T101进阀温度1仪表故障
2011-12-30 11:06:15:730	极1阀外冷	—	极1T101进阀温度2仪表故障

（二）故障特征

两套测控数据或远传、就地数据不一致。

（三）发生案例

2011年12月30日，××换流站极1进阀温度异常。

（四）分析诊断

（1）内冷水进阀温度设置三个传感器，传感器将温度信号直接送入内冷水PLC输入模块，由PLC进行模拟量"三取二"处理和二取一处理（处理原则为"三取二"——先过滤掉与其他两个值相差最大的温度值，"二取一"保留剩余两个温度值中的不利值，对内冷水温度来说即保留较大值），见图3-2-34。

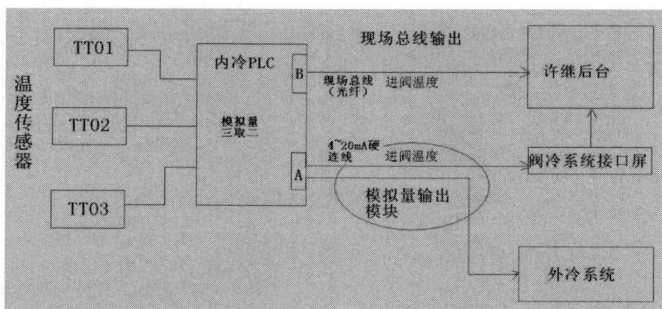

图3-2-34　内冷系统阀进水温度与其他系统联系示意图

（2）OWS界面上"A点"显示值为内冷水系统经"三取二"后通过模拟量输出模块输出的4～20mA模拟量温度值（量程为-50～100℃），而"B点"显示值为内冷水PLC通信模块直接通过光纤链路上传的温度值。分析引起这两处温度显示不一致的原因：

1）由于OWS上A、B两点模拟量采集回路完全相同，且进阀温度经过了模拟量三取二处理和二取一处理，因此可以排除温度传感器故障引起此异常情况的可能，并且内冷水系统未报送"温度传感器故障"信号，可以进一步说明温度传感器本身没有故障。

2）OWS 上"B点"显示值不正确可能是由于内冷水系统模拟量输出模块及其传输回路异常引起的。

（3）外冷水系统用于 PLC 控制的"T101 进阀温度 1"和"T101 进阀温度 2"均来自内冷水系统模拟量输出回路，当 4～20mA 信号异常时，会引起外冷水系统发出"极 1 进阀温度高""极 1 进阀温度超高""极 1T101 进阀温度 1 仪表故障""极 1T101 进阀温度 2 仪表故障"等报警。

（4）现场模拟故障信号过程及结果如下：

1）A/B 系统总线接头进行系统切换试验，发现模拟量输出无变化。

2）用万用表检查模拟量模块输出端二极管是否正常，发现二极管没有被击穿。

3）当只断开模拟量输出模块任一通道的负极端子时，阀外冷系统报进阀温度超高或报仪表故障，OWS 界面显示内冷水进阀温度（硬接点）99.9℃，然而使用万用表在阀外冷控制柜处、阀冷系统接口屏处测量 4～20mA 信号电流，却发现由阀内冷送出的模拟量输出电流值均正常。

4）当断开模拟量输出模块任一通道的正极端子时，阀外冷和控制保护只有接收故障的通道报故障，其他接收通道均正常。

5）当断开模拟量输出模块任一通道的正负极端子时，阀外冷和控制保护只有接收故障的通道报故障，其他接收通道均正常。

（五）处置方法

由故障报文及现场模拟试验情况来看，引起本次异常的直接原因可能是：2011年 12 月 30 日 08 时 24 分至 08 时 39 分，极 1 内冷水系统 6 路 4～20mA 模拟量输出通道中，某一通道"负"端多次出现暂时开路，引起此类异常在 15min 内多次产生并复归。为避免模拟量输出回路开路现象再次产生，检修人员对内冷水控制柜、外冷水控制柜、阀冷系统接口屏内相关回路接线端子进行了全面紧固。

（六）预防措施

（1）建议厂家进一步研究单一回路"负"端开路引起其余五个回路均产生异常的原因，并尽快提出解决方案。

（2）异常产生时，虽然使用万用表测量其余回路电流无异常，但不能完全排除电流信号异常的可能性，建议厂家采用更专业的仪器对回路进行彻底检查，以排除某一回路故障引起模块整体输出紊乱的可能性。

第五节　阀冷却系统典型技术监督意见

序号	文件名称	厂家	概述	问题描述	监督意见
1	国网直流技术监督〔2021〕41号白江工程广州高澜换流阀冷却设备厂内技术监督意见	广州高澜	依据《特高压阀冷系统关键点技术监督实施细则》《国家电网公司十八项电网重大反事故措施》《国家电网有限公司防止换流站事故措施及释义》等反措和相关技术标准，采用查阅资料和对关键功能抽查验证的方式，共发现重要设备问题8条	（1）阀冷控制系统切换逻辑不完善，未选用较为完好的系统作为主系统。（2）阀冷保护装置均故障、进阀温度传感器均故障跳闸方式设置不合理。（3）阀冷系统故障录波装置未配置主泵启停、保护动作自动触发录波功能，录波装置网络通信接口未冗余配置。（4）阀冷系统工频启动回路配置不合理。（5）阀冷系统双止回阀设计未进行充分试验验证。（6）阀冷主泵动力柜内母排无绝缘挡板。（7）阀冷系统主泵出口压力表引管布置不合理。（8）阀冷控制柜IO模块接线安装工艺不合理、PROFIBUS总线弯折半径过小	建议广州高澜参照《国家电网有限公司防止换流站事故措施及释义》"5.1.5任何时候运行的有效控制系统应是双重化系统中较为完好的一套，当运行控制系统故障时，应根据故障等级自动切换"的要求，进一步优化控制系统的切换逻辑，并完成控制保护系统切换试验。建议广州高澜按照《直流输电换流阀阀冷系统通用接口技术规范》"5.7.1VCCP应监视阀冷系统传感器处理器、通信通道运行状态，根据监视结果由CCCP发出阀冷系统可用和不可用信号。"的要求，将虞城站、布拖站保护装置均故障、进阀温度传感器均故障产生的"阀冷系统跳闸"信号改为"阀冷系统不可用"信号
2	国网直流技术监督〔2022〕26号关于白鹤滩—浙江特高压直流工程广州高澜阀冷系统生产制造阶段的技术监督意见	广州高澜	依据《特高压阀冷系统关键点技术监督实施细则》《国家电网公司十八项电网重大反事故措施》《国家电网有限公司防止换流站事故措施及释义》等反措和相关技术标准，同时对以往新建直流工程技术监督发现的问题，采用查资料和对关键功能抽查验证的方式，共监督发现重要设备问题9项	（1）浙北站每个阀塔进出分支水管增设4个压力传感器，存在较大的泄漏风险；且阀塔进出分支水管隔离阀门状态监视采用24V弱电压信号，不满足反措要求。（2）阀外冷系统缓冲水池液位低禁止启喷淋泵逻辑设置不合理。（3）阀冷系统保护主机与控制主机间发生通信故障，控制主机未选用较为完好的系统作为主系统。（4）主泵过热保护仅采用电机驱动端轴承温度，设计不合理。（5）阀冷系统故障录波功能配置不完善。（6）阀冷系统流量变送器故障模式设置不合理，可能导致流量保护拒动	建议许继电气、广州高澜针对阀塔进出分支水管增加压力传感器和阀塔进出分支水管隔离阀门配置阀位状态监视功能的合理性和可靠性进行专题研究，并提请国网特高压部组织专家论证，明确实施必要性。建议广州高澜按照《直流输电换流阀阀冷系统通用接口技术规范》要求，采用"换流阀解锁前，检测到喷淋水池液位低禁止启动喷淋泵，同时喷淋系统不具备运行条件。换流阀解锁后，检测到喷淋水池液位低时应允许启动喷淋泵，发报警事件。喷淋泵启动后出现喷淋水池水位低报警时，禁止停运喷淋泵"优化相关控制逻辑

续表

序号	文件名称	厂家	概述	问题描述	监督意见
3	国网直流技术监督〔2023〕17号关于葛洲坝—南桥直流工程广州高澜阀冷系统生产制造阶段的技术监督意见	广州高澜	依据《特高压阀冷系统关键点技术监督实施细则》《国家电网公司十八项电网重大反事故措施》《国家电网有限公司防止换流站事故措施及释义》等反措和相关技术标准,同时对照以往新建直流工程技术监督发现的问题,采用查阅资料和对关键功能抽查验证的方式,共发现重要设备问题5项	(1)电导率传感器测量的进水支路与水处理支路平齐设计不合理。(2)阀外冷系统冷却塔进出水管未安装软连接,设计不合理。(3)阀外水冷系统缓冲水池未设置就地直读液位监视装置。(4)阀外冷系统HMI未显示缓冲水池液位。(5)阀冷系统未编制出厂定值单	建议广州高澜按照《国家电网有限公司防止"4.1.5进阀压力、进阀温度直流换流站事故措施及释义》电导率传感器测量进水支路应统一安装于进阀主水管上,并位于水处理支路之后,避免受到其他回路影响"要求,研究说明设计的合理性并提供验证报告。建议现场安装调试阶段完成整改。建议广州高澜按照《国家电网有限公司防止直流换流站事故措施及释义》"4.2.15阀外冷系统冷却塔或空冷器进出管道若存在波纹管,应在波纹管两侧设置隔离阀门,具备不停运阀冷更换波纹管能力"的要求,在阀外冷系统冷却塔进出水管安装软连接,并设置隔离阀门,实现在线更换。建议现场安装调试阶段完成整改
4	国网直流技术监督〔2023〕43号关于锡盟站阀冷系统主泵电机引线断裂问题的技术监督意见	广州高澜	针对2023年5月锡盟站年检期间发现全站8台阀冷主泵中的7台ABB电机导线存在不同程度烧蚀断裂的问题,国网直流中心会同国网蒙东电力组织开展了分析和返厂检测工作,并于2023年6月20日组织召开锡盟站阀冷系统主泵电机引线断裂问题讨论会,经充分讨论提出技术监督意见如下		(1)结合锡盟站针对阀冷主泵ABB电机故障现场排查情况,并经返厂解体分析,初步判断故障原因为:电机绕组漆包线和引出线与固定两者的裸接头长度、内径不匹配,且裸接头压接工艺不良,导致裸接头接触电阻过大,长期运行过热老化。(2)请广州高澜、河南晶锐、南瑞继保国电富通等阀冷厂家开展举一反三排查,核实目前在运工程中换流阀、调相机、直流断路器等设备配套的冷却系统主泵采用的ABB、西门子、格兰富等品牌电机是否存在上述问题,并梳理涉及该问题的各在运站情况,于6月27日前报国网直流中心及相关运维单位审查。(3)国网直流中心组织广州高澜、河南晶锐、南瑞继保、国电富通等阀冷厂家开展电机引线压接工艺改进方案研究。请广州高澜牵头汇总新工艺详细方案(如压接工装、引出线及连接直管规格)、现场实施及测试方案,于6月30日前报国网直流中心及相关运维单位审查。(4)建议存在上述问题的各在运站结合停电检修机会开展电机引线专项排查工作,并视情况采取改进措施。(5)建议新建站主泵电机引线采用合理的压接工艺或焊接工艺,阀冷厂家负责对电机工艺质量进行严格把控,确保电机长期可靠运行

序号	文件名称	厂家	概述	问题描述	监督意见
5	国网直流技术监督〔2023〕50号关于阀冷系统主泵电机故障排查方案及处置措施的技术监督意见	广州高澜	针对 2023 年 5 月锡盟站年检期间发现全站 8 台阀冷主泵中 7 台 ABB 电机引线存在不同程度烧蚀断裂的问题，国网直流中心会同国网蒙东电力组织开展故障原因分析和举一反三排查，制定排查方案	（1）结合锡盟站针对阀冷主泵 ABB 电机故障现场排查情况，并经返厂解体分析，判断故障原因为：电机绕组漆包线和引出线与固定两者的裸接头长度、内径不匹配，且裸接头压接工艺不良，导致裸接头接触电阻过大，长期运行过热老化。 （2）经阀冷厂家通过排查各电机厂工艺文件、厂内见证、拉力试验等方式，确定 ABB 于 2012 至 2018 年生产的主泵电机采用 ADBM330003 工艺文件(锡盟站目前采用的工艺)，存在电机内部引线冷压不牢固、局部异常发热导致引线高温氧化的隐患；西门子和格兰富电机引线采用铜焊接工艺，不存在类似工艺问题。 （3）采用 ABB 主泵电机的阀冷厂家应制定电机故障现场检查和处置方案，在厂内做好电机排查实操预演，明确排查处置工艺流程，充分考虑现场停电检查处理时间，制定人员和设备 4-03-04-03 防护措施。 （4）锡盟站主泵电机生产日期为 2016 年，绍兴、扎鲁特、泰州、沂南、施州、古泉、祁连等 7 个换流站采用 ABB 主泵电机，生产日期介于 2015 至 2018 年，建议重点排查。建议上述换流站结合停电检修对全站所有主泵电机进行全面检查处理。其他采用 ABB 主泵电机的换流站采用抽检的方式，抽检比例不少于全站的四分之一，发现问题应扩大检查比例。排查方案可参照附件 2，并结合各站实际情况细化制定。 （5）建议各在运站加强对主泵电机运行监测，迎峰度夏期间增加现场巡视次数，对电机接线端子位置温度（温度小于 95 摄氏度）、电流（纵横向对比，无明显差异）、声音（无尖锐声音或不规则异样声音）、振动（小于 4.5mm/s）等进行定期监测时要做好安全防护，防止触电；如半数监测值超过允许值或突变超过 10%，应及时进行异常检查和处置，避免故障扩大。 （6）建议相关各换流站合理安排检修计划，做好电机备品、检查工器具等准备，如备件不足应提前补充，确保排查发现问题后能及时更换处置，保障直流系统安全稳定运行

第四篇

南瑞继保技术阀冷却系统

第一章 南瑞继保技术阀冷却系统理论知识

第一节 系 统 概 述

南瑞继保技术阀冷却系统包括阀内冷系统和阀外冷系统两部分。阀内冷系统是一个密闭的循环系统，它通过冷却介质的流动带走换流阀产生的热量，其冷却介质通常采用去离子水。其中一小部分流经水处理回路，在这个回路中冷却介质被持续进行去离子和过滤。该系统具有如下特点：① 设置有自动补水回路，由控制系统根据膨胀罐的水位自动启动补水；② 为便于在线检修，传感器探头和冷却水直接接触的，均设置有检修球阀；③ 关键表计如阀内冷系统冷却水进阀压力传感器采用三重化配置，保护采用三取二逻辑，动作可靠；④ 重要设备或回路，如电加热器、主过滤器等进出口均有检修阀门，使加热器或主过滤器的检修维护不需要停运阀内冷系统即可在线进行；⑤ 循环泵电源采用双回路供电，且和其他设备电源完全分离，保证主循环泵电源具有较高可靠性；⑥ 控制回路、信号回路电源双重化配置。

阀外冷系统根据冷却方式的不同分为水冷、风冷以及复合式（水冷＋风冷）三种形式。阀外水冷系统是一个开放式的水循环系统，用经过软化处理的水通过冷却塔持续对阀内水冷系统管道进行冷却，降低阀内水冷温度。该系统具有如下特点：① 每个冷却塔配置两台喷淋泵，一用一备，具备定期和故障自动切换功能，具有很高的可靠性；② 设置了加药系统和旁滤循环回路，改善外冷水水质；③ 所有喷淋泵或外冷仪表也都具有在线更换或检修条件。由于受地区环境影响，部分换流站采用阀外风冷系统，使用大功率风扇对阀内水冷管道进行吹风冷却。该系统回路简单，系统故障率相对较低；每组冷却器进出口设置检修蝶阀便于冷却器故障时隔离检修。

第二节 系统组成及功能

目前，青南站、雅砻江站、建昌站、虞城站、张北站、乌东德柳北站、葛洲坝站、云霄站的阀内冷系统均为南瑞继保提供的设备。本章以青南换流站为例进行介绍，阀内冷系统流程图如图4-1-1所示，元件图例如表4-1-1所示。

表4-1-1 阀内冷系统元件图例

一、阀门

设备编号	作用
E1.V101.V102	止回阀，防止水倒流
E1.V103	蝶阀，P01主泵出口检修阀
E1.V104	蝶阀，P02主泵出口检修阀
E1.V105.V106	蝶阀，室外换热器进口检修阀
E1.V107.V108	蝶阀，室外换热器旁通阀
E1.V109.V110	蝶阀，主过滤器Z01进口检修阀
E1.V111.V112	蝶阀，主过滤器Z02进口检修阀
E1.V113	蝶阀，阀厅进口检修阀
E1.V114	蝶阀，阀厅出口检修阀
E1.V115.V116	蝶阀，P01主泵进口检修阀
E1.V117	蝶阀，阀厅进口旁通阀
E1.V118	蝶阀，阀厅出口旁通阀
E1.V201	球阀，系统补水开关阀
E1.V202	球阀，补水泵P04进口检修阀
E1.V203	球阀，补水泵P05进口检修阀
E1.V204.V205	止回阀，防止水倒流
E1.V206	球阀，补水泵P04出口检修阀
E1.V207	球阀，补水泵P05出口检修
E1.V208	球阀，去离子回路开关阀

设备编号	作用
E1.V209	止回阀，去离子回路进口止回
E1.V210.V211	球阀，离子交换器 C03 进口检修
E1.V212	球阀，去离子回路过滤器 Z05 出口检修
E1.V213	球阀，离子交换器 C04 进口检修
E1.V214	球阀，离子交换器 C04 出口检修
E1.V215	球阀，去离子回路过滤器 Z06 出口检修
E1.V216	球阀，离子交换器出口旁通
E1.V217.V218	球阀，膨胀罐进口检修
E1.V219	球阀，膨胀罐检修旁通阀
E1.V220	球阀，去离子回路出口开关阀
E1.V221	球阀，移动水车出口开关阀
E1.V301.V302	氮气减压阀组件，氮气瓶出口气体减压
E1.V301.V101	针型阀，减压阀组件进口开关阀
E1.V301.Z01	气体过滤器，减压器入口氮气过滤器
E1.V301.V102	膜片阀，减压器组件吹扫阀
E1.V301.V103	膜片阀，减压器组件三通阀，调节控制正常运行和吹扫
E1.V301.V104	气体减压器，氮气减压器
E1.V301.V105	膜片阀，减压阀组件出口开关阀
E1.V302.V101	针型阀，减压阀组件进口开关阀
E1.V302.Z01	气体过滤器，减压器入口氮气过滤器
E1.V302.V102	膜片阀，减压器组件吹扫阀
E1.V302.V103	膜片阀，减压器组件三通阀，调节控制正常运行和吹扫
E1.V302.V104	气体减压器，氮气减压器
E1.V302.V105	膜片阀，减压阀组件出口开关阀
E1.V303.V304	针型阀，电磁阀出口检修阀
E1.V305	针型阀，补气回路出口开关阀
E1.V306	球阀，补气回路出口检修阀
E1.V307	针型阀，除氧回路出口开关阀
E1.V308	止回阀，除氧回路出口开关阀

设备编号	作用
E1.V309	球阀，除氧气回路出口检修阀
E1.V401.V402	手动排气阀，主泵出口止回阀前手动排气
E1.V403	手动排气阀，主泵出口管道高点手动排气
E1.V404.V405	手动排气阀，主过滤器手动排气
E1.V411.V412	自动排气阀，阀厅管道高点自动排气
E1.V413	自动排气阀，脱气罐顶部自动排气
E1.V414.V415	自动排气阀，离子交换器顶部自动排气
E1.V431.V432	球阀，主过滤器排空阀
E1.V433.V434	球阀，阀厅管道最高点排气阀
E1.V435	球阀，主泵泄漏监测装置排空阀
E1.V436.V437	球阀，原水罐排空阀
E1.V438.V439	球阀，补水过滤器排空阀
E1.V440.V441	球阀，离子交换器排空阀
E1.V442	球阀，去离子回路过滤器 Z05 排空阀
E1.V443	球阀，去离子回路过滤器 Z06 排空阀
E1.V444.V445	球阀，膨胀罐排空阀
E1.V501.V502	球阀，电加热 H1 器检修阀
E1.V503.V504	球阀，电加热器 H2 检修阀
E1.V511.V512	球阀，原水罐液位传感器 LIT01 检修阀
E1.V513.V514	球阀，原水罐液位传感器 LIT02 检修阀
E1.V515.V516	球阀，原水罐液位传感器 LT02 检修阀
E1.V517.V518	球阀，原水罐液位传感器 LT01 检修阀
E1.V521.V522	球阀，阀厅管道自动排气检修阀
E1.V523	球阀，脱气罐自动排气检修阀
E1.V524.V525	球阀，离子交换器自动排气检修阀
E1.V531.V532	球阀，阀厅管道手动排气检修阀
E1.V533	球阀，原水罐手动排气阀
E1.V534	球阀，膨胀罐电磁阀检修阀
E1.V535	球阀，膨胀罐安全阀检修阀

续表

设备编号	作用
E1.V541	球阀，进阀压力传感器 PT01 检修阀
E1.V542	球阀，进阀压力传感器 PT02 检修阀
E1.V543	球阀，进阀压力传感器 PT03 检修阀
E1.V544	球阀，出阀压力传感器 PT04 检修阀
E1.V545	球阀，出阀压力传感器 PT05 检修阀
E1.V546	球阀，膨胀罐压力传感器 PT06 检修阀
E1.V547	球阀，膨胀罐压力传感器 PT07 检修阀
E1.V551	球阀，主泵出口压力表 PI01 检修阀
E1.V552	球阀，主泵出口压力表 PI02 检修阀
E1.V553	球阀，主过滤器压差表 dPIS01 检修阀
E1.V554	球阀，主过滤器压差表 dPIS01 检修阀
E1.V555	球阀，主过滤器压差表 dPIS02 检修阀
E1.V556	球阀，主过滤器压差表 dPIS02 检修阀
E1.V557	球阀，进阀压力表 PI03 检修阀
E1.V558	球阀，出阀压力表 PI04 检修阀
E1.V559	球阀，主泵进口压力表 PI05 检修阀
E1.V560	球阀，补水过滤器 Z04 进口压力表 PI06 检修阀
E1.V561	球阀，补水过滤器 Z04 出口压力表 PI07 检修阀
E1.V562	球阀，去离子回路过滤器 Z05 进口压力表 PI08 检修阀
E1.V563	球阀，去离子回路过滤器 Z05 出口压力表 PI09 检修阀
E1.V564	球阀，去离子回路过滤器 Z06 进口压力表 PI10 修阀
E1.V565	球阀，去离子回路过滤器 Z06 出口压力表 PI11 修阀
E1.V566	球阀，膨胀罐压力表 PI12 检修阀
E1.V571	球阀，电导率传感器 QIT01 检修阀
E1.V572	球阀，电导率传感器 QIT01 检修阀
E1.V573	球阀，电导率传感器 QIT02 检修阀
E1.V574	球阀，电导率传感器 QIT03 检修阀
E1.V575	球阀，溶解氧仪 OT01 检修阀
E1.V576	球阀，溶解氧仪 OT01 检修阀
E1.V577	球阀，溶解氧仪检修旁通阀

二、传感器

设备编号	作用
E1.PI01、PI02	主泵出口压力就地显示
E1.PI03	进阀压力就地显示
E1.PI04	出阀压力就地显示
E1.PI05	主泵进口压力就地显示
E1.PI06、PI07	补水过滤器进/出口就地压力显示
E1.PI08～PI11	去离子回路过滤器进/出口压力就地显示
E1.PI12	膨胀罐压力就地显示
E1.PT01～PT03	进阀压力监测
E1.PT04、PT05	出阀压力监测
E1.PT06、PT07	膨胀罐压力监测
E1.dPIS01、dPIS02	主过滤器压差就地显示及开关报警
E1.PIS01、PIS02	氮气瓶出口压力就地显示及开关报警
E1.TT01～TT03	进阀温度监测
E1.TT04、TT05	出阀温度监测
E1.TT06～TT08	电加热器加热温度监测
E1.TS09、TS10	主循环泵电动机温度监测
E1.HT01、HT02	阀厅温湿度监测
E1.FIT01	进阀流量监测及就地显示
E1.FIT02	出阀流量监测及就地显示
E1.FIT03	去离子回路流量监测及就地显示
E1.LIT01	原水罐液位监测及就地显示
E1.LIT02	膨胀罐液位监测及就地显示
E1.LT01、LT02	膨胀罐液位监测
E1.LS01、LS02	主循环泵漏水监测
E1.QIT01、QIT02	主循环回路电导率监测
E1.QIT03、QIT04	去离子回路出口电导率监测
E1.OIT01	溶解氧监测

三、主要设备

设备编号	作用
P01	循环泵,给主回路提供动力,与P02互为备用,每周自动切换一次
P02	循环泵,给主回路提供动力,与P01互为备用,每周自动切换一次

续表

设备编号	作用
E1.P03	原水泵，向系统提供原水
P11	当膨胀罐水位降低时，通过该泵将原水罐 C21 中的水打到内水冷系统
P12	当膨胀罐水位降低时，通过该泵将原水罐 C21 中的水打到内水冷系统
H01	加热器，当水温太低时，为了防止水结冰，用来对水加热
H02	加热器，当水温太低时，为了防止水结冰，用来对水加热
H03	加热器，当水温太低时，为了防止水结冰，用来对水加热
H04	加热器，当水温太低时，为了防止水结冰，用来对水加热
Z01	主管道过滤器，滤除水中的刚性颗粒
Z02	主管道过滤器，滤除水中的刚性颗粒
E1.Z03	系统原水进口过滤
E1.Z04	系统补水出口过滤
Z11	精密过滤器，滤除可能从离子交换罐中破碎流出的树脂颗粒
Z12	精密过滤器，滤除可能从离子交换罐中破碎流出的树脂颗粒
E1.C31	脱气罐，顶部带有一个自动排气阀，排出冷却水中的气体
C21	原水罐，用于向水冷系统补水
C01	离子交换器，吸附水中电解离子，维持内水冷低电导率
C02	离子交换器，吸附水中电解离子，维持内水冷低电导率
C11	膨胀罐，用于维持系统压力
C12	膨胀罐，用于维持系统压力
E1.C07	移动水车，用于向原水罐内补水
E1.N1	氮气瓶，用于给膨胀罐加压
E1.N2	氮气瓶，用于给膨胀罐加压
E1.N3	氮气瓶，用于给膨胀罐加压
E1.N4	氮气瓶，用于给膨胀罐加压
E1.W101	波纹补偿器，防止电动机带动管道一起震动
E1.W102	波纹补偿器，防止电动机带动管道一起震动
E1.W103	波纹补偿器，防止电动机带动管道一起震动
E1.W104	波纹补偿器，防止电动机带动管道一起震动
E1.VC01	电磁阀，氮气回路开关控制
E1.VC02	电磁阀，氮气回路开关控制
E1.VC03	电磁阀，膨胀罐排气开关控制
E1.VC04	电磁阀，原水罐排气、进气开关控制
E1.VK01	电动开关球阀，补水回路开关控制

235

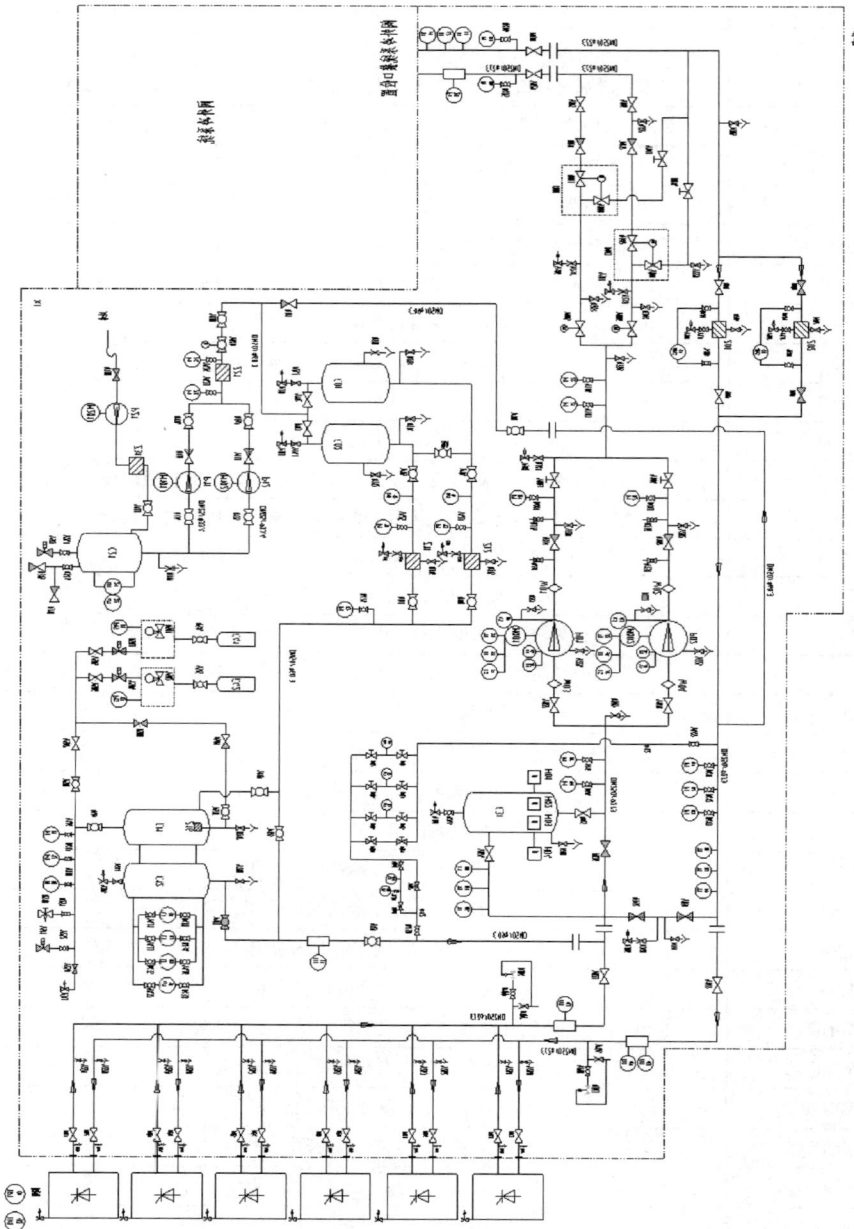

图 4-1-1 阀内冷系统流程图

一、阀内水冷系统

阀内冷系统主要由六部分组成：主循环回路、去离子回路、氮气稳压回路、补水回路、冷却介质及管路、换流阀配水管路，各个部分由以下主要元器件组成。

（一）主循环回路

主循环冷却回路包括主循环水泵、电动三通阀、主过滤器、电加热器、脱气罐等主要设备。

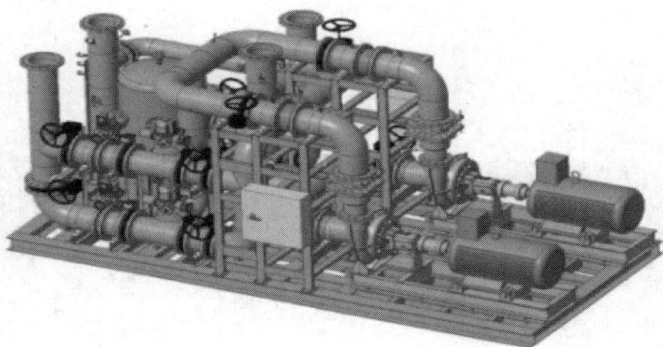

图4-1-2　主循环回路三维图

（1）主循环泵（E1.P01、E1.P02），为阀冷系统提供密闭循环流体所需动力，为离心泵，采用机械密封，接液材质为不锈钢1.4408，1用1备，每台为100%容量，设过热保护。

主泵在电源波动+15%/-10%范围内能正常工作，在交流系统故障使得在换流站交流母线所测量到的三相平均整流电压值大于正常电压的30%，但小于极端最低连续运行电压并持续长达一秒的时段内，阀冷系统能连续稳定运行，可以耐受相电压过电压的水平不小于1.5p.u.，耐受时间300ms；耐受线电压有效值过电压的水平不小于1.3p.u.，耐受时间300ms。

主泵切换不成功判据延时与回切时间的总延时小于流量低保护动作时间。流量低保护动作时间不小于10s。水泵自动切换周期为一周；在切换不成功时能自动切回。

主循环泵进出口设置柔性接头减振，避免主泵运行时振动导致管路接头渗漏的问题。

主循环泵采用软启动加工频旁路的配置方式，可对软启动器进行在线检修，以防止单一元件故障后导致主循环水泵不可用。

主循环泵设置轴封漏水检测装置，检测轴封漏水。

主泵前后设置阀门，以便在不停运阀冷系统时进行主泵故障检修。

主循环泵能在使用范围内能稳定、安全、经济的连续运行，连续运行时间25000h以上。机械密封可连续运行8000h。水泵轴承采用高温高速重载轴承，稀油润滑，设计使用寿命至少131000h。水泵选型时接液部分进行防锈蚀处理。

图4-1-3 主循环泵示意图

（2）主循环回路机械过滤器（E1.Z01、Z02），为防止循环冷却水在快速流动中可能冲刷脱落的刚性颗粒进入阀体，在阀组进水管路设置精度为100μm机械过滤器，采用网孔标准水阻小的不锈钢滤芯。过滤器设压差表提示滤芯污垢程度。过滤器采用T型结构，可方便地通过拆卸法兰进行滤芯更换和维护。主过滤器设置2台，一用一备，可对单台主过滤器实现在线检修。

（3）脱气罐（E1.C31），内冷却回路中残留及运行中产生的气体，聚集在管路中会产生诸多不良影响：增大水泵噪声、振动，水泵流量降低，污染水质，减少流道截面，增大管道压力甚至导致支路断流现象；因此在主循环冷却回路主循环水泵进口处设置脱气罐，罐顶设置不锈钢自动排气阀，彻底排出冷却水中气体。

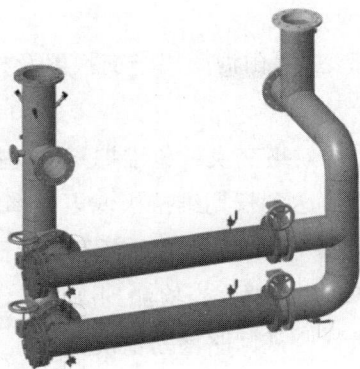

图4-1-4　主过滤器外形图

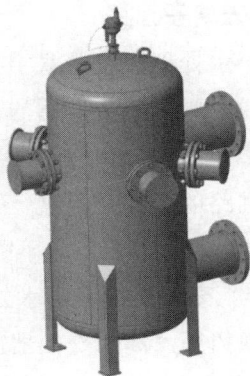

图4-1-5　脱气罐外形图

（4）电加热器（H01、H02、H03、H04），置于主循环冷却回路，用于冬天室外温度低及阀体停运时对冷却水温度的调节。如冷却介质温度低于阀厅露点温度，管路及器件表面有凝露危险时，电加热器开始工作。电加热器可实现在线更换。电加热器功率：30kW/台，共4台。

（5）电动三通阀（K001、K002），置于主循环冷却水回路室外换热设备进水侧，可调节流经室外换热设备的冷却水流量比例，避免冷却水进阀温度过低。电动三通阀共设置2套，冗余配置，单套故障时能实现自动切换。

图4-1-6　电动三通阀外形图

（二）去离子回路

去离子水处理回路并联于主循环回路，主要由混床离子交换器及相关附件组成，完成对阀冷系统介质的纯化。

（1）离子交换器（C01、C02），内装长效高交换量免维护离子交换树脂，对流经该回路的冷却介质进行去离子处理，达到长期维持极低电导率的目的，1用1备，其中一台更换时不影响系统运行。系统更换单台离子交换器树脂的周期≥3年。离子交换器出水处设置电导率传感器，当检测到高值时，提示更换离子交换树脂。离子交换器出水设流量计监视回路堵塞情况。

图4-1-7 去离子水处理回路外形图

（2）精密过滤器（Z11、Z12），精度5μm，采用可更换滤芯方式，置于离子交换器出口，防止离子交换器中树脂或其他杂质进入主循环回路。

（三）氮气稳压回路

在去离子水处理回路上设置有氮气稳压系统，由氮气瓶、氮气管路、膨胀罐等组成。在膨胀罐的顶部充有稳定压力的高纯氮气，以保持管路的压力恒定和冷却介质的充满。膨胀罐可缓冲冷却水因温度变化而产生的体积变化。氮气密封使冷却介质与空气隔绝，对管路中冷却介质的电导率及溶解氧等指标的稳定起着重要的作用。

（1）膨胀罐（C11、C12），配置 3 台电容式液位传感器和 1 台磁翻板式液位计，当液位到达低点时，发出报警信号，并自动补水。当液位到达超低点时，发出跳闸报障信号，提示操作人员检修系统。膨胀罐的液位传感器为线性连续信号，如下降速率超过设定值，则系统判断管路可能有泄漏。

（2）氮气系统，氮气管路主要由减压阀、电磁阀、安全阀、氮气瓶及监控仪表等组成，由控制保护装置实现气源的自动减压、补充、排气等。氮气回路设置 2 套，一用一备，另设置 2 个氮气瓶备用。

图 4-1-8　膨胀罐外形图　　　　　图 4-1-9　氮气管路三维图

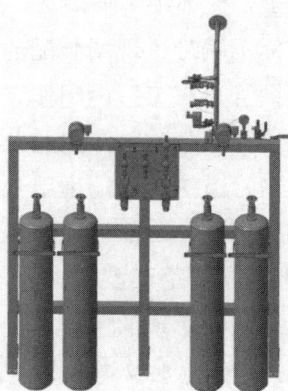

（四）补水回路

补水装置包括原水罐、补水泵、原水泵及补水管道等。补水泵根据膨胀罐液位高度进行自动补水，也可根据实际情况手动补水。

（1）原水罐（C21），原水罐采用密封式，以保持补充水水质的稳定。原水罐设置一台磁翻板液位计。当原水罐液位低于设定值时，提示操作人员启动原水泵补水，保持原水罐中补充水的充满。原水罐顶部设置自动开关的电磁阀，在补水泵和原水泵启动时才自动打开，以保持原水的纯净度。

图 4-1-10　补水泵外形图

（2）补水泵（P11、P12），2 台，互为备用，

当膨胀罐水位降低时，通过补水泵将原水罐 C21 中的水补到膨胀罐中。

（3）原水泵（P21），1 台，原水泵出水设置 Y 型过滤器，并设置进出口压力表。

（五）冷却介质及管路

尽可能减少内冷却回路管接头的数量，内冷水进入阀塔的主水管道采用法兰连接，阀塔主水管与冷却系统的连接尽量减少接头。

不锈钢管道均采用自动氩弧焊接、经精细打磨工艺而成，外部亚光处理，无可见斑痕，内部经多道清洗，并通过严格的耐压检验。现场管道安装采用厂内预制并标示编号、现场装配的形式，严禁现场焊接后再处理安装。

不锈钢管道在工厂内制作完成后两端封口，防止杂物进入，到达现场后安装前采用压缩空气吹除灰尘及杂物。

不锈钢管道法兰两端采用 25mm² 铜导线进行等电位连接，在阀冷设备间与接地母排相连，确保管路可靠接地。

（六）阀厅管路布置

阀冷系统阀厅顶部主管道设计安装在阀塔侧面，采用分支管与换流阀进行法兰连接，避免主水管道或法兰漏水到阀塔上。阀塔进出水蝶阀也布置在阀塔的外侧，避免蝶阀故障漏水到阀塔上。

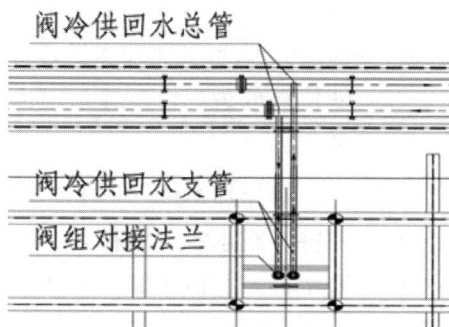

图 4-1-11　阀组管路布置示意图

阀厅主管道最高处设置有全不锈钢的自动排气阀，为避免自动排气漏水对阀厅内部设备造成影响，自动排气阀排气口通过排水管道连至一层阀内冷设备间，如排气阀故障时，可以在一层阀内冷设备间进行观察。

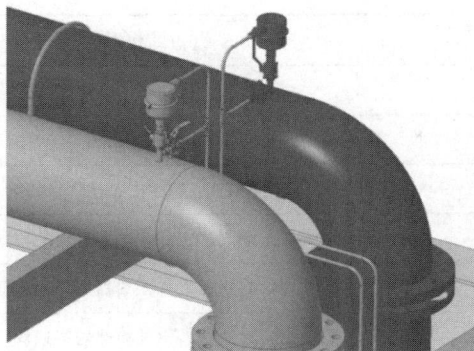

图 4-1-12　排气阀引流管示意图

二、外水冷系统

目前在运的柳北站、云霄站、姑苏站、钱塘江站、少游站、东平站、大冶站阀外水冷系统均为南瑞继保提供的设备。阀外冷系统流程图如图 4-1-13 所示，元件图例如表 4-1-2 所示。

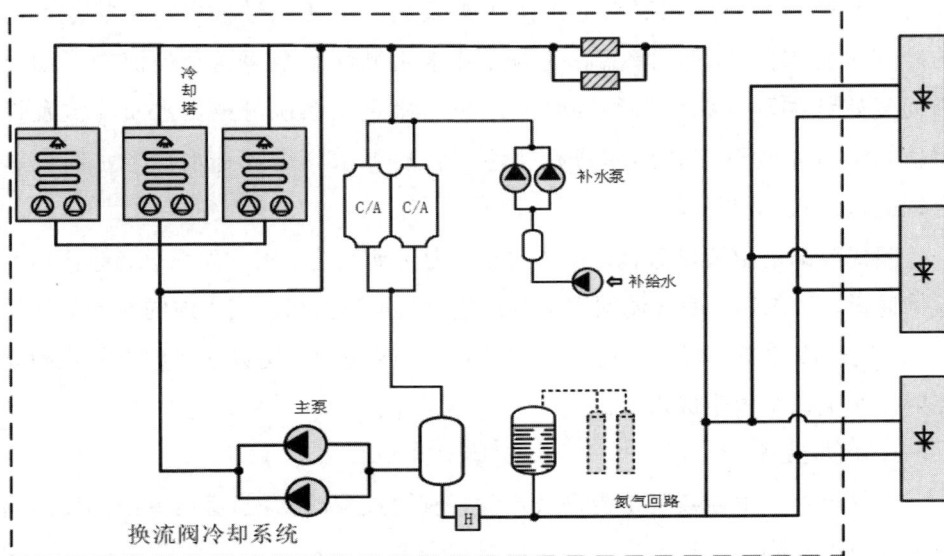

图 4-1-13　阀外水冷系统流程图

表 4－1－2 　　　　　　　　　　阀外冷系统元件图例

设备编号	作用
E1.V101..V102	止回阀，防止水倒流
E1.V103	蝶阀，P01 主泵出口检修阀
E1.V104	蝶阀，P02 主泵出口检修阀
E1.V105	蝶阀，室外换热器进口检修阀
E1.V106	蝶阀，室外换热器出口检修阀
E1.V107.V108	蝶阀，室外换热器旁通阀
E1.V109	蝶阀，主过滤器 Z01 进口检修阀

阀外水冷系统主要由冷却塔及其辅助系统组成。各个部分由以下主要元器件组成。

（一）冷却塔

在换流阀水路内被加热升温的冷却水进入室外蒸发式冷却塔内的换热盘管，喷淋水泵从室外地下水池抽水均匀喷洒到冷却塔的换热盘管表面，喷淋水吸热后蒸发成水蒸气通过风机排至大气，在此过程中，换热盘管内的冷却水将得到冷却，降温后的内冷却水由循环水泵再送至换流阀，如此周而复始地循环。为保持循环喷淋水质的稳定，系统可根据水质检测及设定值自动或手动开启排污阀进行排污，开启补水阀进行补水，当水质到达合理范围时关闭排污阀。

闭式冷却塔由换热盘管、换热层、动力传动系统、水分配系统、检修门及检修通道、集水箱、底部滤网等部分组成，为垂直排风、汽水逆向流动的结构形式。闭式冷却塔发货前整机调试和试验。冷却塔的结构设计考虑能阻止阳光照射，避免在塔内生成水藻。

1. 换热盘管

换热盘管采用连续弯不锈钢换热盘管制管技术，保证盘管内壁的高度清洁及连续弯的高强度，让系统运行更稳定、安全、可靠。

换热盘管排列考虑坡度，坡向与水流方向一致，以利于将管内的水排放干净，管子的坡度不小于 1%。每组换热管先经过预检和压力实验，合格后再组装，冷却盘管组装完成后再进行 2.5MPa 的水压实验，组装后的冷却盘管内壁均进行酸洗、脱脂、清洗、漂洗等清理工作，以确保其内部洁净和无泄漏。盘管壁厚不低于 1.5mm。

冷却盘管进出水管处设置检修阀门，阀门采用不锈钢 316 材料制造，工作压力与冷却盘管相同。

2. 热交换层

换热层填料采用优质 PVC 材料，和热交换盘管布局合理，确保高效换热，又便于运行，其散热填料具有良好的热力学性能和阻力性能，能耐高温，抗低温，其防腐烂、抗衰减或生物侵害，使用寿命长，平均使用寿命 10 年以上，并具较强的强度和刚度。

3. 冷却塔塔体

冷却塔塔体所有构件均有足够的防腐能力以适合在室外布置。闭式冷却塔壁板采用优质亚光不锈钢板制作，壁板与框架结构的连接采用不锈钢螺栓连接。外壁与框架结构等结合部均采用硬质密封材料填实，以使接缝处具有良好的密封性能，以防止喷淋水渗出冷却塔体。

4. 冷却塔风机及配套电机

冷却塔风机选择冷却塔专用、垂直安装的轴流风机，其性能满足冷却塔对风量和风压的要求，当冷却塔配置多台风机时，考虑风机在并联布置时的性能变化，每台风机单独配置一台电机，安装于冷却塔外部。

风机叶片采用高强度铝合金叶片，风筒与叶片尖端的间隙应小以确保风机的高效率，保证盘管段水蒸气气压场均匀，不产生抽风死角。风机和轴采用重规、自校准、预润滑的国际知名品牌滚珠轴承或同等质量产品，配备防潮密封一体的甩油圈，设计使用寿命至少 131000h。轴承配置延伸的润滑油管，其端部为标准的润滑脂接头。接头放置在检修门附近。

风机的支座固定在冷却塔箱体的框架上，风机与支座采用不锈钢螺栓连接，并设置隔振装置，在风机的出风侧设置可拆卸的不锈钢防护网。

5. 进风导叶板

进风导叶板采用不锈钢制作，合理的叶片间距将空气阻力降至最低，导叶板角度、叶片数及其设置位置使空气均匀地流向冷却盘管及热交换层,避免使冷却盘管及热交换层处于涡流区,并能防止水分溅出。进风百叶入口配置不锈钢钢丝网以防垃圾杂物进入冷却塔。

6.动力传动系统

风机和电机采用皮带传动,皮带采用国际知名名牌产品,轴承为 SKF 或同等质量产品。轴承配置延伸的润滑油管,其端部为标准的润滑脂接头,接头放置在检修门附近。

风扇电机采用全封闭式电机,防潮效果好。其防护等级不低于 IP55。风机的支座固定在冷却塔箱体的框架上,风机与支座采用不锈钢螺栓连接,并设置隔振装置。在风机的出风侧设置可拆卸的不锈钢防护网。风机配置全封闭气流冷却型(TEAO)、可逆转、鼠笼式球滚轴冷却塔专用电动机。电动机可变频调速,为国际知名品牌产品,可变频调速,电机外壳、绕组、接线盒、轴、轴承均采取有效的防潮和防腐措施。风机电机布置在冷却塔箱体外且易于调整的不锈钢减震机座上,电机顶部设置防雨罩,底部设置隔振装置,并便于皮带更换和松紧调节。

7.水分配系统

水分配系统由喷淋泵(2×100%容量)、喷淋给水管道及管道附件、喷淋布水系统、喷嘴等组成。在冷却塔本体内主要由喷淋水分配管道和喷嘴组成,还有方便喷淋管道排污的阀门。

喷淋泵采用不锈钢 316 材质,轴封采用优质机械密封,配防潮密闭型(TEFC)电机。水泵采用基坑式安装,前后设置阀门,以便在不停运外冷系统的情况下进行喷淋泵故障检修。

水分配管可从设备外检视和维修,满负荷运行时也可以进行检查。水分配管上采用大直径 360°的加固扣眼式塑料喷嘴,使喷淋水布水更加均匀,将堵塞的可能性降至最低,同时便于拆卸更换。

水分配系统管网采用环状布置形式,不锈钢喷淋水支管上安装工程塑料且不容易堵塞的大孔径喷嘴,支管和喷嘴采用丝口或卡口与配管连接,以便于单个喷嘴或整个支管快速拆卸后进行清理和冲洗。喷水流量足以保证在使用期间盘管处于完全浸湿的状态。

配水管网中主管管内流速不大于 2m/s，支管管内流速不大于 1.5m/s，配水管网的总阻力不大于 60kPa。喷淋水布水管最低点处安装喷嘴，流经的水无论何时都会经喷嘴喷淋至盘管上，喷淋水管不积水，如果在循环水中有脏的东西可以把喷嘴拆卸下来进行清理，另外在喷淋泵吸水总管吸水口处设置过滤装置。

喷淋水泵采用公用母管吸水和室外地下水池相连，进口设置不锈钢蝶阀、出口设置不锈钢止回阀和蝶阀。喷淋管的末端加装冲洗阀门，在正常运行时可定期打开阀门排污。

8. 底部滤网

冷却塔底部出水口设置不锈钢滤网，过滤掉外界带来的树叶、杂草、小昆虫、灰尘、杂质等，保证进入地下水池的水干净无杂质。不锈钢滤网的过滤精度为 1500～500μm，滤网目数不小于每平方厘米 10 个可拆卸，方便维护清洗。

9. 检修门

塔体设置铰链式检修门，检修门向内转动，配备易于栓锁的门手柄，内壁四周设置密封条，并采用有效的防锈防腐措施，确保密封严密及开启灵活。

检修人员通过检修门能进入塔体内部，检修门宽度不小于 500mm，高度不小于 600mm。

10. 集水箱

集水箱相对独立地置于塔体底部中央，采用不锈钢 304L 不锈钢板无焊缝拼装，双面光滑，无须树脂密封，无渗漏，重量轻，倾斜式设计，保证水可顺利流入排水口且便于清理。集水箱有效容积不小于喷淋循环水量的 4%，有效液位高度不小于 350mm。

11. 挡水板

挡水板采用不锈钢材料，收水器具有高效收水结构，可以保证冷却塔的运行漂水损失不大于 0.001%，采用双风道进风格栅，采用 3 次折向，且具有防阳光照射、防腐、抗老化和霉菌生物的侵害。

12. 检修楼梯

闭式冷却塔顶部设置不锈钢检修平台，检修平台采用不锈钢格栅板制成且四周设置高度不低于 1.2m 的不锈钢护栏。楼梯倾斜度合理设计，楼梯及支架采用不锈钢制成。冷却塔设置检修门，检修人员能进入设备内部。

（二）冷却塔辅助设备——喷淋水系统

喷淋水系统是闭式冷却塔正常运行的重要保障，包括喷淋系统、喷淋水自循环水处理回路、喷淋水补水回路、喷淋水加药系统、平衡水池及排污系统等。

1. 喷淋系统

喷淋泵（P31、P32、P33、P34），选用卧式离心优质水泵，每台闭式冷却塔均配置两台喷淋循环水泵，每台水泵均为100%的容量，互为备用。喷淋水管道及其管道附件，为保证水质，管道、阀门均采用304L优质不锈钢，确保系统的高稳定性与可靠性，为方便检修和维护，在泵的入口端设置泄空阀以彻底排空喷淋管道中的水。为实时监测喷淋泵运行情况，在喷淋泵出口设置压力表和压力变送器。

2. 平衡水池

为了保证冷却塔喷淋水的稳定性和可靠性，室外设置地下水池，水池中设置冗余配置的液位传感器，便于控制水位。水池容量满足补充水系统故障后断流时，系统仍能正常运行24h以上。

3. 原水软化设备

原水软化设备包括主要为机械过滤器、活性炭过滤器、软化处理装置、加药装置、管道阀门等组成，其主要流程为：机械过滤器→活性炭过滤器→软化处理装置→加药装置→喷淋水池。活性炭过滤器配置多路阀，根据压力变化进行反清洗操作。软化处理装置配置自动软化装置，定期对树脂进行正洗、反洗操作。

4. 喷淋水加药系统

换流阀喷淋水系统是一个特殊的生态环境，适合于多种微生物的生长。微生物的大量繁殖会给冷却水系统带来一系列的危害，如粘泥沉积、管道堵塞、传热效率降低、设备腐蚀等等。在系统运行过程中，还会产生结垢问题，受热面与冷却水接触的管壁表面上黏附了各种沉积物，就会使闭式冷却塔效率降低，给冷却水系统的运行和操作带来很大的困难。

为了避免或减轻沉积物的产生，防止传热效率的降低，延长闭式冷却塔的使用寿命，必须防止结垢的产生和微生物的滋生，对喷淋水采取水质稳定处理工作。采用氧化性杀菌剂和非氧化性杀菌剂进行日常的微生物控制，可以有效控制微生物，而且还具有处理费用低、性价比高等特点。在阻垢方面，采用低磷系列的缓蚀阻垢剂，能够有效地降低污垢沉积速率及设备腐蚀率。杀菌剂采用冲击式投加，且投加时间不宜过长，在几小时内投加完毕。缓蚀阻垢剂为连续性投加，且投加时间为一定时间内不间断加药，保证缓冲水池中所含药剂浓度在有效阻垢范围内。

5. 喷淋水自循环水处理回路

喷淋水反复不停地经过密闭式冷却塔的蒸发而被浓缩，为了避免因喷淋水中杂质过多、菌类的滋生，缓冲水池的水通过旁路循环管道进行过滤。旁路过滤系统主要由旁滤泵、过滤器、管道及管道附件等部分组成。旁路循环处理回路流量不小于喷淋水循环流量的 5%。

6. 排污泵

排污泵用于排除阀冷设备间地下室积水，安装在阀冷设备间地下室集水坑内，每个阀冷设备间集水坑 2 台。固定式潜水排污泵采用自动耦合系统，安装检修方便、简单。电机转轴采用不锈钢材质，要求密封性能良好，在高湿环境下正常可靠运行，电机采用自冷却系统，能保证电机在无水状态下可靠运行。

自动控制功能：根据泵池内液位的不同，通过液位控制器实现泵的自动控制。

手动控制功能：在现场控制箱可实现泵的手动控制。

信号远传及报警功能：设备的运行及故障信号、泵坑内高低液位报警信号需远传，以便及时发现和及时处理问题。

三、外风冷系统

目前在运的雅砻江站、建昌站阀外风冷系统均为南瑞继保提供的设备。本书以青南换流站为例进行介绍，阀外冷系统流程图如图 4-1-14 所示。

阀外风冷系统主要由空冷器组成。各个部分由以下主要元器件组成。

空冷器（E01～E13）外形图如图 4-1-15 所示，主要由换热管束、管箱、风机、构架、楼梯、栏杆、检修平台、百叶窗等组成。空冷器作为阀冷却系统的室外换热设备，对阀内水冷系统的热转移媒质进行冷却，将内冷水进阀温度控制在允许范围内。空冷器选用水平引风式，由 13 台管束组成。空冷器进出口都设置检修阀，为方便安装采用金属软管连接。进出口管道最高点设置排气阀，低处设置排空阀。空冷器布置在防冻棚内，空冷平台高度以下四周的防冻棚和正上方的防冻棚采用卷帘式结构，空冷平台高度以上四周的防冻棚采用固定式结构；防冻棚卷帘在冬季时根据防冻运行情况进行关闭，其余时间为开启状态。

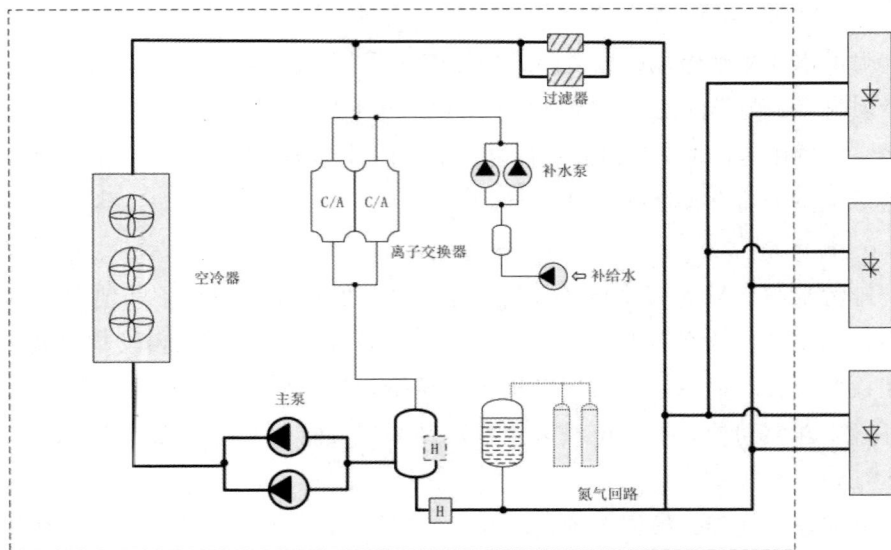

图 4-1-14　阀外冷系统流程图

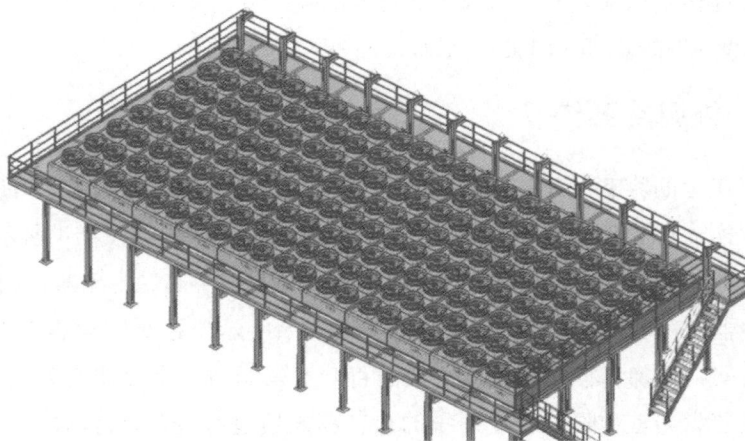

图 4-1-15　空气冷却器安装示意图

1．换热管束

空气冷却器换热管束为不锈钢翅片管，换热管束设计压力不小于 1.6MPa。管材为不锈钢 304L，管箱亦采用不锈钢 304L。铝翅片的比热容和导热性均比不锈钢翅片高，使得空气冷却器与空气之间的平均温差较大，有利于散热。

阀内水冷在换热管束内流通，通过风机的吹拂对阀内水冷管道降温。风机采用水平鼓风式，设置了一定的坡度，以便管束内的水顺利放空，保证冬季设备不运行时防冻的需要。

2．管箱

空气冷却器设进出水管箱，每套换热管束的进出水口处设置相应检修阀门，室外管道与联箱间用不锈钢软管连接。管箱工作压力与换热管束相同。空冷器管束管箱采用丝堵结构，便于管束的维护，管箱外端面正对每支换热管开螺纹孔，以丝堵封闭，便于检修。

3．风机

空气冷却器选用风量、风压尽可能低的风机，风机叶尖速度宜控制在 45m/s 以下。空气冷却器风机采用高效低噪声风机，其风机叶片采用高强度铝合金材质，轮毂及风筒等可采用钢制，风机所配电机采用知名品牌，防护等级 IP55；电机绝缘等级为 F 级，每台风机单独配置一台电机，故障风机检修时，其余风机可正常运行。

4．百叶窗

空气冷却器设置有百叶窗，百叶窗叶片材质采用铝合金，转轴采用耐腐蚀和耐磨材料制造，且运转灵活，无卡轴及扭曲现象产生，百叶窗采用手动调节。

四、复合式外冷系统

目前在运的中都站、延庆站、青南站、庆阳站复合式阀外冷系统均为南瑞继保提供的设备。本书以青南换流站为例进行介绍，阀外冷系统流程图如图 4-1-16 所示，元件图例如表 4-1-2 所示。

复合式外冷系统由一套阀外水冷系统和一套阀外风冷系统组成。正常情况下，阀外风冷系统长期运行；夏季高温大负荷期间，阀外水冷系统根据运行工况需要启用。主要设备详见阀外水冷系统和阀外风冷系统设备介绍。

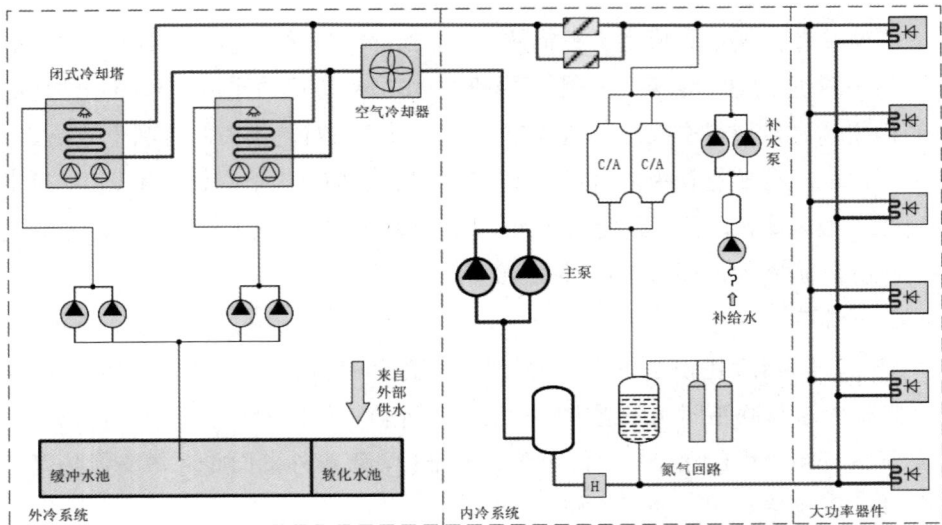

图 4-1-16 复合式阀外冷系统流程图

第三节 系统控制及保护

一、阀冷却系统控制

换流阀冷却控制保护系统是换流阀冷却系统的神经中枢,换流阀冷却系统运行的数据信息上传到控制保护系统,控制保护系统对采集到的信息进行逻辑性分析判断,进而对换流阀冷却系统设备进行控制,确保换流阀冷却系统正常运行。同时,控制保护系统将设备运行状态、采集量、报警信息等数据传送到人机接口界面和远程工作站,以便运维人员集中监控。它起着以下几个方面的重要作用:

(1)对换流阀冷却系统设备的运行状态进行监视,采集来自各个采样传感器的重要数据,如流量、压力、温度、水位和电导率等,起到监视功能。

(2)对参数超限及设备故障进行逻辑判据,并根据情况发出报警和跳闸信号,起到保护功能。

(3)根据换流阀冷却系统运行状态对换流阀冷却系统设备进行自动控制,

如主循环泵、喷淋泵的定期切换，冷却塔风机启停等，起到控制作用。

（4）通过现场总线与高压直流控制系统进行通信，起"上传下达"的作用。一方面上传换流阀冷却系统的实时监视信息和故障信息；另一方面，通过高压直流控制系统，实现换流阀冷却系统的远方控制功能。

（5）实现换流阀冷却控制保护系统定值修改、设备就地控制等操作。

为满足高可靠性的要求，控制系统均采用冗余配置，即从采样单元、传送数据总线、主设备到控制出口按完全双重化原则配置。两重系统分为有效系统和备用系统，只有有效系统才能发出调节指令。

在双重化的控制系统中，从有效系统到并列的热备用系统之间运行状态的转换可以手动或自动实现。当检测出有效系统故障时，这种控制系统转换是自动的。系统切换遵循如下原则：在任何时候运行的有效系统都是双重化系统中较为完好的那一重系统。

备用系统当检测出有故障时，将按照设备的故障等级产生相应报警及事件。如果一个系统有严重故障或已经被人工切换到维修状态，则不能再转换到有效状态。系统切换逻辑禁止以任何方式将有效系统切换至不可用系统。系统状态的转换不能影响到直流系统的正常运行，不会使传输的直流功率受到扰动或产生任何变化。

冗余控制系统的设计保证当一个系统出现故障时，不会将故障传播到另一个系统，可确保直流系统不会因为换流阀冷却控制系统的单重故障而发生停运。具体冗余设计的系统结构如图 4-1-17 所示。

（一）阀冷却系统控制系统构成

阀冷集中监控系统采用以直流控保系统为主的控制系统，所有硬件均是标准产品或标准选择件。所有模件采用接插式，便于更换。机柜内预留 15%各种型式 I/O 做备用，同时在插槽上还留有扩充 10%I/O 的槽位余地。所有开关量 I/O 模件有光电隔离装置，同时开关量模件具备自诊断功能，能够进行掉线和掉电诊断。

控制系统能在高的电气噪声，无线电波干扰和振动环境下连续运行。在距电子设备 1.2m 以外当工作频率达 400～500MHz，功率输出达 5W 的电磁干扰和射频干扰时，不影响系统正常工作。

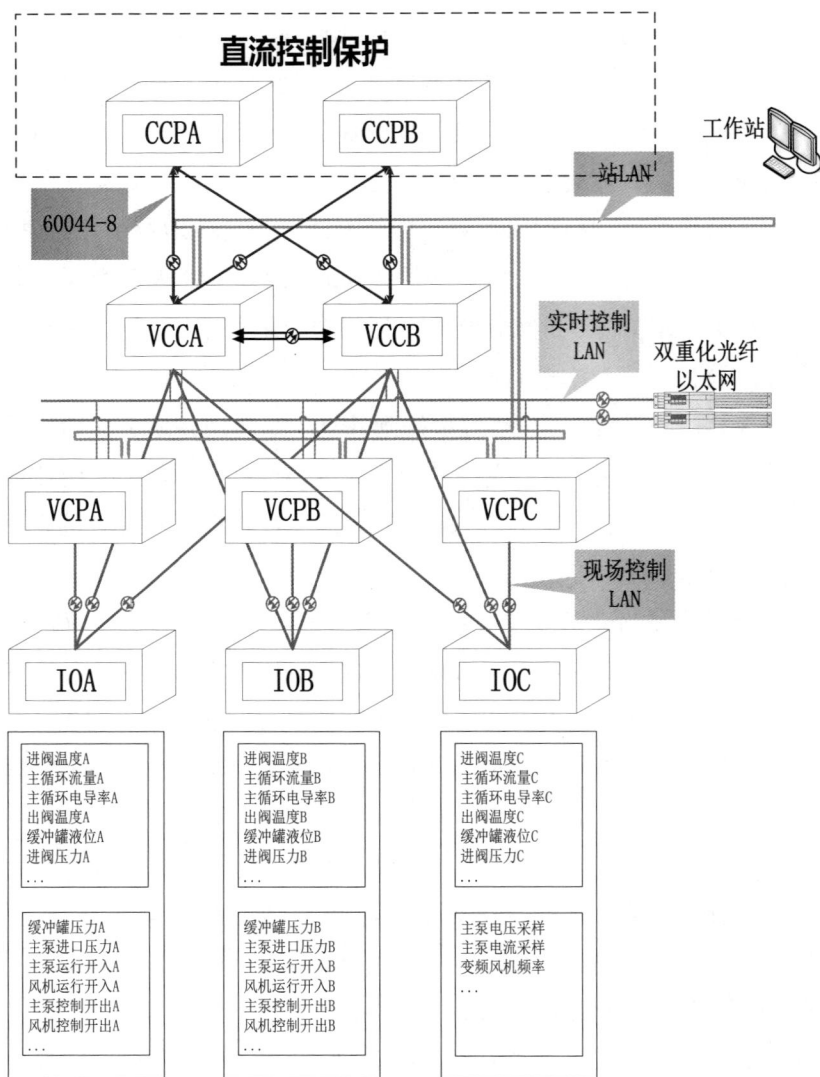

图 4-1-17 阀冷控制系统原理图

所有在控制器系统中的硬件的运行环境额定温度 -10～+60℃，额定存储温度为 -40～+85℃，而且是在无风扇或空调的条件下运行。硬件连续运行的相对湿度范围为 5%～95%，且无结露现象发生。

1. 阀冷控制单元

实现对水冷系统运行状态进行实时监视和控制，主要包括主泵、风机、喷淋泵等电机设备运行状态进行监视，并根据设备故障状态产生报警事件，实现对各类电机设备和阀门的启停、切换控制，接收保护装置信号完成保护出口逻辑判定，产生报警、跳闸信号。单配表计的保护报警在控制主机中实现。控制主机对检测与跳闸量相关的检测量出现一级预警时（逻辑在控制主机中实现，不采用保护主机判断后三取二的结果），设为轻微故障，尝试切换系统。

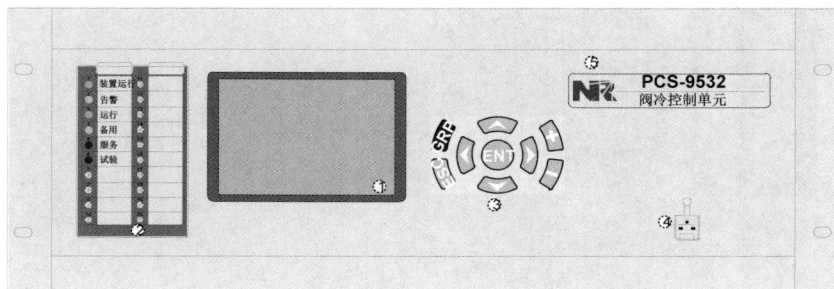

图 4−1−18　阀冷控制单元

控制单元机箱配置为：

P1	1	2	3	4	5	6	7	8	9	10	11	12	13	P2
1301N	1107C		1192C					1118B						1301N

图 4−1−19　阀冷控制单元配置

板卡功能如下：

管理板−NR1107，该板卡运行自主知识产权的嵌入式实时 Linux 操作系统，完成后台通信、事件记录、录波、人机界面等辅助功能。

DSP 板−NR1118/NR1192，该板卡实现采集母线电压，并实现欠压、过压、不平衡等保护功能、实现分别与各 IO 单元 CAN 通信，系统间通信，与极控主机之间的通信等，主要实现对各类电机、阀门的控制、监视，实现对温度、压力、流量、液位、电导率等运行指标的监测，产生报警、跳闸逻辑。

电源板−NR1301，该板双电源供电，可有效预防单电源故障导致阀冷控保系统停运。

2. 阀冷保护单元

在水冷系统运行期间对温度、压力、流量、液位、电导率等运行指标进行监测，对采样值依据保护定值进行判定，产生报警并将结果发送给控制装置。

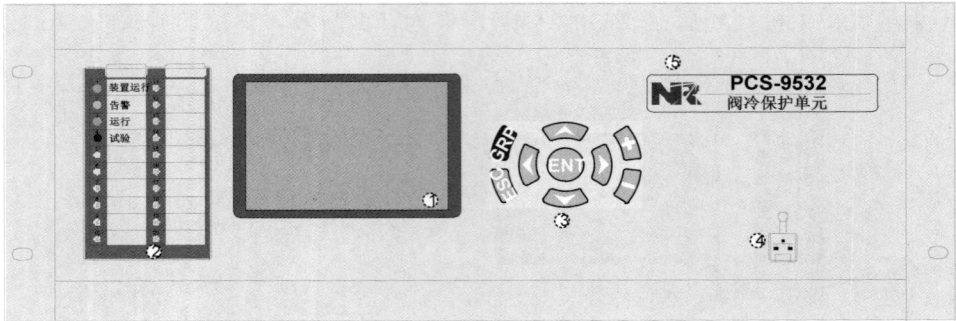

图 4-1-20　阀冷保护单元

阀冷保护单元机箱配置为：

P1	1	2	3	4	5	6	7	8	9	10	11	12	13	P2
1301N	1107C							1118B						1301N

图 4-1-21　阀冷保护单元配置

板卡功能如下：

管理板-NR1107，该板卡运行自主知识产权的嵌入式实时 Linux 操作系统，完成后台通信、事件记录、录波、人机界面等辅助功能。

DSP 板-NR1118，该板卡实现采集母线电压，并实现欠压、过压、不平衡等保护功能、实现分别与各 I/O 单元 CAN 通信，系统间通信，与极控主机之间的通信等，主要实现对各类电机、阀门的控制、监视，实现对温度、压力、流量、液位、电导率等运行指标的监测，产生报警、跳闸逻辑。

电源板-NR1301，该板双电源供电，可有效预防单电源故障导致阀冷控保系统停运。

3. 阀冷 I/O 单元

实现采集与水冷系统运行有关的温度、压力、流量、液位、电导率等非电量数据，以及主泵、风机、喷淋泵等电机设备的工作、故障等运行状态量，并将各类数据通过 CAN 总线上送至阀冷控制保护。接收阀冷控制保护发出的各类电机设备和阀门的分、合指令，以及三通阀、变频器等设备的角度控制指令，并输出至对应设备。

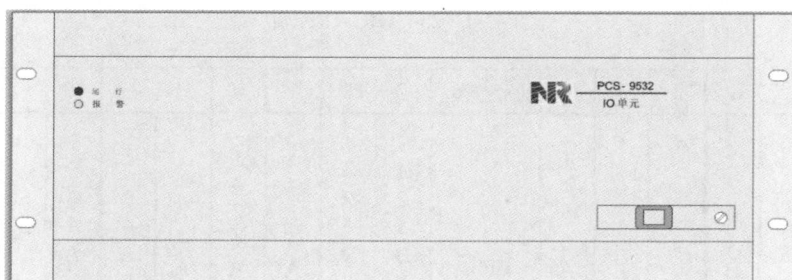

图 4-1-22　阀冷 I/O 单元

IO 单元机箱配置为：

P1	1	2	3	4	5	6	7	8	9	10	11	12	13	P2
1301N	1201B	1150E	1504AL	1504AL	1504AL	1425BL	1425BL	1425BL	1520A	1520A	1520A	1520A	1520A	1301N

图 4-1-23　IOA（B）-1 配置

P1	1	2	3	4	5	6	7	8	9	10	11	12	13	P2
1301N	1201B	1504AL	1504AL	1504AL	1504AL			1520A	1520A	1520A	1520A			1301N

图 4-1-24　IOA（B）-2 配置

P1	1	2	3	4	5	6	7	8	9	10	11	12	13	P2
1301N	1201B	1150E				1425BL	1425BL	1425BL						1301N

图 4-1-25　IOC-1 配置

P1	1	2	3	4	5	6	7	8	9	10	11	12	13	P2
1301N	1201B		1425BL	1150A	14016I6U	1425BL	1425BL	1424A	1424A	1424A	1504AL	1504AL		1301N

图 4-1-26　IOC-2 配置

P1	1	2	3	4	5	6	7	8	9	10	11	12	13	P2
1301N	1201B	1425AL	1425AL	1425AL	1425BL	1425BL	1424A	1424A	1520A	1504AL	1504AL	1504AL	1504AL	1301N

图 4-1-27　IOC-3 配置

（二）控制单元冗余功能

控制系统的冗余是提高阀冷可用性的重要环节。保证这一可用性的原则是：不容许单一故障点中断运行。在双重化的控制系统中，从工作子系统到并列的冗余子系统之间运行状态的转换可以手动实现。当检测出工作子系统故障时，这种状态转换是自动的。如果有一个子系统有故障或已经被人工切换到维修状态，则其不能转换到运行状态。子系统状态的转换不能影响到水冷系统的正常运行。

故障监测功能用来减少维护和定位故障。系统中每个微处理器和通信总线均处于故障监测的范围，并对任何异常发出报警信息后安全切换到备用系统。控制系统的冗余结构保证装置的维修、直流系统的调试、试验、运行有高度的灵活性，能把由控制系统引起的直流系统不可用率降到最低。控制系统保证当一个子系统出现故障，不会通过信号交换接口，以及通过装置的电源等而传播到另一个子系统。

用于跳闸的仪表传感器应按照三套独立冗余配置，跳闸出口按照"三取二"原则，传感器须具有故障检测功能，当一套传感器故障时，出口采用"二取一"逻辑；当两套传感器故障时，出口采用"一取一"逻辑出口；与保护跳闸功能相关的进阀温度、膨胀罐液位、流量及压力等传感器均故障时，应产生阀冷系统不可用信号。其他传感器至少采用双冗余配置。

表 4-1-3　　　　　　模 拟 量 信 号 采 集 表

TT01	进阀温度	AI：4-20mA	三重化
TT02	进阀温度	AI：4-20mA	三重化
TT03	进阀温度	AI：4-20mA	三重化
PT01	进阀压力	AI：4-20mA	三重化
PT02	进阀压力	AI：4-20mA	三重化
PT03	进阀压力	AI：4-20mA	三重化
FIT01	主循环流量	AI：4-20mA	三重化
FIT02	主循环流量	AI：4-20mA	三重化
FIT03	主循环流量	AI：4-20mA	三重化
TT06	出阀温度	AI：4-20mA	三重化
TT07	出阀温度	AI：4-20mA	三重化
TT08	出阀温度	AI：4-20mA	三重化
PT06	主泵进口压力	AI：4-20mA	双重化
PT07	主泵进口压力	AI：4-20mA	双重化
TT11	外冷回水温度	AI：4-20mA	三重化
TT12	外冷回水温度	AI：4-20mA	三重化
TT13	外冷回水温度	AI：4-20mA	三重化
LT01	膨胀罐液位	AI：4-20mA	三重化

续表

LT02	膨胀罐液位	AI：4－20mA	三重化
LT03	膨胀罐液位	AI：4－20mA	三重化
PT11	膨胀罐压力	AI：4－20mA	双重化
PT12	膨胀罐压力	AI：4－20mA	双重化
QIT01	主循环电导率	AI：4－20mA	三重化
QIT02	主循环电导率	AI：4－20mA	三重化
QIT03	主循环电导率	AI：4－20mA	三重化
QIT11	去离子支路电导率	AI：4－20mA	双重化
QIT12	去离子支路电导率	AI：4－20mA	双重化
TRT01_T	阀厅温度	AI：4－20mA	双重化
TRT02_T	阀厅温度	AI：4－20mA	双重化
TRT01_R	阀厅湿度	AI：4－20mA	双重化
TRT02_R	阀厅湿度	AI：4－20mA	双重化

水冷控制主机采用完全冗余的两套系统。每一套系统对自身进行监视，发现故障后及时进行冗余系统间的切换，确保始终由完好的一套系统处于值班状态。系统切换总是从当前有效的系统来发出。这个切换原则可以避免在备用系统中的不当的操作或故障造成不希望的切换。另外，当另一系统不可用时，系统切换逻辑将禁止该切换指令的执行。

可以通过以下方式进行冗余系统之间的切换：

（1）运行人员在操作界面上手动发出系统切换指令，可进行冗余系统之间的切换。

（2）运行人员在控制系统主机柜的就地切换盘上操作系统切换按钮，实现冗余系统间的切换。

（3）自诊断系统在检测到当前有效系统故障时，发出系统切换命令。

（三）阀冷却系统控制人机接口及信号回路

1. 阀冷却系统控制人机接口

阀冷控制保护系统具备就地操作和远程后台操作的人机接口，具备友好的人机操作界面，菜单丰富，操作简便。

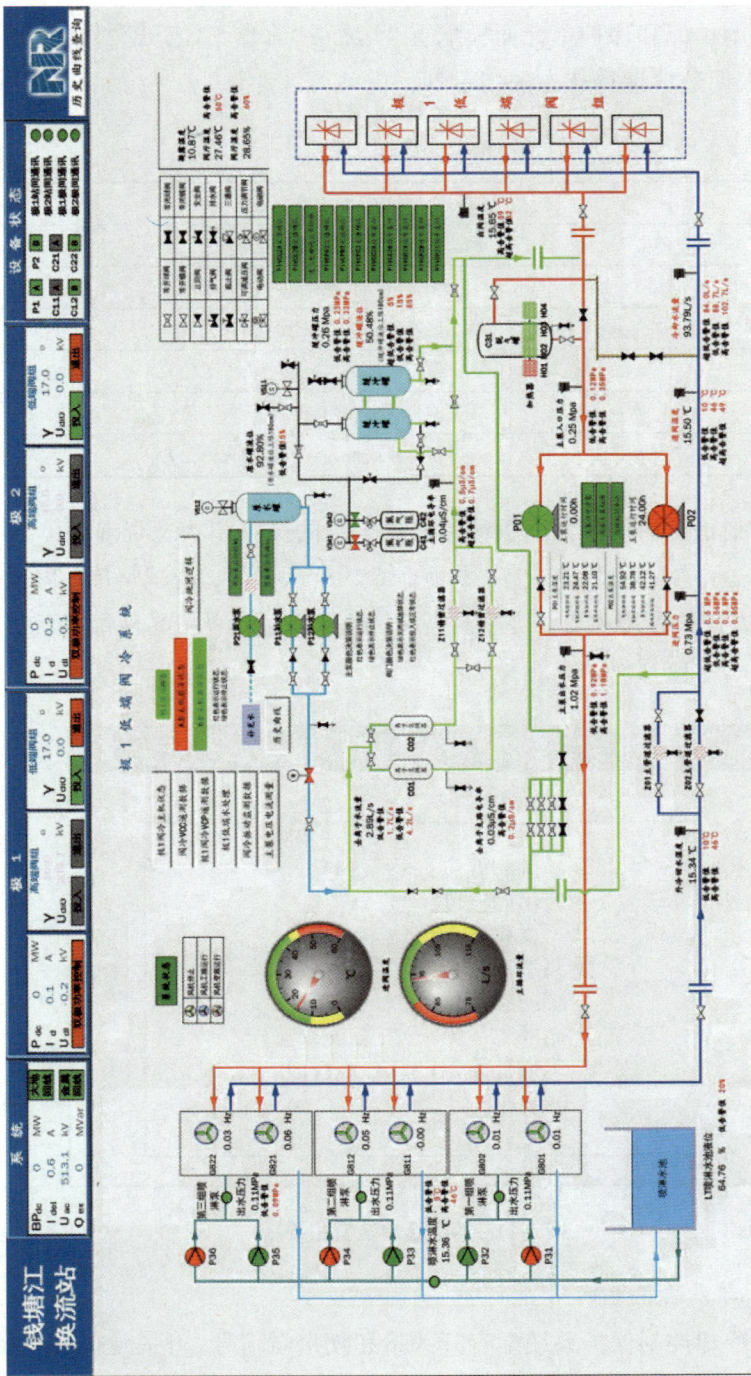

图 4-1-28　阀冷远程后台操作页面

阀冷控制单元和保护单元面板配置"运行""报警""值班""备用""服务""试验"等表明装置运行状态的指示灯。

表 4-1-4   指 示 灯 说 明

序号	指示灯名称（说明）
1	运行（出现为绿色，消失无色）
2	报警（出现为黄色，消失无色）
3	值班（出现为绿色，消失无色）
4	备用（出现为黄色，消失无色）
5	服务（出现为黄色，消失无色）
6	试验（出现为红色，消失无色）

阀冷控制单元保护单元面板液晶提供丰富的操作和状态查询菜单。主要包括：模拟量、状态量、整定定值、本地命令、显示报告、调试菜单、修改时钟、程序版本、语言设置等内容。装置上电后，正常运行时液晶屏幕将显示主画面，格式如图 4-1-29 所示。

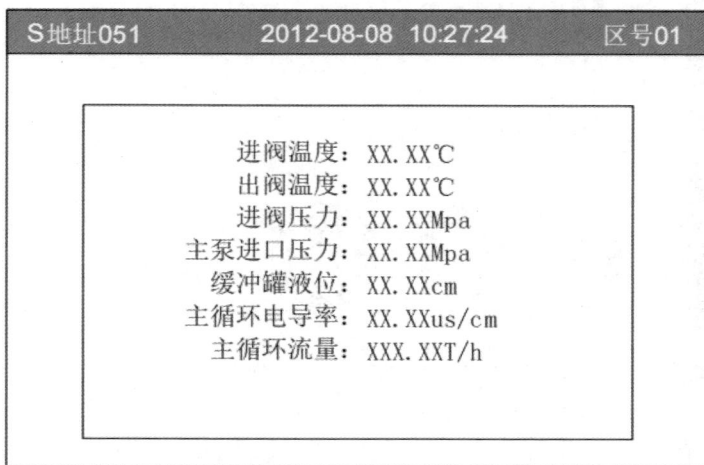

```
S地址051          2012-08-08 10:27:24        区号01

        进阀温度：XX.XX℃
        出阀温度：XX.XX℃
        进阀压力：XX.XXMpa
        主泵进口压力：XX.XXMpa
        缓冲罐液位：XX.XXcm
        主循环电导率：XX.XXus/cm
        主循环流量：XXX.XXT/h
```

图 4-1-29   阀冷装置主界面

2. 阀冷却系统信号回路

换流阀冷却控制保护系统配有开关量和模拟量信号。开关量信号主要用于设备状态的采集和设备控制操作，主要包含主循环泵、喷淋泵、冷却塔风机、排水泵等设备运行状态信号以及主循环泵、喷淋泵、冷却塔风机、排水泵等设备启停止控制命令信号。模拟量主要用于传感器信号采集和冷却塔风机给定频率控制等，主要包括内冷水流量、内冷水温度、内冷水回路电导率、内冷水压力、阀厅温/湿度、环境温度、内冷水电导率、风机反馈频率等。其中，开关量输入信号主要包括换流阀冷却系统中相关设备的状态信号量，以及与高压直流控制系统交换的信号量。

　　阀冷控制系统的信号采集，主要指所有传感器采集的信号及信号显示。传感器名称及相应量程如表4-1-5所示。

表4-1-5　　　　　　　　　　　控制系统的信号采集表

序号	名称	量程	备注
1	TT01 进阀温度	−40～+80℃	4～20mA
	TT02 进阀温度		
	TT03 进阀温度		
2	PT01 进阀压力	0～1.6MPa	4～20mA
	PT02 进阀压力		
	PT03 进阀压力		
3	FIT01 进阀冷却水流量	0～130L/s	4～20mA
	FIT02 进阀冷却水流量		
	FIT03 出阀冷却水流量		
4	TT06 出阀温度	−40～180℃	4～20mA
	TT07 出阀温度		
	TT08 出阀温度		
5	PT06 出阀压力	0～1.0MPa	4～20mA
	PT07 出阀压力		
6	E1.LT01 膨胀罐电容式液位	0～1700mm	4～20mA
	E1.LT02 膨胀罐电容式液位		
	E1.LT03 膨胀罐电容式液位		
7	E1.LIT01 原水罐磁翻板液位	0～1700mm	4～20mA
8	E1.QIT01 冷却水电导率	0～3μS/cm	4～20mA
	E1.QIT02 冷却水电导率		

序号	名称	量程	备注
9	E1.QIT03 去离子水电导率	0～3μS/cm	4～20mA
	E1.QIT04 去离子水电导率		
10	E1.FIT03 去离子水流量	0～5L/s	4～20mA
11	E1.H01 电加热器温度	−30～+200℃	4～20mA
	E1.H02 电加热器温度		
	E1.H03 电加热器温度		
12	E1.HT01 阀厅温度	−20～+80℃	4～20mA
	E1.HT02 阀厅温度		
13	E1.HT01 阀厅湿度	0～100%RH	4～20mA
	E1.HT02 阀厅湿度		
14	E3.LT01 缓冲水池液位	0～2000mm	4～20mA
	E3.LT02 缓冲水池液位		
15	E3.TT01 室外温度	−30～+80℃	4～20mA
	E3.TT02 室外温度		
16	E2.M11 风机变频器反馈频率	0～50Hz	4～20mA
	E2.M12 风机变频器反馈频率		
	E2.M21 风机变频器反馈频率		
	E2.M22 风机变频器反馈频率		
	E2.M31 风机变频器反馈频率		
	E2.M32 风机变频器反馈频率		
	E2.M41 风机变频器反馈频率		
	E2.M42 风机变频器反馈频率		
	E2.M51 风机变频器反馈频率		
	E2.M52 风机变频器反馈频率		
	E2.M61 风机变频器反馈频率		
	E2.M62 风机变频器反馈频率		
	E2.M71 风机变频器反馈频率		
	E2.M72 风机变频器反馈频率		
	E2.M81 风机变频器反馈频率		
	E2.M82 风机变频器反馈频率		
	E2.M91 风机变频器反馈频率		
	E2.M92 风机变频器反馈频率		

续表

序号	名称	量程	备注
17	E6.QIT01 喷淋水电导率	0～5000μS/cm	4～20mA
18	E1.PT06 膨胀罐压力	0～0.6MPa	4～20mA
	E1.PT07 膨胀罐压力		
19	E5.H01 电加热器温度	−30～+200℃	4～20mA
	E5.H02 电加热器温度		
	E5.H03 电加热器温度		
	E5.H04 电加热器温度		
20	E2.TT01 出换热设备内冷水温度	−50～+100℃	4～20mA
	E2.TT02 出换热设备内冷水温度		
21	E1.VB01 比例阀开度	0～100%	4～20mA
	E2.VB01 比例阀开度		
22	E4.LT01 集水池液位	0～3000mm	4～20mA
	E4.LT02 集水池液位		

3. 通信接口

（1）与换流器控制系统的接口。

换流器控制系统与阀冷控制系统均采用双重化"一主一备"配置，换流器控制系统与阀冷控制系统之间采用"交叉互联"方式进行双向信号传输。换流器控制系统与阀冷控制保护系统通信方式按照阀冷通用接口规范要求，采用 IEC 60044-8 通信。具体的换流器控制装置与阀冷控制装置接口介绍如下：

表 4-1-6　　换流器控制系统与上级控保系统间的接口信号

序号	阀冷系统至换流器控制系统	换流器控制系统至阀冷系统
	开关量信号	
1	阀冷系统跳闸	控制系统 ACTIVE 信号
2	备用	远程切换主循环泵
3	阀冷系统可用信号	换流阀 DEBLOCK
4	阀冷系统具备运行条件	备用
5	阀冷系统具备冗余冷却能力	备用

续表

序号	阀冷系统至换流器控制系统	换流器控制系统至阀冷系统
6	阀冷系统 ACTIVE 信号	备用
7	REC_VCCA_COM_IND	REC_CCPA_COM_IND
8	REC_VCCB_COM_IND	REC_CCPB_COM_IND
	模拟量信号	
1	冷却水进阀温度	
2	冷却水出阀温度	
3	阀厅温度	
4	环境温度	

　　阀冷控制保护系统同时通过 IEC 61850 报文将在线参数、设备状态及报警信息等上送至运行人员工作站。

　　（2）通用接口信号逻辑。

表 4-1-7　　　　　　　　　　从 CCP 到 VCC 的信号

1）CCP 值班信号（CCP_ACTIVE）

信号定义	信号 1：表示对应 CCP 系统处于值班状态
	信号 0：表示对应 CCP 系统处于备用状态
说明	系统运行中有且只能有一个系统处于值班状态，若 CCP 出现两个 ACTIVE 的情况（如主备间通信中断），则 VCC 会保持执行原 ACTIVE 为实际主用系统。 　　如 VCC 接收到两个 CCP 系统的 ACTIVE 信号同时为"主用"时，默认后变为主用系统为实际主用系统，VCC 发报警事件、不发闭锁指令、不将本系统置为不可用。 　　如 VCC 接收到两个 CCP 系统的 ACTIVE 信号同时为"备用"时，默认原主用系统为实际主用系统，VCC 发报警事件、不发闭锁指令、不将本系统置为不可用

　　2）CCP 解锁信号（CCP_DEBLOCK）

信号定义	信号 1：表示对应 CCP 系统处于解锁状态
	信号 0：表示对应 CCP 系统处于闭锁状态
说明	CCP 解锁期间，严格禁止 VCC 停运主泵，包括水冷在手动/自动方式下均不允许停主泵。 　　VCC 在接收到 CCP 的该信号由 1 变 0 并保持 5s 以后，水冷才能够停主泵。 　　CCP 处于值班和备用的装置均需根据实际情况出口该信号，VCC 根据值班机信号确定处理逻辑。 　　当 CCP 主备出口信号不一致时，发报警事件

3）远方切换阀冷命令（SWITCH_PUMP）

信号定义	信号 1：表示 CCP 发出 VCC 切换主泵命令
	信号 0：表示 CCP 未发出 VCC 切换主泵命令
说明	若 CCP 有切泵请求，信号需要持续 4s 以上脉宽。 CCP 主备均出口，VCC 按照主机信号执行逻辑。 VCC 收到来自处于主用状态的 CCP 的该命令后，进行切泵

表 4-1-8 **从 VCC 到 CCP 的信号**

1）阀冷系统值班信号（VCC_ACTIVE）

信号定义	信号 1：表示对应 VCC 处于值班状态
	信号 0：表示对应 VCC 处于备用状态
信号说明	CCP 仅根据 VCC_ACTIVE 信号选择 VCC_RFO、VCC_REDUNDANT 和模拟量信号，其他信号不受 VCC_ACTIVE 信号影响
二选一逻辑：	正常情况下，有且只有一个装置处于值班状态。 如果 CCP 接收到两个 VCC_ACTIVE 信号同时为值班（即为 1）时，需将后变为"值班"的系统作为实际值班系统继续运行，并发报警信号。 如果 CCP 接收到的两个 VCC_ACTIVE 信号同时为备用（即为 0）时，需保持原系统作为实际值班系统继续运行，并发报警信号。 CCP 对 VCC_ACTIVE 信号通道进行监视。当在 500ms 内未监视到 1MHz 或 10kHz 信号，则认为该信号通道故障，如换流阀未解锁时应发报警事件并尝试进行系统切换，若换流阀已解锁则发报警事件同时按换流阀失去冗余冷却能力继续运行

2）阀冷系统可用信号（VCC_OK）

信号定义	信号 1：表示对应 VCC 系统可用，水冷系统运行正常，无影响水冷运行的报警
	信号 0：表示对应 VCC 系统不可用，存在影响运行的故障
信号说明	VCC 应监视阀冷系统传感器、处理器、通信通道运行状态，向 CCP 系统发出阀冷系统正常/不可用信号
信号变位事件等级：	主用系统的 CCP 收到主用系统的 VCC 系统的不可用信号后，应停止采用来自该 VCC 的任何信号，发送报警事件并尝试系统切换。如果两套 VCC 发来的 VCC_OK 都为 0，则阀控认为两套阀冷控保系统均不可用，发出闭锁直流命令。 CCP 系统切换及闭锁直流的延时需大于 VCC 的切换时间，建议按 3s 设置

3）阀冷系统跳闸命令（VCC_TRIP）

信号定义	信号 1：表示 VCC 请求 CCP 跳闸
	信号 0：表示 VCC 未请求 CCP 跳闸
信号说明	该信号不根据 ACTIVE 信号做选择 处于值班状态的阀冷控制系统接收到阀冷保护信号，经三取二判断后，不切换系统直接出口送至直流控制系统。 存在跳闸信号的备用系统不允许切换为主系统。备用系统的跳闸信号不得出口
信号变位处理逻辑：	若两套 VCC 系统均可用，主用状态的 CCP 收到主用状态的 VCC 发出 VCCP_TRIP 信号后，直接闭锁换流器。 主用状态的 CCP 若仅收到备用系统 VCC 的 VCCP_TRIP 信号，则发出报警事件

4）阀冷系统具备运行条件（VCC_RFO）

信号定义	信号1：表示 VCC 运行正常，CCP 具备解锁条件
	信号0：表示 VCC 运行异常，CCP 不具备解锁条件
信号说明	该信号需要根据 VCC_ACTIVE 信号进行选择 VCCP_RFO 信号是 CCP 系统判断换流阀是否可以解锁的条件之一
信号变位 处理逻辑	VCCP_RFO 表示具备解锁换流阀的条件，即阀冷系统运行正常，主泵、喷淋泵（或风机）、各传感器、膨胀罐等无影响换流阀运行的事件，无保护动作（无跳闸命令、无功率回降命令）

5）阀冷系统功率回降命令（VCC_RUNBACK）

信号定义	信号1：表示 VCC 系统请求降低输送功率
	信号0：表示 VCC 系统未请求降低输送功率
信号说明	VCCP 检测到阀冷系统出阀温度过高时，VCC 可向 CCP 发出阀冷系统功率回降命令，请求直流控制系统降低输送功率，减少换流阀发热。 实际工程中，保留该信号通道，CCP 接收到该信号后不做任何逻辑处理

6）阀冷系统具备冗余冷却能力（VCC_REDUNDANT）

信号定义	信号1：表示阀外冷系统喷淋塔或冷却风机均可用
	信号0：阀外冷系统部分各喷淋塔不可用（喷淋塔或泵故障）或冷却风机不可用，不具备冗余冷却能力
信号说明	该信号需要根据 VCC_ACTIVE 信号进行选择。 REDUNDANT 信号为0时，CCP 系统禁止直流系统过负荷运行

（3）阀冷控制主机互联及接口方式。

控制主机按双重化独立配置；保护主机按三重化独立配置。控制主机与 IO 单元连接方式为交叉连接，即控制主机 VCCA 与 IO1）IO2）IOC 连接，控制主机 VCCB 与 IO1）IO2）IOC 连接。保护主机与 IO 单元连接方式为按套一对一连接，即 VCPA 与 IOA 连接，VCPB 与 IOB 连接，VCPC 与 IOC 连接，IO 出口指令根据值班系统执行。

处于 ACTIVE 状态的 CCP 和对应的 IO 系统实际负责阀冷的控制并出口指令，处于 STANDBY 状态的 CCP 和对应的 IO 系统除非不可用，否则必须处于热备用状态，即除发出控制出口指令外，其他控制、保护、报警、闭锁、监视、事件等功能同 ACTIVE 相同。主系统故障，自动切换至备用系统。

（四）阀冷却系统主要控制功能

1. 主循环泵控制

在水冷系统的主水路中配置两台冗余的主泵，其中一台主泵为运行状态，另一台为备用状态。每台主泵具有两个独立的工作回路：主泵工频旁路回路（包括：主泵旁路进线断路器、主泵旁路接触器、主泵旁路接触器控制开关）和主泵软起回路（包括：主泵软起回路进线断路器、主泵软起动器、主泵软起回路接触器、主泵软起回路接触器控制开关和主泵软起辅助电源开关）。其中只要任一回路正常均可以保证主泵正常工作。

（1）主泵软启动控制：主泵软起动器在主泵启动过程中投入运行，当起动完成后，如果相应主泵旁路正常，主泵从软起内置旁路运行自动切换到主泵工频旁路长期运行，软起动器退出运行。

（2）主泵旁路控制：当两台主泵软启回路均故障时，允许从主泵旁路直接起动主泵。

（3）主泵定时、手动、远程切换功能：运行模式下，当一台主泵连续运行时间大于主泵定时切换时间定值或人机界面手动切换主泵或远程切换主泵命令有效时，如果此时备用泵无任何故障，先切换到无故障的备用泵软起回路起动，再切换至无故障备用泵工频旁路运行。如果此时备用泵有任意故障，则当前运行泵继续运行。

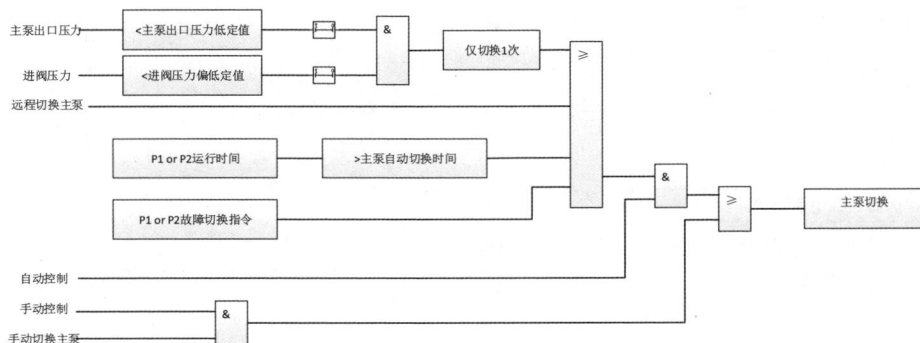

图 4-1-30　主泵切换逻辑图

（4）主泵故障切换功能：主泵故障分为两种情况，第一种当监视到主泵有过热或仅有软起信号开关断开的故障时，判断主泵能够保持运行，该类型故障信号根据另外一套主泵的情况判断是否切换主泵，只做报警不作为水冷请求跳闸的判断逻辑；第二种对于其他类型主泵故障发生时（包括主泵旁路回路故障、主泵软起回路故障，主泵交流电源故障、主泵出力异常），判断主泵不能保持运行，需要立刻切换主泵，如果两套主泵均出现该类型故障则最终根据流量判定后发出水冷请求跳闸命令。

主泵过热报警：

1）主循环泵设置 PTC 绕组过热检测，当该信号产生时作为主泵故障，根据另外一套主泵的情况判断是否切换主泵。

2）主循环泵轴承设置 PT100 热敏电阻实时进行温度检测，当温度传感器检测值超过主泵过热保护定值（95）℃时，报出相应主循环泵过热信号。

其中主泵旁路回路故障包括：主泵旁路进线断路器断开、主泵旁路接触器故障、主泵旁路接触器控制开关断开。主泵软起回路故障包括：主泵软起进线开关断开，主泵软起辅助电源开关断开、主泵软起动器故障、软起接触器故障。

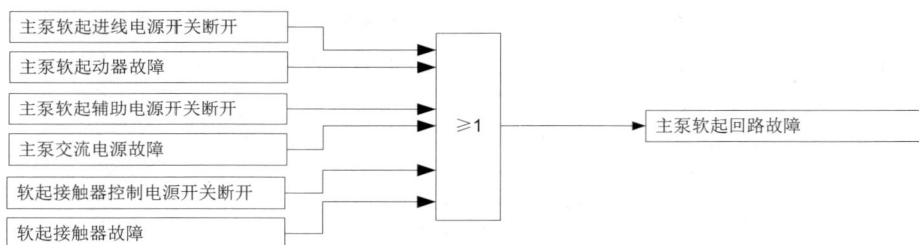

图 4-1-31　主泵软启动故障逻辑图

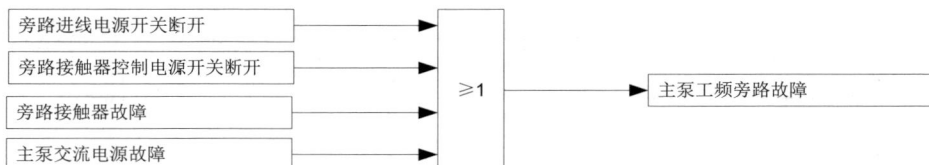

图 4-1-32　主泵旁路故障逻辑图

由于主泵实际运行有两条回路，旁路回路以及软起回路，根据主泵实际回路出现故障的情况做以下划分。

1）当运行泵在软起动过程中出现软起回路故障，或工频旁路稳定运行过程中出现工频旁路故障，备用泵软起回路和工频旁路均正常时，先切换到备用泵软起回路起动，起动完成后，再切换至备用泵工频旁路稳定运行。

2）当运行泵在工频旁路稳定运行过程中出现工频旁路故障且运行泵软起回路正常，备用泵软起回路正常且工频旁路有故障时，优先考虑切换至备用泵软起回路起动且稳定运行。

3）当运行泵出现工频旁路和软起回路均故障，备用泵正常时，自动切换至备用泵运行。

4）当运行泵出现工频旁路故障而软起回路正常，备用泵工频和软起回路均故障时，运行泵自动从故障的工频切回软起回路继续运行。

5）当两台泵的工频旁路、软起回路均出现故障的极端情况下，保持主泵的最后控制状态。

（5）主泵过热处理：当运行的主泵有过热报警时，备用泵无任何故障时，先切换到备用泵软起回路起动，起动完成后，切换到备用泵工频旁路稳定运行；如果备用泵软起回路有故障且工频旁路正常，直接切换至备用泵工频旁路运行；如果备用泵软起回路正常且工频旁路有故障，直接切换至备用泵软起回路起动并稳定运行；如果备用泵工频旁路和软起回路均有故障，当前运行泵即使有过热报警也继续运行。

（6）压力低切换主泵功能：当出现冷却水主泵出口压力低且进阀压力低后，备用泵无故障，自动切换到备用泵；如果备用泵运行时后检测到压力低报警，主泵不再进行切换（只切1次）。

（7）主泵接触器故障告警复归（包括主泵软起接触器故障和旁路接触器故障）。

主泵接触器故障告警手动复归：

当主泵接触器控制信号发出4s后，未收到相应接触器触点闭合反馈信号，认为该接触器故障，该故障同流量压力低故障一样需要现场检查判断并确认接触器正常后，在人机界面主泵控制画面，"其他复归"项进行手动报警复归确认后该报警才能复归，方可再次投入运行，否则一直认为该故障一直存在。

主泵接触器故障告警自动复归。

当主泵接触器故障时，接触器控制信号发出后，收到相应接触器触点闭合反馈信号，则接触器故障自动复归。

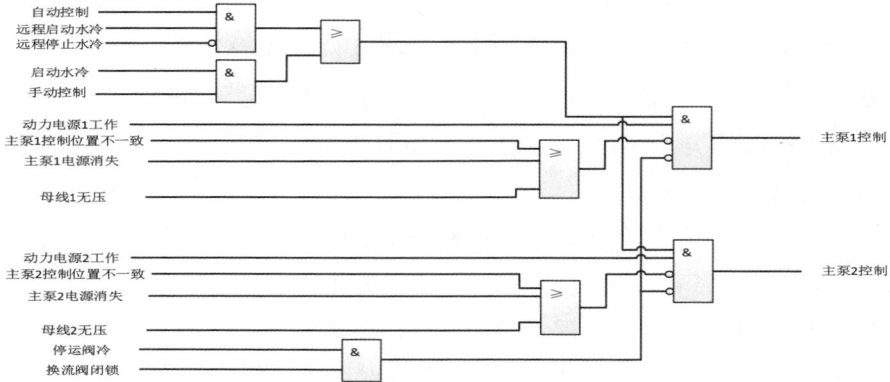

图 4-1-33　主泵控制逻辑图

2. 电加热器控制

电加热器启停有两种模式：自动模式与手动模式，在手动模式下使用液晶手动控制，不设置启停按钮及强投把手，不设远程遥控。

主循环加热器依据进阀温度控制，外冷加热器依据冷却器出水温度控制。

（1）主循环加热器。

需设置各组主循环加热器启动和停止定值，加热器按先启动先停止原则轮流启停。

在自动模式下，电加热器控制逻辑如下：

1）T（进阀温度）≤各组电加热器启动温度定值时，分别启动各组电加热器。

2）各组电加热器停止温度定值≤T（进阀温度）时，分别停止各组电加热器。

3）当监视到凝露报警时，启动电加热器。

4）当冷却水进阀温度大于凝露温度加 3℃以上且大于停止电加热器温度值时，停止电加热器。

5）当电加热器发生故障时，电加热器停止工作并跳过该组加热器。

以下情况下电加热器禁止启动：

1）主泵不运行。

2）冷却水流量超低报警。

3）进阀温度达到禁止运行电加热器定值。

4）进阀温度表计故障或者流量表计故障。

（2）外冷加热器。

需设置各组外冷加热器启动和停止定值，加热器按先启动先停止原则轮流启停。

在自动模式下，电加热器控制逻辑如下：

1）T（冷却器出水温度）≤各组电加热器启动温度定值时，分别启动各组电加热器。

2）各组电加热器停止温度定值≤T（冷却器出水温度）时，分别停止各组电加热器。

3）当电加热器发生故障时，电加热器停止工作并跳过该组加热器。

以下情况下电加热器禁止启动：

1）主泵未运行。

2）冷却水流量超低报警。

3）冷却器出水温度高报警。

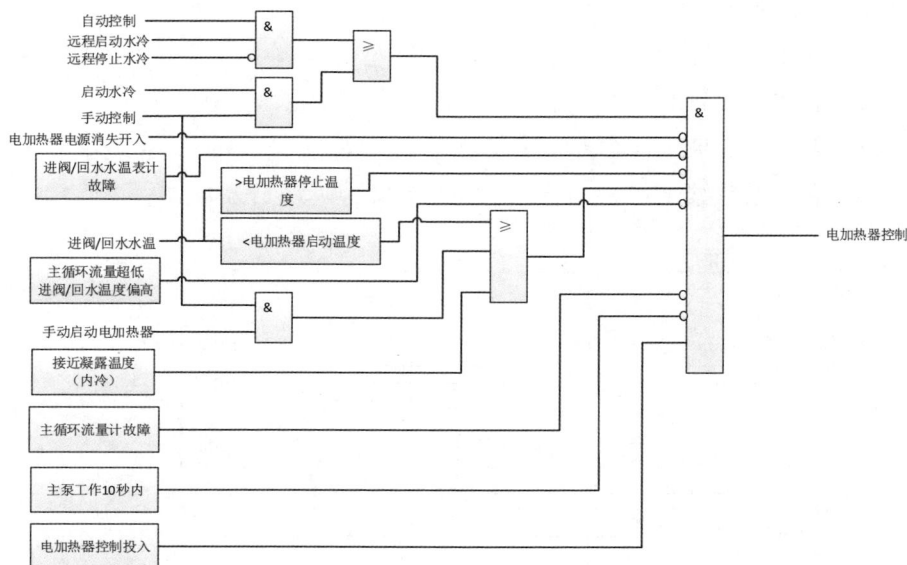

图 4-1-34 加热器控制逻辑图

3. 内冷补水控制

水冷系统共配置 2 台补水泵。补水泵互为主备。当自动模式下膨胀罐需要补水或者手动模式时，启动补水泵进行补水，到达指定液位时补水泵停止。

任何模式下，未到达相应停止定值时，补水泵、原水泵通过按钮开入控制启停。

自动模式下，补水泵控制逻辑如下：

（1）当膨胀罐液位低于补水泵启动液位值时补水泵启动补水，当膨胀罐液位大于补水泵停止液位值时补水泵停止。

（2）当原水罐液位低报警有效、膨胀罐液位计故障或膨胀罐液位大于停止补水液位值时，补水泵不能启动。

（3）当原水罐液位超低或当原水罐液位计故障时，补水泵不能启动。

（4）当检测到补水泵故障或无法工作时，自动切换到另一补水泵继续工作。

（5）补水泵启动前先发出打开补水电动阀指令，补水电动阀未完全打开补水泵不能运行；当补水泵运行时禁止关闭补水泵电动阀。补水泵停止运行时关闭补水电动阀。

补水泵报警信号包括：

（1）补水泵故障开入。

（2）补水泵位置不一致。

（3）补水泵长期工作。

（4）补水泵频繁工作。

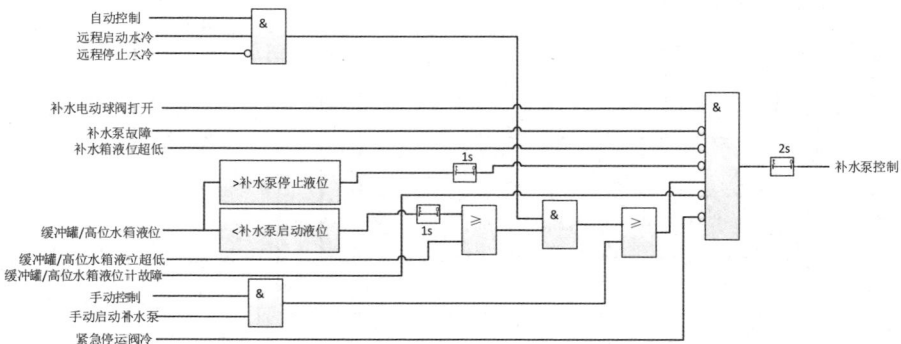

图 4-1-35　补水泵控制逻辑图

补水泵控制逻辑框图如下：当补水泵控制动作为 1 时补水泵启动，否则补水泵停止。

4. 外冷风机及喷淋泵控制

（1）空冷器风机控制。

共配置 182 台风机，分 7 大组，3 大组变频风机，4 大组工频风机。每大组内有 13 个小组，每小组 2 台风机。

正常情况下，三个冗余冷却器出水温度未均故障时，采用冷却器出水温度作为外冷控制温度，当三个冷却器出水温度均故障且三个冗余进阀温度未均故障时，采用进阀温度作为风机控制温度。

空冷器风机设置液晶手动控制功能、强投功能开入（开入有效时屏蔽信号不一致报警）。空冷器风机液晶手动控制按风机大组控制，把手手动控制时有效，不设远程遥控。

自动控制模式下，风机控制功能包括：

1）根据进阀温度对风机进行启停控制：当期望温度定值（定值可调）−温度控制变化区间定值（定值可调）＜进阀温度水温＜期望温度定值（定值可调）＋温度控制变化区间定值（定值可调），风机数量保持不变；当期望温度定值＋温度控制变化区间定值＜进阀温度，风机依次启动；当进阀温度＜期望温度定值−温度控制变化区间定值，风机依次停止。

2）风机启动为先启先停。

3）变频风机与工频风机的启动顺序为先启变频，后启动工频；先停止工频，后停止变频。

4）变频风机达到最高/最低频率后才能启动/停止下一组风机。

5）大组内小组风机之间延时 2s（定值可调）依次启停。

6）变频器风机根据期望温度进行转速调节。

7）每大组风机连续工作 7 天（定值可调）切至空闲风机。

8）若有风机发生故障则切至空闲风机。

9）风机启动时间间隔有两档：当冷却水温度＞期望温度定值＋温度控制变化区间定值＋2℃，风机启动时间间隔为风机快速切换定值（定值可调）。当冷却水温度＜期望温度定值＋温度控制变化区间定值＋2℃，风机启动时间间隔为风机慢速切换定值（定值可调）。

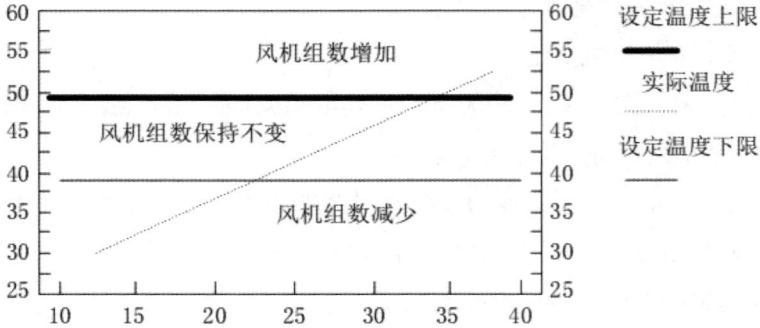

图 4-1-36　风机控制逻辑图

（2）冷却塔风机控制。

冷却塔风机共 4 台，冷却塔风机启停根据冷却塔温度期望值控制。

正常情况下，三个冗余冷却器出水温度未均故障时，采用冷却器出水温度作为外冷控制温度，当三个冷却器出水温度均故障且三个冗余进阀温度未均故障时，采用进阀温度作为风机控制温度。

每台风机配置变频回路和工频回路，当前运行风机变频故障时，切换至该台风机工频运行，同时控制系统报出相应"风机变频故障"报警。此报警存在时，该台风机不再执行切换，并保持工频运行。冷却塔风机控制策略参照空冷器，同时设置冷却塔风机下限频率全停止延时定值，保证冷却塔风机在最低频率运行一段时间后才停运，防止频繁起停。

（3）喷淋泵控制。

喷淋泵运行信号设有启停定值。喷淋水泵出水压力低或故障时，切换至备用泵运行。单台喷淋泵连续运行到达喷淋泵自动切换周期时间（168h）7 天自动切换。对喷淋水进行温度监测，并设置相应的温度偏低和偏高报警。

喷淋泵首次启动应检测缓冲水池水位，水位低时禁止启动。喷淋泵运行时，出现缓冲水池水位低报警时禁止停运喷淋泵。阀外水冷系统冷却塔风挡状态不作为冷却塔投退的条件，防止风挡位置信号误报导致冷却塔退出运行。开入信号全丢时，保持冷却塔正常运行，不得停运冷却塔。

当前喷淋泵运行,当出现以下情况时,系统切换到同一组的另一台喷淋泵运行,同时当前泵停止。情况包括:

1)喷淋泵出水压力低:每组喷淋泵出口设置压力变送器,当喷淋泵出水压力低于保护定值时,延时 3s 后,切换备用喷淋泵运行,同时控制系统报出相应"喷淋泵压力低切换,请就地确认"报警。此报警存在时,该组喷淋泵压力低不再执行切换。

2)当前运行喷淋泵故障:切换备用喷淋泵运行,同时控制系统报出相应"喷淋泵故障"报警。

其他控制内容:

1)具有喷淋泵手动切换/选择投入功能。

2)当出现相应"喷淋泵压力低切换,请就地确认"时,该组喷淋泵压力低不再执行切换。需要在阀冷控制系统就地操作面板进行手动确认。

阀外水冷系统喷淋泵、冷却塔风扇应有手动强投功能,在控制系统或变频器故障时能快速投入运行。冷却塔设置液晶手动控制功能、手动强投、强投功能开入(开入有效时屏蔽信号不一致报警)。冷却塔液晶手动控制按风机大组控制,手动控制模式下有效,不设远程遥控。

5. 补气排气电磁阀控制

在手动模式下,可通过就地控制台手动打开或关闭补气、排气电磁阀。

自动模式下的控制逻辑如下:

(1)当膨胀罐压力小于打开补气阀压力定值时,打开氮气补气阀进行补气。

(2)当膨胀罐压力大于等于关闭补气阀压力定值时,关闭补气阀停止补气。

(3)当膨胀罐压力大于打开排气阀压力定值时,打开膨胀罐排气阀。

(4)当膨胀罐压力小于等于关闭排气阀压力定值时,关闭膨胀罐排气阀,停止排气。

膨胀罐压力计故障时补气和排气电磁阀禁止动作,补气回路设置两套,分别由两套电磁阀控制,可通过监控系统遥控选择其中一套为主用投入控制。当膨胀罐压力低于补气电磁阀开启压力设定值时,补气电磁阀开启补气动作,当膨胀罐压力到达补气电磁阀关闭压力设定值时,补气停止。当补气电磁阀连续补气达到补气故障延时后,膨胀罐压力仍未到达补气电磁阀关闭压力时,报出电磁阀故障，切换至另一电磁阀工作。

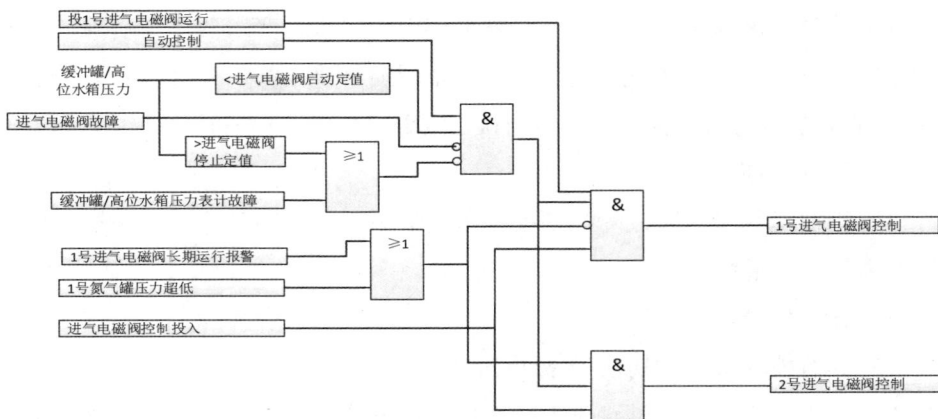

图 4-1-37　进气阀控制逻辑图

6. 三通阀控制

电动三通阀控制功能包括：

（1）根据冷却水进阀温度对电动三通阀进行相应的控制。

（2）T（进阀温度）≤定值时，电动三通阀关闭，直至关限位。

（3）定值≤T（进阀温度）≤定值时，电动三通阀开通角度根据温度分档控制。

（4）T（进阀温度）≥定值时，电动三通阀开通，直至开限位。

（5）三通阀调节范围可在三通阀控制定值中设定（"电动三通阀开度上限值"和"电动三通阀开度下限值"）。

（6）当监视到三通阀不能正常全开或者全关时，系统报电动三通阀故障。

（7）当三通阀双配时，两个三通阀采用同步控制，通过蝶阀控制冷却介质的流向，故只有一个三通阀以及对应蝶阀开通，当监视到运行的三通阀回路故障时，系统切换到另一路三通阀回路，对应的蝶阀打开，原三通阀对应的蝶阀关闭。

（8）当进阀温度表计均故障时，三通阀保持全开状态。

（9）当蝶阀发生故障后，需要手动进行复归。

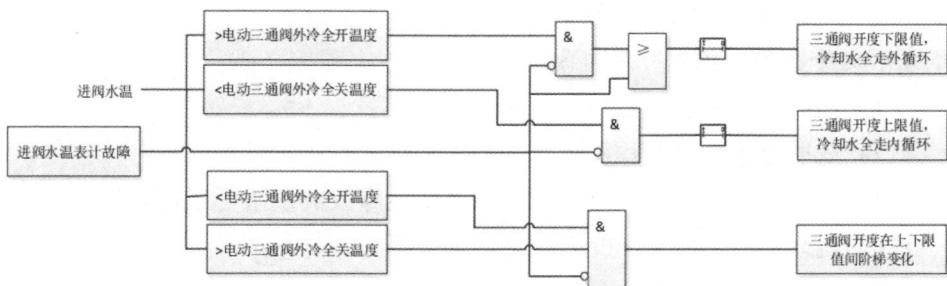

图 4-1-38　电动三通阀控制逻辑图

二、阀冷却系统保护

主循环水流量、膨胀罐液位、进阀温度、进阀压力、出阀温度、外冷回水温度、主循环电导率配置 3 个冗余传感器的工程，冷却系统保护报警、跳闸采用出口三取二策略，其他两套冗余配置的传感器保护报警采用出口二取一策略。

配置进阀温度保护、流量（压力）保护、液位保护、泄漏保护出口压板，阀冷却系统的保护投退、屏蔽均应有事件。

1. 请求跳闸功能

（1）进阀温度超高。

（2）膨胀罐/高位水箱液位超低。

（3）水冷却系统泄漏。

（4）主循环流量超低且进阀压力偏低或偏高。

（5）主循环流量偏低且进阀压力表计均故障。

（6）进阀压力超低且主循环流量偏低。

（7）进阀压力偏低且主循环流量表计均故障。

2. 请求停水冷功能

（1）膨胀罐/高位水箱液位超低。

（2）水冷却系统泄漏。

（3）主循环流量超低且进阀压力偏低或偏高。

（4）主循环流量偏低且进阀压力表计均故障。

（5）进阀压力超低且主循环流量偏低。

（6）进阀压力偏低且主循环流量表计均故障。

3．阀冷控制系统不可用信号

（1）进阀温度表计均故障。

（2）膨胀罐液位表计均故障。

（3）主循环流量表计、进阀压力表计均故障（流量压力联合跳闸）。

（4）两套控制系统 I/O 机箱双电源均故障。

（5）与保护主机通信均异常。

（6）阀冷控制装置板卡总线等自检故障。

（一）跳闸保护功能

水冷系统与跳闸相关的保护包括温度保护，流量保护以及液位保护三种。

1．温度保护

进阀温度采用三选二原则，经判断后若进阀温度值大于进阀温度超高设定值且持续一段时间后，水冷控制系统发出跳闸请求信号。

2．流量保护

主循环流量跳闸联合压力保护，流量压力保护经三取二判断后，若满足以下任一判据控制系统发出跳闸请求信号。

（1）主循环流量超低且进阀压力偏低或偏高。

（2）主循环流量表计均故障且进阀压力偏低或偏高。

（3）进阀压力超低且主循环流量偏低。

（4）进阀压力表计均故障且主循环流量偏低。

3．膨胀罐液位保护

膨胀罐液位传感器采用三选二原则，经判断后若液位值低于膨胀罐液位超低报警定值且持续一段时间，向水冷控制系统发出跳闸请求信号。

4．系统泄漏保护

水冷控制系统对膨胀罐液位按"三取二"原则进行连续监测，每隔一定周期对膨胀罐液位进行计算和判断，若连续一定时间检测液位下降超过设定值，则发出泄漏跳闸请求信号。

在水冷系统启停、外冷风机启动、喷淋泵启动、主泵切换及进阀温度变化速度超过一定速率等因素引起的液位变化时，短时屏蔽系统泄漏保护，避免泄漏保护误动。

5. 双控制主机故障保护

当两套控制主机系统同时故障或当 CCP 监视不到两套 VCC 主机状态时，应闭锁直流。

各个跳闸严格按照系统设置的延迟时间进行设定，当出现流量保护动作，系统泄漏或膨胀罐液位超低报警时发送跳闸请求信号，收到闭锁信号有效后，延时 5s 停运水冷系统。

（二）温度监视和保护

系统通过传感器监视进阀温度、出阀温度等，当对应的温度偏高或者偏低时，系统将发出阀冷告警命令。

当对应的传感器故障时系统将发出对应的表计故障信号并退出该表计对应的温度保护；传感器故障定义如下：

（1）进阀温度传感器、出阀温度传感器、冷却器出水温度传感器正常范围为下限 −20℃，上限 75℃，超出范围判断传感器故障；传感器故障复归延时宜设为 3s。

（2）流量传感器的测量范围为 4～20mA，超出量程判断流量传感器故障；传感器故障复归延时宜设为 3s。

（3）液位传感器测量范围为膨胀罐水位 0%～100%，0%对应膨胀罐直管最低位，100%对应膨胀罐直管高位，超出范围判断液位传感器故障；传感器故障复归延时宜设为 3s。

表 4−1−9　　　　　　　　　　进　阀　温　度　保　护

输入信号	进阀温度 4～20mA 模拟量
输出信号	冷却器综合跳闸
保护原理及定值 （定值待设定）	水冷系统根据进阀温度判断系统进阀温度是否正常，进阀温度保护包括温度超高，偏高，偏低，三种故障，具体保护如下： 进阀温度超高定值为 47℃，超过定值延时 3s 报进阀温度超高； 进阀温度偏高定值为 44℃，超过定值延时 3s 报进阀温度偏高； 进阀温度偏低定值为 12℃，低于定值延时 3s 报进阀温度偏低
处理策略	进阀温度偏高、偏低告警判断为阀冷系统未就绪；进阀温度超高，控制系统向 CCP 发冷却器请求跳闸指令； 如果检测到进阀温度超出量程，判断进阀温度表计异常，进阀温度相关报警屏蔽，后台报事件进阀温度表计异常

定值整定策略：

超高定值：根据设定的进阀温度报警定值（长期工作允许上限）的基础上增加一个偏移值（一般采用 2℃）进行设定。

偏高定值：根据设定的进阀温度报警定值（长期工作允许上限）进行设定。

偏低定值：根据设定的进阀允许的下限定值＋偏移值（2℃）。

表 4-1-10   出 阀 温 度 保 护

输入信号	出阀温度 4～20mA 模拟量
输出信号	出阀温度超高
保护原理及定值（定值待设定）	水冷系统根据出阀温度判断系统出阀温度是否正常，出阀温度保护包括温度超高，偏高两种故障，具体保护如下： 出阀温度超高定值为 62℃，超过定值延时 3s 报出阀温度超高； 出阀温度偏高定值为 60℃，超过定值延时 3s 报出阀温度偏高
处理策略	出阀温度偏高、超高告警判断为阀冷准备未就绪；如果检测到出阀温度超出量程，判断出阀温度表计异常，出阀温度相关报警屏蔽

定值整定策略：

超高定值：根据设定的进阀温度报警定值（长期工作允许上限）＋阀组温升（8～12℃）的基础上增加一个偏移值（一般采用 2℃）进行设定。

偏高定值：根据设定的进阀温度报警定值（长期工作允许上限）＋阀组温升（8～12℃）进行设定。

表 4-1-11   冷却器出水温度保护

输入信号	冷却器出水温度 4～20mA 模拟量
输出信号	冷却器出水温度偏低、偏高
保护原理及定值（定值待设定）	水冷系统根据冷却器出水温度判断系统冷却器出水温度是否正常，冷却器出水温度保护包括温度偏低，偏高两种故障，具体保护如下： 冷却器出水温度偏高定值为 62℃，超过定值延时 3s 报冷却器出水温度超高； 冷却器出水温度偏低定值为 10℃，超过定值延时 3s 报冷却器出水温度偏高
处理策略	冷却器出水温度偏高、超高告警判断为阀冷系统未就绪；如果检测到冷却器出水温度超出量程，判断冷却器出水温度表计异常，冷却器出水温度相关报警屏蔽

（4）阀厅温湿度。配置阀厅温度偏高报警（阀厅湿度高报警）。

（三）膨胀罐液位保护

表 4-1-12　　　　　　　　膨 胀 罐 液 位 保 护

输入信号	膨胀罐液位 4～20mA 模拟量
输出信号	冷却器综合跳闸
保护原理（定值待设定）	水冷系统根据膨胀罐液位判断系统是否正常，液位保护包括偏高，偏低，超低三种故障，具体保护如下： 膨胀罐液位偏高定值为 90cm，超过定值延时 3s 报膨胀罐液位偏高； 膨胀罐液位偏低定值为 30cm，低于定值延时 3s 报膨胀罐液位偏低； 膨胀罐液位超低定值为 20cm，低于定值延时 5s 报膨胀罐液位超低
处理策略	膨胀罐液位偏高，偏低告警判断为阀冷系统未就绪；膨胀罐液超低作，同时发出冷却器综合跳闸命令； 如果检测到膨胀罐液位超出量程，判断相关液位表计异常，膨胀罐液位相关报警屏蔽

（四）流量监视和保护

表 4-1-13　　　　　　　　流 量 监 视 和 保 护

输入信号	主循环流量 4～20mA 模拟量
输出信号	冷却器综合跳闸
保护原理及定值（定值待设定）	水冷系统根据主循环流量判断系统流量是否正常，主循环流量保护包括主循环流量偏高，偏低，超低三种故障，具体保护如下： 主循环流量偏高定值为 1760T/h，超过定值延时 3s 报主循环流量偏高； 主循环流量偏低定值为 1440T/h，低于定值延时 1s 报主循环流量偏低； 主循环流量超低定值为 1280T/h，低于定值延时 10s 报主循环流量超低
处理策略	主循环流量保护可根据控制字选择相应的跳闸辅助判据，满足跳闸判据后控制系统发出冷却器综合跳闸命令； 如果检测到主循环流量超出量程，判断主循环流量表计异常，主循环流量相关报警屏蔽

系统通过传感器监视主循环回路流量，当对应的流量偏高或者偏低时，系统将发出阀冷告警命令。当对应的传感器故障时系统将发出对应的表计故障信号并退出该表计对应的流量保护。

配置两个流量传感器时，满足以下条件之一出口跳闸：流量超低且进阀压力低；流量超低且进阀压力高；流量低且进阀压力超低；3 个流量传感器故障时系统跳闸系统根据进阀压力偏低或偏高出口跳闸；3 个进阀压力传感器故障时系统仅依靠流量偏低出口跳闸。其中流量判据采用出口二取一策略，进阀压力判据采用出口三取二策略。

配置三个流量传感器时，满足冷却水流量超低（三取二策略）出口跳闸。

（五）电导率监视和保护

系统通过传感器监视主循环回路电导率以及去离子支路电导率，当对应的电导率偏高时，系统将发出阀冷告警命令。当对应的传感器故障时系统将发出对应的表计故障信号并退出该表计对应的电导率保护。

1. 主回路电导率保护

表 4-1-14   主 回 路 电 导 率 保 护

输入信号	主循环电导率 4~20mA 模拟量
输出信号	综合预警
保护原理及定值 （定值待设定）	水冷系统根据主循环电导率判断系统电导率是否正常，主循环电导率保护包括超高，偏高两种故障，具体保护如下： 主循环电导率超高定值为 0.5μS/cm，超过定值延时 10s 报主循环电导率超高； 主循环电导率偏高定值为 0.3μS/cm，超过定值延时 10s 报主循环电导率偏高
处理策略	主循环电导率偏高和超高告警，控制系统判阀冷系统未就绪； 如果检测到主循环电导率超出量程，判断相关电导率表计异常，主循环电导率相关报警屏蔽

2. 去离子电导率保护

表 4-1-15   去 离 子 电 导 率 保 护

输入信号	去离子电导率 4~20mA 模拟量
输出信号	综合预警
保护原理及定值 （定值待设定）	水冷系统根据去离子电导率判断系统电导率是否正常，去离子电导率保护包括偏高故障，具体保护如下： 去离子电导率偏高定值为 0.3μS/cm，超过定值延时 10s 报去离子电导率偏高
处理策略	去离子电导率偏高告警判断控制系统发出综合预警命令； 如果检测到去离子电导率超出量程，判断相关电导率表计异常，去离子电导率相关报警屏蔽

（六）压力监视和保护

系统通过传感器监视进阀压力、主泵进口压力、膨胀罐压力，当对应的压力偏高或者偏低时，系统将发出阀冷告警命令。当对应的传感器故障时系统将发出对应的表计故障信号并退出该表计对应的压力保护。

1. 进阀压力保护

表 4-1-16　　　　　　　　　　进 阀 压 力 保 护

输入信号	进阀压力 4～20mA 模拟量
输出信号	综合预警；请求停运；冷却器综合跳闸
保护原理（定值待设定）	水冷系统根据进阀压力判断系统压力是否正常，进阀压力保护包括进阀压力超高，偏高，偏低，超低四种故障，具体保护如下： 进阀压力超高定值为 0.8MPa，超过定值延时 2s 报进阀压力超高； 进阀压力偏高定值为 0.7MPa，超过定值延时 3s 报进阀压力偏高； 进阀压力偏低定值为 0.45MPa，超过定值延时 3s 报进阀压力偏低； 进阀压力超低定值为 0.35MPa，低于定值延时 2s 报进阀压力超低
处理策略	进阀压力超高、偏高、偏低、超低告警判断为阀冷系统未就绪，并与流量进行联合判断是否跳闸；如果检测到进阀压力超出量程，判断相关压力表计异常，进阀压力相关报警屏蔽

2. 主泵进口压力保护

表 4-1-17　　　　　　　　　　主 泵 进 口 压 力 保 护

输入信号	主泵进口压力 4～20mA 模拟量
输出信号	综合预警
保护原理（定值待设定）	水冷系统根据主泵进口压力判断系统压力是否正常，主泵进口压力保护包括主泵进口压力超低，偏低两种故障，具体保护如下： 主泵进口压力超低定值为 0.3MPa，超过定值延时 3s 报主泵进口压力超低； 主泵进口压力偏低定值为 0.4MPa，超过定值延时 3s 报主泵进口压力偏低
处理策略	主泵进口压力超低、偏低告警判断为轻微故障，同时发出综合预警命令；如果检测到主泵进口压力超出量程，判断相关压力表计异常，主泵进口压力相关报警屏蔽

3. 主泵出口压力保护

表 4-1-18　　　　　　　　　　主 泵 出 口 压 力 保 护

输入信号	主泵出口压力 4～20mA 模拟量
输出信号	综合预警
保护原理（定值待设定）	水冷系统根据主泵出口压力判断系统压力是否正常，主泵出口压力保护包括主泵出口压力偏高，偏低两种故障，具体保护如下： 主泵出口压力偏高定值为 1.0MPa，超过定值延时 3s 报主泵出口压力偏高； 主泵出口压力偏低定值为 0.8MPa，超过定值延时 3s 报主泵出口压力偏低
处理策略	主泵出口压力偏高、偏低告警系统发出综合预警命令；如果检测到主泵出口压力超出量程，判断相关压力表计异常，主泵出口压力相关报警屏蔽

4. 膨胀罐压力保护

表4-1-19　　　　　　　　　膨 胀 罐 压 力 保 护

输入信号	膨胀罐压力 4～20mA 模拟量
输出信号	综合预警
保护原理（定值待设定）	水冷系统根据膨胀罐压力判断系统压力是否正常，膨胀罐压力保护包括膨胀罐压力偏高、偏低两种故障，具体保护如下： 膨胀罐压力偏高定值为 0.35MPa，超过定值延时 3s 报膨胀罐压力偏高； 膨胀罐压力偏低定值为 0.1MPa，超过定值延时 3s 报膨胀罐压力偏低
处理策略	膨胀罐压力偏高、偏低告警控制系统发出综合预警命令； 如果检测到膨胀罐压力超出量程，判断相关压力表计异常，膨胀罐压力相关报警屏蔽

（七）渗漏和泄漏保护

渗漏保护通过过监测膨胀罐的液位，每 3min 记录一个液位，并将液位的变化记录下来，在 24h 内，如果水位变化超过定值，系统报渗漏报警并发出阀冷告警命令。泄漏保护监视通过监视膨胀罐的液位，当液位连续出现下降速度超过泄漏判定整定值，系统报膨胀罐泄漏并发出阀冷告警命令。

1. 泄漏保护

泄漏保护逻辑策略为：阀冷控制系统采集膨胀罐液位，采样周期为 2s，计算当前液位采样值与 10s 前的液位采样值的差值作为液位下降速率，当液位连续 15 次下降速率均超过泄漏保护定值时（泄漏有效计算时间为 30s），发跳闸请求并停运主泵。

以下情况应屏蔽泄漏保护：

（1）大组外冷风机投运，屏蔽一段时间（定值）。

（2）主泵初次启动，屏蔽一段时间（定值）。

（3）切主循环泵，屏蔽一段时间（定值）。

（4）进阀温度剧烈变化重新计数（定值）。

表4-1-20　　　　　　　　　屏 蔽 泄 漏 保 护

输入信号	膨胀罐液位 4～20mA 模拟量
输出信号	综合预警，冷却器综合跳闸，水冷请求停运
保护原理（定值待设定）	水冷系统根据膨胀罐液位变化判断是否发生泄漏情况，保护原理如下： 监视到液位变化连续 10 次（每秒计时一次）出现液位下降速度超过泄漏判定整定值 1.5cm/2s（采样周期需要在 2s），报膨胀罐泄漏

续表

处理策略	泄漏告警判断为严重故障，同时控制系统发出综合预警，冷却器综合跳闸命令； 如果检测到膨胀罐液位超出量程，判断相关液位表计异常，泄漏报警屏蔽

2. 渗漏保护

系统在以下情况下屏蔽渗漏液位记录值：

（1）补水泵启动。

（2）主泵切换过程中。

（3）液位表计故障。

表 4-1-21 　　　　　　　渗 漏 保 护

输入信号	膨胀罐液位 4～20mA 模拟量
输出信号	综合预警
保护原理（定值待设定）	水冷系统根据膨胀罐液位变化判断是否发生渗漏情况，保护原理如下： 系统每 3min 监视一次液位，24H 内累计液位变化超过渗漏保护定值 10cm，报膨胀罐渗漏
处理策略	渗漏告警判断为轻微故障，同时控制系统发出综合预警命令；手动可以通过复位复归该报警信号； 如果检测到膨胀罐液位超出量程，判断相关液位表计异常，渗漏报警屏蔽

三、阀冷却系统电源配置

（一）阀冷动力电源

阀冷却系统的交流电源主要作为主循环泵、喷淋泵、外冷风机、补水泵、加药泵、电动阀等设备的工作电源。目前，我国已建或在建的高压直流输电工程，阀冷却系统设备的交流电源配置方式均采用双母线供电方式，两条母线之间相互电气独立，其中一路进线为工作电源，另一路进线为备用电源，当其中一路工作电源失电时，双电源切换装置将自动切换到另一路备用电源供电。主循环泵是内冷水循环系统的总动力源，在换流阀冷却系统中占有主导地位，因此，主循环泵采用独立的供电系统，其他交流设备如喷淋泵、冷却塔风机、过滤器、加药泵、电动阀、照明等作为一个整体采用另外一套独立的供电系统。两套独立供电系统的两路 400V 交流进线电源同样分别取自两个不同 400V 交流母线段，两路交流进线电源经双电源切换装置选择后，分别供电于主循环泵和其他交流设备。

（二）控制保护系统电源

阀冷却系统的控制和保护都由直流电源进行供电，直流电源主要作为换流阀冷却系统控制保护装置、测控装置、人机界面、I/O 装置的工作电源，均采用两路直流电源供电，以防止在电源扰动期间换流阀冷却系统失去控制和保护。

四、阀冷却系统系统监视与切换

（一）系统监视与自诊断

阀冷控制保护系统具有监视与自诊断功能，监视与自诊断功能覆盖从测量二次线圈开始包括完整的测量回路，信号输入/输出回路，总线，主机，微处理板和所有相关设备，能检测出上述设备内发生的所有故障，对各种故障定位到最小可更换单元，并根据不同的故障等级做出相应的响应，监视与自诊断功能覆盖率达到 100%。

1. 主机内部平行监视

基于 PCS-9532 平台的阀冷控制保护系统的装置由插件组成，其各个插件可以实时监视插件自身的各硬件、软件模块工作情况，也可以实时监视同一主机内部其他插件硬件，软件模块的工作情况，直流主机内部监视采用平行监视，通过平行监视可以实现两大目标：

（1）实现直流主机真正的板卡平行监视，即每块 DSP 板卡使用平行监视功能块即可实现对其他所有板卡的监视。

（2）实现直流主机板卡本板运行监视，所有运行异常都可上报。

2. IEC 60044-8 总线监视

阀冷控制保护系统中的 IEC 60044-8 总线是单向总线类型，用于高速传输测量信号。两个数字处理器的端口按点对点的方式联接（DSP-DSP 连接）。

在 PCS-9532 硬件平台系统中，IEC 60044-8 主要用于传输采样到的模拟量，其监视方式主要由接收端对总线进行监视。

3. 光纤以太网现场总线监视

（1）实时控制 LAN。

阀冷控制/保护主机通过 DSP 板卡实现主机间高速光纤以太网通信及监

视，所有 CTRLLAN 均为冗余双网。

（2）现场控制 LAN。

阀冷控制保护通过光纤以太网口连接其他 IO 装置，完成对 IO 屏内各节点的信号采集和监视以及出口控制电气单元。

现场总线上的 IO 板卡如发生故障一般作为严重故障处理，对控制保护功能不产生影响、重要性较低的板卡如发生故障可作为轻微故障处理。

该 IO 机箱内的 IO 板卡均冗余配置，控制系统对应各自有一套 IO 进行出口控制，对于本系统 IO 板卡单块故障 VCC 主机报严重故障，对系统 IO 板卡单块故障 VCC 主机报轻微故障。

4. 电源模块监视

所有电源板的电源 OK 状态由本屏的电源板通过以太网现场总线或 NR1201 板通过 CAN 总线发至相应的 VCC 主机进行监视。冗余配置中的一个电源故障属于轻微故障，一层机箱中两个冗余电源同时故障属于紧急故障。

5. "ActiveandAlive" 通信

本节说明一个系统是如何通过光纤以太网现场总线来向其他系统通报自身处于 "activeandalive" 状态的。这并不是简单的发个信息表明自身是运行（Active）。如果由于物理故障，总线发生断开，接收端收到的信息将保持为最后断开前的值。此时如果发送端的系统的运行状态发生变化，接收端无从知道。因此对于一些重要的信号，必须先判断一个 "alive" 信号。"alive" 信号是一个周期变化的信号，一旦总线故障，接收端收到的 "alive" 信号将不再变化，因此可采用 "alive" 信号作为接收使能。

6. 自诊断监视

阀冷控制保护系统中通过自诊断逻辑对模拟量采样进行故障判定，并将判定结果纳入系统故障等级判定中。

（二）系统切换

1. 概述

阀冷控制系统为完全双重化的冗余系统，系统之间可以在故障状态下进行自动系统切换或由运行人员进行手动系统切换。系统切换遵循如下原则：在任何时候运行的有效系统应是双重化系统中较为完好的那一重系统。

对控制设备状态的定义包括 active，standby，service，test 四种状态。

Active 为当前有效系统，Standby 为当前热备用系统，Service 为当前处于服务状态的系统（当前处于 Active 或者 Standby 状态时，系统也一定处于服务状态），Test 为当前处于测试状态的系统。双重化的控制系统在任何时刻都只能有一个系统是 Active 状态。只有 Active 系统发出的命令是有效的，处于 Standby 的系统时刻跟随 Active 系统的运行状态。发生系统切换时，只能切换至正处于 Standby 状态的系统，不能切换至处于其他状态的系统。当系统需要检修时，一般从备用系统开始，将其切换至 Test 状态，检修完毕后需手动投入至 Service 状态。

控制设备故障等级定义为轻微故障，严重故障和紧急故障。其中，轻微故障是指不会对阀冷系统运行产生危害的故障，因此轻微故障不会引起任何控制功能的不可用；发生严重故障的系统在另一系统可用（处于 Active 或者 Standby 状态）的情况下应退出运行，若另一系统不可用（不是处于 Active 或者 Standby 状态），则该系统还可以继续维持阀冷系统的运行；发生紧急故障的系统将无法继续控制阀冷系统的正常运行。当两个系统处于相同故障等级的情况下，系统不发生切换。

表 4-1-22　　　　　　　故　障　等　级　划　分

a. 轻微故障（MF）

轻微故障（MF）		
分类	序号	故障类型
电源监视	1	主机和所连 IO 屏柜中 IO 机箱单电源故障 1
表计监视	2	任意表计监视异常 1
通信监视	3	接收到保护主机异常（通信或测试状态）为轻微故障 1
平行监视	4	主机通信插件平行监视故障 1
主机装置监视	5	主机电源异常 1
模拟量光纤通信监视	6	模拟量板卡光纤数据帧错误 1

b. 严重故障（SF）

严重故障（SF）		
分类	序号	故障类型
平行监视	1	平行监视严重故障
电源监视	2	信号电源故障
通道监视	3	与 CCP 通信异常

c. 紧急故障（EF）

紧急故障（EF）		
分类	序号	故障类型
平行监视	1	平行监视 HTM0 故障
	2	平行监视 HTM1 故障
	3	平行监视定时中断故障
表计监视	4	跳闸相关同一类型表计全部故障（进阀温度，主循环流量，膨胀罐液位）
IO 板卡监视	5	主机和两套 IO 屏柜中 IO 机箱板卡节点故障
主机间通信	6	三套保护主机均异常（通信或测试状态）
CPU 监视	7	主 CPUSTALL

2. 对故障的响应

（1）轻微故障。

当 active 系统发生轻微故障，而另一系统处于 standby 状态，并且无轻微故障，则系统切换。切换后，原 active 的系统将处于 standby 状态。当新的 active 系统发生更为严重的故障时，而原系统处于轻微故障，那么原系统切换为 active 状态，进入 service 状态。

当 standby 系统发生轻微故障时，系统不切换。

典型的轻微故障有：I/O 单元单个电源故障。

（2）严重故障。

当 active 系统发生严重故障时，如果另一系统处于 standby 状态，则系统切换，先前 active 的系统退出 active 状态，进入 service 状态。如果系统故障消失，则系统可以恢复到 standby 状态。如果要对该系统做必要的检修，可以将系统切换至 test 状态后进行，检修完毕后再重新投入到 service 状态。

当 active 系统发生严重故障，而另一系统不可用时，则当前 active 系统继续运行。

当 standby 系统发生严重故障时，standby 系统应退出 standby 状态，进入 service 状态，如果系统故障消失，则系统可以恢复到 standby 状态，如果要对该系统做必要的检修，可以将系统切换至 test 状态后进行，检修完毕后再重新投入到 service 状态。

典型的严重故障有：I/O 节点故障。

（3）紧急故障。

当 active 系统发生紧急故障时，如果另一系统处于 standby 状态，则系统切换，先前 active 的系统进入 service 状态，如果系统故障消失，则系统可以恢复到 standby 状态，如果要对该系统做必要的检修，可以将系统切换至 test 状态后进行，检修完毕后再重新投入到 service 状态。

当 active 系统发生紧急故障时，如果另一系统不可用，则闭锁两端换流阀，跳换流变网侧断路器。

当 standby 系统发生紧急故障时，standby 系统应退出 standby 状态，进入 service 状态，如果系统故障消失，则系统可以恢复到 standby 状态，如果要对该系统做必要的检修，可以将系统切换至 test 状态后进行，检修完毕后再重新投入到 service 状态。

典型的紧急故障有：

1）I/O 中双电源故障。

2）跳闸相关的同类表计全部故障。

3. 系统切换的实现

（1）系统切换触发信号。

触发系统切换的信号主要有以下几类：① 后台手动进行的系统切换命令（MO_STANDBY）；② 保护请求系统切换命令；③ 系统故障（EMERGENCY_FAULT、SEVERE_FAULT、MINOR_FAULT）导致的系统切换。

（2）系统切换实现方法。

1）无故障系统与轻微故障系统之间切换。

假定初始状态是系统1）系统 B 均为无故障系统，系统 A 值班，系统 B 备用；当系统 A 出现轻微故障后，轻微故障延时 10s 后将通过 STM_SO_STANDBY 信号切换为备用系统，系统 B 切换为值班系统，系统 A 切换为备用系统。

2）无故障系统与严重（或紧急）系统之间切换。

假定初始状态是系统1）系统 B 均为无故障系统，系统 A 值班，系统 B 备用；当系统 A 出现严重（或紧急）故障后，系统 A 的系统 OK（SYS_OK）信号将消失，系统 B 监视到系统 A 的系统 OK 信号消失触发切换，系统 B 切换为值班系统，系统 A 退出值班，退出备用至服务状态。系统 A 故障消失后（为无故障状态）延时 1 分钟通过 ASA_RESET_STANDBY 信号切换为备用系统。

3）轻微故障与严重（或紧急）系统之间切换。

假定初始状态是系统 A 为无故障系统、系统 B 均为轻微故障，系统 A 值班，系统 B 备用；当系统 A 出现严重（或紧急）故障后，系统 A 的系统 OK 信号将消失，系统 B 监视到系统 A 的系统 OK 信号消失触发切换，系统 B 切换为值班系统，系统 A 退出值班，退出备用至服务状态。

4）系统间通信中断后系统切换。

假定初始状态是系统1）B 为无故障系统，系统 A 值班，系统 B 备用；当系统间通信完全中断后，触发系统1）系统 B 生成 OSYS_DEAD 信号，该信号将触发 B 系统切换为值班系统，系统 A 保持值班状态不变。

当系统间通信再次恢复后，系统 A 将默认退出值班状态切换到备用状态，系统 B 保持值班状态不变。

第四节 各路线阀冷设备差异

不同技术路线间阀冷系统主设备及布局基本相同，包含阀冷主泵及其附件，但阀冷系统软件设计、设备命名等存在些许差异，现将本书 3 个技术路线的阀冷主要差异汇总，如表 4−1−23 所示。

表 4−1−23 各技术路线阀冷设备对比表

厂家	南瑞	晶锐	高澜
控制系统	NR PCS−9532 系统	S7−400H 系列 PLC	S7−400H 系列 PLC
通信网络	IEC 61850	Profibus DP	Profibus DP
主泵电机	西门子	通常采用格兰富品牌	ABB
空冷器布置	引风式	鼓风式	引风式
空冷器变频数量（以组合式冷却系统为例）	28	16	32
空冷器工频数量（以组合式冷却系统为例）	84	16	64
电加热器	30kW，共 4 台，配置在主机模块；60kW，共 4 台，配置在室外管道上	30kW，共 3 台，配置在主机模块；60kW，共 4 台，配置在室外管道上	30kW，共 4 台，配置在脱气罐下部；80kW，共 4 台，配置在阀冷设备间外冷加热罐上
交流进线电源	30 路 AC380V±10% 交流进线电源	24 路 AC380V±10%交流进线电源，1 路 AC220V±10%交流进线电源	16 路 AC380V±10% 交流进线电源
直流进线电源	20 路 DC220V±10% 直流进线电源	6 路 DC110V±10%直流进线电源	6 路 DC110V±10%直流进线电源
冷却系统额定冷却容量（kW）	6000	5900	4800
系统额定流量（t/h）	366	331	331
换流阀最高进水温度（控制目标运行值，℃）	41	46	46
换流阀最高进水温度（报警值，℃）	43	48	48
换流阀最高进水温度（跳闸值，℃）	46	51	51
主回路设计压力（MPa）	1.0	1.3	1.0
主回路试验压力（MPa）	1.5	1.6	1.6
过滤精度（主回路/去离子回路，μm）	100/5	100/5	100/10

续表

厂家	南瑞	晶锐	高澜
人机接口	PCS-9532 装置面板	西门子多功能面板 HMI	西门子多功能面板 HMI
泄漏和渗漏保护	阀冷控制系统能够根据膨胀水箱液位进行微分泄漏和渗漏计算，泄漏投报警和跳闸信号，且每次计算时长不大于 2s，总时长不小于 30s；渗漏保护仅投报警。当内冷水进阀温度变化过大、主循环泵启动、冷却风机启动、喷淋泵启动等其他正常情况引起的泄漏保护动作时，控制系统对泄漏保护进行自动屏蔽，能够有效防止泄漏保护误动	阀冷控制系统能够根据膨胀水箱液位进行微分泄漏和渗漏计算，泄漏投报警和跳闸信号，且每次计算时长不大于 2s，总时长不小于 30s；渗漏保护仅投报警。当内冷水进阀温度变化过大、主循环泵启动、冷却风机启动、喷淋泵启动等其他正常情况引起的泄漏保护动作时，控制系统对泄漏保护进行自动屏蔽，能够有效防止泄漏保护误动	泄漏保护：对膨胀罐液位连续监测，每个扫描周期都对当前值进行计算和判断。满足动作定值延时 30 秒后泄漏保护动作。两台液位变送器同时检测液位。只一台液位变送器的液位变化满足跳闸逻辑时，泄漏保护无效；当两台液位变送器的液位变化均满足跳闸逻辑时，泄漏保护动作出口。比较周期内进阀温度变化梯度超过 0.2℃时，屏蔽泄漏保护。 渗漏保护：在扫描周期之间液位下降满足设定报警发出。任意一次采样值间下降量小于设定值，则将累计次数清零、报警复位，重新开始计数。补水泵在 1440 分钟内，连续补水 2 次（由启动液位补到停止液位），发出渗漏报警
遥控信号接口	与上级控保系统间所有开关量和模拟量均采用光信号通信，通信协议为 IEC 60044-8，传输速率 2.5 Mbit/s，通信介质采用多模玻璃光纤，ST 或 LC 接口。阀冷系统信号 SCADA 传输，采用以太网通信方式，协议采 IEC 61850，通信介质采用网线	所有开关量信号和模拟量信号均采用光调制信号接口方式，其中开关量光纤参数：直径 62.5/125μm；光信号波长 820nm；光纤接头为 ST 连接头；模拟量由单根光纤通过分时复用的方式发送，采用 IEC 60044-8 协议传输。光纤接头 ST 连接头；光纤直径 62.5/125μm； 光信号波长 820nm；通信速率：2.5Mbps	所有开关量、模拟量、远程控制和报警信号通过光调制信号与直流控保系统进行通信，采用分时复用的方式发送，协议为 IEC 60044-8，传输速率 2.5Mbit/s，通信介质采用多模光纤，直径 62.5/125μm，波长 820nm，接头为 ST；在线参数、设备状态等信息通过 2 路 Profibus 总线与上位机进行通信

第二章 技 能 实 践

第一节 阀冷却系统操作

南瑞继保阀冷控制保护系统具备就地操作和远程后台操作的人机接口，具备友好的人机操作界面，菜单丰富，操作简便。

阀冷控制单元和保护单元面板配置"运行""报警""值班""备用""服务""试验"等表明装置运行状态的指示灯。

表 4-2-1 指示灯说明

序号	指示灯名称（说明）
1	运行（出现为绿色，消失无色）
2	报警（出现为黄色，消失无色）
3	值班（出现为绿色，消失无色）
4	备用（出现为黄色，消失无色）
5	服务（出现为黄色，消失无色）
6	试验（出现为红色，消失无色）

阀冷控制单元保护单元面板液晶提供丰富的操作和状态查询菜单。主要包括：模拟量、状态量、整定定值、本地命令、显示报告、调试菜单、修改时钟、程序版本、语言设置等内容。装置上电后，正常运行时液晶屏幕将显示主画面，格式如图 4-2-1 所示。

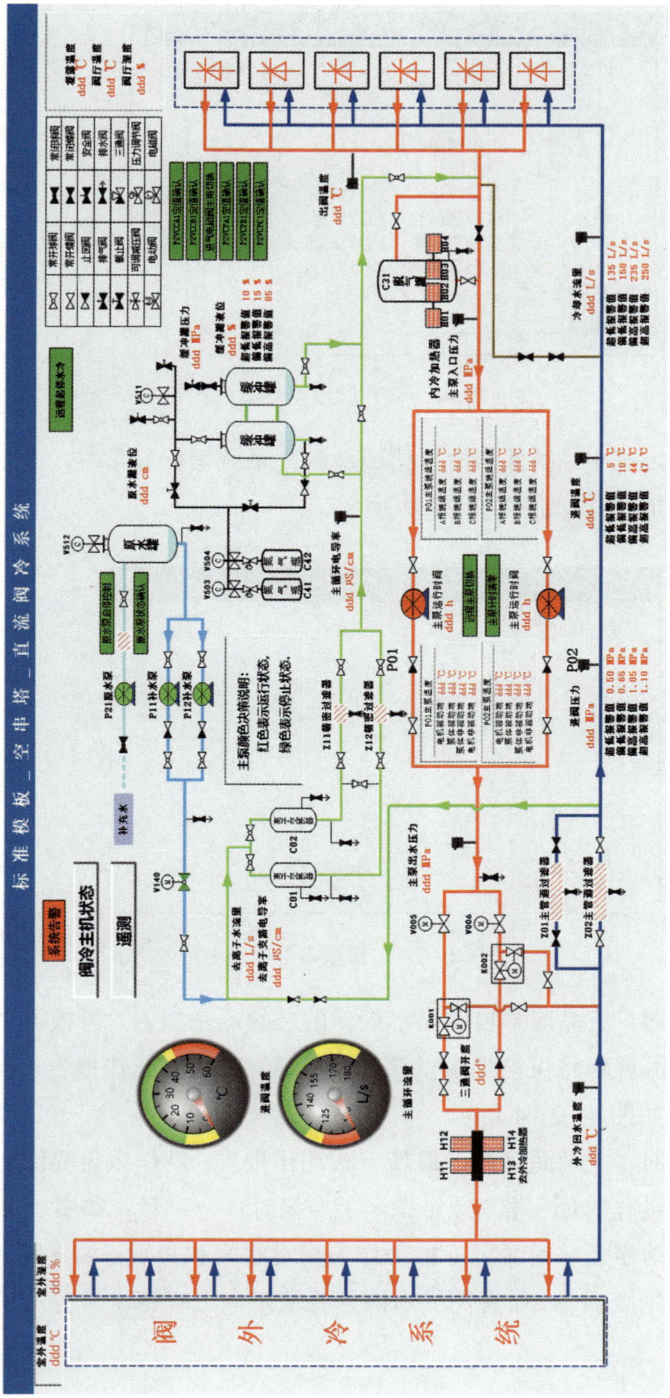

图 4-2-1　阀冷远程后台操作页面

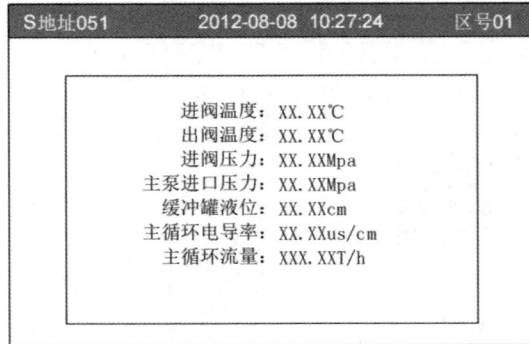

图 4-2-2　阀冷装置主界面

装置在运行过程中，硬件自检出错或检测到系统运行异常时，主画面将立即显示自检报警信息，如图 4-2-3 所示。

图 4-2-3　自检报告界面

当装置动作时，液晶屏幕自动显示最新的装置动作报告，再根据当前是否有自检报告，液晶屏幕将可能显示以下两种界面，有装置动作报告，没有自检报告，此时界面如图 4-2-4 所示。

当装置动作时，主画面将显示最新一次动作报告。动作报告界面显示动作报告的记录号，动作时间（格式为：年-月-日时：分：秒：毫秒）及动作元件名称，并且在动作元件前显示保护动作的相对时间和相别，如下图所示。如果不能在一屏内完全显示，所有的显示信息将从下向上以每次一行的速度自动滚动显示。

装置动作报告和自检报告同时存在，界面如图4-2-5所示。

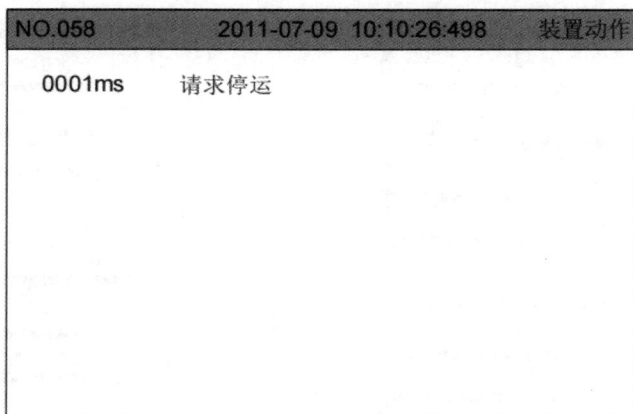

图4-2-4　动作报告界面

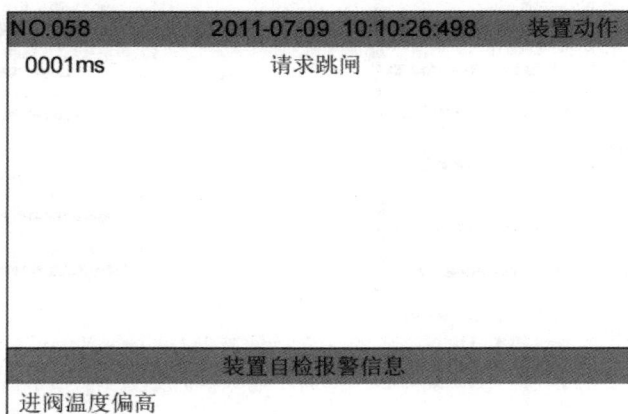

图4-2-5　动作报告和自检报告界面图

如果动作报告和自检报告同时存在，则主画面上半部分显示动作报告，下半部分显示自检报告，如下图所示。如果不能在一屏内完全显示，动作报告和自检报告的显示信息将分别从下向上以每次一行的速度自动滚动显示。

除了以上几种自动切换显示方式外，装置还提供了若干命令菜单，供调试工程师调试和修改定值用。在主画面状态下，按"▲"键可进入主菜单，通过"▲""▼""确认"和"取消"键选择子菜单。命令菜单采用如下的树形目录结构。

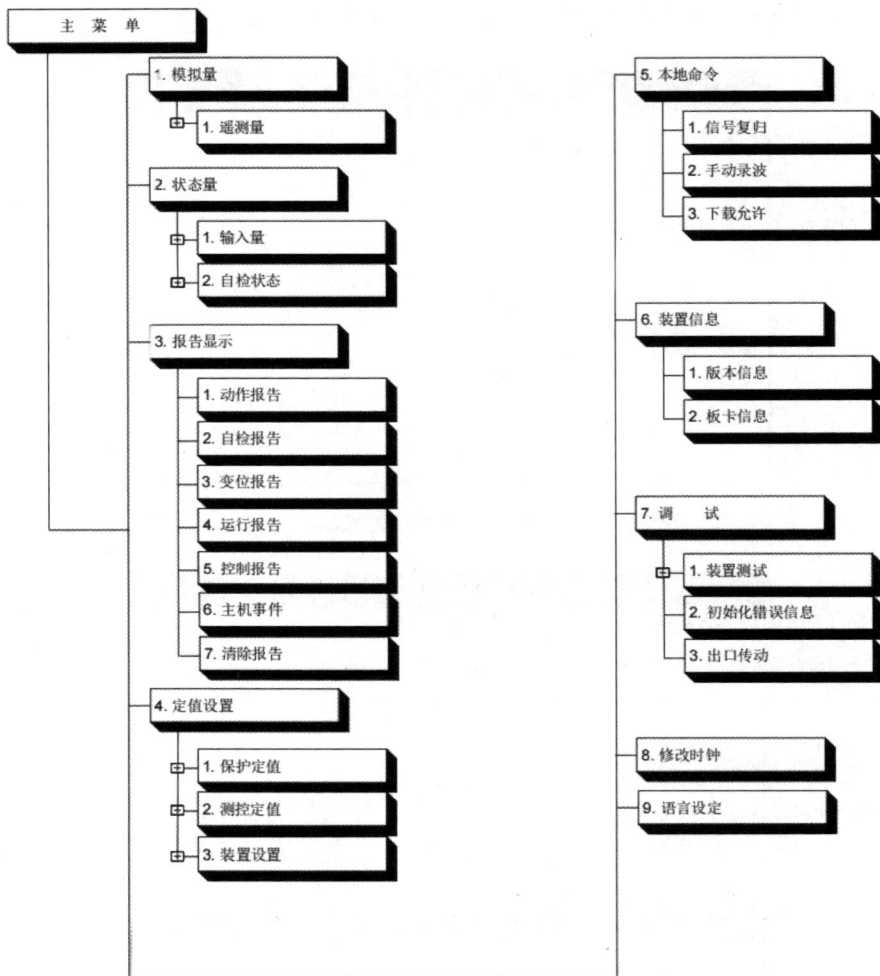

图 4-2-6　装置菜单结构图

一、模拟量

"模拟量"菜单的设置是用来显示实时显示本装置电流、电压采样值及相角，系统各变送器测量值以及板卡接收变送器 4～20mA 的实际电流数据。

二、状态量

"状态量"菜单用于显示输入到装置的开入量、系统的故障状态，也用于显示反映系统运行状态的开关量。该菜单与模拟量菜单全面地反映了装置运行的状态，运行人员可通过该菜单较为细致地了解系统实时的运行情况。

三、整定定值

此菜单包含：通信参数定值、录波参数定值、装置参数定值、控制定值、保护定值等。可进入某一个子菜单整定相应的定值。

通过"▲""▼"键上下滚动可选择整定的定值分组，按"确认"键进入整定定值界面；当有多级分组子菜单时，按"确认"键或"►"键逐级进入下一级子菜单，最后按"确认"键进入定值整定界面。通过"▲""▼"键上下滚动选择要修改的定值项，按"确认"键进入定值项编辑界面；按"◄""►"键移动光标至要修改的数据位，使用"＋""－"键修改数值。定值编辑完成后按"确认"键自动退出至整定定值界面，按相同的方法继续编辑其他定值项；定值修改完毕，按"取消"键，LCD 提示"是否保存？"，有 3 种选择：选择"是"，按"确认"键后输入四位密码（"＋""◄""▲""－"）完成定值整定；选择"否"，按"确认"键后放弃保存并退出；选择"取消"，按"确认"键返回定值修改界面。

四、本地命令

该菜单包含：信号复归、手动录波子菜单。"信号复归"命令用于复归控制保护单元中的各种信号、动作及跳闸保持继电器、装置信号灯，其功能等同于调节屏柜上的光耦开入复归信号。"手动录波"用于录取当前装置采集到的波形数据。

信号复归：系统跳闸和停运后的信号复归（主泵过流和系统泄漏需要进行信号复归）。

手动录波：手动触发装置录波。

下载允许：进入本子菜单后，本装置将发出下载请求，可以接受需下载到本装置内的配置文件。

五、显示报告

本菜单显示装置，变位报告。装置中开入或开出量变位、显示系统运行情况的状态量变位，都将形成变位报文，便于运行人员追溯系统运行情况。装置自带掉电保持。

通过"▲""▼"键上下滚动可选择显示的报告类型，按"确认"键进入报告显示界面。首先显示最新的一条报告；按"－"键显示前一个报告，按"＋"键显示后一个报告。如果一个报告的所有信息不能在一屏内完全显示，则通过"▲""▼"键上下滚动查看。按"取消"键退出至上一级菜单。

六、装置信息

版本信息：包括公司名称、装置类型、型号、各个智能插件的版本、程序形成时间以及校验码等。

板卡信息：包括装置配置的各个插件的类型及其工作状态等，可以设置默认选配的智能插件是否需要配置。

七、调试

通过"▲""▼"键上下滚动可选择调试子菜单，按"确认"键进入选择的调试界面；当有多级分组子菜单时，按"确认"键或"▶"键逐级进入下一级子菜单，最后按"确认"键进入调试界面。

装置测试：本菜单下的"保护元件""自检事件""变位事件"子菜单等用于通信传动（顺序或选点试验），即在不加任何输入的情况下，产生各种报文以上送后台，便于现场通信调试。

初始化错误信息：装置运行灯不亮时，查看错误信息。

出口传动：测试开出板卡出口继电器时使用。

八、时钟设置

本菜单用于设置装置内部时钟。通过"▲""▼"键选择要修改的单元，"＋""－"键修改数值。按"确认"键修改时间后返回，按"取消"键取消修改并返回。

九、语言

本菜单用于设定液晶显示的语言。

第二节　阀冷却系统运行与维护

南瑞继保技术路线阀冷系统的运行维护分为阀内水冷系统操作与阀外冷系统运行维护，为保证阀冷却系统无故障运行，进行良好、全面的预防性维护是非常重要的。本节主要对阀冷系统的例行维护、检修、备品备件更换等措施进行了详细阐述，包括电气、机械维护等内容。

一、主循环泵的维护

日常检查和保养主要是保持设备的良好运行状况和延长寿命。可通过电流表、温度计、振动监测仪等简单仪器检测，从启动、运转中去判断电动机是否正常。其他诸如容易磨损零件的损耗程度、线圈有无尘埃、油渍积集或劣化等状况，只有停机检查方可得知，如发现异常则须及时更换异常部件，以确保设备使用寿命，防止故障发生。

（一）维护注意事项

（1）更换水泵机封、轴承或拆除水泵时必须将泵冷却至室温，释放泵内压力，并排干泵内介质。

（2）对泵进行维护前须先切断电源，只有当泵处于停机状态时，才可以对其进行操作。

（二）维护步序

（1）确认被维护的主循环泵已处于备用状态。

（2）将被维护的主循环泵动力断路器、控制断路器、安全开关断开，并在此处悬挂"在此工作、禁止合闸"工作牌。

（3）将被维护的主循环泵进出口阀门关闭。

（4）对被维护的主循环泵进行维护。

（5）维护完毕后将主循环泵进出口阀门打开。

（6）将主循环泵安全开关、动力断路器、控制断路器合闸。

（7）测试被维护的主循环泵，确认工作正常。

（8）收回"在此工作、禁止合闸"工作牌，撤离现场。

（三）主循环泵启动前的准备工作及注意事项

（1）主泵轴承采用稀油润滑，启动前确保蓄油杯内油位正常（油位刻度约2/3 位置）。

（2）全面检查机械密封，以及附属装置和管线安装是否齐全，是否符合技术要求。

（3）检查机械密封是否有泄漏现象。若泄漏较多，应查清原因并设法消除。如仍无效，则应拆卸检查并重新安装。

（4）调节电机与水泵的同心度，径向及轴向最大跳动 0.1mm。

（5）按泵旋转方向手动转动轴，检查旋转是否轻快均匀。如旋转吃力或不动时，则应检查装配尺寸是否错误，安装是否合理，直至故障排查完成。

（6）水泵启动前必须保证泵腔内充满液体，严禁缺水运行，检查系统静压是否满足要求，相关阀门阀位是否正确。

（7）系统加水后初次启动前，应进行排气。

（四）主循环泵运行

首次运转时，需作如下检查：

（1）检查电机转向与指示转向是否相同。

（2）泵启动后若有轻微泄漏现象，应观察一段时间。如连续运行 4 小时，泄漏量仍不减少，则应停泵检查。

（3）水泵启动后应进行排气。

（4）泵的出口压力应平稳，泵入口应无进气现象。

（5）泵在运转时，应避免发生抽空现象，以免造成密封面干摩擦及密封破坏。

（6）泵启动后，应检查机械密封运转是否正常，是否有异响等，测量水泵电机电流是否正常，压力、流量是否在泵性能曲线上。

（7）水泵启动后，应避免频繁启/停操作，否则会造成密封件受冲击后摩擦条件恶劣，减少使用寿命。

主泵调试完成正常使用后，应定期检查水泵是否运行正常。

（五）主循环泵的停运

主循环泵在线检修时，需停运该水泵，断开水泵安全开关电源。如泵长期处于停运状态（1～2个月以上），应尽量将泵体内的介质排空。水泵电机冷却风扇积尘过多时应及时清理干净，避免影响电机散热。

（六）水泵的润滑

泵体轴承：应定期检查蓄油杯油量，定期添加。泵体轴承采用矿物油润滑轴承，更换润滑油的间隔时间和用量如表 4-2-2 所示（泵端轴承正常运行温度不高于 70℃，联轴器端直径 60mm）。

表 4-2-2　　　　　　　　轴承润滑更换时间及用量

轴承温度	首次换油	随后的换油
不高于 70℃	400h 后	每 4400h
轴承类型	联轴器直径（mm）	油的近似用量（mL）
滚珠和角接触球轴承	60	1350

更换滑润滑油的具体操作步骤如下：

（1）在轴承支架下放置一个适当的容器，用来收集用过的润滑油。

（2）取下加注塞和排出塞。

（3）轴承支架中的油排空后，塞上排出塞。

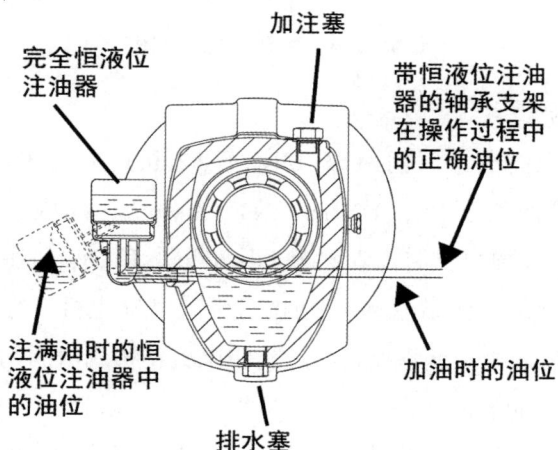

图 4-2-7　主泵加注及排放塞示意图

（4）取下恒液位注油器，通过注油孔注入机油，直至油面达到连接弯头中的液位，见图 4-2-8 中 1 所示。

（5）向恒液位注油器的蓄油杯中加注机油，然后将其装回操作位置。之后机油将被注入轴承支架中。在此过程中，可在蓄油杯中看到气泡。继续本步骤直到油位达到图 4-2-8 中 2 所示。

（6）当蓄油箱中的气泡完全消失后，重新加注蓄油箱，然后将其装回操作位置，见图 4-2-8 中 3 所示。

（7）装上加注塞。

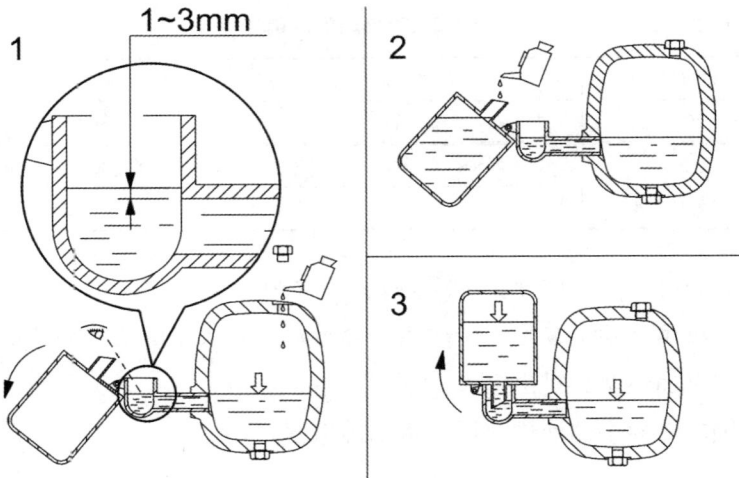

图 4-2-8　主泵注油示意图

（七）电机的润滑

水泵电机轴承的润滑周期为 4000h，遵照电机厂的铭牌说明，定期检查。

电机的润滑油脂类型：UNIRX N3（Esso），合成润滑脂符合 DIN 51825-K3N 规定，电机配有注油装置，风扇罩上有单独的注油铭牌。建议在电机运行过程中保持工作温度时，添加润滑脂。若在电机运行过程中不能添加润滑脂，推荐先注入少量润滑脂，然后旋转电机使得润滑脂均匀分布，当电机停下后，将剩余的润滑脂再注入。

如果电机轴驱动端轴承或非驱动端轴承过热，建议检查轴承热损情况，如有必要，则需更换轴承或添加润滑脂。在添加润滑脂之前，需要将注油孔中的旧润滑油脂清理干净，对于废旧的润滑脂应妥善处理，以防污染环境；如果电机轴承过热，轴承脂颜色将会变暗。

（八）轴承更换

在正常运行条件下，电机水平安装且不受任何轴向力的情况下，电机轴承寿命至少可达到 40000h；在电机承受允许径向和轴向负荷时，电机轴承寿命至少可达到 20000h（寿命均是电机在环境温度不超过 40℃，按照电机铭牌上标定的数据正常运转情况下可达到的寿命）。

（1）环境温度超高 40℃后，每升高 10℃，润滑脂的寿命降低一半。

（2）电机在垂直安装、外界环境非常恶劣、受外部机械振动或处于湿度比较大的环境中运行的情况下，润滑油脂的寿命以及轴承的寿命将会缩短。

（3）长期的储存会降低轴承的寿命，电机在长期储存超过 24 个月后，驱动端和非驱动端的轴承需要更换，开放式轴承需要重新注油。

（4）当轴承到寿命后，需及时更换轴承。

二、立式泵的维护

原水泵、补水泵故障虽不会造成阀冷系统跳闸等严重信号，但当系统急需补水时，如补水泵无法工作，则将会导致阀冷系统跳闸等严重后果，因此，应定期对原水泵、补水泵进行检查。

（一）维护步序

（1）确认被维护的立式泵已处于备用状态。

（2）将被维护的立式泵动力断路器、控制断路器、安全开关断开，并在此处悬挂"在此工作、禁止合闸"工作牌。

（3）将被维护的立式泵进出口阀门关闭。

（4）对被维护的立式泵进行维护。

（5）维护完毕后将立式泵进出口阀门打开。

（6）将立式泵安全开关、动力断路器、控制断路器合闸。

（7）测试被维护的立式泵，确认工作正常。

（8）收回"在此工作、禁止合闸"工作牌，撤离现场。

（二）泵和泵电动机的维护注意事项

（1）在启动泵维护工作之前，要确保所有的与泵相连的电源被完全关闭，断开电源物理连接。

（2）补水泵及原水泵可在线检修。

（3）每周检查补水泵管路阀门是否有非正常地关闭。

（4）对补水泵的运行次数进行记录，以便了解阀冷系统的综合运行情况。

（5）原水泵和补水泵为立式水泵，机械密封的冷却完全依赖泵体内的液体介质的浸泡，由于机械密封处于泵体的最高位，在首次运行或水泵维护后投入使用时必须松开泵体上部的排气阀对泵体内进行排气，直到有均匀持续的水涌出为止。

（6）原水泵、补水泵运行时声音正常，当噪音增大或异常时应立即停止运行，排除故障。

（7）每2年应清洗水泵电机风叶一次。本工程选用的格兰富立式泵的轴承和机封都是无须维护的。

（8）每年年检期间，检查补水泵接线是否有松动、运行电流是否正常。启动原水泵、补水泵进行补水，检查原水泵、补水泵是否有异常振动、噪声，压力、流量是否正常。

（9）如果泵将要排尽水并且长期不再使用的话，应该拆掉泵的联轴器保护盖，在泵端部和连接之间的轴上滴几滴硅树脂油（推荐型号），这将有效地防止轴封的粘结。

（10）对于泵的电机轴承而言：电机没有加油孔无须维护。

三、过滤器的清洗及维护

（一）主回路过滤器（以检修 Z01 为例）

主回路过滤器设置有2个，互为备用，可在线维护。在日常巡检过程中，如发现正在运行的主过滤器压差大于正常运行值（0.06MPa，具体以现场定值单为准），则要对其进行清洗和维护，维护前应切换至备用过滤器运行。过滤器压差值的大小可以根据对应过滤器的压差表得出。具体操作步骤如下：

（1）屏蔽阀冷系统泄漏保护、渗漏保护以及液位保护。

（2）记录下 V018 和 V019 的正常工作阀位，并先后关闭主过滤器进出水口蝶阀 V018 和 V019。

（3）首先打开主过滤的排气阀 V231，然后打开该封闭管段内的排水阀 V206 并外接排水软管，排完管路及主过滤器内的冷却介质，排空后应无介质流出。

（4）拆开主过滤器端部检修端盖，抽出过滤器滤芯。

（5）取出主过滤器内的滤芯，清理并检查滤芯上的异物，可通过 0.5MPa 的高压水枪对滤芯由内至外冲洗，边冲洗边用软毛刷子刷至干净（无肉眼可见异物）为止；如果滤芯污垢严重或破损，无法清理干净，则需更换备用滤芯。

（6）清洗完毕后，用纯净水漂洗 1～2 遍，并将安装滤芯的管道内部冲洗干净，然后按相反方向安装过滤器滤芯、新密封垫及拆除的端盖，再将滤芯装回管道过滤器中并拧紧，注意法兰和滤芯密封面间的密封垫，紧固螺栓，紧固力矩参照附件 13 中的数值进行，保证各连接处严密无渗漏。

（7）关闭排水阀门 V206，保持排气阀 V301 开启，同时缓慢打开 V018 阀门约 15°，直至阀门 V301 有水溢出时，关闭 V301。

（8）恢复 V018、V019 至初始工作阀位，并将排气阀 V301 关闭。

（9）待系统稳定运行 30min 后，通过操作面板解除阀冷系统的泄漏、渗漏及液位屏蔽。

说明：如果阀冷系统停机检修维护时，可省略步骤 1 和步骤 8。

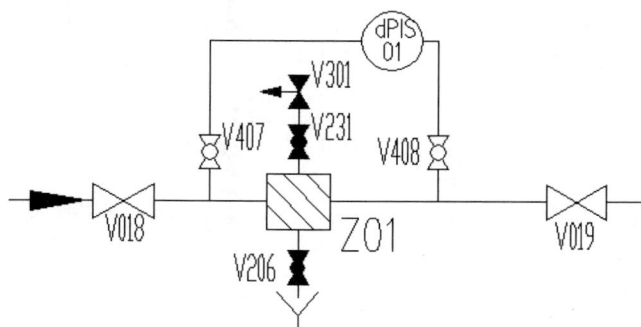

图 4-2-9 主过滤器

（二）精密过滤器维护（以检修 Z11 为例）

依次按以下步骤依次进行：

（1）屏蔽阀冷系统泄漏保护、渗漏保护以及液位保护。

（2）关闭精密过滤器进、出口球阀 V115 与 V117，排空过滤器内介质，或者底部放置水桶或其他容器收集介质。

（3）松开图 4-2-10 中下端抱箍，拆卸下端盖，并拆下内部滤芯。

（4）清理并检查滤芯外部的异物，可以通过 0.5MPa 的高压水枪对滤芯从内至外进行冲洗，如果滤芯的滤网污垢严重或破损，无法清理干净，则需更换新的备用滤芯。

（5）安装清理好的或更新的滤芯，过程中注意安装滤芯螺纹部分的密封圈，如有损坏也应更换。

（6）安装图 4-2-10 下端法兰，紧固好螺栓，紧固力矩，保证连接处严密无渗漏。

（7）缓慢依次开启 V115 与 V117。

（8）使检修后的过滤器在运行状态，观察接口处是否有渗漏。

（9）待系统稳定运行 30min 后，通过操作面板中的控制键解除阀冷系统泄漏保护、渗漏保护和液位保护屏蔽。

说明：如果阀冷系统停机检修维护时，可省略步骤 1 和步骤 9。

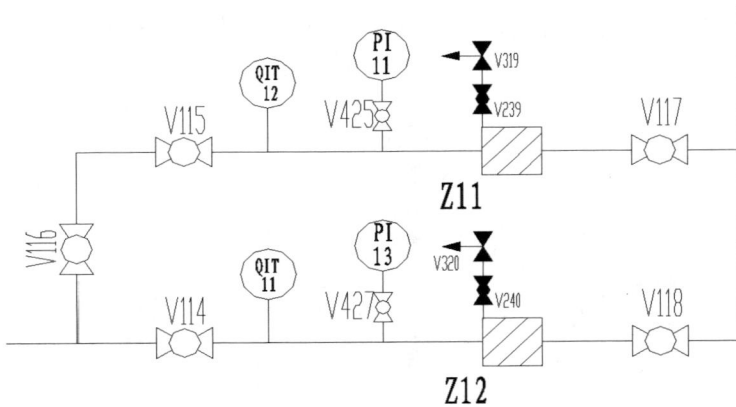

图 4-2-10　精密过滤器

（三）补水精密过滤器维护（以检修 Z21 为例）

（1）关闭阀门 V133，用活动扳手拆卸图 4-2-10 中器件 2。

（2）取出图 4-2-10 中滤芯 1，清理并检查其内部的异物。

（3）恢复滤芯，紧固好图 4-1-10 中的器件 2，保证连接处严密无渗漏。

（4）打开 V133，恢复系统运行。

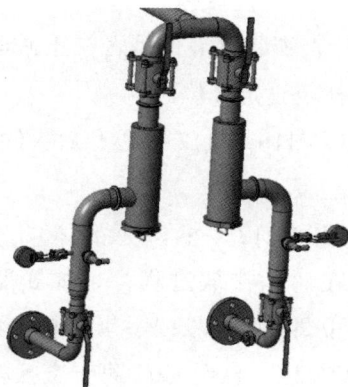

图 4-2-11　精密过滤器外形图

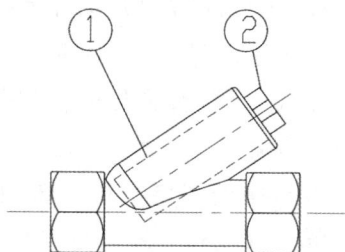

图 4-2-12　补水过滤器外形图

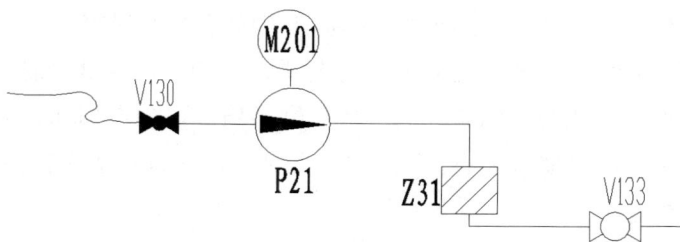

图 4-2-13　补水过滤器等元器件位置编号

四、离子交换器的维护

离子交换器运行一段时间后当监视到离子交换器出水电导率超过 0.3μS/cm（20℃时），即认为离子交换器需要更换树脂。软水器树脂的更换可参照离子交换器树脂的维护。

（一）树脂的维护

去离子回路的树脂采用的是免维护型，在使用寿命内无需对树脂进行维护。具体使用寿命取决于补给的原水水质，若水质电导率过高会大大缩短树脂的寿命，建议补充水电导率≤5μS/cm。每套水处理设备离子交换器设 2 台，可对单台离子交换器进行在线检修。

（二）树脂的更换（以 C01 运行，C02 检修为例）

需要更换树脂时，可按以下步骤依次进行：

（1）屏蔽阀冷系统泄漏保护、渗漏保护以及液位保护。

（2）补充原水罐 C21 液位至高液位，检查膨胀罐液位是否在正常运行值处，如液位较低则手动启动补水泵 P11/P12 补至设定液位。

（3）按流程图 4-2-14 所示，关闭 V115、V116，V113 小心开启大约 30°，连接好 V212 至树脂回收桶间的透明软管。

（4）手动启动补水泵 P11 或 P12，缓慢打开 V212 手柄，开度约 60°～90°，离子交换器中的树脂被排入树脂回收桶，在树脂排放过程中，如膨胀罐液位≤600mm（具体以现场定值单为准），应立即关闭 V212，启动补水泵 P11 或 P12，当膨胀罐液位达设定值处时再开启 V212，直至 C02 离子交换树脂被排空。

（5）关闭 V113、V212。

（6）确认 V113、V115 完全关闭；拆除 C02 上部管段卡箍。

（7）拆除 C02 上部离子交换器法兰封头，见图 4-2-53 中件①。

（8）仔细检查滤帽（图 4-2-53 中件②）情况，如有损坏，应更换。

（9）如离子交换器内还有树脂，可加入纯水将内部树脂全部清除；然后关闭 V214、V212。

（10）用漏斗和勺子充入新的无杂质的树脂，至 2/3 位置高度处。注意：滤帽应位于树脂上方，而不应埋在树脂内，罐体法兰面应清理干净，严禁有任何的残留树脂和其他杂质。

（11）安装好法兰封头和管道法兰等，注意螺栓的紧固（紧固力矩参照附录 2 中的数值进行），保证法兰密封处严密无渗漏。

（12）缓慢打开 V113，大约 20°～30°，此过程中如出现膨胀罐液位低或原水罐液位低等情况，应补充冷却介质后再缓慢开启 V113 为 20°～30°，待排气阀 V311 或 V312 中无气体排出时，关闭 V113。

（13）连接好 V214 泄空软管，打开 V214，排掉离子交换器内的冷却介质。

（14）循环操作以上 12 和 13 步骤 2～3 次。

（15）关闭 V214，重复本节步骤 12，使离子交换器再次充满冷却介质，然后全部开启 V115。

（16）切换 V113 与 V112 开关状态，使离子交换器 C02 为主运行，记录去离子水电导率和冷却水电导率数据，如电导率可满足设计要求，保持 C02 离子交换器为主运行 24h。

（17）再次切换 V112 与 V113 开关状态，使离子交换器 C01 为主运行，并开启 V113 约 15° 开度，保持离子交换器 C02 有少量的介质流过。

（18）启动补水泵，使膨胀罐液位恢复至正常液位，待膨胀罐液位稳定后，通过操作面板中的控制键解除阀冷系统泄漏屏蔽保护。

（19）在 C02 运行与 C01 检修时，树脂的泄空和填充，C01 离子交换器树脂的更换与 C02 离子交换器的操作相同，因此应遵循上述所要求程序和步骤，操作与之相对应的阀门及部件即可。

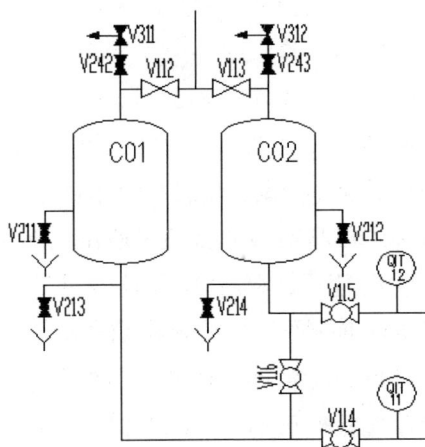

图 4-2-14　离子交换器元件位置编号

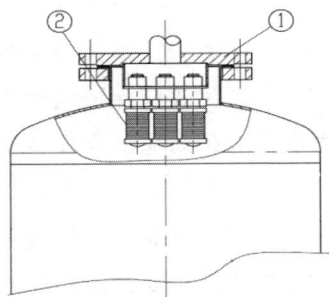

图 4-2-15　法兰拆卸示意图

五、氮气瓶的更换与维护（C41、C42）

阀冷系统氮气回路设 2 路，其中一路冗余。每一路设置 1 件氮气瓶，再设一件备用氮气瓶。（以更换 C41 为例）

当氮气瓶压力低于 1.0MPa（以现场定值单为准）时，会发出报警信号，提示更换氮气瓶。步骤如下：

（1）通过操作面板中的控制键选择 C42 运行。

（2）关闭 C41 阀氮气瓶针阀、截止阀。

（3）用活动扳手缓慢松开氮气瓶出口接头，待管路内的氮气排出。

（4）将充满氮气的氮气瓶换上，拧紧金属软管接头，打开氮气瓶截止阀，观察氮气瓶压力表是否与氮气瓶标识一致。

（5）肥皂泡检查补气管路无漏气。

（6）打开 C41 氮气瓶针阀、截止阀；C42 氮气瓶的更换与 C41 相同，操作与之相对应的阀门及部件即可。

六、仪表的维护

阀冷却系统中的仪表和传感器主要有：压力表、电接点压力表、压差表、压力变送器、流量变送器、温度变送器、电导率传感器、磁翻板液位变送器、转子流量计和温湿度变送器等九种。

（一）压力表维护

1. 压力表的维护要求

（1）压力表的检修与维护可以在线进行。

（2）压力表应保持洁净，表盘上的玻璃应明亮清晰，使表盘内指针指示的压力值能清楚易见，表盘玻璃破碎或表盘刻度模糊不清的压力表应停止使用。

（3）要经常检查压力表指针的转动与波动是否正常。

（4）压力表必须定期校验，每年至少经有资格的计量单位校验一次。校验后应认真填写校验记录和校验合格证并加铅封。正常运行过程中，如果发现压力表指示不正常或有其他可疑迹象，应立即检验校正。

（5）压力表与冷却介质接触部分每年应清洗一次。

（6）压力表节流阀位不宜全部开启。

（7）压力表严禁用水冲洗表面灰尘。

（8）每月巡检时，应检查充油压力表是否漏油或渗油。

2. 压力表拆装更换

（1）关闭压力表节流阀。

（2）用一把扳手卡住节流阀的卡位，另一把扳手卡住压力表的卡位。

（3）逆时针缓慢转动扳手，待压力表与节流阀的连接完全松动后，再手动拆下压力表。

（4）清理节流阀内螺纹里的密封生料带。

（5）将新的压力表外螺纹处缠绕密封生料带。

（6）与拆卸相反的程序安装压力表。

（7）安装好压力表后，并保证各连接口无渗漏，再开启节流阀。

（8）压力表的其他维护及使用说明详见相关说明书。

（二）电接点压力表维护

1. 电接点压力表维护要求

（1）电接点压力表的检修与维护可以在线进行。

（2）电接点压力表严禁用水冲洗表面灰尘。

2. 电接点压力表拆装

（1）关闭电接点压力表下方的检修球阀。

（2）通过人机界面将电接点压力表节点屏蔽。

（3）拆下控制柜内电接点压力表端子下端接线。

（4）旋松电接点压力表上的插座紧固螺钉，拔出插座。

（5）用扳手卡住电接点压力表卡位处，逆时针方向旋出；为防止电接点压力表下检修球阀跟随转动，应用另一把扳手卡住球阀固定。

（6）清除遗留于球阀内生料带等杂物残屑（可将球阀略微开启，用水冲出，注意水流方向不能对着眼睛操作）。

（7）将新电接点压力表螺纹处缠绕生料带，注意缠绕生料带方向应与螺纹旋进方向一致。

（8）按相反顺序安装新电接点压力表。

（9）电接点压力表的其他维护及使用说明详见相关说明书。

（三）压差表维护

1. 压差表维护要求

（1）压差表的检修与维护可以在线进行。

（2）压差表节流阀阀位不宜全部开启，开度约为 30%。

（3）压差表严禁用水冲洗表面灰尘。

2. 压差表拆装

（1）关闭压差表进出口节流阀。

（2）先用一把扳手卡住对丝接头的卡位，另一把扳手卡住快速接头螺母的卡位。

（3）逆时针缓慢转动扳手，待对丝接头与快速接头螺母的连接完全松动后，再手动移开快速接头螺母及管道。

（4）再用一把扳手卡住转换接头的卡位，另一把扳手卡住的压差表卡位。

（5）逆时针缓慢转动扳手，待压差表与转换接头的连接完全松动后，再手动移开压差表。

（6）用扳手拆下压差表上的对丝接头。

（7）清理各接头内螺纹里的密封胶带。

（8）将新的压差表外螺纹处缠绕密封胶带。

（9）按与拆卸相反的程序安装新的压差表。

（四）压力变送器维护

1. 压力变送器维护要求

（1）压力变送器的检修与维护可以在线进行。

（2）压力变送器节流阀阀位不宜全部开启，开度约为30%。

（3）压力变送器年检时应检查接线是否松动。

（4）变送器零部件完整无缺，无严重锈垢、损坏，紧固件无松动，接插件接触良好，端子接线牢固。

（5）定期进行接口清洗。

（6）定期经有资格的计量单位进行校验，校验后应认真填写校验记录和校验合格证并加铅封。正常运行过程中，如果发现变送器不正常或有其他可疑迹象，应立即检验校正。

2. 压力变送器更换

（1）关闭压力变送器下检修球阀。

（2）通过人机界面将压力变送器屏蔽。

（3）断开变送器控制电源，拆下控制柜内压力变送器端子下端接线。

（4）旋松压力变送器上的插座紧固螺钉，拔出插座。

（5）用扳手卡住压力变送器卡位处，逆时针方向旋出压力变送器；为防止压力变送器下检修球阀跟随转动，应用另一把扳手卡住球阀固定。

（6）清除遗留于球阀内生料带等杂物残屑（可将球阀略微开启，用水冲出，注意水流方向不能对着眼睛操作）。

（7）将新压力变送器螺纹处缠绕生料带，注意缠绕生料带方向应与螺纹旋进方向一致。

（8）按相反顺序安装新压力变送器。

（五）流量变送器维护

1. 流量变送器维护要求

（1）流量变送器的维护不能在线进行。

（2）年检时应检查接线是否松动。

（3）传感器及安装件的更换在大修的时候停机进行。

（4）每次巡检，应检查就地显示读数与操作面板显示读数是否一致。

（5）每次巡检，应检查安装件部分有无渗漏。

（6）设定完成的参数，不能随便更改。

（7）变送器零部件完整无缺，无严重锈垢、损坏，紧固件无松动，接插件接触良好，端子接线牢固。

（8）定期进行接口清洗。

（9）一年定期经有资格的计量单位进行校验，校验后应认真填写校验记录和校验合格证并加铅封。正常运行过程中，如果发现变送器不正常或有其他可疑迹象，应立即检验校正。

2. 流量变送器拆装维护

（1）流量传感器的更换建议应在系统大修期间由阀冷厂家或仪表供应商进行现场指导进行。

（2）记录本体显示器上的设置参数。

（3）断开流量变送器接线端子上的刀闸端子。

（4）用螺丝刀拧下电缆接线端口的螺丝，轻轻拔出。

（5）拧开流量变送器与底座接口并取出流量变送器维护。

（6）完毕后拧上流量变送器与底座接口，按原样插上电缆接线端口，用螺丝刀拧紧。

（7）闭合流量变送器接线端子上的刀闸端子。

（8）更换完新的流量表后要对表的参数进行设置。

（9）检查量程、管径、K_c 系数、测量介质等参数是否正确，设定参数详见阀冷系统定值设定表。

（六）温度变送器维护

1. 温度变送器维护要求

（1）温度变送器的维护不能在线进行。

（2）年检时应检查接线是否松动。

2. 室内温度变送器拆装维护

（1）断开控制柜内该故障仪表接线端子（过程中会有故障预警）。

（2）用螺丝刀将电缆连接器螺丝拧松，并拆下连接器。

（3）用一把扳手卡住温度变送器上端六角卡位，另一把扳手卡住温度变送器上的卡位。

（4）逆时针缓慢地将温度变送器探头拆出。

（5）按相反顺序装入新的温度变送器，接线，合上控制柜内该故障仪表接线端子。

3. 室外温度变送器拆装维护

（1）断开控制柜内该故障仪表接线端子（过程中会有故障预警）。

（2）用螺丝刀将电缆连接器螺丝拧松，并拆下连接器。

（3）用一把扳手卡住温度变送器上端六角卡位，另一把扳手卡住温度变送器上的卡位。

（4）逆时针缓慢地将温度变送器探头拆出。

（5）按相反顺序装入新的温度变送器，接线，合上控制柜内该故障仪表接线端子。

（6）温度变送器直接安装在户外，每次拆装维护均需注意变送器的状态，如有损坏需及时更换。

（七）电导率传感器维护

1. 电导率传感器维护要求

（1）年检时应检查接线是否松动。

（2）每次巡检，应检查就地显示读数、操作面板显示读数是否一致。

（3）设定完成的参数，不能随便更改。

2. 电导率传感器拆装维护

（1）断开控制柜内故障仪表传感器对应的接线端子。

（2）关闭与故障仪表相对应的前后阀门，然后逆时针缓慢旋开电导率传感器塑料螺母。

（3）将电导率电极从安装件中取出进行检查和清洗，如该传感器故障需更换。

（4）按相反顺序安装传感器。

（5）恢复阀位并恢复参数设置（按阀冷系统定值清单）。

（八）磁翻板液位变送器的维护

（1）变送器零部件完整无缺，无严重锈垢、损坏，紧固件无松动，接插件接触良好，端子接线牢固。

（2）后台显示单元数据是否稳定，偏差不超过±5mm。

（3）后台显示值和磁翻板液位指示是否对应。

（4）定期进行变送器外部擦拭，保持清洁。

（5）定期经有资格的计量单位进行校验，液位信号偏差不大于10mm。正常运行过程中，如果发现变送器不正常或有其他可疑迹象，应立即检验校正。

七、闭式冷却塔及喷淋泵的维护

（一）闭式冷却塔维护

表4-2-3　　　　　　　　　闭式冷却塔维护列表

必要时进行检查和清洗	启动	每月	每季度	每年	停机
检查设备总体运行情况及不正常的噪声及震动	√	√			
检查冷水盘和喷嘴	√		√		
排水池及管路			√		√
检查进风口格栅	√	√			
检查并调整水盘中的水位	√	√			
检查补水阀运行情况	√	√			
检查并调整排污速率	√	√			
设备运转部件					
检查皮带状况	√	√			
调节皮带松紧度	√		√		
给风扇轴承加润滑油	√		√		√
给电机座调节丝杠加润滑油	√		√		√
检查驱动并校准				√	
检查电机电压及电流	√		√	√	√

必要时进行检查和清洗	启动	每月	每季度	每年	停机
清理风扇电机外部	√		√		
检查风扇电机转动情况	√				
检查风扇整体运行状况			√		
检查风扇角度是否一致			√		
检查风扇转动确保没有阻碍	√		√		

1. 初次开机与季节性启动时的维护

在初次启动之前或停机一段时间之后，应彻底检查与清洗冷却塔：① 清除所有杂物，如进风格栅上的树叶和垃圾。② 冲洗集水槽，冲掉沉积物和污垢，拆下进口过滤网，洗干净后重新装上。③ 拆下集水槽过滤器，彻底清洗后安装。

（1）检查。

1）彻底地检查风扇是否有损伤。

2）在季节性启动或长久关闭后，在电机启动之前，使用绝缘测试器检查电机的绝缘性。

3）每次在季节启动时，应调整驱动系统皮带的松紧度（由于在发货之前驱动系统皮带的松紧度已在工厂恰当调整过，所以在初次启动不需要再调整）。

4）用手转一下电机来确定旋转是否正常，检查任何不正常的噪音或震动。

5）启动风机电机来检查风机转动是否正常，风扇叶片应朝着风扇罩中箭头指示方向旋转，检查风机电机的所有三相电压电流，电流不能超过铭牌的额定值。

6）检查浮球阀是否能正常补水。

（2）启动。

1）在季节性启动前，润滑风机轴承（初次启动不需要这一步）。

2）往集水槽注新水直到溢流水位（初次开机或集水槽被完全排净后再启动，应做首次杀菌处理）。

3）设置补水阀浮球以致水位达到溢流水位时能自动关闭。

4）启动喷淋循环水泵并调整系统流量到设计值。

5）打开闭式冷却塔放水管路的阀门，并把放水速度调整至推荐值。

6）检查喷嘴及换热设备。

7）打开冷却塔排水管路的水阀，并通过关闭或打开阀门进行排污率的调整。

（3）在有热负荷的情况下运行24h后，进行以下维护操作：

1）检查冷却塔中任何不正常的噪声或震动。

2）检查冷水盘中运行水位，如有必要调整补水阀。

3）检查皮带松紧度，如有必要进行调整。

4）检查喷嘴及换热部件。

2. 运行季节性停机维护

（1）当设备在任何时候停机时间超过3天时，冷却塔应进行以下维护：

1）温度降低到冰点时，通过排空阀排干集水槽和暴露于冰点温度以下的管路中的水，对裸露的管路进行伴热。

2）清理进水口过滤器。

3）清理冷水盘过滤器并重新装上。

4）遮盖风机排风口以阻挡灰尘杂质进入。

5）润滑风机轴承和电机底座调节螺丝。

6）检查冷却塔钢制部分腐蚀防护装置的完整性。

（2）如果设置闲置一段时间，除按照设备说明书的要求对所有部件进行维护外，还需进行以下工作：

1）每月至少手动转动一次风机轴承和电机轴承，确定机组的电源已关断后，用手将风机的叶片旋转几周，检查一下有无异常情况。

2）如果设备闲置4周，则每周需转动减速机构5min。

3）如果设置闲置时间超过1个月，需半年检查一下电机绝缘。

3. 主要部件的维护

（1）集水盘和过滤器维护

1）要经常检查集水盘，清除积聚在盘中或过滤器中的杂质，保证集水盘的下水管道畅通。

2）每季度，或在必要时排干整个集水盘，用清水冲洗掉运行期间积聚到集水盘中和填料表面的淤泥和沉淀物，如有必要可更加频繁地进行清洗。如果不定期清理，这些沉淀物会有腐蚀性，导致保护层破坏。

3）在冲洗集水盘时，过滤器应就位以防止沉淀物再次进入冷却塔系统。

4）冲洗完集水盘，过滤器应拆下，清理后在密闭式冷却塔投运之前装上。

5）调整浮球保持设计的运行水位。

（2）风机的维护

运行期间需要完成的唯一维护工作为每季度清理电机外表至少一次，以保证电机的冷却。长期地停机后，重新启动之前检查电机的绝缘性能。

1）如果装置已经运行，当风机运行时，检查是否存在不正常的噪音或震动。

2）风机关闭，电机处于锁定状态，检查风扇的总体情况。

3）检查风扇轴衬套、风扇轮毂和风扇轴承上的螺栓是否出现松动或脱落。

4）检查叶片是否松动以及每个叶片中是否水垢积聚过多。

5）检查每个叶片的叶柄部位是否存在破裂的迹象。

6）检查叶片的角度以及叶片的旋转方向，运行时检查是否存在不正常的噪音或震动。

（3）风机电机的维护

1）至少每季度都对电机外部进行清洗来确保电机得到足够的冷却。

2）长时间关机后，启动前要用绝缘测试仪检查电机的绝缘性。

3）每三个月使用高质量的抗蚀油脂涂电机底座滑面和调节螺栓。

注：风扇电机为免维护电机，轴承使用寿命为至少3年，当达到使用寿命时应关注电机的运行状况或者直接更换轴承。

（4）风扇驱动系统维护

初次启动：在密闭式冷却塔初次启动之前不需要做任何调整，因为驱动装置的对中和皮带的松紧度在工厂已调好。

运行：在密闭式冷却塔初次起动之后或换上一条新皮带后，在首次24小时运行之后必须重调松紧度，此后应按月检查皮带的状况，如有必要应重调皮带的松紧度但必须至少每三个月调校一次。皮带使用寿命至少3年，当达到使用寿命时应关注皮带的运行情况或者直接更换皮带。

季节启动：重调皮带的松紧度。

1）皮带松紧度调整。

2）调松电机座可调螺栓的紧固螺母。

3）顺时针方向转动电机机座可调螺栓以调紧皮带，逆时针则调松皮带。在调整皮带紧度时，用手转动装置几次以使整条皮带松紧度平均。

4）当皮带松紧度调节好后，将电机调节丝杠上的螺栓旋紧。

5）风机轴每三个月涂防锈油。

皮带松紧度检查：

1）沿着皮带轮放置一直尺，如图4-2-16（a）所示，或用一卷尺测量皮带偏差，如图4-2-16（b）所示，以此来测皮带的松紧度。

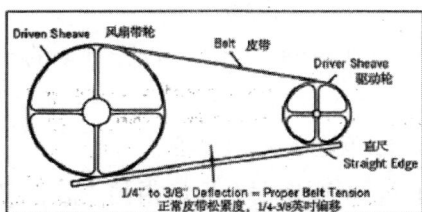
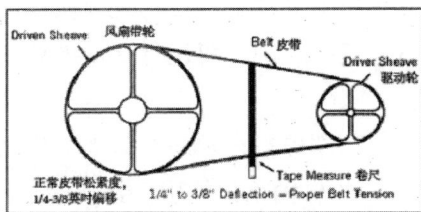

（a）　　　　　　　　　　　　　　　（b）

图4-2-16　皮带松紧度调节

注：当风机电机起动时不应发出"咧啾声"或"振鸣声"。

2）在两皮带轮跨度之间的中心位置上，沿着皮带的宽度方向用手施加一中等适度的力（大约18.1kg）。

3）如果皮带偏差在1/4～3/8英寸之间，皮带的松紧度核实，如图4-2-17（a）和图4-2-17（b）所示。

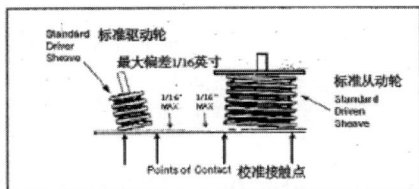
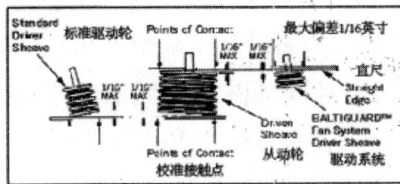

（a）　　　　　　　　　　　　　　　（b）

图4-2-17　驱动装置对准度

每年都应检查驱动装置的对准度以确保最大的皮带寿命。

对于标准的驱动装置来说，沿着从驱动轮到从动轮放一直尺进行检查。当驱动装置被正确地对准的时候，直尺将与所有的四个接触点的偏差不超过 1/16 英寸。如果必须重新对准的话，松开电机的皮带轮并与风机的皮带轮对准。再重新拧紧衬套螺钉时，允许大约 1/4 英寸的上偏移。

（5）风机轴承维护

风机轴由两个球轴承支撑，请按照下列说明润滑轴承：

1）初次启动：通常不需要润滑轴承因为在工厂已润滑过，但如果冷却塔在工地放置一年以上，初次运行之前轴承应注入新润滑油。

2）季节性启动：启动之前应向轴承注入新的润滑油。

3）运行期间：每运行 2000h 或每三个月润滑轴承一次，以先到期的一个为准。

4）长期停机：长期存放或停机之前，轴承注入新润滑油。

注：风机轴承只能用手持式注油枪润滑，不要使用高压润滑枪，因为可能导致轴承密封断裂和损坏，注油需一直注入直至冒油为止，油脂的型号为美孚力富 SHC100。

（6）填料和挡水板

1）至少每季度进行一次检查和清洗带有挡水板的填料层。

2）检查过程如下：关掉风机及喷淋水泵；检查填料是否存在障碍物、损坏及腐蚀。

3）除去填料中存在的任何障碍物。

4）通过化学方法除去小的污染物。

（7）喷淋水系统

每月检查并清洗喷嘴及传热部件，检查过程如下：

1）关闭风机，让喷淋水泵继续运行。

2）查看喷嘴喷水是否正常。

3）清洗堵塞的喷嘴，如有必要，将喷嘴和密封圈拿下来进行清洗。

4）检查盘管表面，存在任何腐蚀，损坏或存在障碍物等问题必须解决。

（8）水位控制组件

机械式浮球阀补水组件作为标准配置安装在设备中。

1）每月检查补水阀组件并进行必要的调节。

2）每年检查阀门是否存在渗漏，如有必要更换阀座。

3）为了正常运行，应将补水压力维持在 105～350kPa 之间。

4）通过调节翼形螺母可以设置初始水盘水位，当水盘水位达溢流段时，使补水阀完全关闭。

5）在最初的 24h 运行中要严密注视水盘，必要时调整水位。

6）在标准水位下运行可以确保在系统启动时水盘中有足够的水量来防止空气进入循环冷水泵。

4. 寒冷天气下运行

（1）在低于冰点的天气下运行时要加强巡视和日常维护。

（2）确保阀组负荷以及防冻保护措施（电加热器配置）合理，确保盘管内的流体温度不会降到 10℃ 以下，盘管内的流速应不低于 13.8L/S。

（3）冬季阀组产生热负荷运行时，冷却塔不需要投入运行，此时需将冷却塔集水箱内的水排净，防止结冻。

（4）冬季阀组短期停运时，需打开电加热器，保持系统内的水循环正常运行。

（5）排干盘管内的水可以作为防止盘管冻结的紧急措施。

（二）喷淋泵的维护

1. 注意事项

（1）不要在运转设备附近从事任何维护、检查、修理或清洗工作。这种行为可能会对操作人员造成伤害。

（2）为了防止个人在对泵进行操作时受伤害，在试图从事检查、修理工作之前，驱动控制必须处在关闭状态。

2. 维护操作顺序

（1）确认被维护的喷淋泵已处于备用状态。

（2）将被维护的喷淋泵动力断路器、控制断路器、安全开关断开，并在此处悬挂"在此工作、禁止合闸"工作牌。

（3）将被维护的喷淋泵进出口阀门关闭。

（4）对被维护的喷淋泵进行维护。

（5）维护完毕后将喷淋泵进出口阀门打开。

（6）将喷淋泵安全开关、动力断路器、控制断路器合闸。

（7）测试被维护的喷淋泵，确认工作正常。

（8）收回"在此工作、禁止合闸"工作牌，撤离现场。

3. 电机润滑

喷淋泵电机应按照电机铭牌上的说明加润滑脂。轴承润滑脂的添加必须按照下列规范使用锂基润滑脂：

（1）NLGI2 级或 3 级。

（2）基油黏度：在 +40℃ 以下，为 70～150cSt。

（3）温度范围：连续运转周期，−30～+140℃。

4. 水泵润滑

水泵是免维护的。

5. 机械轴封

机械轴封免维护，工作时几乎没有任何泄漏。如果渗漏明显增加，应该立即对机械轴封进行检测。如果润滑面受损，应更换整个轴封。要特别注意保护机械轴封。

6. 电机

定期检查电机。为保证通风充足，请务必保持电机清洁。如果泵安装在灰尘较多的环境中，必须定期清洗和检查水泵。

7. 停泵期间的霜冻保护

如果在霜冻季节不需要使用水泵，应该排空水泵以防损坏。取下排水塞将泵排干，不要拧紧注水塞和更换排水塞，直到泵被再次使用，如果泵要排空长期不用，应在轴上轴承托架处注入几滴硅油，这可以防止机械密封表面粘结。如图 4-2-18 所示。

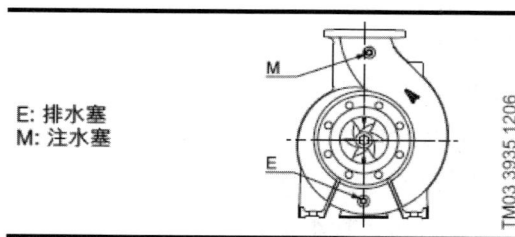

E：排水塞
M：注水塞

TM03 3935 1206

图 4-2-18　喷淋泵示意图

八、空冷器的维护

（一）启动

启动设备前，必须按照以下步骤进行检查以确认运行准备工作已就绪：

（1）必须检查所有冷却系统连接，确保已按照适用的标准和规则进行正确安装，无泄漏风险。

（2）所有螺纹连接（特别是风扇）、紧固件、电气连接等必须仔细检查，确保已正确安装。

（3）整体接线图位于铭牌上接线图旁，必须按照接线盒中的接线图连接电机，并请再次检查。

（4）启动前，必须检查线路已正确安装，而且电器安装装置能正常工作。

（5）必须检查风扇转动方向及空气流动方向是否正确，发现方向错误时马上调整。

（6）检查所有供电线连接，接线盒必须有线套并按相应等级绝缘。

（二）一般运行

（1）要运行空气冷却器，整个系统必须处于运行状态，包括电气装置。

（2）空气冷却器必须在打开相应进出阀门和电气系统连接的情况下投入运行。

（3）维护工作。

空气冷却器不需要特殊检修，然而日常巡检和保养可以保证设备无故障运行。保养间隔依照安装地点和运行条件来确定。保养检查期间，要特别注意检查设备散热芯体和风机电机上是否有污物、白霜或结冰、泄漏、腐蚀和振动的情况发生。尤其在寒冷冬季或地区空气冷却器长时间停止使用时，必须将内部的冷却介质排空，以免其结冻而损坏换热盘管或者芯体。

1）更换腐蚀严重的法兰的联接螺栓及丝堵、法兰垫片。

2）检查管束法兰各密封面不得有泄漏现象。发现泄漏，可将联接螺栓适当拧紧，如仍无效果，应停机更换垫圈（凡需要更换垫片或螺栓紧固件时，应先停机并将介质放空，然后进行更换）。

3）定期清除翅片上的尘垢以减少空气阻力，保持冷却能力。清除方法用水枪（压力范围为 2～3bar）冲刷。

4）全面检查各零、部件的紧固状态一年一次。

5）风筒与叶片尖端的径向间隙检查一年一次。

6）叶片沿风机轴向跳动应每年检查、调整一次。

7）清除风机叶片表面灰尘，检查叶片是否变形、裂纹、磨损、松动，半年一次。

8）检查风机电机的三相电压和电流，电流不能超过铭牌上的数值。

9）每次巡检时，注意检查空气冷却器中有无任何不正常的噪声与振动。

表 4-2-4 维 护 保 养 方 案 表

方式	清洁工具	间隔时间
分别进行部件清洁，除去白霜	物理方法	根据需要（视觉检查）
完全清洗	不破坏材质及环境的水或清洁剂	720h 后，后续每年清洗 1 次
检漏	外部视觉检查	每年
防腐检查	外部视觉检查	每年，应进行记录

表 4-2-5 检 查 方 案 下 表

部件/控制部件	间隔时间	方式	发生时间
热交换器盘管/液管接口	每月	修理或更换	立刻
风扇	每月（开关柜上安全灯显示）	可分别进行更换或更换风扇轴	立刻
外壳/紧固件	每 3 个月	紧固	立刻
电气连接	每月（开关柜上安全灯显示）	修理或更换	立刻

（4）清洗工作。

空气冷却器的热传导是否能达到设计标准，除安装环境的影响外，最主要是取决于盘管或者散热芯体的清洁度。空气冷却器污物和冰霜必须从翅片上除掉，设备周围区域也应保持清洁。

干的污物可用刷子、手刷和压缩空气（压力范围为 2～3bar；与气流方向相反）来清除，或使用强力工业真空清洗机。潮湿或油腻的污物必须用高压水枪（压力范围为 2～3bar）、蒸汽喷枪（压力范围为 2～3bar）进行清除。清洗时须采用软刷子只沿翅片纵向刷，不能横向刷翅片。

清洗时须注意：

1）距离设备 200～300mm，用天然中性清洗剂（如必需），只能按气流方向反向清洗。

2）尽可能从中间开始向四周、从上至下清洗。

3）喷头尽可能垂直于翅片组（最大角度±5°），以防止翅片弯曲。

4）清洗必须持续进行，直到所有污物被除掉。

5）应使用设备上的检查窗。

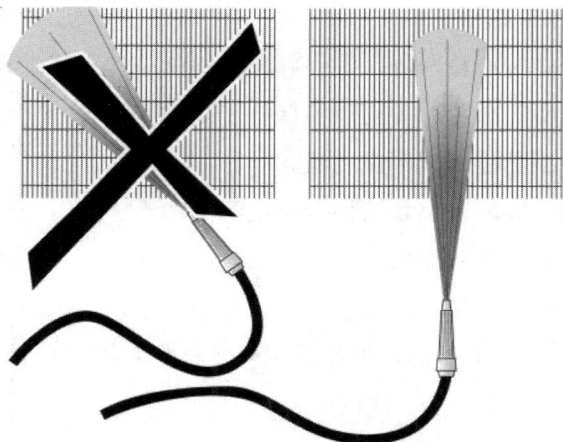

图 4-2-19　空气冷却器底部清洗示意图

风机和风机护栅上的污物和冰霜必须定期清除，否则会导致风机转动不平衡，甚至可能使电机受到损坏或导致风机无法全速运行。为保障人员和设备安全，空气冷却器在清洗维护时需要特别注意以下几点：

1）清洗时设备必须从系统内冷却循环和供电线路中断开，水和蒸汽喷头必须与电气接头、端子以及电机保持足够的距离。

2）在控制柜上屏蔽阀冷系统泄漏保护，冲洗过程应缓冲进行，防止由于快速降温导致压力波动较大；清洗完成后需稳定 1h，再解除阀冷系统泄漏屏蔽保护。

3）只能使用适于设备材质，且不会对其造成腐蚀的清洗剂进行清洗。

4）风机和风机护栅在移走或打开保养后必须复归原位后，设备才能重新投入使用。

5）严禁采用硬物如金属刷、螺丝刀或类似工具对换热盘管或者芯体进行清理。

6) 如可能用软刷子只沿翅片纵向刷,不能横向刷翅片。

(5) 风机的维护。

卸掉风扇护栅对风扇进行检修时:必须提前切断电源,确保风扇不会在无意中被重新激活;完成检修后,风扇周围不要放任何物体,机器重启时,它们可能会导致风扇或换热器无法正常工作。

1) 运行前的准备

① 至少手动旋转叶轮一周,确保叶轮与周围结构无干涉现象。

② 检查风机所有叶片叶尖同风筒保持一定的间隙。

③ 确保所有工具被清理出空冷器。

④ 当确定无故障后,重新连接电机电源。

⑤ 点动电机,检查叶轮旋向。

2) 风机维护

① 风机首次运转 48h 后,要检查风机各部件紧固件是否有松动,如发现松动应重新拧紧,每年检修一次风机。

② 叶片使用中无须特殊地维护,但需注意保持工作场地的清洁,以免杂物吸入风机损伤叶片。

③ 全面检查各零、部件的紧固状态一年一次。

④ 风筒与叶片尖端的径向间隙检查一年一次。

⑤ 叶片角度及叶片沿风机轴向跳动应每年检查、调整一次。

⑥ 定期清除叶片表面的污垢,检查叶片损坏情况。

⑦ 如冬天负荷较低,风机长期不运行时,风扇及其防护罩的冰、雪、霜应定期清除,否则会导致风扇运行不平衡,甚至使电机受到损坏或风扇无法全速运行。

3) 风机的更换

风机为免维护风机,当风机叶片或电机严重损坏时,应予以更换,本工程风机和电机设计为一体式设计,更换时一起更换。将该风机就地安全开关置于关位,并保证电源供应不会被意外接通。拧松电机座紧固螺栓及位置调节螺栓;拆除风机;安装新风机;手动试运行,风机启前,风机周围不要放任何物品,检查风机转向是否正确。

图 4-2-20 空气冷却器风机外形图

（6）电机的维护。

风机电机选用免维护电机。对于现场运行环境温度较高的情况，建议每个月定期检查电机轴承工作状况。电机轴承使用寿命 40000h，每年年检以及即将达到轴承使用寿命时，均需重点并关注电机的运行情况，如有问题应及时更换。

1）停运风机，断开风机电源断路器。

2）将该风机就地安全开关置于关位。

3）拧松电机座紧固螺栓及位置调节螺栓。

4）打开电机上的两个接线盒，拆出接线。

5）用扳手松开电机固定螺栓，拆除电机。

6）检查损坏的部件予以更换。

7）按照拆装的相反顺序安装电机。

8）手动点动电机，确认无误后，可运行电机。

九、阀门维护

（一）蝶阀维护

蝶阀因经常开闭，其联轴处的密封会出现老化渗漏现象，因此在每月巡检中应对每个蝶阀转动轴处进行仔细的检查，如有阀门出现渗漏，应对其进行更换，在拆解阀门前，整个阀门必须完全处于不承压的条件下，并充分冷却，这样可以保证阀门腔体内介质温度低于介质，可以保证阀门腔体内介质温度低于介质本身的汽化压力点，以防止由于介质汽化造成烫伤。

（1）蝶阀的更换应在系统停运时进行。

（2）排空需要检修蝶阀管段内的冷却介质，注意回收冷却介质。

（3）置蝶阀为全关闭状态。

（4）对角线松开蝶阀法兰螺栓（注意管路中可能会有冷却介质溢出，应做好防护措施），松开蝶阀两端法兰。

（5）松开该蝶阀管段附近的固定连接（管支架和管撑）。

（6）向外移动管道，松开蝶阀法兰密封环，水平或垂直取出蝶阀。

（7）更换并安装新蝶阀，调节蝶阀中心轴线与管中心轴线一致，最大偏差不得大于 2mm。

（8）对角线紧固好蝶阀两端法兰螺栓，保证法兰密封处无渗漏。

（9）恢复蝶阀正常运行时初始阀位。

（二）止回阀维护

1. 主泵出口止回阀维护（以 V001 检修，V002 运行为例）

每台主循环泵出口设置一件止回阀，防止介质回流，止回阀采用机械密封。当阀板或弹簧损坏时会导致运行泵的介质回流，造成当前工作泵流量、压力无法满足要求，止回阀可以在线进行更换。

图 4-2-21　蝶阀外形图　　　图 4-2-22　主泵出口止回阀外形示意图

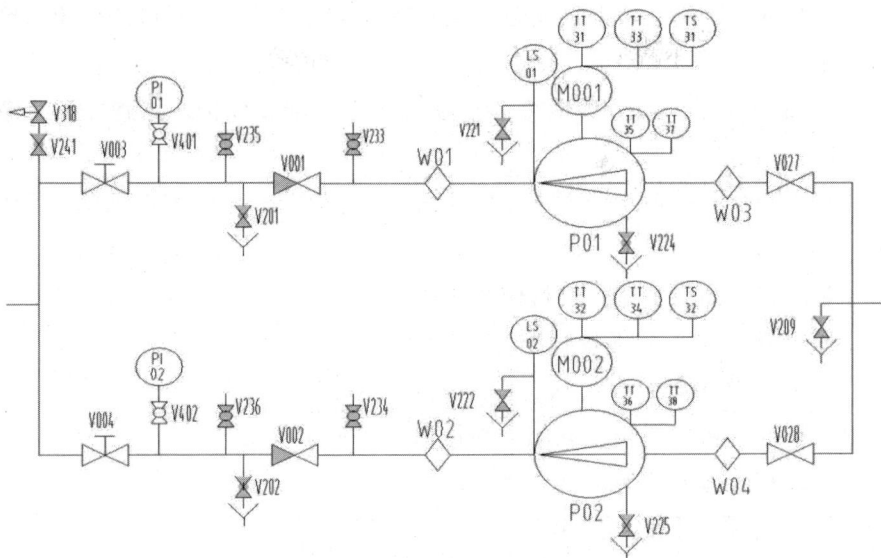

图 4-2-23　止回阀等元件位置编号

（1）通过操作面板中的控制键屏蔽阀冷系统泄漏保护、渗漏保护及液位保护。

（2）断开故障止回阀对应的主循环水泵电源（断开电源物理连接），如该主循环泵正在运行，则切换至备用泵。

（3）关闭 V003、V027 蝶阀，关闭前对阀位做好标记。

（4）连接好 V201 至回收桶间的软管，打开 V235 和 V233 排气阀，V201 球阀排水。

（5）待排水管无水出时拆除止回阀两端法兰螺栓，取出故障止回阀，关闭 V201。

（6）清理并检查止回阀内部，看弹簧是否完好，双瓣轴磨损是否严重，如出现异常现象，需更新为新的备件。

（7）按相反顺序安装新的止回阀及新密封垫，注意止回阀的安装方向。

（8）缓慢打开 V027，再打开 V201 进行排气，有水溢出时关闭。

（9）缓慢打开 V003 至设定阀位，打开 V235，V233 手动排气阀直至有水溢出。

（10）更换完成后，止回阀两端法兰应无水渗漏，工作泵的压力和流量应正常，合上对应的主循环水泵电源，可手动切换至该止回阀对应的水泵，检查阀门开闭是否正常。

（11）通过操作面板中的控制键解除阀冷系统泄漏保护、渗漏保护及液位保护屏蔽。

（12）V002 止回阀的维护与 V001 相同，操作与之相对应的阀门及部件即可。

说明：如果阀冷系统停机检修维护时，可省略步骤 1、11。

2. 去离子回路止回阀维护（V111）

（1）关闭 V110、V112、V113、V138 阀门。

（2）用活动扳手拆出止回阀上端接口，取出阀板。

（3）按相反方向安装止回阀阀板。

（三）补水泵出口止回阀维护（V131、V132）

阀冷系统设置有 2 台补水泵，每台补水泵出口设置有一台止回阀。V131、V132 可以在线更换，以 V131 检修为例。

（1）检查膨胀罐液位是否正常，如液位偏低，可以选补至设计液位。

（2）断开 P11 补水泵电源断路器。

（3）关闭 V136、V134 阀门。

（4）拆除 P11 出口管段止回阀。

（5）按相反方向安装新的止回阀。

（6）打开 V136、V134 阀门，手动启动 P11 补水泵，检查止回阀是否工作正常，更换完成。

图 4-2-24　补水泵出口止回阀外形图

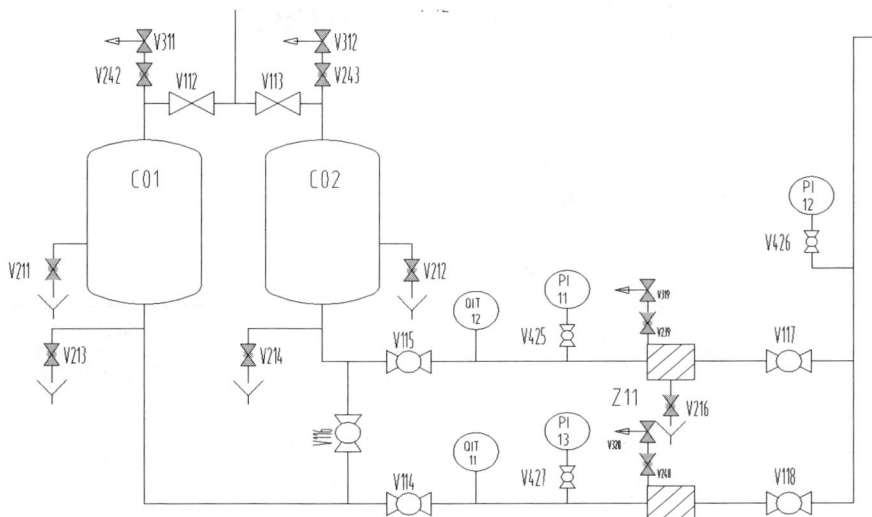

图 4-2-25　去离子支路以及补水泵出口支路等元件位置编号

十、控制系统维护

冷却系统控制柜在适合的环境中运行，维护内容及方法如表 4-2-6 所示。

表 4-2-6　　　　　　　冷却系统控制柜维护内容

序号	维护内容	维护方法
1	控制柜信号指示灯是否显示正常	巡视
2	观察人机界面上的数据显示是否正确	巡视
3	观察人机接口设备的报警信息	巡视
4	控制柜温度显示	巡视
5	散热风扇工作情况	巡视
6	阀冷远方后台工作情况	巡视
7	主要设备断路器及接触器的维护	停车维护（注意操作空间）
8	辅助设备断路器及接触器的维护	维护断路器可能需停车维护；维护接触器时，将断路器断开后更换接触器（注意操作空间）

第三节　阀冷却系统日常检修

一、常见故障处理

（一）主循环泵常见故障处理

表 4-2-7　　　　　　　　　　主循环泵常见问题及排查

序号	故障状况	可能原因	排查
1	不能启动	电机出现故障	联系厂家更换或维修
		电机掉线，没有电源	重新连接电源
		保护断开	检查定值
		接触器接点无法闭合、线圈出现故障（无控制电源）	必要时更换
		控制回路出现故障	维修
2	不能出水或出水太少	启动前泵内气体未排尽	灌水、打开手动排气阀进行排气
		管路主线阀门关死	检查阀门状态
		电机反转	调换电机 2 相接线
		电气连接错误（无电源或缺相）	检查电气接线
		过滤器堵塞	清洗过滤器滤芯
		叶轮卡死	联系厂家更换或维修
		出口止回阀装反	更改出口止回阀安装方向
3	电机保护断路器、热继电器和软启因电机过载而跳闸	水泵被杂质堵塞	清洁水泵
		水泵运行超出额定工作点	按工作点运行
		液体的密度或黏度较高	减小流量和配置大电机
		保护定值设置不合理	检查保护定值的设置，必要时更换
		电机缺线工作	检查电气接线
4	流量波动较大	水泵入口压力太低	检查水泵入口压力
		主泵入口侧阀门开度太小	检查主泵进口阀门
		泵体有大量空气	排气
		泵反转	调换电源相序

序号	故障状况	可能原因	排查
5	泵运行噪声过大，水泵运行不稳定并出现振动	安装基础松动	紧固相应的螺栓
		水泵、电机轴偏心	重新调整同轴度
		泵入口压力过低（产生汽蚀）	提高泵入口压力
		入口管路及泵内吸入空气	加水、排气
		叶轮失去平衡	检查叶轮
		内部零件磨损	更换磨损零件
		泵受到管路的张力牵引	加强水泵的固定
		轴承磨损	更新轴承
		电机风扇损坏	更换风扇
		联轴器有问题	更换联轴器
		泵内有异物	清洁水泵
		电机拖动不合理	采用变频器控制时需采取滤波等措施
6	泵壳电机温度过高	水泵、电机轴偏心	重新调整同轴度
		泵入口管路有空气	检查排气阀
		入口压力过低	增大入口压力
		轴承润滑剂太少、太多或不适用	添加润滑油
		带轴承盖的泵受到管路的张力牵接	加强固定
		轴向压力过高	检查轴承泄压口及密封环
		电机保护定值设计不正确	检查保护定值
		电机过载	降低流量
7	泵接口处出现渗漏、机械密封渗漏	接头密封渗漏	重新加固密封
		泵壳垫圈和接头垫有问题	更换密封圈
		机械密封损坏	更换机械密封
8	电机绝缘度降低	电缆线电源接线端松动	拧紧压紧螺栓
		电缆线破损	更换
		机械密封破损产生泄漏	更换
		各O形密封圈失效	更换
		机壳被介质腐蚀漏水	修补

（二）过滤设备常见问题及排查

主过滤器与精密过滤器同为机械式过滤器，他们的故障类型相同。以下为主过滤器、精密过滤器、砂滤器和全自动清洗过滤器的故障类型和排除方法。

表 4-2-8　　　　　　　　　过滤器常见问题及排查

序号	设备	故障现象	原因分析	排除方法
1	主过滤器、精密过滤器	堵塞	清洗滤芯，更换滤芯	
		连接螺栓处存在漏水	检查紧固螺栓，存在螺栓松动	紧固松动螺栓
2	砂滤器	连接法兰（或螺纹）处漏水	（1）连接螺栓松动 （2）密封件损坏	紧固螺栓、更换密封件
		出水流量小	（1）进水流量小 （2）滤料层堵塞	（1）检查供水源、保证供水 （2）更换滤料/增加反洗次数
		滤料流失	反洗流量大	调节排水阀开度
		水力阀漏水	水力阀坏	联系厂家更换
3	全自动清洗过滤器	连接螺纹处漏水	螺纹连接口松动	重新紧固
		设备无法进行清洗	（1）滤网堵塞或清洗机构被杂质卡死 （2）断电	（1）清洗滤网、清除杂物 （2）检查电源，重新上电

（三）离子交换器常见问题及排查

表 4-2-9　　　　　　　　　离子交换器常见问题及排查

序号	故障现象	原因分析	排除方法
1	流量变小	进出口阀门存在误动	恢复阀门阀位
		进出口精密过滤器堵塞	清洗滤芯
		离子交换罐顶部滤帽堵塞	清洗滤帽
		螺栓松动，漏水	紧固松动螺栓
2	出水电导率偏高不在要求范围内	树脂失效	更换树脂
		树脂流失，树脂量不够	添加树脂

（四）蝶阀常见问题及排查

表 4-2-10　　　　　　　　　蝶阀常见问题及排查列表

序号	故障现象	原因分析	排除方法
1	不能动作	阀门转轴卡死	清除杂物

序号	故障现象	原因分析	排除方法
2	阀门与管道连接处漏水	密封垫失效	更换密封垫
		螺栓松动	紧固螺栓
		蝶阀与管道中心不一致	对中阀门
		错误安装	检查管线上阀门的安装
3	阀座泄漏	阀座密封面磨损	更换阀座
		有异物或脏的东西卡在阀座密封面上	清理阀座
		阀球和阀座夹持得太松	交叉紧固阀体螺栓
4	阀杆动作不畅	填料压盖不平或者压得太紧	依次贴合并压紧填料
		有异物或脏的东西卡在阀座密封面上	清理阀座

（五）电动阀门常见问题及排查

表 4-2-11　　　　　　　　　电动阀门常见问题及排查列表

序号	故障现象	原因分析	排除方法
1	不能动作	供给电源无电压（无电源）	电源电压的检查
		无输入信号或输入值错误	输入信号的检查
		断线或与端子排分离	接好电线、更换端子台
		电机过温保护器动作	待电机冷却
		限位开关在中间开度位置已动作	调整行程开关凸轮
		电机运转电容损坏	更换电容
		电机绕组损坏	更换马达
		错误接入强电至信号输入端子（调节型）	更换电路板
2	电动执行器不停来回动作	信号源信号不稳定	检查输入信号
		电位器产生干扰或已损坏（调节型）	更换电位器
		电位器齿轮或扇形尺寸松动（调节型）	检查紧固齿轮的内六角螺栓
3	输入与反馈信号不符（调节型）	输入信号不对	检查输入信号
		调零及倍率的调整不良（专业人员操作）	重新依设定步骤设置
		电位器齿轮的位置变化	电位器齿轮重新调整
4	没有反馈信号	开度信号线断开或接触不良	检查配线方式是否按接线图接线

（六）风机故障原因及排除方法

表 4-2-12　　　　　　　　风机故障原因及排除方法表

故障	产生原因	排除方法
风机异常振动	驱动部件螺钉松动	紧固松动部位螺钉
	叶片安装角不一致，叶片高度差超出叶片安装要求	按要求重新安装
	叶片表面出现不均匀附着物	清理叶片表面
	主轴轴承损坏	更换轴承
	旋转机构偏心	调整偏心
电机额定电流过大	叶片角度有异常变化	校正安装角重新紧固
	电机本身有故障	查明原因
	叶轮平衡被破坏	补校平衡
异常声音	回转部件与固定件接触	调整相反位置
	紧固螺钉松动	拧紧螺钉

（七）冷却塔故障及排查方法

表 4-2-13　　　　　　　　冷却塔故障及排查方法表

序号	故障状况	可能原因	排查
1	出水温度过高	布水管（配水槽）部分出水孔堵塞，造成偏流	清除堵塞物
2		填料部分堵塞造成偏流	清除堵塞物
3	通风量不足	传送带松弛	调整电机位张紧或更换皮带
4	通风量不足	轴承润滑不良	加油或更换轴承
5		风机叶片角度不合适	调整叶片角
6		风机叶片破损	更换破损叶片
7	集水盘	集水盘（槽）出水口（滤网）堵塞	清除杂物
8		集水盘（槽）中水位偏低	查明是否有漏水处，并进行封堵
9	明显漂水	风量过大	通过风机变频器调整风机转速
10		挡水板安装位置发生变动	恢复挡水板位置
11		填料中有偏流现象	填料变形，更换填料
12	异常噪声或震动	风机转速过高，通风量过大	降低风机转速或调整叶片角度或更换合适的风机
13		轴承缺油或损坏	加油或更换轴承

序号	故障状况	可能原因	排查
14		风机叶片与风筒碰撞	重新调整风机叶片并紧固
15	异常噪声或震动	其他部件紧固螺栓松动	紧固相应松动的螺栓
16		风机叶片螺钉松动	紧固相应松动的螺栓
17		皮带松动	调整皮带松紧度

（八）立式泵常见问题及排查

表 4-2-14　　　　　　　立式泵常见问题及排查表

序号	问题	可能原因	排查
1	不能启动	电机有问题	联系水冷厂家
		电机掉线、没有电源	重新连接电源
2	不能出水	启动前泵内气体未排尽	灌水、打开手动排气阀进行排气
		管路主线阀门关死	检查阀门状态
		电机反转	调换电机2相接线
		出口止回阀装反	更改出口止回阀安装方向

（九）软化模块常见问题及排查

表 4-2-15　　　　　　　软化模块常见问题及排查列表

序号	设备	故障现象	原因分析	排除方法
1	自清洗过滤器	连接螺纹处漏水	螺纹连接口松动	重新紧固
		设备无法进行清洗	滤网堵塞或清洗机构被杂质卡死断电	清洗滤网、清除杂物检查电源，重新上电
2	活性炭过滤器	连接法兰或螺纹处漏水	（1）连接螺栓松动（2）密封件损坏	紧固螺栓、更换密封件
		出水流量小	进水流量小滤层堵塞	检查供水源、保证供水更换滤料/增加反洗次数
3	软化树脂罐	连接法兰或螺纹处漏水	（1）连接螺栓松动（2）密封件损坏	紧固螺栓、更换密封件
		产水硬度高	（1）旁路阀门打开（2）多路阀漏水（3）树脂失效	（1）关闭旁路阀门（2）检查多路阀并更换（3）增加再生次数或更换树脂

（十）阀冷保护装置闭锁与报警

保护装置的硬件回路和软件工作条件始终在系统的监视下，一旦有任何异常情况发生，相应的报警信息将被显示。

一些严重的硬件故障和异常报警可能会闭锁保护装置。此时运行灯将会熄灭。同时开出信号的装置闭锁接点将会闭合，保护装置必须退出运行，需要检修以排除故障。

如果保护装置在运行期间被闭锁同时发出告警信息，应当通过查阅自检报告找出故障原因。不能通过简单按复归按钮或重启装置。如果现场不能发现故障原因，请立即通知厂家。

表 4-2-16 　　　　　　　　　报 警 信 号 列 表

序号	自检报警元件	指示灯		是否闭锁装置	含义	处理意见
		运行	报警			
1	装置闭锁	○	●	是	装置闭锁总信号	查看其他详细自检信息
2	板卡配置错误	○	●	是	装置板卡配置和具体工程的设计图纸不匹配	通过"装置信息"->"板卡信息"菜单，检查板卡异常信息；检查板卡是否安装到位和工作正常
3	定值超范围	○	●	是	定值超出可整定的范围	请根据说明书的定值范围重新整定定值
4	定值项变化报警	○	●	是	当前版本的定值项与装置保存的定值单不一致	通过"定值设置"->"定值确认"菜单确认；由厂家处理
5	装置报警	×	●	否	装置报警总信号	查看其他详细报警信息
6	通信传动报警	×	●	否	装置在通信传动试验状态	无须特别处理，传送试验结束报警消失
7	定值区不一致	×	●	否	装置开入指示的当前定值区号和定值中设置当前定值区不一致(华东地区专用)	检查区号开入和装置"定值区号"定值，保持两者一致
8	定值校验出错	×	●	否	管理程序校验定值出错	通知厂家处理
9	版本错误报警	×	●	否	装置的程序版本校验出错	工程调试阶段下载打包程序文件消除报警；投运时报警通知厂家处理
10	对时异常	×	●	否	装置对时异常	检查时钟源和装置的对时模式是否一致、接线是否正确；检查网络对时参数整定是否正确

注："●"表示点亮；"○"表示熄灭；"×"表示无影响。

二、系统停电检修

（一）主循环泵检修

1. 整体更换

（1）安全注意事项。

1）检修前应确认电机电源及安全开关已断开。

2）检修前应确认主循环泵进、出口阀门已关闭。

3）拆除电源接线前，确认已无电压。

4）拆除电源线前应在电源线上做好标记，并将连接方式、标记做好记录。

5）工作前确认电机冷却至环境温度，防止烫伤。

6）现场使用的工具，应是带有绝缘把柄的工具，防止造成短路和接地。

7）现场工作应有两人及以上进行，其中一人监护，防止出现安全事故。

（2）关键工艺质量控制。

1）应按厂家规定正确吊装设备。

2）主循环泵应无锈蚀、无渗漏，润滑油油位正常。

3）主循环泵及其电动机应固定在一个单独的铸铁或钢座上。

4）检查主循环泵底座地脚螺栓，应紧固且每套螺栓应有平垫和弹垫。

5）主循环泵应通过弹性联轴器和电动机相连，联轴器都应有保护罩。

6）主循环泵和驱动器的旋转部分应静态平衡和动态平衡。

7）机械密封应密封完好。

8）联轴器应无松动、破损。

9）校准主循环泵同心度，应符合设备说明书、技术要求。

10）主循环泵振动检测应无异常。

11）电机绝缘电阻应不小于 $10M\Omega$（1000V 兆欧表），绕组直流电阻三相平衡（三相最大差值/最小值$\leqslant 2\%$），接线牢固且相序正确。

12）对主循环泵进行排气时应缓慢，有水后关闭排气阀，然后再次打开，直到水流平稳无气泡溢出后方可判断主循环泵内气泡已排尽。

2. 电机解体检修

（1）安全注意事项。

1）检修前应确认电机电源及安全开关已断开。

2）拆除电源接线前，确认已无电压。

3）拆除电源线前应在电源线上做好标记，并将连接方式、标记做好记录。

4）工作前确认电机冷却至环境温度，防止烫伤。

5）进入检修区严禁吸烟和明火，需要动火的必须开具动火工作票，动火时禁止将氧气瓶与乙炔瓶堆放在一起。

6）现场使用的工具，应是带有绝缘把柄的工具，防止造成短路和接地。

（2）关键工艺质量控制。

1）拆除电机两端端盖的固定螺丝时，应注意不要损坏结合面。

2）转子抽出后水平放置在硬木衬垫上，木垫上不得有突出的铁钉或其他硬质碎块，以防损坏转子铁芯。

3）检查定子线圈应无松动、断线、绝缘老化、破裂、损伤、过热变色、表面漆层脱落等情况，否则重新绕线。

4）机体和线圈上有油迹时，应用抹布沾少许汽油擦净。

5）检查转子铁芯应无磨损、锈斑、局部变色，如有轻度的磨损、锈斑、局部变色需用石英砂纸沿着轴向轻轻擦拭，再用棉布沾少许汽油擦净，严重时更换备品。

6）检查轴承内外轨道和滚珠上有无麻点、破裂、脱皮、砸沟和滚珠卡子过松、磨偏、破裂等情况，否则应进行更换。

7）检查轴与轴承的内套之间不应有转动的现象，若发现轴承有位移退出和内外套一同转动时应对主轴进行处理。

8）轴承间隙检查磨损微量时，对轴承用汽油、毛刷进行清洗晾干，检查轴承转动是否灵活，有无异常响声，内外钢圈有无晃动，轴承正常时，对轴承加装适量润滑脂继续使用。

9）轴承间隙晃动、磨损较大时，须更换轴承。

10）新轴承安装过程中禁止硬力敲击轴承外圈，防止轴承变形。

11）新轴承安装后，须用卡环钳将卡环安装在卡环槽定位，并左右摆动，检查确认卡环到位。

12）转子安装时至少两人进行，应水平安装，看好定、转子间隙，严防碰坏损伤定子线圈。

13）将电机两端端盖油污清洗干净，检查端盖有无裂纹，止口环轴承室的结合面应光滑。

14）电机主轴转动应灵活、平稳。

3．主循环泵解体检修

（1）安全注意事项。

1）检修前应确认主循环泵电源及安全开关已断开。

2）检修前应确认主循环泵进、出口阀门已全关闭。

3）进入检修区严禁吸烟和明火，需要动火的必须开具动火工作票，动火时禁止将氧气瓶与乙炔瓶堆放在一起。

（2）关键工艺质量控制。

1）应严格按厂家设备说明文件要求进行。

2）解体前将本体内润滑油排空。

3）拆除泵两侧的封盖时，防止损坏垫片。

4）解体后应清洗所有零部件，并检查易损件，碰伤的任何零件均应更换。

5）重新装配时，某些部件配合部位装配前应涂上石墨或近似于石墨的润滑剂涂层，对螺纹也要涂润滑剂。

6）重新装配时，应检验径向轴封圈是否损坏，如有损坏，应予更换。

7）重新装配时，填料如有磨损也应更换，其尺寸应与原来的一致。

8）重新装配时，轴承要背靠背安装，装入轴承后在未装锁紧垫圈时，用钩扳手把锁紧螺母拧紧。

9）在安装前盖和后盖时，注意不要损坏油封。

10）轴与轴套间的滑动配合情况按设备文件说明进行检查。

11）叶轮螺母应按设备说明文件要求拧紧。

12）泵与管路连接后，应重新检查、校正联轴器。

13）机械密封安装前须清洁，轴套表面须清洁和光滑，棱边须修去毛刺。

14）机械密封静环安装后，应检查其端面及压盖零件的平行度。

15）动环装入轴套时，必须采取防止轴套表面损坏的措施。

16）机械密封总装配前，密封面应加油润滑。

17）对装有双端面机械密封的泵，其密封腔应进行排气，并按照装配图所规定的压力进行增压。

18）填料安装时应适当压实，但不能压得过紧，否则会使轴套发热。

（二）主过滤器更换

1. 安全注意事项

（1）正确使用工器具，防止机械伤害。

（2）对过滤器泄压时，应缓慢进行，防止水溅到其他设备上。

（3）工作结束后应恢复过滤器两侧阀门到运行位置。

2. 关键工艺质量控制

（1）工作前需关闭过滤器两侧阀门，将过滤器里的水全部排尽。

（2）检查密封垫圈应完整无破损，否则更换。

（3）固装过滤器时，应注意过滤器的安装方向正确，过滤器和法兰间的垫圈应居中。

（4）紧固过滤器两侧法兰时，应使法兰密封面与垫片均匀压紧，必须均匀对称地紧固连接螺栓，避免用力不均。

（5）对过滤器进行排气时应缓慢，有水后关闭排气阀，然后再次打开，直到水流平稳无气泡溢出后方可判断过滤器内气泡已排尽。

（6）安装后应检查无渗漏。

（三）稳压系统检修

1. 安全注意事项

（1）高处作业应做好防坠落措施。

（2）更换氮气瓶时应小心谨慎，防止重物砸伤。

（3）工作中加强监护，防止高压气体伤人。

2. 关键工艺质量控制

（1）检修前应记录稳压系统压力、液位等参数以及各阀门位置状态，检修后应恢复至检修前正常状态。

（2）高位水箱（如有）表面清洁，液位应满足要求。

（3）氮气装置管道、阀门、接头密封检查，应无渗漏。

（4）自动排气装置功能检查，排气应正常。

（5）手动排气阀功能检查，开合应正常。

（6）压力释放阀、安全阀动作值整定应正确。

（7）更换氮气瓶后应将所有阀门恢复至正常状态，且应检测管道及阀门位置无渗漏。

（四）去离子树脂更换

1. 安全注意事项

（1）在运行状态下更换树脂时应退出泄漏保护。

（2）更换树脂时应穿防护服，戴橡胶手套、护目镜和口罩，防止树脂直接接触人体，对人体造成损伤。

（3）上下梯子固定并牢固，派专人监护，高空作业系好安全带。

2. 关键工艺质量控制

（1）关闭需更换树脂的去离子罐两侧阀门，将其与内冷水系统隔离。

（2）将相关手动阀打至树脂排放状态。

（3）应使用合格的去离子水清洗去离子罐。

（4）去离子罐上部端盖复位安装时，用力矩扳手双人对角紧固。

（5）更换树脂后应对去离子罐进行排气。

（6）更换树脂后检查去离子罐密封情况，应无渗水现象。

（五）补水泵更换

1. 安全注意事项

（1）检修前应断开补水泵和原水泵（如有）电源及安全开关。

（2）拆接电源线前应用万用表验明已无电压。

2. 关键工艺质量控制

（1）电源线拆除前应做好记录，工作结束时及时恢复。

（2）应按厂家规定正确吊装设备。

（3）水泵及电机应无锈蚀、机械密封位置应无渗漏。

（4）水泵底座地脚螺栓及连接螺栓应紧固，且每套螺栓应有平垫和弹垫。

（5）电机绝缘电阻应不小于 $1M\Omega$（1000V 兆欧表），绕组直流电阻三相平衡（三相最大差值/最小值≤2%），接线牢固且相序正确。

（6）水泵安装后应进行排气，排气时应缓慢，有水后关闭排气阀，然后再次打开，直到水流平稳无气泡溢出后方可判断补水泵内气泡已排尽。

（六）传感器更换

1. 安全注意事项

（1）更换前应断开传感器交、直流电源，防止低压触电。

（2）高空作业系好安全带。

2. 关键工艺质量控制

（1）在更换前，应确认备用仪表的相关参数及性能与原设备一致。

（2）拆除与表计相连的所有接线，并与图纸核对，做好标记。

（3）所拆接线必须用绝缘胶布包好。

（4）更换压力、电导率传感器前，应关闭传感器出口阀门。

（5）更换流量、温度传感器前，应将所属管道两端阀门关闭，将管道内介质排空。

（6）应同时更换传感器密封圈。

（7）紧固接头及螺栓时，应按力矩标准进行紧固，并重新做好标记。

（8）压力传感器更换后应进行零位置调整。

（9）更换完成后应对传感器接头进行紧固，应无松动、无渗漏，必要时采取防松动措施。

（10）压力、电导率传感器更换后，应将传感器出口阀门打开。

（11）流量、温度传感器更换后，应将所属管道两端阀门缓慢打开，并进行排气。

（12）更换完成后应对传感器进行通电测试，检查传感器在不同控制保护系统中的参数和现场指示一致。

（七）管道、法兰及阀门更换

1. 安全注意事项

（1）检修前应确认需更换部分已与主回路隔离或者主循环泵电源及安全开关已断开。

（2）高空作业系好安全带。

2. 关键工艺质量控制

（1）更换前应将被更换部件两侧的阀门关闭，并将内部去离子水排净。

（2）密封圈应同时进行更换。

（3）紧固法兰螺栓时，应使法兰密封面与垫片均匀压紧，必须均匀对称地紧固连接螺栓，避免用力不均。

（4）螺栓紧固后应重新做好标记。

（5）工作完成后应进行排气，排气时应缓慢，有水后关闭排气阀，然后再次打开，直到水流平稳无气泡溢出后方可判断管道内气泡已排尽。隔离管道内无排气阀时，需打开就近的自动排气阀，长时间运行，确保系统排气完成。

（八）加热器更换

1. 安全注意事项

（1）工作前应断开加热器电源开关和安全开关。

（2）需用万用表对电源接线进行验电，确保无电后方可开始工作。

2. 关键工艺质量控制

（1）电源接线端子拆开前应做好标记。

（2）应用扳手对角线拆下电加热器接线盒和法兰螺栓。

（3）安装加热器前先把新密封圈套在加热器上。

（4）紧固加热器固定螺栓时，必须均匀对称地紧固连接螺栓，避免用力不均。

（5）电源接线恢复时应紧固，相序正确。

（6）阀门阀位恢复，补充冷却介质，排除气体。

（7）安装后应检查加热器密封部位无渗漏水现象。

（8）加热器更换前应对其备品进行绝缘电阻测试。

（九）内水冷系统加压试验

1. 安全注意事项

（1）高空作业系好安全带。

（2）操作作业车时，应有专人监护，防止碰撞设备。

（3）加压试验应使用专用加压泵，不应使用补水泵。

（4）加压之前需再次核对加压回路，以及阀门开启状态。

2. 关键工艺质量控制

（1）施加试验压力为 1.2 倍额定静态压力（进阀压力），时间不少于 30 分钟。

（2）加压试验所使用的加压泵、软管、水桶清洗干净，防止二次污染。

（3）加压试验时水桶要盖好，减少内冷水与空气接触，减少溶解氧。

（4）加压时应先打开加压泵进、出水阀门，后启动加压泵。

（5）检查每个阀塔主水回路的密封性，应无渗漏、压力无明显下降。

（6）检查冷却水管路、水接头和各个通水元件，应无渗漏、无明显压降。

（7）检查内水冷系统的压力、流量、温度、电导率等仪表，要求外观无异常，读数合理。

（8）对漏水位置接头进行紧固时，应按要求力矩进行紧固，不宜过紧。

（十）系统功能试验

1. 安全注意事项

（1）确认水冷系统所有检修工作已完成，相关人员已撤离。

（2）内水冷系统已恢复至正常运行状态。

2. 关键工艺质量控制

（1）交流电源切换装置功能正常，当其中一路交流电源故障时，系统应能发出告警，且能自动切换至另一路备用电源。

（2）主循环泵手动（包括远方操作）和自动切换功能正常，当主循环泵切换不成功时，应能自动回切，且内水冷系统流量保护应不动作。

（3）主循环泵漏水检测装置功能正常。

（4）内外循环方式切换功能正常，且切换过程中泄漏保护不动作。

（5）流量、温度、压力、泄漏、液位等保护定值及动作结果正确。

（十一）冷却塔检修

1. 整体更换

（1）安全注意事项。

1）爬梯应固定牢固，上下时派专人监护，高空作业系好安全带。

2）敞开的平衡水池四周应有围栏并派专人监护，工作中断时盖上平衡水池外盖。

3）严禁进入非施工区域，施工区域设立"冷却塔施工工地"标示牌。

4）接线使用带绝缘把手的工具，确认电源是否断开，并派专人监护。

5）冷却塔风机吊装时应有3人以上配合，并在吊装位置区域摆放"危险"标识牌。

6）邻近运行设备应上锁，工作地点悬挂"在此工作"标识牌。

7）在电源电缆接入时，核对正确后，检查开关在断开位置时再进行接入，并派专人核查监护。

8）对照图纸做好阀门开关记录，工具使用正确、用力合适。

9）拆接回路接线做好书面记录，严禁改动回路接线。

10）工器具和表计均应校验合格，工作时必须使用绝缘工具，接线前用绝缘胶带将未接入线头包好。

11）进入检修区严禁吸烟和明火，需要动火的必须开具动火工作票，动火时禁止将氧气瓶与乙炔瓶堆放在一起。

（2）关键工艺质量控制。

1）关闭阀门时应做好记录，并确保阀门已关死，防止漏水和反送水。

2）安装宝塔接头时，应安装牢固，应有防渗漏措施。

3）内水冷放水时，确保进出水阀门已完全关闭，内冷水排尽后应及时将排放阀关闭。

4）冷却塔附属管路拆除时应整段拆除，不得破坏原有管道螺纹。

5）冷却塔吊装拆除、下箱体、上箱体吊装，应严格执行吊车使用规定进行，绑扎方法应正确牢固，控制上下箱体安装偏差在正常范围内。

6）冷却塔底座工字钢点焊时，焊点应牢固，不得有虚焊。

7）改造爬梯、电机防护罩及附属管路安装应牢固，螺栓应拧紧。

8）原喷淋管切割时，切口应平直，切割后，切口上不允许有裂纹。

9）原母管法兰焊接时，焊缝应平整、光滑、无虚焊、脱焊。

10）新喷淋管移入、安装时，应能保证管道水平，防止倾斜、弯曲。

11）拆除喷淋泵电缆进线时，应做好记录，安装新接线时应按原接线方式安装，走线应整齐、平直。

12）安装新喷淋泵时应保持垂直，注意进出口方向，并按要求对螺栓进行力矩紧固。

13）接线端子应连接紧固，接触良好，绕组对地绝缘应不小于 $1M\Omega$（1000V 绝缘电阻表）。

14）安装完毕后应进行投运试验，检查冷却塔无漏水，风扇电机、喷淋泵旋转方向正确，冷却塔出水平稳，回水顺畅。

2. 风机更换

（1）安全注意事项。

1）断开冷却塔风机电源和安全开关。

2）工作前，需用万用表对冷却塔风机及其接线盒进行验电，确保无电后方可开始工作。

3）现场使用的工具，应是带有绝缘手柄的工具，防止造成短路和接地。

4）按厂家规定正确吊装设备，起吊作业时应设置揽风绳控制方向，并设专人指挥。

5）禁止上下抛掷工器具等物品。

6）高空作业人员必须系安全带或安全绳，禁止无绳、无带作业。

7）工作中注意物件和工具掉落，避免砸坏冷却塔内蛇形管。

（2）关键工艺质量控制。

1）检查冷却塔运行情况，确保冷却塔容量足够。

2）拆除风机外罩时应小心，防止外罩变形，如已经变形，应立即将其恢复。

3）拆除风机扇叶，如果扇叶与电机连接处锈蚀，可先喷洒除锈剂，以便于拆除。

4）拆除故障风机并安装新风机，工作过程中不得踩踏冷却塔内蛇形管。

5）安装后风机与侧壁无摩擦，否则需调整电机位置。

6）手动转动扇叶无卡阻，扇叶与侧壁无摩擦。

7）风机接线盒内放入吸潮剂，使用密封胶封堵，防雨罩安装应牢固，防止进水。

8）启动风机进行检查，电机无异常声音和振动，转向正确。

3. 变频器更换

（1）安全注意事项。

1）检修过程中拆接回路线，要有书面记录，恢复接线正确，严禁私自改动回路接线。

2）现场使用的工具，应是带有绝缘手柄的工具，防止造成短路和接地。

3）检修过程中，严禁自行拆除或变动二次设备盘柜、装置的接地线。

4）工作开始前，需断开变频器电源开关，并将所有风扇电源开关、安全开关断开。

（2）关键工艺质量控制。

1）安装变频器时，应按照原来控制要求和新变频器接线图接线。

2）接完线后上电前，应对回路接线进行核对，二次回路电缆绝缘测量不小于 $1M\Omega$（1000V 兆欧表），接线紧固。

3）变频器上电后需按照说明书进行参数设置，设置完成后，需进行调试。

4）通过变频器进行手动启动试验时，检查变频器运行情况是否正常以及外部相关设备的工作情况是否正常，比如冷却塔风扇电机有无反转，转速是否正常等。

5）进行远方控制试验时，检查远方控制信号如启动、停止、频率调整等信号是否正常，变频器响应是否正确。

（十二）喷淋泵更换

1. 安全注意事项

（1）更换喷淋泵前，应确保系统的冷却容量满足使用需求，防止冷却容量不足引起直流系统功率回降。

（2）工作前，需用万用表对喷淋泵及其接线盒进行验电，确保无电后方可开始工作。

（3）安装电机与泵体间连接部件时要保证轴心在一条直线上，紧固时应均匀对角固定。

（4）启动前一定要确认喷淋水池中已补满水，防止空气进入喷淋泵中造成干烧损坏。

（5）启动后再次对喷淋泵进行排气。

2. 关键工艺质量控制

（1）在工作开始前，应检查备用喷淋泵能否正常投运。

（2）在动力电源控制柜上断开需更换的喷淋泵的电源开关，并断开其安全开关，确保电源完全断开。

（3）拆除喷淋泵前，需对喷淋泵进行排气和排水。

（4）拆下喷淋泵电机及电源线，并做好记录。

（5）拆下喷淋泵泵体时，需多人配合，防止掉落损坏。

（6）更换新的喷淋泵时应注意安装方向和风扇转向，安装后手动转动灵活无卡阻。

（7）回装电机及电源线时应按原接线方式，不得私自更改接线方式。

（8）安装完毕后需对喷淋泵进水管道和喷淋水池进行补水，补水时应及时通过排气阀对泵进行排气。

（9）对喷淋泵喷淋水池进行补水时，应缓慢进行，控制流量，防止气泡残留。

（10）启动喷淋泵后应对电机转向、有无漏水进行检查。

（11）喷淋泵启动运行后应无明显异常声音和振动，泵出水平稳。

（十三）软化罐树脂更换

1. 安全注意事项

（1）工作前须将系统停运,将控制系统电源断开,确保系统不会自动启动。

（2）工作前需将软化罐里的水全部排尽，关闭进出水阀门。

（3）处理树脂过程中，工作人员必须穿戴保护用的手套、眼镜和口罩，防止树脂对眼睛和皮肤造成伤害，防止灰尘或树脂吸入肺部。

（4）爬梯应固定牢固，上下时派专人监护，高空作业系好安全带。

2. 关键工艺质量控制

（1）新树脂使用前，必须做前期处理，以起到去除杂质、活化树脂的作用。

（2）更换前需进行系统试压以确认无泄漏，并检查集水器、布水器，内衬及支撑层等部件是否完好无损。

（3）拆下进出水管路，排污管，吸盐管，取下控制阀头时应小心，防止损坏塑胶法兰，如发现有裂纹，应进行更换。

（4）抽出中心管，如罐体直径大于 500mm，则不用取出中心管。

（5）利用虹吸原理抽出树脂，如没有专门用于排出树脂的阀门，可利用吸尘器将树脂吸出。

（6）安装中心管时，应确保中心杆在软化罐最底端的中心位置，在中心管上方用塑料布堵住，防止树脂倒入中心管。

（7）装填树脂前，应仔细检查交换柱及管道、阀门的总体情况，仔细检查过滤器是否完好。

（8）倒入新树脂前，应检查旧树脂是否全部排尽。

（9）树脂更换完成后应检查各法兰连接紧固情况，力矩满足规定要求，无渗漏。

（10）更换完毕，将树脂罐密封好后，把控制阀调到反冲洗位置（顺流再生），少量给水，将软化罐内气体排出。

（十四）反渗透单元检修

1. 反渗透膜更换

（1）安全注意事项。

1）拆除反渗透管两端堵板时应小心，不得损坏反渗透管上的烤漆。

2）使用木方或其他工具将反渗透膜从反渗透管中顶出时，应有人接住，防止反渗透膜坠落砸坏其他设备。

3）拆除反渗透管两端堵板前需将反渗透管内的水排干净，防止存在压力。

4）安装或拆除反渗透膜时，应多人进行，相互配合，防止坠落伤人。

（2）关键工艺质量控制。

1）将外水冷旁通阀打开，外水冷须处于旁通补水状态才能进行工作。

2）关闭反渗透管进出水阀门后，需打开反渗透管两侧排水阀将反渗透管中水彻底排净并泄压。

3）必须使用反渗透管专用工具拆除反渗透管两端堵板。

4）反渗透膜取出后应对反渗透管内杂质及水垢进行清洗，保证反渗透管内壁清洁无污垢。

5）安装新的反渗透膜时，应在将几个反渗透膜首尾连接好后再送入反渗透管。

6）将反渗透膜送入反渗透管时，宜在反渗透膜外壁涂抹少许清洁剂作为润滑。

7）打开反渗透管排气阀并微开反渗透管进水阀，对反渗透管进行补水，待排气阀中有水流出后关闭排气阀。

8）启动外水冷补水系统进行补水，并通过各排气阀进行排气，直到排气阀出水平稳后，方可判断确无气体残留。

2. 反渗透膜清洗

（1）安全注意事项。

1）冲洗前确保平衡水池水位正常，约三分之二左右。

2）不能用手直接接触柠檬酸及其溶液，如需接触须戴防腐蚀手套和护目镜。

3）冲洗时不得触碰管道，以免人员烫伤。

4）倾倒药物时需小心，不能溅到其他设备或管道上，导致腐蚀，如已溅到其他设备上，应立即用湿抹布擦拭干净。

5）冲洗过程全程需有人监护。

（2）关键工艺质量控制。

1）使用平衡水池经净化后的水对反渗透膜进行冲洗。

2）清洗前，须将控制系统打至手动模式后，对清洗用的水箱补水至三分之二位置。

3）加药时应将药物搅拌均匀，溶解充分。

4）进行冲洗前，需将回路切换至冲洗模式下的回路，然后在控制面板上启动冲洗模式。

5）冲洗过程中需打开加热器，将循环冲洗水加热，但水温不得高于45℃，以免对反渗透膜造成损坏。

6）冲洗过程中如水流较小，可手动增大高压泵运行频率加大水流，利于冲洗。

7）每次冲洗时间约为1小时，冲洗完成后须在控制面板上停止冲洗，然后将水箱中冲洗下来的脏水排出。

8）如冲洗完成后压差仍未恢复正常，可对反渗透膜多次冲洗，将吸附在反渗透膜上的污秽全部洗清。

9）全部工作结束后须在控制面板上将补水模式打至自动模式。

（十五）冷却塔、喷淋泵功能试验

1. 安全注意事项

（1）确认所有交流动力电源供电正常，防止切换后电源丢失。

（2）确认运行设备可靠隔离，防止误碰运行设备。

（3）试验中应做好记录，工作结束时及时恢复，严禁改动回路接线。

（4）设备试验或切换中，若发现设备缺陷，应及时消除。短时不能消除的缺陷，应采取安全措施。

2. 关键工艺质量控制

（1）试验前检查系统所有供电电源正常，电压及频率符合要求，喷淋泵主、备用正常。

（2）试验前检查系统无报警信号。

（3）模拟主用喷淋泵故障后，应自动切至备用喷淋泵运行，故障恢复后保持备用泵运行。

（4）模拟备用喷淋泵故障后，保持主用泵工作正常，故障恢复后仍保持主用泵运行。

（5）动力电源切换试验时，主用电源切除后，应自动切至备用电源供电，检查并记录切换前后现场受电设备运行状态及相关失电报警、异常动作情况，并记录相关试验情况。

（6）动力电源切换试验时，断开备用电源后，泵应工作正常，再次投入备用电源，仍工作正常。

（7）动力电源切换试验时，操作切换把手后，应切至其他电源供电，检查并记录电源切换相关试验情况。

（8）喷淋泵、冷却塔风机工频强投功能正常，在断开自动启动回路后，合上工频强投开关，喷淋泵、冷却塔风机能工频运行。

第四节　阀冷却系统典型故障处理

一、空冷器风机故障报警

（一）故障特征

OWS 监控后台报出极 II 低端阀冷系统 G405 风机动力电源开关未合、G405 风机故障报警，现场检查确认极 II 低端阀冷 5 号风机动力柜 G405 风机电源空开为过流脱扣状态。

（二）故障检查

根据 OWS 监控后台故障报文，对极 II 低端阀冷系统 G405 风扇电气回路、风扇本体等进行了检查，具体检查情况如下：

（1）在阀冷 VCCP 室极 II 低端阀冷 5 号风机动力柜内检查 G405 风机电源空开发现为脱扣状态，确认 G405 风机电气回路存在过流现象。

（2）检查极 II 低端阀冷 5 号风机动力柜内 G405 风扇电气回路完好无接地短路烧灼痕迹，检查空冷器就地端子箱内风扇就地安全开关完好无接地短路烧灼损伤痕迹。

（3）断开 G405 风扇就地安全开关，检查 G405 两台风扇电机二次接线盒内清洁干净无杂物，无进水痕迹，无短路烧灼损伤迹象。

（4）现场分别对 G405-1 和 G405-2 两台风机三相绕组绝缘情况进行测

量，测量结果显示 G405－1 风扇电机绕组对地导通，G405－2 风扇电机绕组对地绝缘正常。从反扇本体接线盒处测得 G405－1 风扇电机三相绕组对地绝缘电阻只有 111Ω，确认风机对地绝缘故障。

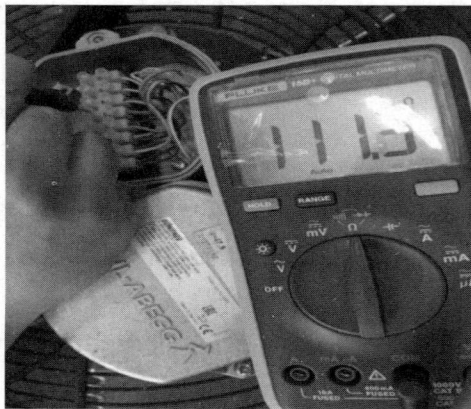

图 4－2－26　G405－1 风扇电机绕组对绝缘测量

（三）故障分析

根据检查情况，判断为 G405－1 风机对地绝缘问题引起风机过流，从而导致 G405 风机电源空开过流脱扣。空冷器风机防护等级为 IP55，满足十八项反措户外设备布置要求，导致风扇电机绝缘不良的原因初步分析如下：

（1）电机接线盒处局部密封不良，导致异常受潮绝缘降低。

（2）青南换流站地区雨季雨量充沛，在前期安装、验收阶段施工单位和厂家未做好防护，电机长期处于停运状态，导致电机本体受潮引起绕组绝缘降低。

（3）夏季运行过程中户外防冻棚顶部处于长期打开状态，下雨天雨水直接喷淋至户外电机二次接线盒顶部，密封异常情况下容易造成内部进水受潮，绝缘异常。

（四）故障处理

（1）确认风机已断开上级电源，拆开风机接线盒盖板用万用表确认确无电压。

（2）对风机内部进行拍照，记录内部接线情况和设备情况，按照图纸进行电源线拆除，标记拆接线位置，包扎拆除电源线。

（3）拆除 G047 风扇和电机保留底座，将备品风机安装在 G047 风机底座。

（4）按照图纸恢复接线，与照片对比核对。

（5）与运行人员共同合上 G047 风机电源，观察 2 小时确认 G047 风机运行正常。

（五）预防措施

为防止此类故障继续发生，组织厂家对现场设备做如下检查：

（1）检查每台风机接线盒处密封情况，防止因密封不良造成绝缘异常故障。

（2）为防止雨季雨水因密封工艺不良进入电机内部使绕组受潮造成绝缘降低故障，建议每台风机接线盒处加装不锈钢防雨罩。

（3）结合停电期间对阀冷外空冷器每台风扇电机绕组做绝缘测试。

二、低端阀冷 Z01 主过滤器压差偏高报警

（一）故障特征

极一低端阀冷 B 套系统报主过滤器堵塞，现场实际压差表示数为 0.02～0.04MPa 波动，未到报警值 0.06MPa，阀冷运行流量压力均正常。检查开入回路接线均无松动，检修人员发现过滤器内部有杂音，怀疑过滤器内部存在杂物。

（二）压差表检查及主过滤器切换运行

（1）确认 A/B 套阀冷流量压力保护跳闸硬压板已经退出。

（2）分别记录下 Z01 主过滤器进、出水口蝶阀 V005、V007 阀位（均为半开状态，以现场实际角度为准）和 Z02 主过滤器进、出水口蝶阀 V006、V008 的正常工作阀位（V006 微开，V008 全关）。记录当前主循环流量 Q0 和进阀压力 P0 运行值。

（3）微开 Z02 主过滤器出口阀门 V008，操作后主循环流量变化值不超过±5L/s，进阀压力变化值不超过±0.04MPa，观察压差表 dPIS02 示数变化情况。

（4）如压差表 dPIS02 示数波动很小，则微关 Z01 主过滤器出口阀门 V007，操作过程中主循环流量变化值（与 Q0 比较）不超过±5L/s，进阀压力变化值（与 P0 比较）不超过±0.04MPa。微开 Z02 主过滤器进口阀门 V006，操作过程中确保主循环流量变化值（与 Q0 比较）不超过±5L/s，进阀压力变化值（与 P0 比较）不超过±0.04MPa。微关 Z01 主过滤器进口阀门 V005，后续每次操作过程中均确保主循环流量与初始值变化量不超过±5L/s，进阀压力与初始值变化量不超过±0.04MPa。循环以上调节操作，直至 Z01 主过滤器进、出口蝶

阀 V005、V007 阀位均处于微开状态。

（5）观察压差表 dPIS01 示数是否仍有较大波动，如波动较小（示数值不超过 0.04MPa），则不用更换该压差表。如波动无明显改善（示数值会超过 0.04MPa），则进行下一步排查。

（6）完成以上操作后，Z02 主过滤器已投入主用，观察压差表 dPIS02 示数是否平稳。

（7）检查 Z02 主过滤器运行状态无异常（无异响，压差在 0.04MPa 以下，主循环流量、压力与切换之前一致）后，记录相关运行参数。恢复流量压力跳闸压板至投入状态。

（8）如压差表 dPIS02 示数波动较小（示数值不超过 0.04MPa），而压差表 dPIS01 示数波动较大（示数值会超过 0.04MPa），则后续开展压差表 dPIS01 更换工作。

（9）采用螺丝刀调整压差表 dPIS01 两副报警接点设定值，调定为 0.1MPa，同样调整压差表 dPIS02 两副报警接点设定值，调定为 0.1MPa。

（三）压差表更换

（1）关闭差压表 dPIS01 测量管路的进口和出口的检修球阀 V207、V208。

（2）拆卸压差表 dPIS01：

1）先用一把扳手卡住对丝接头的卡位，另一把扳手卡住快速接头螺母的卡位；逆时针缓慢转动扳手，待对丝接头与快速接头螺母的连接完全松动后，再手动移开快速接头螺母及管道。

2）用十字起逆时针缓慢拧下压差表的三颗固定螺丝。

3）解开差压表对外引线的断点处接线。

图 4-2-27 差压表拆卸示意

（3）安装压差表 dPIS01：

1）将新的差压表的引线进行重新接线。

2）用十字起顺时针缓慢拧紧压差表的三颗固定螺丝。

3）先用一把扳手卡住对丝接头的卡位，另一把扳手卡住快速接头螺母的卡位；顺时针缓慢转动扳手，待对丝接头与快速接头螺母的连接完全松拧紧，依次拧紧快速接头螺母与进口、出口的管道。

（4）开启差压表 dPIS01 进、出口的检修球阀 V207、V208，检查差压表就地测量值是否正常。持续观察至少一小时，检查维护点是否有渗水情况。如无异常，结束本次更换作业。

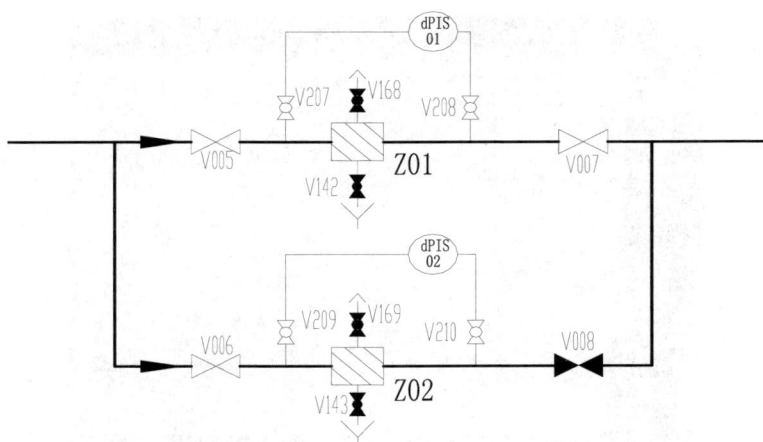

图 4-2-28　主过滤器流程示意图

（四）Z01 主过滤器压差表 B 套报警故障点排查过程

（1）关闭 Z01 主过滤器压差表球阀，拆开毛细管路防水，没有杂质堵塞，指针指在零刻度。安装好管路后打开球阀，指针仍在 0.03～0.04 区间内抖动。

（2）调大压差表压差值超过报警值，A、B 套都报警。

（3）调整 Z01 主过滤器进出口阀门开度，指针抖动无明显改善。

（4）将 Z01 主过滤器打到备用状态，改为 Z02 主过滤器运行，压差表指针在 0.02 上下抖动。

（5）Z01 主过滤器堵塞，先转到 Z02 过滤器运行，后面停电拆开过滤器冲洗检查。

（五）预防措施

加强后台监视，巡检时观察主过滤器压差表是否异常，并结合年度检修停电机会对主过滤器滤芯进行检查冲洗。

三、空冷器风机变频器故障报警

（一）故障特征

后台报极 2 低端报 G105 风机变频回路故障，18 分 38 秒后 G105 变频回路故障自动复归。现场查看 G105 风机变频器面板无故障代码，无历史故障代码，现 G105 风机仍在正常运行。

图 4-2-29　故障报文

（二）风机变频回路故障排查过程

（1）风机变频器面板无故障代码，风机正常变频运行。

（2）只有 B 套系统报风机变频故障，A 套系统无报警。

（3）排查 B 套风机变频运行信号开入接线回路。

（4）发现开入回路中间继电器继电模块未插紧、变频器运行时常开辅助触点未闭合。

（三）预防措施

加强后台监视，并对其余空冷器风机变频器二次回路端子和接线进行紧固处理。

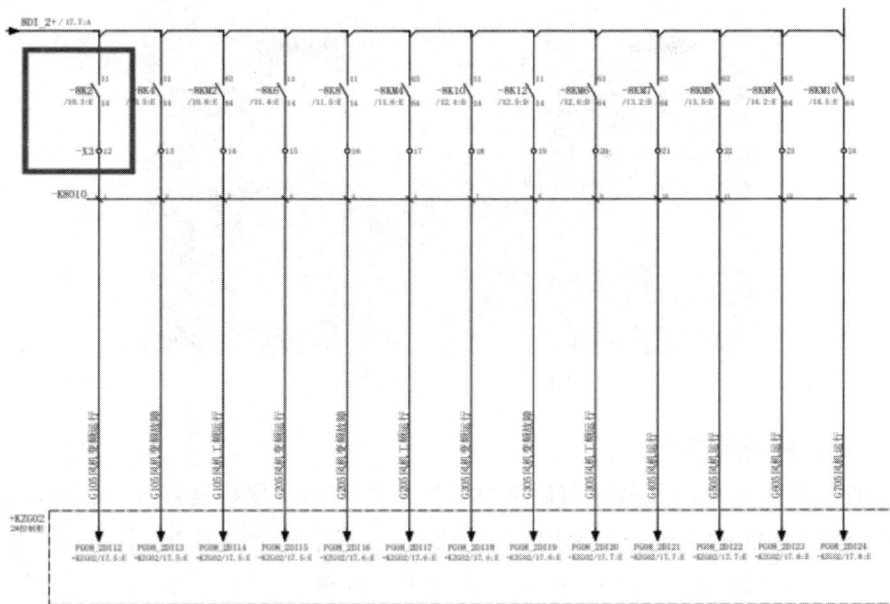

图 4-2-30　中间继电器接线图

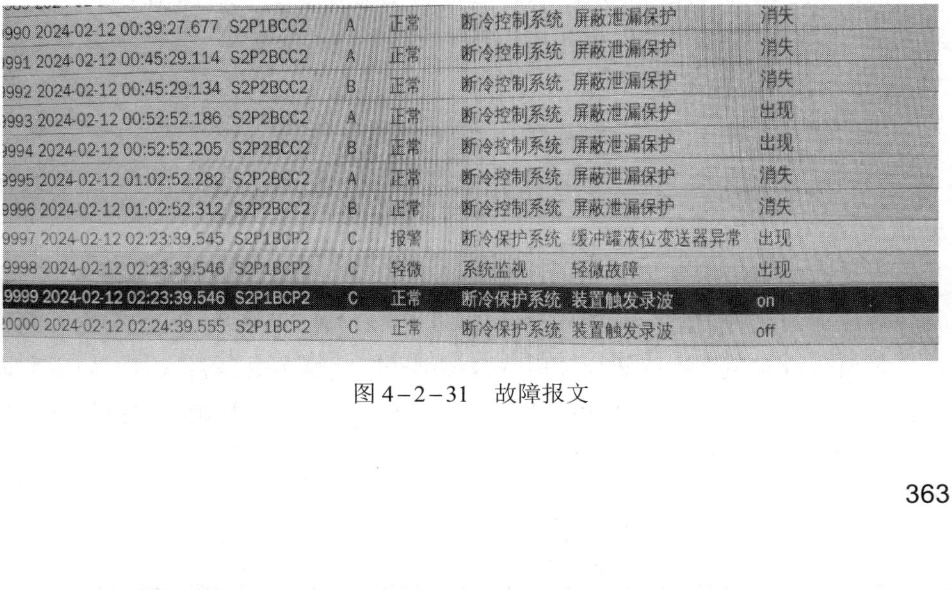

四、C 套保护缓冲罐液位变送器异常报警

（一）故障特征

保护系统 C 套缓冲罐液位变送器异常报警。

990	2024-02-12 00:39:27.677	S2P1BCC2	A	正常	断冷控制系统	屏蔽泄漏保护	消失
991	2024-02-12 00:45:29.114	S2P2BCC2	A	正常	断冷控制系统	屏蔽泄漏保护	消失
992	2024-02-12 00:45:29.134	S2P2BCC2	B	正常	断冷控制系统	屏蔽泄漏保护	消失
993	2024-02-12 00:52:52.186	S2P2BCC2	A	正常	断冷控制系统	屏蔽泄漏保护	出现
994	2024-02-12 00:52:52.205	S2P2BCC2	B	正常	断冷控制系统	屏蔽泄漏保护	出现
995	2024-02-12 01:02:52.282	S2P2BCC2	A	正常	断冷控制系统	屏蔽泄漏保护	消失
996	2024-02-12 01:02:52.312	S2P2BCC2	B	正常	断冷控制系统	屏蔽泄漏保护	消失
9997	2024-02-12 02:23:39.545	S2P1BCP2	C	报警	断冷保护系统	缓冲罐液位变送器异常	出现
9998	2024-02-12 02:23:39.546	S2P1BCP2	C	轻微	系统监视	轻微故障	出现
9999	2024-02-12 02:23:39.546	S2P1BCP2	C	正常	断冷保护系统	装置触发录波	on
0000	2024-02-12 02:24:39.555	S2P1BCP2	C	正常	断冷保护系统	装置触发录波	off

图 4-2-31　故障报文

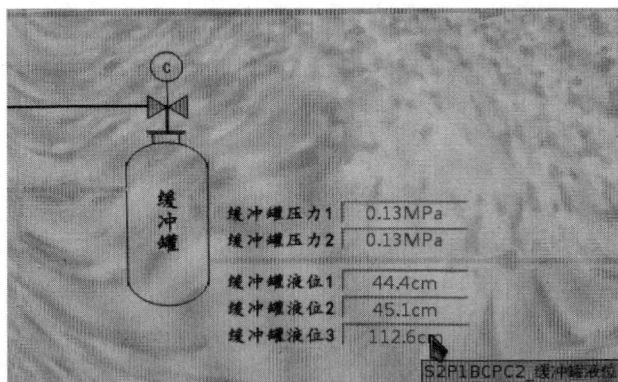

图4-2-32　后台界面数值

（二）现场排查方案

通过对故障录波及故障前后液位对比分析可知，保护装置 C 对应的电容式液位计 LT03 输出液位值短时出现阶跃，由正常液位突升至 112.6cm（对应表计输出电流值约 22mA），超出了液位表计告警上限值（21mA），其后一直保持该非正常液位并触发表计异常告警。

由于表计出现示数突变且不能恢复正常，经初步判断可能的故障原因为：

（1）硬件故障，需要 E+H 使用专用设备进行故障代码查询，以确认具体故障信息。

（2）软件异常，可尝试对表计进行断电重启，若表计恢复正常则可继续使用。

因此，建议现场先对该故障表计进行断电重启操作，若无法恢复正常，则需要返厂检查。

（三）表计更换预案

（1）临时措施：对该故障表计进行断电重启操作。

（2）断电重启操作无法恢复正常时，可以就地更换表计电子模块，或整体更换表计。

表计断电重启操作步骤如下：检查并确认该故障表计位置后，断开 C 套表计对应的控制柜内该表计的刀闸端子 5X4:6、5X4:23、5X4:59 的刀闸，该表计测量值变成负值，等待 2 分钟后恢复该端子，观察示数是否恢复。如示数恢复正常，则观察半小时无异常后结束操作。如表计示数仍超限（标记异常故障未消除），建议开展表计电子模块（或表计整体）更换。

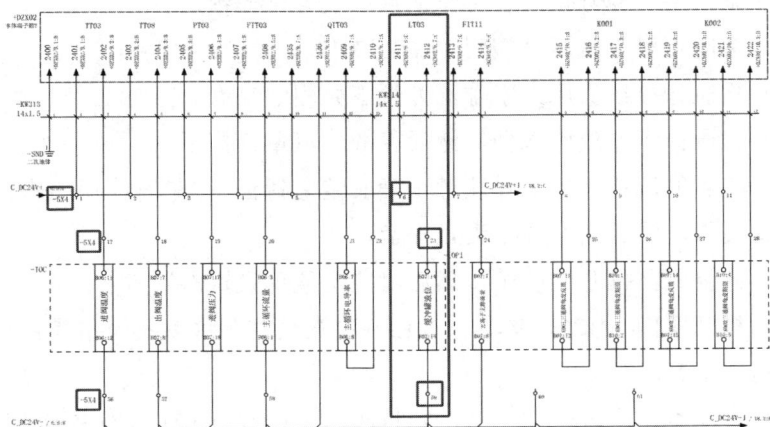

图4-2-33　表计二次接线图

（四）预防措施

加强后台监视，巡检时重点检查阀冷设备管道接口处有无渗漏水，并结合年度检修停电机会对液位计及二次回路进行检查。

五、流量计异常报警

（一）故障特征

在阀冷系统正常运行状态下，突然出现阀冷系统去离子流量计异常，流量计数据大幅度波动，流量计数据超量程，装置出现液位变送器异常报警等现象。

图4-2-34　故障报文

（二）表计更换

（1）确认各品型号正确、工作地点以及异常表计位置。

（2）关闭正极 1 号阀冷阀门 V120，V121，V122 并上锁。

（3）将表计接线头用十字螺丝刀拆下并固定在旁。

（4）在表计下方放好水桶，然后将故障流量计拧下。

（5）将新的流量计拧上并注意正确安装密封垫，拧紧时应用皮带扳手或者管钳略微夹紧，然后插上接线头并拧紧。

（6）恢复此前挑开的端子，然后对照定值单设置参数。

（7）打开阀门 V120，V121，V122 检查是否漏水以及流量是否正常，并持续观察 1 小时。

（8）若观察 1 小时一切正常，则将阀门 V120，V121，V122 上锁。

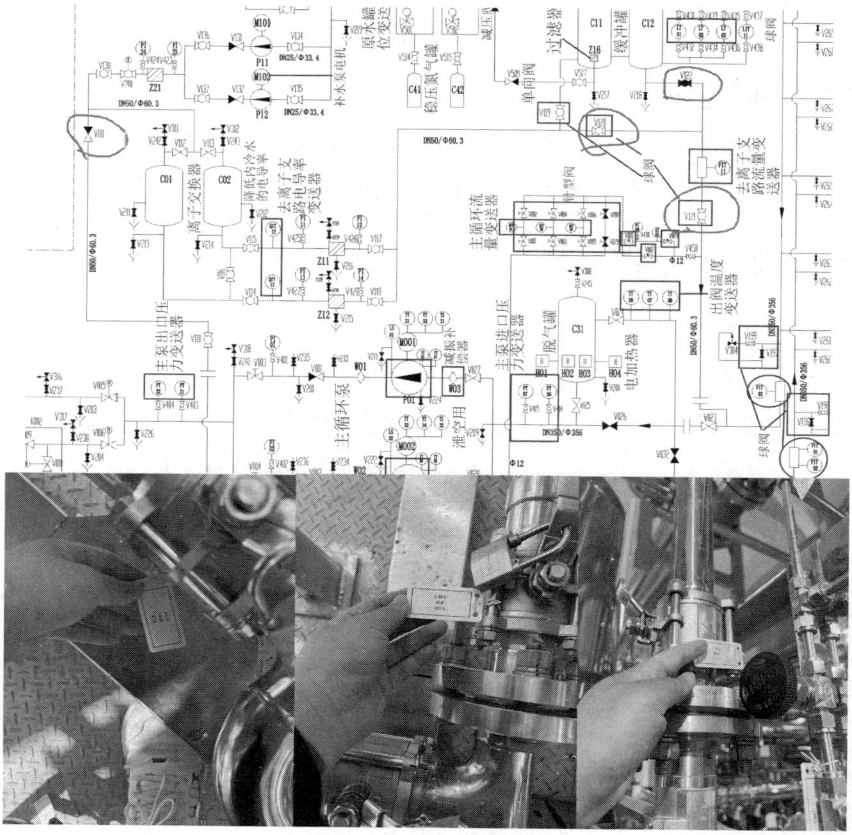

图 4-2-35 需要动作的阀门

图4-2-36　流量计接液处

（9）再次检查流量计是否全部安装到位，接液处需检查是否渗漏，接线紧固；重新核对定值单，确认变送器参数无异常；检查后台流量数据无异常，系统运行稳定。

（三）预防措施

加强后台监视，将损坏流量计返厂进行故障分析，并结合年度检修停电机会对剩余流量计及二次回路进行检查。

第五节　阀冷却系统典型技术监督意见

序号	文件名称	厂家	概述	问题描述	监督意见
1	《国网直流技术监督（2021）40号 白江工程南瑞继保换流阀冷却设备厂内技术监督意见》	南瑞继保	阀冷控制系统故障等级及数据采集逻辑不合理，导致阀冷控制系统可用率降低	每套阀冷控制装置与两套I/O装置均有通信连接，但仅采用同一屏柜内IO装置上送的开入信号，当阀冷控制装置与同一屏柜内的I/O装置发生通信故障时，会产生紧急故障，并退至服务状态，存在报警等级不合理、系统可用率不高的问题	建议南瑞继保按照《特高压阀冷系统关键点 技术监督实施细则》"1.1.5 阀内冷水控制保护系统各类板卡需根据其功能设置故障等级，对于不影响系统运行的板卡故障时不应导致整套控制保护系统退出运行。"的要求，将虞城站、布拖站同一屏柜内的控制装置与I/O装置间通信故障时的故障等级由"紧急故障"改为"严重故障"，单套控制装置与两套I/O装置间通信均故障时故障等级设为"紧急故障"；建议每套控制装置同时接收两套I/O装置数据，优先选用同一屏柜内的I/O装置数据，当同一屏柜内的I/O装置出现故障时，再选用另一套I/O装置数据，提高阀冷控制系统可用率

续表

序号	文件名称	厂家	概述	问题描述	监督意见
2	《国网直流技术监督（2021）40号 白江工程南瑞继保换流阀冷却设备厂内技术监督意见》	南瑞继保	虞城站阀冷冷却塔风机电源配置不合理	虞城站每面冷却塔动力柜的2路进线电源经过双电源切换装置后给同一冷却塔的两台风机供电，若双电源切换装置故障导致对应冷却塔的两台风机均不可用，降低冷却塔可用率	建议南瑞继保按照《特高压阀冷系统关键点技术监督实施细则》"1.3.2 外水冷系统喷淋泵、冷却风扇的两路电源应取自不同母线，且相互独立，不应有共用元件。"的要求，1号冷却塔动力柜给风机1和风机4供电，2号冷却塔动力柜给风机2和风机5供电，3号冷却塔动力柜给风机3和风机6供电
3	《国网直流技术监督（2021）40号 白江工程南瑞继保换流阀冷却设备厂内技术监督意见》	南瑞继保	布拖站阀冷系统空冷器与加热器共用交流进线电源	布拖站阀冷系统配置11面风机动力柜，每面屏柜的2路进线电源经过双电源切换装置后为对应组风机供电，其中10#、11#风机动力柜的2路电源既为空冷器风机供电，也为对应的2组加热器供电，存在空冷器风机与加热器共用交流进线电源情况	建议南瑞继保按照《特高压阀冷系统关键点技术监督实施细则》"1.3.6 阀外风冷系统N组风机应配置2N+2路交流电源，经过各自的双电源切换装置切换后形成N段交流母线，每组风机平均分配到一段母线，其他加热器等负荷由2路交流电源分别供电。"的要求，将空冷器风机电源与加热器电源分开，且加热器2路电源应独立配置
4	《国网直流技术监督（2021）40号 白江工程南瑞继保换流阀冷却设备厂内技术监督意见》	南瑞继保	主循环电导率测量回路及氮气稳压回路多处采用卡套接头，存在漏水、漏气风险	南瑞继保电导率测量回路采用卡套接头，如下图所示，卡套接头采用金属密封，安装工艺复杂且要求高，渗漏风险较大，在渗漏故障处理过程中，隔离措施较为复杂、耗时长，可能导致泄漏保护动作。例如，2017年3月灵州站极Ⅰ高端阀冷系统内水冷去离子水处理回路V081针型阀下部"T"型管道接口处渗水，需对去离子水回路多个阀门隔离进行处理，处理过程复杂、耗时长，存在导致泄漏保护动作闭锁直流的风险。氮气稳压回路存在同样问题，易引起氮气稳压回路的氮气泄漏	建议南瑞继保按照《国网设备部关于做好2021年直流换流站隐患排查治理工作的通知》（设备直〔2021〕10号）"增加内冷循环水电导率测量支路检修阀门，便于卡套接头漏水时及时隔离故障点开展消缺工作；同时采用焊接管道替换原有卡套接头"的要求，将虞城站、布拖站主循环电导率测量回路、氮气稳压回路的母管更换为一体式焊接管道
5	《国网直流技术监督（2021）40号 白江工程南瑞继保换流阀冷却设备厂内技术监督意见》	南瑞继保	虞城站阀冷系统主泵接触器存在过热损坏周围设备的隐患	虞城站阀冷系统主泵接触器选型为西门子的分体式接触器，存在过热损坏周围设备的隐患，例如：伊克昭站阀冷系统交流电源柜交流进线电源接触器采用西门子3TF6833系列分体式接触器，外部回路并联电阻，测温发现电阻温度达180℃。分体式接触器电阻发热会使电阻周围的电气元件和导线长时间处于高温环境下，存在过热损坏的风险	建议南瑞继保将虞城站主泵分体式接触器分压电阻的安装位置进行优化调整，确保与周围设备保持足够的安全距离，避免设备长期受高温影响导致设备损坏

序号	文件名称	厂家	概述	问题描述	监督意见
6	《国网直流技术监督（2021）40号 白江工程南瑞继保换流阀冷却设备厂内技术监督意见》	南瑞继保	阀冷系统主泵动力柜内部CT及PT接线端子安装不合理	南瑞继保的主泵动力柜内部CT及PT接线端子安装方式错误，采用竖直安装，存在CT开路和PT回路断线的风险	建议南瑞继保将虞城站、布拖站阀冷系统主泵动力柜内的CT和PT接线端子采用水平安装，确保电气回路连接的可靠性
7	《国网直流技术监督（2021）40号 白江工程南瑞继保换流阀冷却设备厂内技术监督意见》	南瑞继保	阀冷系统主泵机封观察窗安装不可视挡板，不便于观察主泵机封运行状态	南瑞继保阀冷系统配置的主泵轴承箱两侧机封观察窗采用不可视挡板，不便于观察主泵机封运行状态。	建议南瑞继保按照《国家电网公司直流换流站验收管理规定第15分册 阀内水冷系统验收细则》"主泵检查机械密封应无渗漏，轴联器无松动、破损。"的要求，将虞城站、布拖站主泵机封不可视观察窗挡板更换为钢格栅 挡板，便于运维人员观察
8	《国网直流技术监督（2021）40号 白江工程南瑞继保换流阀冷却设备厂内技术监督意见》	南瑞继保	虞城站阀冷系统主过滤器管道凹陷	虞城站阀冷主过滤器管道有一处明显凹陷，可能为安装时磕碰导致	建议南瑞继保按照《国家电网公司直流换流站验收管理规定第15分册 阀内水冷系统验收细则》"主设备容器和管道不得有明显凹陷，焊缝不得有明显夹渣疤痕"的要求，对管道进行平整处理
9	《国网直流技术监督（2021）40号 白江工程南瑞继保换流阀冷却设备厂内技术监督意见》	南瑞继保	阀冷VCCP室未配置阀冷就地监控系统	城站和布托站阀冷VCCP室均未配置阀冷就地监控系统，不便于运维和现场调试工作	建议南瑞继保在虞城站阀冷通信柜内配置阀冷就地监控系统；建议南瑞继保与布拖站设计院核实VCCP室内是否有备用安装空间，考虑增加阀冷就地监控系统的可能性
10	《国网直流技术监督（2021）40号 白江工程南瑞继保换流阀冷却设备厂内技术监督意见》	南瑞继保	阀冷系统未提供去离子树脂的型号和技术规格书	目前南瑞继保阀冷系统未提供去离子树脂的型号和技术规格书，不能确定是否满足现场试验的需求	建议南瑞继保按照《白鹤滩—江苏±800kV 特高压直流输电工程虞城换流站特殊试验及站系统调试招标文件》"虞城换流站特殊试验、交流站系统调试17条：离子交换树脂性能检测"的要求，在设备进场时向虞城站、布拖站提供去离子树脂的型号和技术规格

续表

序号	文件名称	厂家	概述	问题描述	监督意见
11	《国网直流技术监督（2021）40号 白江工程南瑞继保换流阀冷却设备厂内技术监督意见》	南瑞继保	阀冷系统备用主循环流量传感器信号未引出	主循环流量计采用两台双表头流量计,其中备用的流量传感器信号未引出,不便于后期维护	建议南瑞继保按照《国家电网公司直流换流站验收管理规定 第15分册 阀内水冷系统验收细则》"流量传感器应装设在阀厅外或有巡视通道可到达的位置,便于巡视和不停电消缺。"的要求,将虞城站、布拖站备用的主循环流量传感器信号接线引出至主机端子箱,便于后期故障检修更换
12	《青海—河南特高压直流工程青南换流站验收和隐患排查技术监督工作报告》	南瑞继保	阀冷系统双控制主机通信故障时,任一主机重启会发停运主泵指令,从而闭锁直流	进行阀冷系统断电试验时,发现当双套VCC系统间通信中断情况下,将任意VCC主机断电重启时阀冷主泵会停止运行。后经现场试验,发现该停泵信息是由重启的VCC主机发出(重启VCC主机的主泵工频停止回路继电器励磁)。检查CCP主机程序发现,在主机重启过程中,VCC主机会向	南瑞继保优化程序,重启VCC后自行切至test,自检期间不外发指令,自检过程中故障可以正常报出;南瑞继保出具检查方法,运行人员确认VCC重启正常后,手动打至服务,再自动至备用状态
12	《青海—河南特高压直流工程青南换流站验收和隐患排查技术监督工作报告》	南瑞继保	阀冷系统双控制主机通信故障时,任一主机重启会发停运主泵指令,从而闭锁直流	CCP发送VCC自检故障和与CCP通信故障信息。分析原因为,VCC主机在上电自检初始过程中,会开出部分信号(如主泵停运、VCC自检故障等),当双VCC控制系统间通信故障,双套VCC主机互为主用,重启主机发出的停泵命令导致主泵停运	南瑞继保优化程序,重启VCC后自行切至test,自检期间不外发指令,自检过程中故障可以正常报出;南瑞继保出具检查方法,运行人员确认VCC重启正常后,手动打至服务,再自动至备用状态
13	《青海—河南特高压直流工程青南换流站验收和隐患排查技术监督工作报告》	南瑞继保	阀冷系统只有值班主机会上送跳闸信号,且出口闭锁直流时阀冷控制系统VCC和阀控CCP均不切换系统	两套阀冷控制系统VCC与两套阀控CCP系统采用交叉连接。在做阀冷系统跳闸试验时,发现只有主用VCC系统才会出口跳闸信号,与控保系统三取二装置两套均出口不同,如果主用装置出现保护拒动将无法出口闭锁直流,降低了保护的可靠性;同时阀冷控制系统VCC和阀控CCP出口均不切换系统,存在单一元件故障导致误动风险	南瑞继保进一步完善阀冷控制系统VCC和阀控CCP的出口跳闸逻辑
14	《青海—河南特高压直流工程青南换流站验收和隐患排查技术监督工作报告》	南瑞继保	单阀组两套主泵的软起和工频回路没有实现完全冗余运行,降低阀冷系统运行可靠性	展主泵切换试验时发现,如果备用泵处于检修状态,运行泵工频回路故障情况下直接停泵而不会切换至运行泵软起回路继续运行,大大降低了阀冷系统运行可靠性	更改主泵切换逻辑,每阀组两台主泵,四条运行回路,任一一条回路正常,不能影响主泵运行

续表

序号	文件名称	厂家	概述	问题描述	监督意见
15	《青海—河南特高压直流工程青南换流站验收和隐患排查技术监督工作报告》	南瑞继保	阀冷系统主泵失电无延迟切泵,上级电源故障或者电压波动时可能存在主泵频繁切换风险	在做主泵切换试验时,发现在运泵进线电源失电后,系统无延时切泵。未考虑上级电源波动情况	与青南站 10kV 备自投切换时间相配合,避免上级电源故障或电压波动时主泵频繁切换
16	《青海—河南特高压直流工程青南换流站验收和隐患排查技术监督工作报告》	南瑞继保	阀冷系统模拟量自检逻辑不完善,存在控制系统误出口风险	青南换流站阀冷控制系统 VCCA 直采 IOA 相关信息,VCCB 直采 IOB 相关信息。阀控控制系统 VCC 目前仅对测量值超量程故障进行监视,监视到测量值故障后切换系统。但目前 VCC 无法对测量值异常增大或减小、但测量值仍旧在量程范围内的故障进行监视,可能导致阀冷控制系统无法按照实际预期进行控制	阀冷控制系统中完善模拟量自检逻辑
17	《雅中—江西特高压直流工程雅中换流站阀控及阀冷设备厂内监督意见》	南瑞继保	备用阀冷控制系统 IO 板卡指令自保持可能导致两台主泵切换失败、闭锁直流	厂内开展阀冷系统功能实验中,先关闭阀控主用系统主机电源进行控制系统切换,切换成功再模拟发出主泵切换命令后,两台主泵均停运。不满足二十一项反措 8.1.6 "主泵应冗余配置,并采用定期自动切换设计方案,在切换不成功时应能自动回切,切换时间的选择应恰当,防止切换过程中出现低流量保护误动作闭锁直流" 的要求。原因分析:阀冷主用控制系统主机断电前,主泵 2 运行、主泵 1 备用。主机断电后,原主用系统对应 I/O 板卡出口回路主泵启动、停止指令自保持,即控制指令保持为主泵 2 启动、主泵 1 停止。模拟两套主泵切换后,新主用主机发出主泵 2 停止、主泵 1 启动指令。两套 I/O 的主泵启停指令不一致,导致两台主泵均收到启动和停止指令。从图 1 可知,停止指令优先级高于启动指令,导致两台主泵均停运、请求阀组控制系统闭锁直流	将阀冷控制系统 A、B 主机与 IO A、B 之间交叉连接,IO 根据两套控制主机运行状态选择执行有效系统的指令。建议张北、青豫工程参照修改

序号	文件名称	厂家	概述	问题描述	监督意见
18	《雅中—江西特高压直流工程雅中换流站阀控及阀冷设备厂内监督意见》	南瑞继保	阀冷控制保护装置保护定值变化后报正常事件,不能有效提醒运行人员,可能存在保护拒动或误动风险	阀冷控制保护装置保护定值以文本形式保存在装置 NR1107 管理板的内部存储器中,具备在线整定功能。NR1192、NR1118 等 DSP 板卡通过背板 CAN 通信实时从 NR1107 板卡读取相关定值信息实现保护功能判断。目前保护定值变化后仅报正常事件,不能有效提醒运维人员检查处理,存在保护拒动或误动的风险	建议将阀冷控制保护装置中保护定值变化事件报警等级提高,以提示运维人员关注并及时处理。建议张北、青豫工程参照修改
19	《雅中—江西特高压直流工程雅中换流站阀控及阀冷设备厂内监督意见》	南瑞继保	主泵二次电缆接线盒密封不严,可能由于受潮导致二次电缆短路故障	主泵二次电缆接线盒主要用于采集主泵温度传感器信号,厂内检查发现接线盒端盖处的密封圈用胶水粘连在端口沿边,接线盒垂直安装,若胶水黏性不足密封圈会自然下垂,导致密封不严,接线盒进水受潮可能造成二次电缆短路故障,不满足《国家电网公司二十一项直流反事故措施》"19.2.3.2 对户外端子箱和接线盒的盖板密封垫进行检查,防止变形或密封不严进水受潮"的要求	建议完善接线盒端盖密封措施,密封圈应可靠固定且不发生弯曲变形,并具有良好的密封性
20	《雅中—江西特高压直流工程雅中换流站阀控及阀冷设备厂内监督意见》	南瑞继保	阀冷进阀温度与外冷回水温度无偏差报警,可能导致进阀温度持续增加	三通阀开度根据进阀温度控制,空冷器风机启停根据外冷回水温度控制。当进阀温度大于 25℃时三通阀全开,内冷水全部走外冷管道,当外冷回水温度大于 32℃时启动空冷器风机。如果进阀温度传感器与外冷回水温度传感器采样值偏差较大,则会导致风机不能及时启动,进阀温度持续增加	建议增加进阀温度与外冷回水温度偏差报警,若测量偏差较大及时启动系统切换
21	《雅中—江西特高压直流工程雅中换流站阀控及阀冷设备厂内监督意见》	南瑞继保	外冷回水温度变送器未设置防雨罩,表计存在进水风险	外冷回出水温度变送器安装于室外,且未设置防雨罩,表计存在进水风险,不满足《国家电网公司直流换流站验收管理规定 第 17 分册 阀外风冷系统验收细则》"二、管道、阀门及附件 5. 室外温度传感器装设位置和安装工艺应便于维护,且表面清洁、电缆接头密封良好、有防雨措施"的要求	建议外冷回水温度变送器安装防雨罩

序号	文件名称	厂家	概述	问题描述	监督意见
22	《雅中—江西特高压直流工程雅中换流站阀控及阀冷设备厂内监督意见》	南瑞继保	空冷器支路较多,且无实时流量测量功能,支路堵塞影响阀冷散热能力	进出空冷器支路未安装流量测量仪表,无法对各支路状态进行流量检查,可能由于支路堵塞不能实时监测,无法得到及时处理,从而影响阀冷换热能力	建议在现场安装验收阶段对每组空冷器进出管道流量进行测量,并与其他空冷器进出流量进行对比分析,明确管道无堵塞情况
23	《雅砻江—鄱阳湖特高压直流工程雅砻江换流站隐患排查技术监督工作报告》	南瑞继保	户外空冷器管道上温度传感器无防雨措施	雅中站外冷空冷器管道上温度传感器无防水措施,不满足国家电网有限公司防止直流换流站事故措施"4.1.11 安装于户外的外冷回水温度变送器应有防雨措施。"	户外空冷器管道上温度传感器增加防雨罩
24	《雅砻江—鄱阳湖特高压直流工程雅砻江换流站隐患排查技术监督工作报告》	南瑞继保	外冷空冷器的波纹管靠空冷器侧无阀门	雅中站外冷空冷器的波纹管靠空冷器测无阀门,不满足国家电网有限公司防止直流换流站事故措施"4.2.15 阀外冷系统冷却塔或空冷器进出管道若存在波纹管,应在波纹管两侧设置隔离阀门,具备不停运阀冷更换波纹管能力"。在线更换波纹管时,空冷器无法隔离,导致大量内冷水流失,同时大量空气进入内冷水系统。在波纹管更换完毕后该组空冷器投入运行时造成内冷水水位波动	外冷空冷器的波纹管靠空冷器侧增加阀门
25	《雅砻江—鄱阳湖特高压直流工程雅砻江换流站隐患排查技术监督工作报告》	南瑞继保	西门子接触器选型错误	阀冷系统主泵接触器选型为西门子 3TF6833 系列,该系列接触器为分体式,外部回路并联电阻,正常工况下,当交流电源柜中的负载满负荷长时间运行时,电阻表面温度可达 180℃以上,电阻周围的电气元件和导线长时间处于高温环境下,存在电气元件过热损坏的风险。另一个隐患为该电阻为陶瓷材质,易碎,更换时容易导致电阻损坏。例如,2018 年伊克昭站阀冷系统调试阶段,由于电阻温度高导致电阻附近的线槽和导线烧黑变形	将接触器更换为一体式结构的接触器,一体式结构接触器结构简单,不含发热电阻,故障率低,对周边电气元件无影响

序号	文件名称	厂家	概述	问题描述	监督意见
26	《雅砻江—鄱阳湖特高压直流工程雅砻江换流站隐患排查技术监督工作报告》	南瑞继保	阀冷系统跳闸硬压板投切状态无状态检测手段，存在拒动风险	阀冷系统跳闸硬压板投切状态无检测手段，若系统投运时跳闸硬压板处于退出状态，当系统发出跳闸请求时，跳闸无法送至直流控制保护，存在拒动的风险	将跳闸硬压板未投入设为一般报警事件，投入后复归，避免拒动
27	《雅砻江—鄱阳湖特高压直流工程雅砻江换流站隐患排查技术监督工作报告》	南瑞继保	阀内冷系统排气阀无防误动措施	阀内冷系统主水管道上排气阀无防误动措施，在运行中如有误动，内冷水发生大量泄漏可导致阀组闭锁	在排气阀外部增加金属罩，标"运行中勿动"，并在排气阀底部增加堵头
28	《关于白鹤滩—浙江特高压直流工程南瑞继保阀冷系统生产制造阶段的技术监督意见》	南瑞继保	阀外冷系统缓冲水池液位低禁止启喷淋泵逻辑设置不合理	浙北站南瑞继保阀冷系统在换流阀未解锁时，检测到缓冲水池液位低将禁止启动喷淋泵，但未置"阀冷系统具备运行条件"信号无效。若此时换流阀正常解锁，可能因缓冲水池液位低导致喷淋泵无法启动，存在内冷水温度过高导致直流闭锁的隐患，不满足《特高压阀冷系统关键点技术监督实施细则》"3.5.1 应与极控或阀组控制进行接口联调试验，接口信号应满足《直流输电换流阀阀冷系统通用接口技术规范》要求"，其中《直流输电换流阀阀冷系统通用接口技术规范》中关于"阀冷系统具备运行条件"的定义为"表示具备解锁换流阀的条件，即阀冷系统运行正常，主泵、喷淋泵（或风机）、各传感器、膨胀罐等无影响换流阀运行的事件，无保护动作（无跳闸命令、无功率回降命令）"	建议南瑞继保按照《直流输电换流阀阀冷系统通用接口技术规范》要求，采用"换流阀解锁前，检测到喷淋水池液位低时禁止启动喷淋泵，发报警事件，同时置阀冷系统不具备运行条件。换流阀解锁后，检测到喷淋水池液位低时应允许启动喷淋泵，发报警事件。喷淋泵启动后出现喷淋水池水位低报警时，禁止停运喷淋泵"优化相关控制逻辑

序号	文件名称	厂家	概述	问题描述	监督意见
29	《关于白鹤滩—浙江特高压直流工程南瑞继保阀冷系统生产制造阶段的技术监督意见》	南瑞继保	主泵过热保护仅采用电机绕组温度，设计不合理	目前浙北站南瑞继保阀冷系统仅取电机绕组温度用于主泵过热保护，而未考虑电机驱动端轴承温度，无法全面、准确地反映主泵运行状态	经与广州高澜、河南晶锐、南瑞继保充分讨论，形成如下意见：（1）选择电机驱动端轴承温度及主泵三相绕组温度，共 2 类 4 个测点的温度作为主泵过热保护条件。（2）主泵过热保护分设 2 级，1 级告警用以提醒运维人员现场检查，2 级报警致使主泵切换，2 级报警值参照主泵厂家推荐值设置。对于电机驱动端轴承温度，两级报警间温度差不小于 5℃；对于绕组温度，两级报警间温度差不小于 10℃。（3）运行泵出现主泵过热保护报警时，如备用泵无故障则切至备用泵运行，如备用泵有故障，则保持当前泵运行。运行泵出现压力低报警时，如备用泵仅有主泵过热保护报警，则切换至备用泵运行
30	《关于白鹤滩—浙江特高压直流工程南瑞继保阀冷系统生产制造阶段的技术监督意见》	南瑞继保	阀冷系统主循环流量计未配置备用传感器，不便于故障时在线检修处理	浙北站南瑞继保阀冷系统主循环流量计采用一台双表头流量计和一台单表头流量计，当流量传感器故障时无法在线更换，不便于故障检修	建议南瑞继保按照《国家电网公司直流换流站验收管理规定 第 15 分册　阀内水冷系统验收细则》"流量传感器应安装在阀厅外或有巡视通道可到达的位置，便于巡视和不停电消缺。"的要求，将单表头流量计更换为双表头流量计，并将备用传感器信号接线引出至端子箱，便于后期故障检修处理
31	《关于白鹤滩—浙江特高压直流工程南瑞继保阀冷系统生产制造阶段的技术监督意见》	南瑞继保	阀冷主泵、冷却塔等设备动力柜内设置封闭式母排绝缘挡板，不利于运维人员在线测温	浙北站南瑞继保阀冷系统主泵、冷却塔等设备动力柜内设置封闭式母排绝缘挡板，不利于运维人员开展动力回路红外测温	建议南瑞继保根据《国家电网有限公司直流换流站验收管理规定 第 15 分册　阀内水冷系统验收细则》"检查主泵运行情况、声响及振动，对主泵及阀内水冷控制柜进行红外测温"的要求，在主泵、冷却塔等设备动力柜母排绝缘挡板处设计测温孔，测温孔位置及尺寸应合理，便于运维人员在线测温
32	《关于白鹤滩—浙江特高压直流工程南瑞继保阀冷系统生产制造阶段的技术监督意见》	南瑞继保	主泵电机轴承温度传感器测量信号电缆敷设工艺不合理，可能由于振动摩擦导致电缆表皮破损影响信号传输	南瑞继保阀冷主泵电机轴承测温传感器测量信号电缆与固定卡扣、电机外壳棱角处无防护措施，在主泵运行过程中存在由于振动摩擦导致电缆表皮破损，影响信号传输的风险	建议南瑞继保按照《电力建设施工技术规范 第 4 部分：热工仪表及控制装置》（DL 5190.4—2019）"电缆敷设时应防止由于电缆之间及电缆与其他硬质物体之间摩擦引起的机械损伤。"的要求，在主泵电机轴承测温传感器测量信号电缆与固定卡扣、电机外壳棱角处增加保护套管并固定牢靠，避免主泵振动导致信号线缆磨损

序号	文件名称	厂家	概述	问题描述	监督意见
33	《关于白鹤滩—浙江特高压直流工程南瑞继保阀冷系统生产制造阶段的技术监督意见》	南瑞继保	南瑞继保阀冷等电位跨接线与附近阀门直接接触,存在磨损的问题	浙北站南瑞继保阀冷系统主泵入口管道减震补偿器处的等位跨接线与附近阀门直接接触,存在运行过程中因管道振动导致等电位跨接线磨损的问题	建议南瑞继保按照《电力建设施工技术规范 第4部分:热工仪表及控制装置》(DL 5190.4—2019)"电缆敷设时应防止由于电缆之间及电缆与其他硬质物体之间摩擦引起的机械损伤。"的要求,调整等电位跨接线安装角度,避免与阀门直接接触